Berichte des German Chapter of the ACM

Band 1: **Wippermann, PASCAL** 2. Tagung in Kaiserslautern
Tagung I/1979 am 16./17. 2. 1979 in Kaiserslautern. 204 Seiten, DM 34,–

Band 2: **Niedereichholz, Datenbanktechnologie**
Tagung II/1979 am 21./22. 9. 1979 in Bad Nauheim. 240 Seiten, DM 38,–

Band 3: **Remmele/Schecher, Microcomputing**
Tagung III/1979 am 24./25. 10. 1979 in München. 280 Seiten, DM 44,–

Band 4: **Schneider, Portable Software**
Tagung I/1980 am 18. 1. 1980 in Erlangen. 176 Seiten, DM 36,–

Band 6: **Hauer/Seeger, Hardware für Software**
Tagung III/1980 am 10./11. 10. 1980 in Konstanz. 303 Seiten, DM 54,–

Band 7: **Nehmer, Implementierungssprachen für nichtsequentielle Programmsysteme**
Tagung I/1981 am 20. 2. 1981 in Kaiserslautern. 208 Seiten, DM 38,–

Band 8: **Schlier, Personal Computing**
Tagung II/1981 am 12. 10. 1981 in Freiburg i. Br. 195 Seiten, DM 40,–

Band 10: **Kulisch/Ullrich, Wissenschaftliches Rechnen und Programmiersprachen**
Fachseminar am 2./3. 4. 1982 in Karlsruhe. 231 Seiten, DM 52,–

Band 11: **Langmaack/Schlender/Schmidt, Implementierung PASCAL-artiger Programmiersprachen**
Tagung II/1982 am 12. 7. 1982 in Kiel. 221 Seiten, DM 46,–

Band 13: **Schneider, Proceedings of the International Computing Symposium 1983 on Application Systems Development**
March 22–24, 1983 Nürnberg. 528 Seiten, DM 90,–

Band 14: **Balzert, Software-Ergonomie**
Tagung I/1983 am 28./29. 4. 1983 in Nürnberg. 422 Seiten, DM 72,–

Band 17: **Remmele/Schecher, Microcomputing II**
Tagung III/1983 vom 25. bis 27. 10. 1983 in München. 358 Seiten, DM 64,–

Band 18: **Morgenbrod/Sammer, Programmierumgebungen und Compiler**
Tagung I/1984 vom 2. bis 4. 4. 1984 in München. 293 Seiten, DM 56,–

Band 19: **Morgenbrod/Remmele, Entwurf großer Software-Systeme**
Workshop vom 8. bis 11. 5. in Grassau. 464 Seiten, DM 82,–

Band 20: **Gorny/Kilian, Computer-Software und Sachmängelhaftung**
Workshop am 29./30. 11. 1984 in Hannover. 208 Seiten, DM 48,–

Band 21: **Kölsch/Schmidt/Schweiggert, Wirtschaftsgut Software**
Tagung I/1985 am 26./27. 3. 1985 in Ulm. 318 Seiten, DM 58,–

Band 22: **Molzberger/Zemanek, Software-Entwicklung: Kreativer Prozeß oder formales Problem?**
Seminar am 20. 3. 1985 in Neubiberg. 176 Seiten, DM 42,–

Band 23: **Klopcic/Marty/Rothauser, Arbeitsplatzrechner in der Unternehmung**
Tagung II/1985 am 12./13. 9. 1985 in Zürich. 355 Seiten, DM 66,–

Band 24: **Bullinger, Software-Ergonomie '85   Mensch-Computer-Interaktion**
Tagung III/1985 am 24./25. 9. 1985 in Stuttgart. 482 Seiten, DM 78,–

Fortsetzung 3. Umschlagseite

Berichte des German Chapter
of the ACM   41

H. Züllighoven / W. Altmann /
E.-E. Doberkat (Hrsg.)
Requirements Engineering '93:
Prototyping

Berichte des German Chapter of the ACM

Im Auftrag des German Chapter
of the ACM herausgegeben durch den Vorstand

Chairman
Hans-Joachim Habermann, Neuer Wall 32, 2000 Hamburg 36

Vice Chairman
Prof. Dr. Gerhard Barth, Erwin-Schrödinger-Straße 57, 6750 Kaiserslautern

Treasurer
Eckhard Jaus, Gemsenweg 12, 7250 Leonberg

Secretary
Prof. Dr. Peter Gorny, Ammerländer Heerstraße 114 – 118, 2900 Oldenburg

Band 41

Die Reihe dient der schnellen und weiten Verbreitung neuer, für die Praxis relevanter Entwicklungen in der Informatik. Hierbei sollen alle Gebiete der Informatik sowie ihre Anwendungen angemessen berücksichtigt werden.

Bevorzugt werden in dieser Reihe die Tagungsberichte der vom German Chapter allein oder gemeinsam mit anderen Gesellschaften veranstalteten Tagungen veröffentlicht. Darüber hinaus sollen wichtige Forschungs- und Übersichtsberichte in dieser Reihe aufgenommen werden.

Aktualität und Qualität sind entscheidend für die Veröffentlichung. Die Herausgeber nehmen Manuskripte in deutscher und englischer Sprache entgegen.

Requirements Engineering '93: Prototyping

Herausgegeben von

Prof. Dr. Heinz Züllighoven, Universität Hamburg
Dr. Werner Altmann, Kölsch & Altmann, München
Prof. Dr. Ernst-Erich Doberkat, Universität GH Essen

B. G. Teubner Stuttgart 1993

Die Deutsche Bibliothek – CIP-Einheitsaufnahme

Requirements Engineering '93 : Prototyping;
[gemeinsame Fachtagung des Fachausschusses 4.3 Requirements Engineering
der Gesellschaft für Informatik (GI) und des Verbunds Software-Technik
NRW in Kooperation mit dem German Chapter of the ACM und dem Fachausschuß
2.1.1 Software Engineering vom 25. bis 27.4. 1993 in Bonn]
hrsg. von Heinz Züllighoven ... –
Stuttgart : Teubner, 1993
  (Berichte des German Chapter of the ACM ; Bd. 41)
   ISBN 978-3-519-02682-2   ISBN 978-3-322-94703-1 (eBook)
   DOI 10.1007/978-3-322-94703-1
   ISSN 0724-9764
NE: Züllighoven, Heinz [Hrsg.] ; Gesellschaft für Informatik / Fachausschuß
  Requirements Engineering: Association for Computing Machinery /
  German Chapter : Berichte des German ...

Gesamtherstellung: Präzis-Druck GmbH, Karlsruhe
Einband: Tabea und Martin Koch, Ostfildern/Stgt.

Programmkomitee

Prof. Dr. Heinz Züllighoven
Universität Hamburg (Chair)

Prof. Dr. Ernst-Erich Doberkat
GHS Essen (Co-Chair)

Dr. Werner Altmann
Kölsch & Altmann, München

Dr. Brigitte Bartsch-Spoerl
BSR, München

Dr. Reihard Budde
GMD, St. Augustin

Prof. Dr. Christiane Floyd
Universität Hamburg

Prof. Dr. Peter Gorny
Universität Oldenburg

Hans-Joachim Habermann
HBT, Hamburg

Dr. Matthias Hallmann
GEI, Aachen

Horst Lichter
Universität Stuttgart

Prof. Dr. Manfred Nagl
RWTH Aachen

Prof. Dr. Gustav Pomberger
Universität Linz

Prof. Dr. Wilhelm Schäfer
Universität Dortmund

Dr. Matthias Schneider-Hufschmidt
Siemens AG, München

Dr. Michael Timm
Gerling-Konzern, Köln

Requirements Engineering '93: Prototyping

In diesem Band sind die Beiträge zur Tagung Requirements Engineering '93 zusammengefaßt. Das zentrale Thema ist Prototyping, also eine spezielle Ausprägung des Prozesses der Systementwicklung, bei dem Prototypen entworfen, konstruiert und revidiert werden. Dieses Thema wird im Sinne der zurückliegenden RE-Tagungen mit Blick auf seine praktische Relevanz behandelt.

Die vorliegenden Beiträge lassen sich zwei Gruppen zuordnen, die sich aus den zentralen Gesichtspunkten der Tagung ergeben: Analysen von Projekterfahrungen und praktischen Prototypingansätzen einerseits und andererseits Beiträgen, die sich mit Werkzeugen, Sprachen und Modellen für das Prototyping unter F&E-Gesichtspunkten auseinandersetzen. Darüber hinaus sind weitere Themenschwerpunkte auszumachen:

Bewertung von Konzepten und Projekterfahrungen:

Es gibt mittlerweile ein verbreitetes Grundverständnis darüber, was unter dem Begriff Prototyping zu verstehen ist. Trotzdem ist der Prozeß der Differenzierungen unterschiedlicher Prototyping-Konzepte nicht abgeschlossen. Diese Konzepte können auf dem Hintergrund praktischer Projekterfahrungen bewertet werden. Dazu kommt, daß der Erfolg solcher Konzepte zumindest in der industriellen Praxis eng an die dabei verwendeten Entwurfs- und Konstruktionswerkzeuge geknüpft ist.

Organisation von Prototyping und methodisches Vorgehen

In der europäischen Diskussion hat sich durchgesetzt, Prototyping als umfassenden Prozeß innerhalb der Softwareentwicklung zu sehen und dies nicht nur auf die isolierte Konstruktion eines ablauffähigen Programms (des Prototypen) zu beschränken. Daher beschäftigen sich die Beiträge dieses Abschnitts mit der organisatorisch methodischen Einbettung des Prototyping in den Gesamtprozeß, wobei Prototyping nicht nur für die Neuentwicklung eines Anwendungssystems diskutiert wird.

Programmierparadigmen und Entwicklungsunterstützung

Der Vorzug neuer, nicht-imperativer Programmierparadigmen wird oft in ihrer Nähe zu den Konzepten der potentiellen Anwendungsbereiche gesehen. Dabei steht oft zur Diskussion, in wieweit sich entsprechende Sprachen und Entwicklungsumgebungen für rasche Entwicklungszyklen eignen. Den naheliegenden Zusammenhang zu Prototyping stellen die Beiträge dieses Abschnitts her.

Structured Analysis und andere Beschreibungsmodelle

Daß strukturierte Analyse ein in der Praxis bewährtes Verfahren ist, hat nicht nur die Tagung RE'91 gezeigt. Hier werden Vorschläge vorgestellt, dieses Verfahren durch Werkzeuge zu unterstützen und seine Ergebnisse auch für den prototypischen Softwareentwurf und die anschließende Konstruktion zugänglich zu machen. Darüber hinaus gibt es eine Reihe von Ansätzen, Beschreibungsmodelle durch entsprechende Werkzeuge ablauffähig zu machen. Dahinter steht der Wunsch, den Prototypingprozeß systematisch zu gestalten.

Prototyping von Benutzungsoberflächen

Einen eigenen Schwerpunkt innerhalb der Diskussion um Werkzeugunterstützung beim Prototyping bilden Werkzeuge und Systeme, die die rasche Konstruktion von Benutzungsoberflächen ermöglichen. Dabei zeigt sich, daß eine Benutzungsoberfläche mehr umfaßt als ein graphisches Bildschirmlayout.

Eine Sonderstellung nimmt der Beitrag von Christiane Floyd ein. Nach mehr als einem Jahrzehnt Beschäftigung mit dem Thema stellt sie hier Verbindungen zwischen Philosophie, Erkenntnistheorie und Prototyping her.

Daß die Resonanz auf die Konferenzidee sehr positiv war, kam für uns nicht unerwartet. Denn Prototyping ist seit Jahren ein aktuelles Thema, das immer wieder auf Tagungen und in Veröffentlichungen behandelt wird. Kennzeichnend dafür sind auch die Aktivitäten des GI-Arbeitskreises 4.3.2 "Prototyping", der sich in seinen Studien mit Prototyping in der industriellen Praxis befaßt und wesentlich an der Gestaltung der Konferenz beteiligt war. Es lag nahe, die Tagung nicht nur auf die "Klientel" des GI Fachausschusses 4.3 Requirements Engineering zu beschränken, sondern zusammen mit dem Verbund Software-Technik NRW und dem ACM German Chapter sowie der GI Fachgruppe 2.1.1 Software-Engineering zu organisieren. Wir danken diesen Organisationen für ihre Unterstützung. Wir freuen uns, daß die meisten der im Themenfeld Prototyping arbeitenden Kolleginnen und Kollegen sich gerne bereitgefunden haben, diese Tagung im Programmkomitee oder durch Beiträge zu unterstützen. Schließlich bedanken wir uns bei Christa Harms und Uta Kerpen, sowie bei den Mitarbeitern des Arbeitsbereiches Softwaretechnik der Universität Hamburg, die uns bei der Konferenzorganisation und der Herausgabe dieses Tagungsbandes wesentlich unterstützt haben.

Hamburg, im Februar 1993

Heinz Züllighoven
(für die Herausgeber)

Inhaltsverzeichnis

Prototyping in einem objektorientierten Bankenprojekt

- Konzepte, Erfahrungen, Konsequenzen -

Ute Bürkle, Volker Weimer, RWG GmbH, Stuttgart
Heinz Züllighoven, Universität Hamburg

Zusammenfassung

Anhand der Entwicklung eines objektorientierten Arbeitsplatzsystems für Banken werden die Konzepte, die Erfahrungen und die Konsequenzen des Prototypings aufgezeigt. Insbesondere wird auf die verwendeten Arten von Prototypen und die Prototypingkonzepte eingegangen. Desweiteren wird die Verbindung des objektorientierten Entwurfs mit dem Prototyping beleuchtet. Dazu werden die verwendeten und erstellten Prototypen auf den Zeitstrahl des Projektes abgebildet. Abschließend wird eine Wertung der Prototypen und der Vorgehensweise für die Praxis vorgenommen.

1. Das Projektumfeld[1]

Die RWG in Stuttgart ist eine Rechenzentrale für die württembergischen Genossenschaften, die vorrangig die 482 angeschlossenen Volks- und Raiffeisenbanken betreut. Die Banken wickeln über die RWG ihr gesamtes Rechnungswesen ab und greifen auf die zentralen Datenbestände über Kunden, Konten und Bankdaten zu. Zusätzlich wird ein dezentrales Informationssystem und für die Verbindung zur RWG ein Bürokommunikationssystem eingesetzt. Außerdem betreut die RWG die üblichen Selbstbedienungsgeräte der Banken. Die Systemplattform für diese Dienstleistungen besteht aus dem zentrale Großrechnersystem der RWG und dezentraler bankspezifischer Hardware von IBM und SNI. Darüber hinaus nutzen die Banken zum Teil bereits PC-Software und beginnen, lokale Netzwerke aufzubauen.

---

[1] Eine detaillierte Beschreibung des Projektumfeldes und der Erfahrungen bei der Umstellung auf die objektorientierte Methode liefert [1].

Die RWG beschäftigt zur Zeit 400 Mitarbeiter. Schwerpunkte der Tätigkeit sind die Bereiche Produktion, Vertrieb und Entwicklung. Im Software-Entwicklungsbereich selbst sind 120 Mitarbeiter beschäftigt, die bisher im wesentlichen mit Cobol auf Großrechnern gearbeitet haben.

Wir berichten hier über das Projekt Gebos (Genossenschaftliches Bürokommunikations- und Organisationssystem), das zunächst ein System zur Unterstützung von Kundenberatern und Beraterinnen entwickeln sollte. Gebos wurde im Dezember 1989 auf Initiative der Banken gestartet. Mittelfristige Zielvorstellung war ein integriertes System zur umfassenden Unterstützung von Sachbearbeitertätigkeit in der Bank. Teilbereiche dieser Tätigkeiten waren bereits von bestehenden DV-Systemen abgedeckt, aber ein durchgängiges System fehlte. Die Kundenberater mußten z.B. Kontonummern oder Kundenadressen wiederholt eingeben und bearbeiten. Komplexe kundenorientierte Vorgänge konnten nur mit wechselnden Arbeitsmitteln erledigt werden. Soweit dafür bereits Anwendungssysteme eingesetzt wurden, zeichneten sie sich untereinander durch deutlich verschiedene Benutzungsoberflächen aus.

Aufgrund dieser unbefriedigenden Situation forderten die Banken ein integriertes Sachbearbeitungssystem mit einheitlicher Oberfläche, das eine durchgängige Verwendung vorhandener Daten ermöglichen sollte. In der ersten Stufe des Projekts sollten diese Forderungen in einem ausgewählten Anwendungsbereich, dem Anlagegeschäft, umgesetzt werden. Da kein entsprechendes System auf dem Markt verfügbar war, hatte sich die RWG für eine Eigenentwicklung entschieden. Das Projekt wurde konventionell begonnen aber im Juli 1990 aufgrund von methodischen und technischen Problemen unterbrochen (vergl. [1]).

Im Oktober 1990 wurde das Projekt Gebos wieder aufgenommen, denn das RWG-Management hatte entschieden, die Möglichkeiten der objektorientierten Entwicklung im Rahmen einer evolutionären Vorgehensweise zu erproben.[2] Für alle Beteiligten von der RWG war sowohl die Objektorientierung als auch das Konzept der evolutionären Systementwicklung mit Prototyping völlig neu. Entsprechend war die Phase des Wiederbeginns geprägt von der Auswahl und dem Erlernen der neuen Techniken, Strategien und Denkweisen. Während in [1] der objektorientierte Aspekt des Projektes beschrieben und analysiert wird, konzentrieren wir uns hier auf das Prototyping im Rahmen einer evolutionären Entwicklungsstrategie.

---

[2]Zu diesem Zeitpunkt begann die Zusammenarbeit der RWG mit dem GMD Projekt WoK (Werkstatt für objektorientierte Konstruktion). Berater waren R. Budde, M.-L. Christ-Neumann, K.-H. Sylla und H. Züllighoven. Im August 1991 kam G. Gryczan von der Technischen Universität Berlin hinzu.

2.   Die verwendeten Prototyping-Konzepte

Die Begriffe und Konzepte des Prototyping sind in der neueren Literatur ausreichend geklärt worden [4,8,10]. Wir schließen uns den konzeptionellen Ausführungen von [3] an und konkretisieren sie für den Zusammenhang des Gebos Projekts:

Prototyping ist eine spezielle Ausprägung des Prozesses der Systementwicklung, bei dem Prototypen entworfen, konstruiert und revidiert werden. Als allgemeine Ziele des Prototyping wurden auch im Projekt Gebos verfolgt:

- eine Kommunikationsbasis für alle beteiligten Gruppen, insbesondere zwischen Kundenberatern und Entwicklern zu schaffen, um zu einer gemeinsamen Projektsprache zu gelangen

- durch Experimente und praktischen Umgang, Erfahrungswissen über die Konstruktion und den möglichen Einsatz eines Beratungssystems zu schaffen

- eine dynamische Beschreibung des angestrebten Systems zu erhalten und den sich ändernden Bedürfnissen und Einsichten anzupassen

Ein *Prototyp* ist eine spezielle Ausprägung eines ablauffähigen Softwaresystems. Er realisiert ausgewählte Aspekte des zukünftigen Softwaresystems. Ein Prototyp:

- ist immer ablauffähig, d.h. eine reine Bildschirmmaske oder ihr Entwurf mit einem Grafikeditor wird nicht als Prototyp bezeichnet

- realisiert Aspekte des Zielsystems. Die unterschiedlichen Aspekte, die im Projekt Gebos umgesetzt wurden, werden im weiteren beschrieben

- repräsentiert vorab ausgewählte Aspekte. Auch im Projekt Gebos war es wichtig klarzumachen, welche Fragen von einem Prototyp beantwortet werden können und welche nicht sinnvoll an ihn zu stellen sind.

Im Projekt Gebos waren unterschiedliche *Personengruppen* mit verschiedenen Verantwortlichkeiten beteiligt. Hier eine kurze Erläuterung:

- Die Banken üben als generelle Vertragspartner der RWG einen mittelbaren Einfluß auf das Gebos-Projekt - sie haben es z.B. initiiert. Doch bestand kein direktes Auftraggeber-Hersteller-Verhältnis im Projekt.

- Das RWG-Management gab dem Projekt durch seine generelle Entscheidung für Objektorientierung und evolutionäre Systementwicklung, sowie durch strategische Vorgaben im Ablauf entscheidende Impulse.

- Die Entwickler repräsentieren als Mitglieder des Entwicklerteams das softwaretechnische Wissen. Dabei läßt sich differenzieren nach

Anwendungsberatern, Systemanalytikern und Software-Entwicklern. Die Anwendungsberater sind in der RWG Mitarbeiter einer eigenen Abteilung.

- Die Anwender als die potentiellen Nutzer von Gebos, repräsentieren das Bankwissen. Im Projekt Gebos zählen dazu die Kundenberater und -beraterinnen als die direkten Benutzer, und die DV-Organisatoren, die in den Banken für die DV-technische Infrastruktur zuständig sind.

Die von Floyd [4] vorgeschlagene Differenzierung nach den Zielen des Prototyping läßt sich gut auf das Projekt Gebos übertragen:

- *Exploratives Prototyping* zur Klärung der *Problemstellung* spielte nicht nur in der Anfangsphase eine große Rolle. Da für die Entwicklung eines Beratungssystems Vorbilder und Erfahrungen fehlten, war es für das Entwicklerteam wichtig, die Anwendungssituationen zu verstehen und gemeinsam mit den Beraterinnen und Beratern die Möglichkeiten der DV-Unterstützung auszuloten.
- *Experimentelles Prototyping* half bei der *technischen Umsetzung* der Anforderungen an das System. Da gegenüber den Vorprojekten eine völlig neue Entwicklungsplattform gewählt wurde, konnten die Entwickler Erfahrungen über Machbarkeit und Zweckmäßigkeit von Entwürfen sammeln und die Bankmitarbeiter konkretisierten experimentell ihre Vorstellungen von der gewünschten DV-Lösung.
- *Evolutionäres Prototyping* war Teil eines gesamten Prozesses, der nicht mehr ein einzelnes Projekt, sondern die Weiterentwicklung der DV-technischen Infrastruktur der Banken zum Gegenstand hat.

Im Verlauf des Projektes wurden unterschiedliche *Arten von Prototypen* gebaut, die jeweils unterschiedlichen Zielen dienten. Da wir in diesem Beitrag detailliert darauf eingehen werden, hier nur kurz die Begriffe:

- Ein *Demonstrationsprototyp* zeigt als "Wegwerfprodukt" nur die möglichen Handhabungsformen des künftigen interaktiven Arbeitsplatzsystems.
- *Funktionale Prototypen* modellieren Ausschnitte der Benutzungsoberfläche und Teile der Funktionalität. Prototypen, die eine Benutzungsoberfläche mit einem Minimum an Funktionalität (beschränkt auf reine Handhabung) präsentieren, nennen wir *Oberflächenprototypen*.
- *Labormuster* sind für die Entwickler ein Experimentalsystem und eine Form von Machbarkeitsstudie.

•   Ein *Pilotsystem* ist ein Prototyp von solcher Ausbaustufe und "Reife", daß er in einer Bank unter realen Bedingungen und nicht nur unter den Laborbedingungen der RWG eingesetzt werden kann.

3. Objektorientierter Entwurf und Prototyping

Die *objektorientierte Methode*, so wie sie von uns ([2]) und von anderen ([6,9,11]) bei aller konkreten Differenzierung im Einzelnen verstanden wird, bringt softwaretechnische und anwendungsorientierte Grundlagen zusammen: Ausgehend von den relevanten *Gegenständen einer Anwendung* werden die dahinterstehenden Konzepte beschrieben. Als Darstellungselemente dienen dazu *Objekte*, die eine Kapsel für zusammengehörige Umgangsformen (Operationen) und Informationen (Daten) sind. So wie die Gemeinsamkeit verschiedener Dinge sprachlich auf einen Begriff gebracht sind, so werden Objekte mit gleichen Umgangsformen in einer *Klasse* beschrieben. Und so wie wir uns mit Oberbegriffen und Begriffshierarchien das Verständnis eines Anwendungsbereichs erschließen, so werden Klassen in *Vererbungshierarchien* zusammengefaßt. Eine objektorientierte Programmiersprache wie in unserem Fall C++ ermöglicht es schließlich, objektorientierte Modelle eines Anwendungsbereichs ohne Bruch und Modellwechsel in ausführbare Programme zu überführen.

Im Mittelpunkt der objektorientierten Methode steht damit die Förderung des Verständnisses für die jeweilige Anwendung. Dies wurde im Projekt Gebos besonders deutlich, da das mangelnde Anwendungswissen von den Entwicklern in der Anfangsphase des Projektes deutlich empfunden wurde. Die erste Aufgabe war entsprechend, die für die Kundenberatung relevanten Gegenstände zu identifizieren und den Umgang mit diesen Gegenständen zu analysieren. Die Wahl verständlicher Darstellungsformen für diese Analyse des Anwendungsbereichs war besonders wichtig, da sie die entscheidende Grundlage für die ersten Diskussionen mit den Anwendern und für den Entwurf der ersten Prototypen darstellten.

Im Projekt Gebos galt es also, neben den Prototypen weitere Darstellungsformen, d.h. Entwicklungsdokumente einzusetzen, die sowohl den Anwendungsbereich als auch den Systementwurf in einer für alle beteiligten Gruppen verständlichen Form repräsentieren konnten. Ausgehend von allgemeinen Überlegungen zum objektorientierten Entwurf haben wir die in [7] näher beschriebenen Dokumentarten eingesetzt:

In *Szenarien* beschreiben Entwickler in der Fachsprache der Anwendung Arbeitsaufgaben und Situationen, die ihnen Benutzer berichten. Während Szenarien zur Analyse der bisherigen Anwendungssituation dienen, dokumentieren *Glossare* die Bedeutung und den Zusammenhang von Begriffen. Hier werden alle wichtig erscheinenden Begriffe eines Anwendungsbereichs und des neuen Anwendungssystems definiert. Bei der gemeinsamen Diskussion der Glossareinträge werden oft Unklarheiten im Verständnis der Beteiligten deutlich, was dann Anlaß zu neuen Szenarien ist.

Eine Möglichkeit, das langsam wachsende Verständnis über die Aufgaben und Tätigkeiten der Kundenberatung in einen Entwurf des zukünftigen Systems umzusetzen, sind *Systemvisionen*. Darin werden ausgewählte Arbeitssituationen so beschrieben, wie sich die Entwickler diese nach Einführung des Beratungssystems vorstellen. Im Projekt Gebos beziehen sich Visionen auf Arbeitssituationen die in Szenarien beschrieben wurden.

Während Szenarien und Glossareinträge die Grundlagen für den Entwurf von Prototypen bilden, haben Systemvisionen für Entwickler den Charakter von informellen Spezifikationen für diese Prototypen. Hier schließt sich der Kreis von objektorientiertem Entwurf und Prototyping. Szenarien, Glossar, Systemvisionen sind die diskutierbare Entwicklungsdokumente für alle beteiligten Gruppen. Diese werden um softwaretechnische Dokumente wie Klassenbeschreibungen und Klassenbibliotheken ergänzt und daraus werden dann Prototypen entwickelt, die dann die weitere Diskussion unterstützen.

Prototyping und Objektorientierung sind damit keine orthogonalen Ansätze. Die objektorientierte Analyse liefert zunächst die gemeinsame Fachsprache, in der sich die beteiligten Gruppen unterhalten können. Das objektorientierte Systemmodell, das auf den Begriffshierarchien dieser Fachsprache basiert, ermöglicht bei der Diskussion von Prototypen die unmittelbare Abbildung von fachlichen Anforderungen auf die notwendige Veränderung technischer Komponenten. Prototyping ist schließlich der zentrale Bestandteil einer evolutionären Entwicklungsstrategie, in der die beteiligten Gruppen sich ein gemeinsames Verständnis über den Anwendungsbereich und das dazu passende Arbeitsplatzsystem erarbeiten können.

4. Der Prototyping-Prozeß

Im folgenden beschreiben wir, welche Prototypen für bestimmte Fragestellungen im Projektverlauf entwickelt wurden. Um dem Leser eine bessere Übersicht zu geben, gibt

Abb.1 eine kurze Übersicht über den Prototypingprozeß anhand der wichtigsten Projektstadien[3].

Die Entwicklungsumgebung für den Bau dieser Prototypen besteht derzeit aus:

* PCs 386 und 486 unter OS/2
* Glockenspiel C++ Compiler mit Debugger und selbsterstelltem Trace-Tool
* Common View von Glockenspiel als Bibliothek der grafischen Oberfläche
* CASE/PM als Interface Builder
* Professional Workbench (PWB) von Microsoft
* PVCS für die Versionsverwaltung
* Profiler für Zeitmessungen

Beginn	Bezeichnung	Prototyp	Dauer	Mitarbeiter
Oktober 90	Einarbeitung in die objektorientierte Methode	Demonstrations-prototyp	2 Monate	Projektberater
Februar 91	Konstruktion des ersten eigenen Prototyps	Prototyp 1	2 Monate	5
April 91	Präsentation auf der RWG-Messe	Prototyp 2	2 Monate	5 + 2 externe
Juni 91	Erster Bankenarbeitskreis			
Juli 91	Interviews bei den Banken			
August 91	Zweiter Bankenarbeitskreis			
September 91	Fachliches Redesign	Prototyp 3	2 Monate	8
Oktober 91	Technisches Redesign	Prototyp 4	7 Monate	8
März 92	Ausbau des Prototyps	Prototyp 5	1 Monat	8
März 92	Dritter Bankenarbeitskreis	Oberflächen-prototyp	0,2 Monate	1
Mai 92	Testeinsatz und Präsentation auf der RWG-Messe	Prototyp 6	3 Monate	8
Juni 92	Vierter Bankenarbeitskreis	Pilotsystem	andauernd	8

Abb.1: Projektstadien des Gbeos-Projektes

Wichtige Etappen innerhalb dieses Projektverlaufs waren im einzelnen:

Oktober 1990 bis Februar 1991: Einarbeitung in die objektorientierte Welt

In dieser Phase ging es für das Entwicklerteam vorrangig um das Begreifen der neuen objektorientierten Methode. Zunächst kamen Fragen auf wie "Was ist eine Klasse

---

[3] Zum Begriff der Projektstadien sowie zu den Steuerungsmechanismen eines objektorientierten Vorgehensmodells vergl. [7].

und was ist ein Objekt?". Dazu kam die Einarbeitung in die vollständig neue Entwicklungsumgebung[4]. Aber rasch stellte sich heraus, daß auch konkrete Vorstellungen über die Arbeitssituation von Bankberatern und die Möglichkeiten eines interaktiven Arbeitsplatzsystems fehlten.

Um die Vorstellungen über die technischen Möglichkeiten zu verbessern, entwickelten die Projekt-Berater einen Demonstrationsprototyp auf einem Macintosh mit Hilfe von HyperCard. Der Demonstrationsprototyp zeigte wenig bankspezifische Funktionalität, sondern demonstrierte, wie eine Büroanwendung mit einer graphischen Oberfläche im Gegensatz zu maskenorientierten Großrechneranwendungen aussehen kann. Er war zumindest in der Anfangsphase eine Art Entwurfsskizze für das Entwicklerteam. Vielleicht noch wesentlicher war, daß das Management eine "greifbare" Vorstellung von der Richtung des eingeschlagenen Weges erhielt.

Aufwendiger war die Analyse des Anwendungsbereichs. Der Mißerfolg im konventionellen Projektabschnitt hatte deutlich gemacht, daß, obwohl einige Mitglieder des Entwicklerteams eine Bankausbildung besaßen, die konkreten Arbeitssituationen in der Bankberatung nicht mehr genügend präsent waren oder sich merklich verändert hatten. Dazu kam das Problem, daß die RWG nicht für einen einzelnen Kunden entwickelt, sondern für ca. 500 recht eigenständige Banken. Fast jede Bank hat ihre eigenen Vorstellungen von einer zukünftigen Anwendung und ist, zumindest in Details, anders organisiert. Dies liegt schon in der unterschiedlichen Größe der Banken begründet. Die Bandbreite reicht von kleinen Banken mit ca. DM 50 Millionen Bilanzsumme bis zu großen Banken, die über der Milliardengrenze liegen.

Die damit verbundene Problematik wurde zunächst nur in Ansätzen erkannt. Um das Anwendungsgebiet zu analysieren, haben die Entwickler mit einzelnen Bankmitarbeitern von Banken, zu denen ein engerer Kontakt bestand, strukturierte Interviews geführt. Die potentiellen Benutzer wurden dabei über den Ablauf ihrer Tagesarbeit befragt. Die Interviews wurden immer von mindestens zwei Entwicklern so geführt, daß einer das Gespräch führte und der andere detailliert protokollierte. Die Ergebnisse wurden in Szenarien umgearbeitet. Sie gaben den ersten Versuch einer Ist-Aufnahme bei den Banken wieder. Parallel dazu wurde mit dem Aufbau eines Glossars begonnen. Auf dieser Basis wurden Systemvisionen erstellt, die die ersten Vorstellungen der Entwickler von dem zukünftigen System darstellten. Diese Visionen wurden zuerst nur auf Papier beschrieben.

---

[4]Mehr zu dieser Einführungsproblematik findet sich in [1].

Ende Februar 1991 - Mitte April 1991: Bau des ersten Prototyps

Nach Schulungen des Entwicklerteams in C, C++ und der Systemplattform OS/2 wurde begonnen, mit Hilfe des Interface-Builders CASE/PM, einen horizontalen Prototyp auf PCs zu entwickeln. Primäres Ziel war ein "Gefühl" für die Oberfläche und das neue Betriebssystem zu bekommen. Der Prototyp war entsprechen sehr breit angelegt, d.h. es war schon sehr viel Funktionalität angedeutet, ohne sie jedoch bis in die Tiefe ausimplementiert war.

Bei der Implementierung dieses ersten funktionalen Prototyps gab es erhebliche Schwierigkeiten, da die Entwicklungsumgebung den Entwicklern noch wenig bekannt und von den Produkten her wenig ausgereift war. Dies war sicherlich auch durch die Entwicklung auf der noch wenig verbreiteten OS/2-Plattform bedingt. Compilerfehler, nicht vorhandene Versionsverwaltungswerkzeuge, unzureichende Klassenbibliotheken waren nur einige der auffälligen Punkte. Auch ließ die Unterstützung durch die Softwareanbieter oft zu wünschen übrig, was bei den Entwicklern zu dem Eindruck führte, daß Gebos eines der ersten großen Projekte war, das diese Entwicklungsumgebung verwendet hat

Als Problem der Projektorganisation stellte sich heraus, daß kein Entwickler voll verantwortlich für die Entwicklungsumgebung zeichnete. Es gab Situationen, in denen Entwickler mit verschiedenen Compileroptionen arbeiteten, was zu langwieriger Fehlersuche führte.

Trotz des engen Zeitraums und vielfältiger Anlaufschwierigkeiten erfüllte dieser erste selbstentwickelte Prototyp seinen Zweck. Die Entwickler konnten sich besser vorstellen, wie ein interaktives Arbeitsplatzsystem zu realisieren ist und die Anwender bekamen einen Eindruck, wie zukünftig eine technische Unterstützung der Kundenberatung aussehen kann. Dieser Prototyp war der erste in einer Reihe sich evolutionär entwickelnder Prototypen, auf dessen Fundament das System aufgebaut werden konnte.

April 1991: Präsentation des Prototyps auf der Hausmesse der RWG

Auf der Basis von Prototyp 1 wurde der zweite Prototyp entwickelt, um ihn auf der RWG-Hausmesse als Produktankündigung dem gesamten Kundenkreis vorzustellen. Dieser Messeprototyp bildete an der Oberfläche fast die gesamte Breite des Systems ab. Doch in vertikaler Richtung wurden nur einzelne Teile der Anwendung ausimplementiert. Andere Teile waren als reine Oberflächenprototypen mit simulierter Ausgabe skizziert. Der Messeprototyp war damit speziell für die Handhabung durch das Entwicklerteam ausgelegt und konnte nicht "frei" von Messebesuchern benutzt werden.

Die Präsentation des Prototyps und die dazu passenden Vortragsreihen stießen bei den Kunden auf Reaktionen von verhaltener Zustimmung bis zu nachhaltigem Interesse. Besonders bemerkenswert war, daß sehr viele Messebesucher, ob sie aus dem Bankenmanagment oder aus der Sachbearbeitung kamen, intensiv mit den Entwicklern über das System diskutierten. Die meisten hatten bisher nur von dem Projekt gehört, aber kannten keine Details und sahen ein derartiges System zum erstenmal. In zahlreichen Gesprächen wurde die Bereitschaft geäußert, an der Pilotphase des Systems teilnehmen zu wollen.

Juni 1991: 1. Bankenarbeitskreis

Die Präsentation des Messeprototyps und die Gespräche mit den Anwendern machten den Entwicklern nachdrücklich die Vielfalt der zu berücksichtigenden Aspekte eines Beratungssystems klar. Im Bewußtsein dieser Problemstellung wurde ein Bankenarbeitskreis mit einer Auswahl derjenigen Banken gegründet, die sich auf der Messe an einer Mitarbeit interessiert gezeigt hatten. Der Bankenarbeitskreis setzte sich aus jeweils einem Kundenberater oder einer Beraterin und einem Organisator von insgesamt zehn Banken und aus zehn Mitgliedern des Entwicklerteams, davon drei Anwendungsberatern, zusammen.

Beim ersten Treffen wurden Szeniaren, die Systemvisionen und das dazugehörige Glossar soweit aufbereitet, daß sie den Teilnehmern ausgehändigt werden konnten. Auch die Vorgehensweise beim Prototyping wurde explizit vorgestellt. Wieder war die Resonanz positiv. Die Bankenvertreter begrüßten besonders, zu einem Zeitpunkt und in einer Art und Weise in die Arbeit einbezogen zu werden, die es gestatteten, das Produkt mitzugestalten. Eine wichtige Rolle im Arbeitskreis spielte wieder der Prototyp, anhand dessen die Anforderungen an ein Beratungssystem fundiert diskutiert werden konnten.

Juli 1991: Qualitätssicherung der Szenarien und des Prototyps.

Um die Analyse des Anwendungsgebiets und den Entwurf des Prototyps noch intensiver qualitativ zu bewerten, haben die Entwickler mit den Mitarbeitern von sechs Banken des Arbeitskreises vor Ort erneut Interviews durchgeführt. Dabei wurden die Szenarien besprochen und der Prototyp vorgeführt. Es zeigte sich, daß die Szenarien eine gute Diskussionsgrundlage zur Analyse der Arbeitssituationen bei der Kundenberatung waren. Die Benutzer fanden ihren Sprachgebrauch wieder und konnten sich dadurch selbst gut verständlich machen. Mittlerweile war der Prototyp soweit technisch stabil, daß die Benutzer selbst mit ihm experimentierten konnten, um herauszufinden, welche Umgangsformen noch nicht ihren Vorstellungen entsprachen. Das 'Spielen' mit dem

Prototyp führte zu konkreten Diskussionen über einfache und komplizierte Handhabungsformen, fachliche Stimmigkeit, etc. Wichtig war, daß der Prototyp nicht nur die Oberfläche darstellte, sondern das bereits soviel Funktionalität dahinter stand, daß testweise gearbeitet werden konnte.

Ziele dieser Interviewrunde mit den Bankmitarbeitern waren:

* Es sollte geprüft werden, ob die Entwickler die Sachverhalte richtig verstanden hatten und ob die Anwender die daraus resultierenden Zusammenfassungen akzeptieren konnten.

* Es sollte eine gemeinsame Sprachebene erreicht werden, d.h. Anwender und Entwickler sollten ein gemeinsames Verständnis von Sachverhalten und Begriffen erreichen

* Die Bandbreite der Unterschiede in den Arbeitssituationen bei den verschiedenen Banken und die unterschiedlichen Anforderungen an ein Beratungssystem sollten deutlich werden.

August 1991: zweite Arbeitskreissitzung

Die restlichen 4 Banken des Arbeitskreises und die Vertreter des Verbandes wurden zu einer gemeinsamen "kleinen" Arbeitskreissitzung eingeladen. Zunächst wurde in Gruppenarbeit mit den Banken die Interviews zu Szenarien und Prototyp geführt. Dann wurden die Diskussionsergebnisse gemeinsam besprochen. Diese Vorgehensweise war nützlich um festzustellen, inwieweit unterschiedliche Ansichten vereinheitlicht werden konnten und wo notwendig individuelle Lösungen für das System gefunden werden mußten.

September 1991: fachliches Redesign

Im Anschluß an die Interview- und Diskussionsrunde konstruierte das Entwicklerteam einen fachlich überarbeiteten dritten Prototyp. Dabei wurden fachliche Fehler behoben, das Klassenmodell angepaßt und die Dokumentation überarbeiten. Eine gewinnbringende technische Neuerung war die Einführung eines Werkzeugs zur Versionsverwaltung.

Oktober 1991 bis Februar 1992: technisches Redesign

Bereits während der Arbeit am Messeprototyp war klargeworden, daß ein technischer Einschnitt gemacht werden mußte. Denn die ersten Prototypen waren für die Entwicklern zum Großteil auch Lerngegenstände gewesen, anhand derer sie sich in die objektorientierte Konstruktion und die Systemumgebung eingearbeitet hatten. Als klar wurde, wie ein solches System "wirklich" gebaut werden sollte, folgte ein komplettes technisches Redesign der Anwendung. Die Funktionalität wurde nicht erweitert. Der nächste Prototyp war konzeptionell und vor allem softwaretechnisch überarbeitet. Er stellte von seiner Architektur und technischen Realisierung ein "Entwicklungsmuster" für die weitere Arbeit dar. Ohne dieses Redesign wäre es nicht möglich gewesen, die weiteren Prototypen kontinuierlich über ein Pilotsystem zum Kern des Anwendungssystems auszubauen.

In diesem Zusammenhang muß die Bedeutung von kleinen experimentellen Prototypen, den sog. Labormustern hervorgehoben werden. Sie wurden während des gesamten Projekts parallel zu den "großen" Prototypen gebaut; in diesem Projektstadium wurden sie intensiv genutzt, um die Werkzeugkonstruktion, die Datenhaltung, die Schnittstelle zum Großrechner und um Einzelwerkzeuge zu testen.

März 1992 bis April 1992: Bau eines fachlich erweiterten Prototyps

Das technische Redesign erwies sich aufwendiger als geplant, so daß mit dem fachlichen Ausbau des mittlerweile fünften größeren Prototyps erst im März begonnen werden konnte. Vorher wurden die Ergebnisse der verschiedenen Gespräche mit den Anwendern systematisiert und daraus eine Prioritätenliste für die Integration fachlicher Komponenten aufgestellt.

März 1992 Dritter Arbeitskreis zum erweiterten Funktionsumfang

Dieses Treffen des Bankarbeitskreises hatte die Abstimmung über die Prioritäten für die Erweiterung des Funktionsumfangs und eine Rückkopplung über die veränderte Oberfläche und zum Gegenstand. Der präsentierte Prototyp war durch die geschilderten Terminengpässe bedingt ein reiner Oberflächenprototyp, in dem an der Benutzungsoberfläche alle neuen Anforderungen berücksichtigt waren.

Obwohl die Entwickler zunächst Bedenken über die Aussagekraft dieses Prototyps hatten, reagierten die Bankenvertreter zustimmend und hatten eine ausreichende Diskussionsbasis, um einige Änderungen an der Oberfläche und der Funktionalität als sinnvoll zu identifizieren. Die Diskussion des reinen Oberflächenprototyps erwies sich als fruchtbar, weil die Bankmitarbeiter mit den funktionalen Prototypen bereits ausreichende Erfahrungen im Umgang gesammelt hatten und daher Vorstellungen über die Funktionalität neuer Komponenten anhand der Oberfläche entwickeln konnten.

Mai 1992 Testeinsatz bei Banken und Präsentation auf der RWG-Messe

Dies war der erste Prototyp, der die gesamte Funktionalität der Beratungssystems in der ersten Ausbaustufe für die Anlagenberatung umfaßte. Die RWG-Geschäftsführung wollte aus strategischen Gründen eine Testeinsatz bei zwei Banken vor der RWG-Hausmesse. Dazu sollte eigentlich ein richtiges Pilotsystem entwickelt werden. Die üblichen unvorhersehbaren technischen Probleme verhinderten allerdings, daß ein sauberes Pilotsystem realisiert werden konnte. So wurde ein in wesentlichen Teilen implementierter sechster Prototyp vor Ort installiert und probeweise von je einer Beraterin mit massiver Unterstützung durch das Entwicklerteam eingesetzt. Wie zu erwarten zeigte sich, daß der Prototyp für einen Piloteinsatz noch nicht ausreichend stabil war. Aber es kamen auch eine Reihe von fachlichen und technischen Inkonsistenzen und Fehler zum Vorschein, die unter Laborbedingungen kaum entdeckt worden wären. In der Testphase wurde der Prototyp fast täglich überarbeitet und nach einer Woche Testbetrieb auf der RWG-Messe präsentiert. Für diesen Zweck der Messepräsentation erwies sich der Prototyp als sehr geeignet. Wieder diskutierten die Messebesucher intensiv und positiv mit dem Entwicklerteam und weitere Banken meldeten ein starkes Interesse an einer Pilotinstallation an.

Juni 1992: Vierter Bankenarbeitskreis zur Auswertung des Testeinsatzes

Unmittelbar nach der RWG-Messe war das angestrebte Pilotsystem fertiggestellt und wurde auf einem Arbeitskreistreffen vorgestellt. Die Erfahrungen aus dem Testeinsatz wurden von den Beraterinnen und den beteiligten Organisatoren ausgewertet. Dabei zeigte sich, daß sich das Anbieter-Kunden-Verhältnis der ersten Treffen in eine gemeinsame "Projektkultur" gewandelt hatte. Auch die Bankenvertreter verstanden sich als Mitglieder der Projektgruppe und diskutierten die Schwachstellen des Prototyps im Testeinsatz konstruktiv. Als Ergebnis dieses Treffens wurden konkrete Schritte für die anstehende Pilotphase festgelegt.

5. Auswertung

Nach mehr als anderthalb Jahren Erfahrung mit einem objektorientierten Prototyping-Projekt sehen wir generell folgende Vorzüge und Probleme.

Ohne Prototyping hätte ein System wie Gebos weder in der relativ kurzen Zeit noch im vorliegenden Umfang entwickelt werden können. Mit dem Abbruch des ersten Projektabschnitts war den Beteiligten klar, daß in diesem komplexen Anwendungsbereich mit herkömmlichen Analyse- und Entwurfstechniken kein fachlich akzeptables und softwaretechnisch umsetzbares System entwickelt werden konnte. Prototyping im Verbund mit objektorientierten Entwurf hat den beteiligten Gruppen geholfen:

- eine Diskussionsbasis und Formen der Zusammenarbeit zwischen Bankmitarbeitern und Entwicklern zu schaffen,
- den Anwendungsbereich soweit zu verstehen, daß ein Modell erstellt werden konnte,
- dieses Modell des Anwendungsbereich schrittweise relativ bruchlos in ein Anwendungssystem zu überführen,
- eine beispielhafte Architektur und einen Anwendungsrahmen für den Ausbau des Anwendungssystems zu schaffen,
- die Akzeptanz beim Anwender- und Entwicklermanagement zu fördern,
- den Vertrieb des Anwendungssystems bei den Kunden zu unterstützen.

Es zeigte sich auch, daß Prototyping nicht nur ein besonders geschicktes Mittel zur Bedarfsanalyse ist, um den Benutzern brauchbare "Daten" zu entlocken. Prototyping ist ein wesentliches Element beim Aufbau einer gemeinsamen Projektkultur, in der Anwender und Entwickler zu gleichberechtigten Partnern werden. Schließlich ist Prototyping das beste Vehikel zur Designentscheidungen sowohl im Entwicklerteam als auch mit den Anwendern.

Auf der Basis dieser explorativen oder experimentellen Arbeit, können dann tiefergehende formale Analyseschritte durchgeführt werden.

Das größte Problem war, das DV-Management von der Notwendigkeit des Prototyping zu überzeugen. Leicht kommt dort das Gefühl auf, daß beim Prototyping nur experimentiert und revidiert aber nicht ernsthaft entwickelt wird. So kostete es uns gelegentlich Überzeugungsarbeit, den Stellenwert der Arbeitskreistreffen und der Interviews vor Ort klarzumachen. Das RWG-Management hätte es jeweils lieber gesehen, auf das Fachwissen in den eigenen Reihen zurückzugreifen und sich mehr den "eigentlichen" Entwicklungsarbeiten zu widmen. Die Idee, daß anwendungsnah arbeitende Entwickler genug von der Anwendung verstehen und ein Anwendungssystem das läuft, mit der Zeit dann doch irgendwie eingesetzt wird, kann nicht leicht aus den Köpfen des mittleren DV-Managements vertrieben werden. Dazu paßt, daß neue Projektmitarbeiter, die dahin nach anderen Methoden entwickelt haben, auch von Prototyping überzeugt werden mußten. Somit wird das Umdenken in der Software-Entwicklung (vergl. [Floyd87]) zu einer primären Aufgabe für die Umstellung auf neue evolutionäre Methoden und Techniken.

Im Rückblick wird deutlich, daß auch in diesem Projekt das Potential des Prototyping nicht voll ausgeschöpft wurde. Prototyping ist noch nicht vollständig in die Vorgehensweise und die Unternehmensstrategie integriert. So wurden die verschiedenen Prototypen zwar ausgiebig für die fachliche und software-technische Diskussion genutzt, spielten aber so gut wie keine Rolle im Rahmen einer kontiuierlichen Fortschrittskontrolle oder in der Marketingstrategie der RWG über den engeren Projektrahmen hinaus.

5.1 Vorgehensweise beim Prototyping

Prototyping beginnt nicht erst mit der Implementierung des ersten Prototyps, sondern schon mit der *Analyse des Anwendungsgebietes*. Die objektorientierte Anwendungsanalyse schaffte die Voraussetzung für nützliche Prototypen. Um eine gute Analyse durchführen zu können, müssen die Entwickler die Benutzer als diejenigen akzeptieren, die am besten über das Feld der zukünftigen Anwendung Bescheid wissen. Andererseits müssen auch die Anwender akzeptieren, daß viele innovative Impulse für die Systemgestaltung von den Entwicklern kommen und daß bereits vorhandene Software-Lösungen oft technisch überholte Konzepte mit sog. Sachzwängen kaschieren.

Entscheidend für den zumindest vorläufigen Erfolg des Projektes Gebos (denn erst die endgültige Systembenutzung ist der wirkliche Prüfstein für die Akzeptanz eines Systems) war die Auswahl der richtigen *Zielgruppe* für den Prototyping-Prozeß. Denn innerhalb der

Banken gibt es eine ähnlich Denkhaltung wie sie gerade für das DV-Management beschrieben wurde. Auch in Banken meint das mittlere Management oft zu wissen, was die Sachbearbeiter an den Schaltern und in der Kundenberatung brauchen. Dies trifft häufig auf die Organisatoren zu, die zudem einen eher technisch geprägten Blick auf eine Anwendungssituation haben

Im Gebos-Projekt wurden dieser Problemkreis durch die Aufteilung des Bankenarbeitskreises in zwei Gruppen, die der Berater und Beraterinnen und die der Organisatoren gelöst. Im Laufe des Projektes wurde von allen beteiligten Gruppen akzeptiert, daß die Bankmitarbeiter aus der Beratung das Anwendungsfeld am besten kennen. Die Organisatoren agierten mit der Zeit in der Bank als Schnittstelle zwischen den Beratern und dem Management, um einerseits die notwendigen Investitionsentscheidungen zu beeinflussen, andererseits die organisatorischen Veränderungen eines Arbeitsplatzsystems wie Gebos in den Banken einzuleiten und zu steuern.

Bereits zu Projektneustart war klar, daß nicht alle 482 Banken in den Entwicklungsprozeß integriert werden konnten. Unter diesen Banken eine *repräsentative Auswahl* zu treffen ist eine Sache von "Fingerspitzengefühl". Im Gebos-Projekt erwies es sich als gut, daß auch einige Bankenvertreter beteiligt waren, die sonst eher als kritisch und eher reserviert gegenüber den Aktivitäten der RWG eingestellt waren. Ein solcher Advocatus Diaboli hilft solange durch kritische Anmerkungen, wie die grundsätzliche Bereitschaft besteht, an einem positiven Ausgang des Entwicklungsprojektes mitzuarbeiten.

Im weiteren Projektverlauf zeigte sich, daß es nicht sinnvoll ist, immer alle Probleme mit dem gesamten Arbeitskreis zu diskutieren. Deshalb wurde eine Aufteilung der Gruppen themenbezogen nach Beratern und Organisatoren vorgenommen. Doch auch diese Gruppen erwiesen sich gelegentlich als zu groß. Um Entscheidungsvorlagen für den Arbeitskreis vorzubereiten wurden kleine Arbeitsgruppen gebildet. Diese bestehen aus maximal 3 Bankmitarbeitern und 3 RWG-Mitarbeitern.

5.2 Die verwendeten Prototypen

Im folgenden sollen konzeptionelle und technische Konsequenzen aus dem Einsatz der verschiedenen Prototypen gezogen werden. Für den Projektablauf war wichtig, sehr früh einen funktionalen Prototyp zu haben. Dadurch konnten sich Benutzer und Entwickler rasch auf eine gemeinsame "Vision" der späteren Anwendung einigen. Generell läßt sich für die Architektur der Prototypen sagen, daß die Trennung der interaktiven Komponenten von den fachlichen eine zentrale Voraussetzung für den flexiblen Ausbau und die separate

Entwicklung von Systemteilen ist. Hier hat sich der Entwurf nach dem Leitbild von Werkzeug und Material sehr bewährt (vergl. [2]).

Während in [8] *Demonstrationsprototypen* von besonderer Bedeutung für die Projektakquisition waren, wurde im Gebos-Projekt ihr Wert als Lerninstrument deutlich. Übereinstimmend zeigte sich, daß weder die fachliche Korrektheit noch die Übereinstimmung mit der Entwicklungsumgebung des Zielsystems, noch architektonische Ähnlichkeiten ausschlaggebend sind. Wir haben eher den Eindruck, daß die erkennbare Distanz zu einem funktionalen Prototyp den Blick der Beteiligten auf den gewünschten Aspekt konzentrierte - auf die prinzipiellen Entwurfsoptionen, um ein interaktives Arbeitsplatzsystem zu gestalten und zu benutzen. Damit dieser Skizzencharakter gewahrt bleibt, ist es wesentlich, daß ein Demonstrationsprototyp mit minimalem Aufwand entwickelt werden kann. Eine wesentliche Unterstützung sind dabei Rechner vom Typ Macintosh oder NeXt, sowie Softwaresysteme wie HyperCard, 4th Dimension, Object Vision, Visual Basic oder Star Division.

Der erste *Oberflächenprototyp* auf dem Zielsystem hatte im wesentlichen als Labor muster Bedeutung für das Entwicklerteam, da durch seine Konstruktion Erfahrungen im Einsatz eines Interface Builders gesammelt wurden und die Möglichkeiten zur Gestaltung einer Oberfläche auf dem Zielsystem klarwurden. Wir würden gegenüber [8] noch schärfer formulieren, daß beim explorativen Prototyping Oberflächenprototypen keine positive Rolle spielen. Im besten Fall stellen die Anwender selbst fest, daß sie wenig Aussagen zu einem funktionslosen Prototyp machen können. Negativ wirkt ein Oberflächenprototyp, wenn daraus Systemanforderungen abgeleitet werden, die bei ihrer späteren Realisierung nicht aufrechterhalten werden. Anders stellt sich die Situation dar, wenn im Rahmen des experimentellen oder evolutionären Prototyping bereits Erfahrungen bei den Beteiligten über den Umgang mit funktionalen Prototypen vorliegen. Dann können geplante Systemerweiterungen oder Modifikationen recht gut an schnell zu erstellenden und veränderbaren Oberflächenprototypen bewertet werden. Hier sollte klar werden, daß nur eine Kombination verschiedener Prototypen in einer Gesamtstrategie den Einsatz von Oberflächenprototypen sinnvoll machen. Dringend abzuraten ist von einem isolierten Oberflächenprototyping etwa durch die Vertriebs- oder Marketingabteilung einer Entwicklerorganisation.

Die Konstruktion von Oberflächenprototypen wird durch verfügbare Interface Builder wie NeXt-Step und CASE/PM sehr erleichtert. Allerdings stellt sich für die meisten kommerziell angebotenen Systeme heraus, daß sie nur wenige standardisierte Oberflächenelemente enthalten und sich für die Revisionen bei zyklischen

Entwicklungsprozessen nicht gut eignen. Im Gebos-Projekt ergab sich sehr rasch die Notwendigkeit, Oberflächen "per Hand" unter Verwendung der CommonView Klassenbibliothek zu konstruieren. Die Spezialisierungsmöglichkeiten von Klassen bei der objektorientierten Konstruktion erwiesen sich dabei als großer Vorteil.

Die *funktionalen Prototypen* waren im Gebos-Projekt die ergiebigste Quelle für konstruktive Kritik und neue Entwurfsideen, sowohl von Seiten der Anwender als auch im Entwicklerteam. Sie halfen auch im fortgeschrittenen Projektstadium, noch Fehleinschätzungen der Anwendungssituation und unklare Begriffsbildung aufzudecken. Die Übereinstimmung vom fachlichen Modell der Begriffe und des objektorientierten Systemmodells waren dabei die entscheidende Voraussetzung.

Bei der Diskussionen über diese Prototypen fiel den Anwendern immer wieder neue Anforderungen und Erweiterungen ein, die sie gerne berücksichtigt sehen wollten. Gelegentlich waren dies dann Dinge, die nicht mehr zu den erklärten Zielen des Systems gehörten, sondern ein auf andere Belange abgestimmtes System betrafen. Hier liegt für die Projektleitung die wichtige Aufgabe, die Zielsetzung und den Anwendungsbereich eines Systems im Auge zu behalten und darauf zu achten, daß das System handlich und elegant wird und nicht durch "barocke" Detailfülle seine Einsetzbarkeit einbüßt.

Ein wichtiger Schritt war das technische Redesign des vierten Prototyps. Hier wurde besonders auf die softwaretechnisch saubere Realisierung der Klassen und Klassenhierarchien geachtet. Obwohl diese Reimplementation viel Überzeugungsarbeit gegenüber dem RWG-Management erforderte, hat sich dieser Aufwand in jeder Beziehung gelohnt. Anschließend existierte eine relativ stabile Klassenhierarchie, mit deren Hilfe schnell und flexibel neue Komponenten entwickelt werden konnten.

Ein generelles Problem stellt die Nähe funktionaler Prototypen zum Zielsystem dar. Je mehr sie an Funktionalität des Zielsystems abdecken, desto schwerer wird es dem Entwicklerteam fallen, die notwendigen Aufwendungen für die Fertigstellung von Pilotsystemen oder des Zielsystems selbst gegenüber den Anwendern und meist auch gegenüber dem eigenen Management zu rechtfertigen. Dies war auch im Projekt Gebos immer wieder Anlaß, die Erwartungen an das System zu erhöhen und den Termindruck für die Entwickler zu vergrößern.

Wie in [8] eingeschätzt, spielen die *Labormuster* für den Entwurf und die Konstruktion von Software-Systemen eine wichtige Rolle. Sie halfen, effiziente Implementationen zu finden, aber sie regten auch neue Entwürfe an. Diese insgesamt positive Wirkung für das Entwicklerteam wurde an den Problemen einzelner neuer Teammitglieder deutlich, die den Bau von Labormustern überflüssig fanden und statt dessen an der aktuellen Entwicklungsversion weiterkonstruierten. Oft mußten in der Folge unpassende oder fehlerhafte Komponenten wieder ausgebaut werden.

Im Gebos-Projekt stellte sich deutlich heraus, daß ein *Pilotsystem* sich qualitativ sehr stark von einem Prototyp unterscheiden muß. Die Hoffnung, einen unter Laborbedingungen brauchbaren Prototyp ohne Zusatzarbeit "vor Ort" einsetzen zu können, erwies sich als falsch. Die Erwartungen der Benutzer an ein Pilotsystem unterschieden sich wesentlich von einem Prototyp. Dies betrifft vor allem die Stabilität und die Dokumentation. Im Gebos-Projekt erwarteten die Kundenberaterinnen zu Beginn des Testeinsatzes, daß sie zusammenhängende Arbeitsvorgänge mit dem System erledigen konnten und daß die Arbeitsergebnisse gesichert werden. Die zunächst häufigen Systemabstürze und vereinzelt noch fehlenden Systemkomponenten wirkten demotivierend. Es kostete einigen Aufwand, den Status dieses Praxistest deutlich zu machen und nur das mittlerweile sehr konstruktive Verhältnis zwischen Entwicklerteam und Anwendern verhinderte, daß der Testeinsatz für alle Beteiligten mit positiven Ergebnissen beendet werden konnte.

5.3 Die beteiligten Gruppen

Zusammenfassend können wir bestätigen, daß Prototyping und Objektorientierung die Akzeptanz, das Interesse und das Engagement der am Projekt beteiligten Personen fördert. Prototyping und die objektorientierte Rekonstruktion von Fachbegriffen vereinfachen und intensivieren die Kommunikation zwischen den Gruppen. Die unterschiedlichen Qualifikationen dieser Gruppen können bei der Diskussion über Prototypen für die Systementwicklung nutzbar gemacht werden. Für die einzelnen Gruppen wollen wir dies noch genauer betrachten.

Gegenüber den konventionellen Projekten wurde im Gebos-Projekt zum ersten Mal sichtbar, daß *Anwender und Benutzer*, wenn sie einbezogen werden, sehr engagiert mitarbeiten und auch in der Lage sind, konstruktiv das System zu beeinflussen. Die Organisatoren waren bereit, mehr Zeit als bisher in Software-Projekte zu investieren, weil sie das Gefühl hatten, das Zielsystem mitzugestalten und ihre Erfahrungen aus der Praxis einzubringen. Die Beraterinnen und Berater fühlten sich verstanden und konnten mitreden, weil die verwendeten Begriffe aus ihrer Welt stammten. Anhand des Prototypen konnten sie sich vorstellen, was die Anwendung leisten wird. Sie sahen ihren Einfluß und die Möglichkeit, genau die Dinge, die sie bisher in ihrer Arbeit als störend empfunden hatten, durch das System abzudecken.

Wir hatten nie das Gefühl, daß sich Anwender und Benutzer aus Angst vor Rationalisierungsmaßnahmen, die das System sicherlich mit sich bringen kann, nicht an der Entwicklung beteiligen wollten. Ein Grund wird sein, daß Rationalisierungsmaßnahmen nie zur Diskussion standen, sondern daß als Entwicklungsziel immer die Qualitätssteigerung der Kundenberatung ausgewiesen wurde.

Das *Bankenmanagement* trat im Entwicklungsprozeß eigentlich nicht in Erscheinung. Wir hatten den Eindruck, daß kein Interesse beim Bankenmanagement bestand, unmittelbaren Einfluß auf die Systemgestaltung auszuüben, sondern daß sie dies an ihre Organisatoren delegiert hatten.

Auf die Probleme des *DV-Managements* mit dem Prototypingprozeß haben wir bereits mehrfach hingewiesen. Dabei soll nicht vergessen werden, daß das Management die Entscheidung für Prototyping und Objektorientierung getroffen hat. Andererseits hatten wir den Eindruck, daß die Möglichkeiten zur fachlichen Projektsteuerung und Kontrolle durch Prototyping vom Management noch wenig genutzt werden. Selten kam es vor, daß sich ein höherer DV-Manager anhand eines Prototyps über den aktuellen Stand und Entwicklungsprobleme aufklären ließ.

Die meisten Mitglieder des *Entwicklerteams* hatten rasch verstanden, welche Möglichkeiten ihnen Prototyping in Verbindung mit der objektorientierten Methode prinzipiell bietet. Dies konkret in die Praxis umsetzen zu können, war die eigentliche Aufgabe. Die Bereitschaft, sich selbständig in das neue Aufgabengebiet einzuarbeiten, war durchgängig. Es machten den Entwicklern und Entwicklerinnen ganz offensichtlich Spaß, Bücher und Artikel über die neuen Themen zu lesen und sich mit neuen Systemen und Techniken auseinanderzusetzen, auch wenn dies bedeutete, bestehendes Wissen nicht mehr im bisherigen Umfang nutzen zu können.

Wenn bereits für das allgemeine Prototyping die Einbeziehung der Benutzer wesentlich ist, dann ist die Zusammenarbeit mit ihnen und die Analyse vor Ort beim objektorientierten Prototyping besonders wichtig. Die veränderte Rollenverteilung, bei der die Benutzer zu den eigentlichen Fachleuten im Anwendungsbereich werden, stellt für Entwickler immer wieder eine mentale Hürde dar. Zu tief sitzt die traditionelle Einstellung, daß in Softwareprojekten die Entwickler am besten wissen, was für die Benutzer gut ist.

Eine Schwierigkeit im Analyse- und Entwurfsprozeß bestand in der vorhandenen DV-Infrastruktur. Um die Möglichkeiten objektorientierter Arbeitsplatzsysteme nutzen zu können, mußten die Tätigkeiten der Bankmitarbeiter besonders auf solche Abläufe hin untersucht werden, die durch die vorhandenen Anwendungssysteme erzwungen werden und nicht zur Aufgabenerledigung selbst gehören. Gewöhnungsbedürftig waren auch die neuen Dokumentationsformen. Der ungewohnte Anteil an Prosatexten stieß bei vielen Entwicklern auf mangelnde Formulierungsfähigkeiten. Sie mußten lernen, wie wichtig verständliche Texte für den Diskussionsprozeß mit Anwendern sind, da dort Aspekte der Arbeit in einer Bank Gegenstand waren, die in Prototypen selbst nicht festgehalten werden konnten.

Ein wichtiges Bindeglied zwischen den Software-Entwicklern und den Bankmitarbeitern bildeten die Teammitglieder aus der Vertriebsabteilung der RWG. Da sie durch ihre sonstigen Aufgaben im Kundenservice im ständigen Kontakt mit Banken stehen, war ihre Mitarbeit bei den Interviews und der Ausarbeitung von Systementwürfen sehr produktiv. In diesem Zusammenhang wird die Bedeutung der Objektorientierung wieder deutlich: Die Vertriebsmitarbeiter mußten keinen Modellbruch mehr zwischen den Konzepten der Anwendung und den Elementen des Systementwurfs überwinden und konnten Anregungen der Benutzer unmittelbar auf Komponenten der Prototypen abbilden.

Ausblick

Prototyping als Vorgehensweise hat sich aus unserer Sicht als integraler Bestandteil eines evolutionären Entwicklungsprozesses bewährt. Objektorientierung als Sichtweise sowohl bei der Analyse eines Anwendungsbereichs als auch bei Entwurf und Konstruktion eines Softwaresystems trägt wesentlich dazu bei den Übergang von Prototypen zu weiterentwickelbaren Anwendungssystemen zu erleichtern. Der Entwicklungsprozeß selbst sollte technisch durch geeignete Werkzeuge und Darstellungsmittel noch besser unterstützt werden. Auch die Erstellung und Verwaltung von objektorientierten Entwicklungsdokumenten wird absehbar ein fruchtbares Gebiet für Forschung und Entwicklung sein.

Anfang 1993 ist das Gebos-System mit einigem Aufwand auf die OS/2-Version 2.0 umgestellt worden und wird in Kürze an die ersten Banken als "Produkt" ausgeliefert. Weitere Projekte im Schalter- und Wertpapierbereich sind begonnen und lassen die Vorzüge des objektorientierten Prototyping erkennen.

Wir möchten abschließend allen Mitarbeitern des Gebos-Entwicklerteams für ihren persönlichen Einsatz im Projekt und die gute Zusammenarbeit danken. Konzeptionell und persönlich hat uns die Zusammenarbeit mit den Mitarbeitern des GMD-Projektes WoK R. Budde, M.-L. Christ-Neumann und K.-H. Sylla wesentlich geholfen. Besonders Karl-Heinz Sylla verdanken wir und das Gebos-Team viel.

Literatur

[1]   Bürkle, U., Gryczan, G., Züllighoven, H.: *Einführung einer objektorientierten Vorge-hensweise.* Informatik-Spektrum, Band 15, Heft 5, Oktober 1992, Springer-Verlag.

[2]   Budde, R., Sylla, K.-H., Züllighoven, H.: *Objektorientierter Systementwurf.* In: LOG IN, Heft 4/5/6 90, Oldenbourg Verlag, München, 1990.

[3]   Budde, R., Kautz, K., Kuhlenkamp, K.,Züllighoven, H.: *Prototyping — an Approach to Evolutionary System Development.* Springer-Verlag, Berlin, Heidelberg, New York, 1992.

[4]   Floyd, C.: *A Systematic Look at Prototyping.* In: Budde et al. (eds) Approaches to Prototyping, Springer-Verlag, 1984, pp 105-122.

[5]   Floyd, C.: *Outline of a Paradigm Change in Software Engineering.* In: G. Bjerknes et al. (Hrsg.), Computers and Democracy — A Scandinavian Challange, Avebury, 1987

[6]   Gibbs, S., Tsichritzis, D., Casais, E., Nierstrasz, O., Pintado, X.: *Class Management for Software Communities.* In: CACM, September, 1990, pp.90—103.

[7]   Gryczan, G., Züllighoven, H.: *Objektorientierte Systementwicklung - Leitbild und Entwicklungsdokumente.* Informatik-Spektrum, Band 15, Heft 5, Oktober 1992, Springer-Verlag.

[8]   Kieback, A., Lichter, H., Schneider-Hufschmidt, M., Züllighoven, H.: Prototyping in industriellen Software-Projekten. Erfahrungen und Analysen, Informatik-Spektrum, Band 15, Heft 2, April 1992, Springer-Verlag.

[9]   Meyer, B.: *Object-Oriented Software Construction.* Prentice Hall, New York, 1988. Deutsch: Objektorientierte Softwareentwicklung. Hanser Verlag, München, Wien, 1990.

[10] Pomberger, Bischofsberger, Kolb, Pree, Schlemm: *Prototyping-Oriented Software Development - Concepts and Tools.* Structured Programming, 12, 1991, pp. 43-60.

[11] Wirfs-Brock, R.J., Wilkerson, B., Wiener, L.: *Designing Object-Oriented Software.* Prentice Hall, 1990.

Der Prototyp als fertiges Produkt
(oder Der Weg ist das Ziel)

Dipl. Inform. Bernhard Gramberg

Kurzfassung

Problem:	In einer Zentralabteilung waren die Bereiche Beitragsrechnung und Unfallgeschehen zur gesetzlichen Unfallversicherung auf EDV umzustellen.
Erwartung:	schnell einsetzbar, sicher, änderbar, wartungsfreundlich.
Lösung:	Ohne Pflichtenheft Programmentwicklung als Zyklus direkt vor Ort in der Fachabteilung, Einbeziehung von 40 weiteren Kunden in den Entwicklungsprozess, UNIX, (fast) vollständiges Entwickeln mit der Datenbanksprache INFORMIX/4GL unter UNIX
Zukunft:	Abschluß der 7-jährigen Pilotphase mit Version 1.0

Problem:

In einer Zentralabteilung eines großen Elektrokonzerns waren die Bereiche Beitragsrechnung und Unfallgeschehen zur gesetzlichen Unfallversicherung auf EDV umzustellen. Der Rechner (UNIX mit INFORMIX) waren bereits beschafft und die Mitarbeiter zur EDV-Einführungs-Schulung geschickt.

Beitragsrechnung

Die Beitragsrechnung beinhaltet als Aufgabengebiete:

- Ermitteln der beitragspflichtigen Entgelte und Mitarbeiterzahlen von ca. 500 Personalabrechnungsstellen mit Hilfe von automatisch erstellten Fragebögen. Hierbei handelt es sich um über 12" DM Entgelte von über 220.000 Mitarbeiter in unterschiedlichen Gefahrklassen.
- Berechnen und Ausstellen der Lohnnachweise einschließlich umfangreicher Kontroll-Listen.
- Berechnen der Beitragssummen und Kontrolle der ausgestellten Beitragsbescheide in Höhe von über 90' DM.
- Belasten der einzelnen Betriebe incl. Buchhaltungsbelege.

Die genannten Aufgaben wurden bisher manuell unter erheblichen Zeitdruck erledigt. Kontrollen waren nur eingeschränkt möglich.

Unfallgeschehen

Das Unfallgeschehen beinhaltet die Bereiche:

- Speichern und Auswerten von über 4000 Unfallanzeigen jährlich,
- umfangreiche Statistiken,
- Erstellen der Quartalsstatistiken und des jährlichen Arbeitsschutzberichts,
- Ausstatten von über 100 Betrieben mit einer einheitlichen Lösung.

Die genannten Aufgaben wurden bisher zu geringen Teilen extern auf einem Groß-Rechner durchgeführt, der altersbedingt abgelöst werden mußte. Dabei wäre eine Neuprogrammierung der COBOL-Programme, die bisher nur Bänder bearbeiteten, erforderlich gewesen. Die Jahres-/Quartals-Statistik konnte mit der bisherigen Lösung nur mit erheblicher Zeitverzögerung erstellt werden. Weitergende aktuelle Auswertungen waren nicht möglich.

Erwartung:

Schnelle Erstellung

Die zu erstellende Lösung sollte möglichst schnell und aktuell verwendbare Ergebnisse liefern. Der Rechner war bereits vorhanden. Bei Projektbeginn im Oktober 1986 war gewünscht, daß die Beitragsrechnung im Zeitraum Nov. des selben Jahres bis März bereits mit dem neuen System abgewickelt werden kann.
Das in der Firma übliche Verfahren, erst nach Erstellung eines Pflichtenhefts, Beantragung, Genehmigung, Erstellung, Test, Einsatz, Abnahme hätte eine Projektaufwand von mindestens 2-3 Jahren erfordert. Die Abwicklung wäre zentral in einer anderen Stadt erfolgt.

Sicherheit

Sicherheit, d.h. richtige Resultate bis zum Pfennigbereich (13-stellig), war oberstes Gebot. Hier war eine wesentliche Forderung umfangreiche Kontrollmöglichkeiten. Für den Bereich der Unfallstatistik ist zusätzlich der Datenschutz wesentliches Kriterium, da dieser Bereich personenbezogene Daten miteinbezieht und der Mitbestimmung des Betriebsrates unterliegt.

UNIX

UNIX war aufgrund der vorhanden Gerätschaft als Betriebssystem vorgegeben, wäre jedoch bei Neubeginn totz mancher Widrigkeiten auch wiedergewählt worden.

Wartungsfreundlich

Die zu erstellenden Programme müssen wartungsfreundlich und anpaßbar sein, da ständig, auch während der Programmierung, Änderungen vorgenommen werden mußten. Insbesondere bei dem gewählten Verfahren war dies besonders wichtig.

Lösung:
Programmentwicklung im Zyklus

Die Programmentwicklung erfolgt üblicherweise im Rahmen des bekannten Phasenmodells. Die Folge davon wäre jedoch gewesen, daß die Entwicklung erst nach umfangreichen Vorarbeiten, wie Analyse, Pflichtenheft u.ä. nach Jahren hätte eingesetzt werden können.

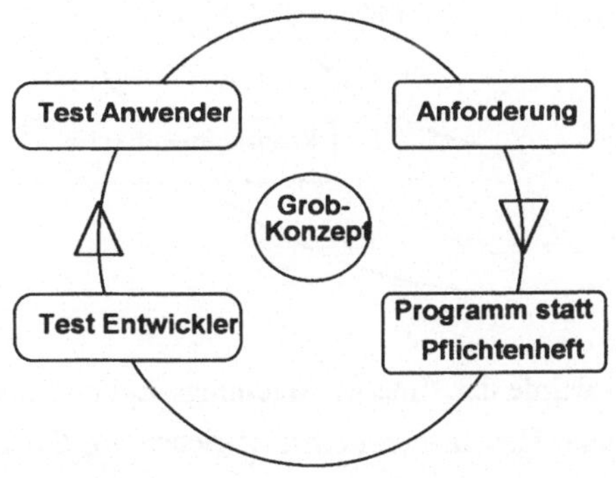

Stattdessen wurde die Programmentwicklung in einem schnellen Zyklus zwischen Fachabteilung und Programmentwickler durchgeführt. Ein Prototyp diente als Ausgangsbasis für den nächsten Prototyp. Dabei ist die Programmentwicklung direkt in die Fachabteilung eingebettet. Alle erstellten Programme, insbesondere in der Anfangszeit, wurden sofort mit Echtdaten einge-

setzt. Gleichzeitig wurde ein Test mit den Daten aus dem letzten Abrechnungs-
zeitraum durchgeführt. Daraus ergaben sich neue Programmanforderungen und
entsprechende Korrekturen.

Auf ein Pflichtenheft wurde verzichtet, da sich die Anforderungen ständig aus der
fortschreitenden Arbeit entwickelten. Zusätzlich war der Abteilungsleiter neu in
der Abteilung, die vorhandenen Mitarbeiter konnten die bisher manuell durchgeführten Arbeiten kaum systematisch darstellen. Nur für die Unfallstatistik lexi-
stierte als wenig taugliches Vorbild ein COBOL-Programm, daß auf einer alten
Groß-DV vorhanden war. Aufgrund der gewählten Vorgehensweise konnte die
Programmentwicklung teilweise im Stundentakt erfolgen.

Die Tests wurden zuerst vom Entwickler durchgeführt, dann erfolgte die Abnahme durch die Fachabteilung aufgrund von Quer-Kontrollen mit den schon vorhanden Ergebnissen. Ergänzend wurde die schon vorhandene Beitragsrechnung
aus dem Vorjahr vollständig nachvollzogen.

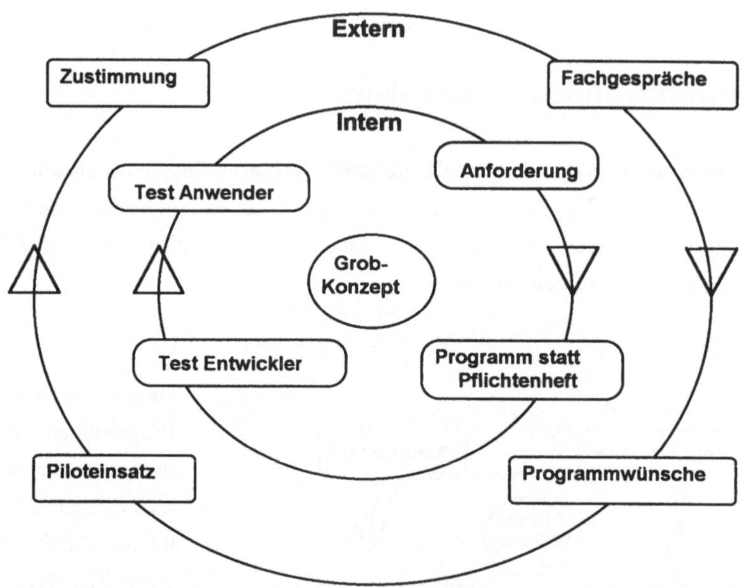

In dem Projekt der Unfallanzeige wurde der "interne Abteilungs-Zyklus" noch
um einen "externen Zyklus" ergänzt. Hier fanden in den Betrieben vor Ort Fach-
gespräche statt, die in weitere Programmvorgaben mündeten. Parallel wurde das
Programm seit Okt. 1987 schrittweise in nunmehr 40 Betrieben pilotweise eingesetzt (bisher ist die Pilot-Version 0.10 erreicht). Daraus ergaben sich Zustimmung

oder weitere Wünsche nach Verbesserungen oder Fehlerhinweise. Die anfängliche Grobkonzeption hat sich jedoch bisher in vollem Umfang bewährt.

Einsatz von UNIX

Von dem als Grundlage gewählten UNIX (Version SINIX) wurde im wesentlichen die gute baumförmige Dateistruktur zur Organisation von Programmen genutzt. Zusätzlich wurden diverse kleine Hilfsroutinen mit SHELL geschrieben. Intensiv wurde das Sicherungskonzept über Gruppen und Benutzer genutzt, da wie schon oben erwähnt, der Datenschutz der Unfallanzeigen sichergestellt werden mußte.
Es wurde jedoch bewußt auf den intensiven Einsatz von unverständlichem sed, awk oder gar yacc verzichtet. Ein bescheidener Bildschirmeditor bewahrte uns vor vi und ed. Auch C / ESQL/C (nur mit adb vorhanden) wurde nur in Notfällen (3 Programme) verwendet, diese wurden mitlerweile durch 4GL-Programme vollständig abgelöst.

INFORMIX SQL

Als Entwicklungswerkzeug wurde INFORMIX verwendet, weil es vorhanden war und auf diesem Rechner vom Hersteller gut (deutsche Handbücher und Fehlermeldungen) unterstützt wird. Anfänglich noch mit der Version 1.0 konnte nach einem Jahr auf Version 2.0 umgestiegen werden. Seit Mitte letzten Jahres wird Version 4.0 mit 4GL in Verbindung mit der Datenbank ONLINE eingesetzt.

Grundgerüst der erstellten Programme ist ein sauberer Datenbankentwurf, eingeteilt in die altbewährten Teile Stammdaten und Bewegungsdaten. Hier existieren inzwischen ca. 150 Stammdateien und 30 Bewegungsdateien. Bestandsdaten existieren nur in wenigen Dateien, da der Datenbestand eine Neuberechnung noch jederzeit zuläßt. Alle Dateien wurde streng nach der "3. Normalform" erstellt. Der anfängliche Entwurf (ein 1-Tages Brainstorming) hat sich, bis auf zwei Designfehler, bewährt.

INFORMIX/SQL wurde insbesondere für die Maskenerstellung (PERFORM) und die Listenerstellung (ACE) genutzt.
Alle Bildschirmmasken sind 100%-INFORMIX-Masken ohne C-Erweiterungen.
Bisher sind ca 150 Masken erstellt worden.

Die Listenprogramme (bisher über 500) wurden zu 99% mit dem vorhanden Listengenerator erstellt. Dabei wurden intensiv die Bereiche "Gruppenwechsel", "Gruppensummen" und "Seitenlayout" genutzt. Aufgrund der einheitlichen Bedienung und dem verwendeten Menüsystem war der Schulungsaufwand gering.

INFORMIX 4GL

4GL besitzt neben den bisherigen Masken-/ und Listen-möglichkeiten noch die Bereiche: Multi-Column-Masken, Windows und Menüs. Zusätzlich existiert eine vollständige Programmiersprache einschließlich Prozeduren, lokalen und globalen Größen, Felder und Records (alles was ein Informatiker sich wünscht). Wesentlichste Eigenschaften sind jedoch die vollständige Bereitstellung der SQL-Schnittstelle und die Möglichkeit, an allen Stellen alles zu machen. Z.B. kann während einer Listenerstellung die Datenbank "upgedatet" werden, während der Abarbeitung einer Maske ein Informationsfenster aufgerufen werden oder eine Liste erstellt werden.

4GL wird in dem Projekt an allen Stellen eingesetzt, in denen der Schwerpunkt auf die optimale Benutzerschnittstelle gelegt wird. Hier wird insbesondere das Darstellen von mehreren Datensätzen gleichzeitig auf einem Schirm und die flexible Menü- und Window-technik genutzt.

Wichtig war immer, zuerst überhaupt ein Programm nutzen zu können und dann dies bei Bedarf mit verbessertem Bedienungskomfort auf 4GL umzustellen. Überraschenderweise wird die verbesserte Version (z.B. mit Fenstertechnik für Schlüsselfelder) nur zögernd angenommen.

Zukunft:

Aktuell wird die Version 1.0 mit einem umfangreichen Benutzerhandbuch fertiggestellt. Weiterführende Schritte sind der verstärkte von 4GL-Programmen und
die weitere Einführung der Unfallstatistik in über 100 Betrieben, Für die graphische Darstellung wird das Zusammenspiel von UNIX und MS-DOS-Rechnern genutzt, hier ist der technische Fortschritt so weit, daß eine Eigenentwicklung nicht
lohnend erscheint.

Zusammenfassung

Die bisherige Entwicklung, die nunmehr über 7 Jahre geht, zeigt deutlich, daß die
Entscheidung "Kein Pflichtenheft", sondern sofortige Umsetzung der Fragestellung in ein Programm (Prototyp), das dann jeweils Diskusionsgrundlage für die
weitere Arbeit darstellt, richtig war. Aufrund des stückweisen Einsatzes war es
auch für die Mitarbeiter möglich, mit dem Programm zu wachsen und stückweise
auch eigene Wünsche einzubringen, die jeweils alle umgesetzt wurden. Ein Zwi-
schenstand der Arbeit, für die auch ein vollständiges Handbuch vorhanden ist,
wird durch Benennung in Version 1.0 erreicht.

Prototyping als Entwicklungsmethode für ein Anwendungs(teil-)projekt

Henning Lübbecke
TÜV Bayern Sachsen e. V.
8000 München

Abstract

In den vergangenen 2 1/2 Jahren wurde beim TÜV Bayern Sachsen e. V. eine Statistikanwendung als Teil eines Auftragsverwaltungssystems entwickelt. Zur Entwicklung dieses (Teil-) Systems wurde Prototyping eingesetzt. Das Teilprojekt wurde, wie das gesamte Projekt, innerhalb eines SAP-Systems mit der von SAP zur Verfügung gestellten Entwicklungsumgebung realisiert. Hier werden die Vorgehensweise und die im Teilprojekt gemachten Erfahrungen vorgestellt.

1. Charakterisierung des Projektes

Im Rahmen der Ablösung eines in seiner Konzeption 20 Jahre alten "Auftragsnummernsystems", das seine Grenzen in allen Belangen erreicht hatte, wurde u. a. ein Statistik(teil)system vollständig neu konzipiert. Aufgabe des bisherigen Auftragsnummernsystems ist es, die Kundenaufträge des TÜV's bis zu ihrer Abrechnung zu verwalten. Durch die neu(zuschaffend)e integrierte Auftragsabwicklung, die alle Schritte von der Kundenanfrage bis zur Rechnungsstellung begleitet, ergaben sich die Notwendigkeit, die entsprechenden Statistiken ebenfalls neu zu realisieren. Neben den bisher existierenden und zum Teil vom Gesetzgeber oder anderen Institutionen geforderte Statistiken, konnten auch neue Statistiken und Statistikarten innerhalb der Integrierten Auftragsabwicklung realisiert werden. Die neue Integrierte Auftragsabwicklung und die in ihr enthaltene Statistikkomponenete ist ein strategisches Produkt auf dem Weg des TÜV Bayern von einer behördenähnlichen Einrichtung, die sich im wesentlichen mit staatsentlastenden Tätigkeiten beschäftigt, zu einem modernen Dienstleistungsunternehmen in freier Konkurrenz zu anderen Dienstleistern im Sicherheitswesen.

Statistiken des TÜV Bayern wurden im Altsystem zu festen Zeitpunkten durch Batchläufe erzeugt. Die Benutzerinnen und Benutzer dieser Statistiken erhielten dann einen Ausdruck der erstellten Statistik. Innerhalb des neuen Systems sollte für die bisher bereits vorhandenen Statistiken dieser Vorgang flexibilisiert werden. Es sollte in diesem Bereich möglich sein, Statistiken On-Line aktuell zu erstellen und ebenfalls On-Line relativ aktuelle Statistiken anzuzeigen und auszudrucken. Eine solche On-Line Komponente war im Altsystem vollkommen unbekannt. Eine Benutzungsoberfläche hierfür mußte vollkommen neu erarbeitet werden. Dasselbe galt auch für die neu zu entwickelnden Statistiken. Darüber hinaus sollten die Selektionskriterien (Eingrenzungen auf bestimmte Arbeitsgebiete, Regionen etc.) von den Benutzerinnen und Benutzern individuell bestimmt werden können.

Im Bereich der neu zu entwickelnden Statistiken war es notwendig, den Benutzerinnen und Benutzern aufzuzeigen, welche Statistiken durch das neue Auftragssystem möglich werden. Zum anderen war es notwendig zu erkennen, welche Anforderungen an die Statistikkomponente neu gestellt werden.

Da die Komponenten der Auftragsabwicklung, die die Daten für die Statistikkomponente liefern, parallel zur Statistikkomponente entwickelt wurden und somit der Entwicklungs- und Erkenntnisfortschritt (was überhaupt entwickelt werden soll) ebenfalls parallel liefen, bot sich Prototyping für die Statistikkomponente der Integrierten Auftragsabwicklung des TÜV Bayern Sachsen e. V. an.

1.1 Projektgröße und -umgebung

Das Projekt "Entwicklung einer Integrierten Auftragsabwicklung" (IAA) ist in die Linienstruktur des TÜV eingebunden. Die Federführung für das Projekt liegt bei der Zentralabteilung "Entwicklungszentrum" des Fachbereichs Informationstechnik. Das Projekt in seiner jetzigen Form wurde Ende 1989 gestartet, nachdem festgestellt wurde, daß die von der Firma SAP angebotene Standardsoftware für den Vertrieb den TÜV Anforderungen nicht gerecht wird. Das Projektteam setzt sich aus dem Projektleiter, 3 Vertretern der Fachabteilungen und zwischen 4 und 14 Entwicklerinnen und Entwicklern zusammen. Dem Projektteam stehen darüberhinaus 4 weiter Ansprechpartner verschiedener Fachabteilungen, zwei Berater der Firma SAP und diverse Mitarbeiterinnen und Mitarbeiter der Fachabteilungen zur Unterstützung und zur Durchführung von Tests zur Verfügung. Heute (November 1992) sind die Arbeiten für die erste Produktionsübergabe im Gange. Das System soll in mehrerem Schritten bis Mitte 1993 für den gesamten TÜV Bayern Sachsen eingeführt werden.

Das Projekt gliedert sich in 8 Teilprojekte. Jedes dieser Teilprojekte ist durch seinen Teilprojektleiter im Projektteam vertreten. Das Teilprojekt "Statistik" wurde im April 1990 installiert. An diesem Teilprojekt sind drei Vertreterinnen und Vertreter der Fachabteilungen und zeitweise bis zu drei Entwickler beschäftigt. Das Teilprojekt wird zum Jahreswechsel 92/93 produktiv. Für die Testarbeiten standen dem Teilprojekt 8 Personen aus den unterschiedlichen Fachabteilungen des TÜV's zur Verfügung. Diese Personen wurden während der Testarbeiten immer wieder auch in die Weiterentwicklung des Teilprojektes einbezogen.

Neben dem Projektteam und den einzelnen Teams für die Teilprojekte existierte ein Reviewteam, das in monatlichen bis vierteljährlichen Abständen den Projektfortschritt kontrollierte.

1.2 Verwendete Hard- und Software

Für die Entwicklung der Integrierten Auftragsabwicklung wurde der Großrechner des TÜV Bayern (IBM 3725) als Hardware verwendet. Das System selbst ist innerhalb eines SAP R/2 Systems realisiert worden. Bei der Entwicklung wurde ausschließlich die vom SAP-System zur Verfügung gestellte Entwicklungsumgebung genutzt.

2. Warum Prototyping

Die Überlegungen, die zum Prototyping führten, ergaben sich bereits zu Beginn des Teilprojektes. In einem relativ großen Bereich des Teilprojektes konnten keine konkreten Anforderungen gestellt werden, da der Bereich der Dienstleistungen mit direkter Konkurrenz auf dem Markt beim TÜV in vielen Bereichen erst im Entstehen ist und entweder noch keine oder nur wenige Erfahrungen vorliegen, welche Anforderungen hieraus entstehen würden. Eine Orientierung an anderen Dienstleitungsunternehmen war durch die sehr spezifische Form der TÜV-Dienstleistungen ebenfalls nicht möglich, so daß in diesem Bereich eine Analyse im eigentlichen Sinne nicht stattfinden konnte.

Gegenüber den bisherigen Statistiken sollten die vom Teilprojekt erstellten Statistiken On-Line verfügbar sein. Die Entscheidung für eine On-Line-Anwendung war von dem Wunsch nach Aktualität geprägt, setzte aber voraus, daß die Benutzerinnen und Benutzer akzeptierten zukünftig selbst am Bildschirm zu arbeiten. Da es sich bei der Statistikkomponente sowohl um ein Auskunftssystem (auch gegenüber Dritten), als auch um ein Informationssystem (in erster Linie für das mittlere Management) handelt, besitzt die Gestaltung der Benutzungsoberfläche hinsichtlich ihrer Selbsterklärungsfähigkeit, Flexibilität und Anpaßbarkeit gegenüber den Bedürfnissen der Benutzerinnen und Benutzer einen hohen Stellenwert.

Eine wesentliche Begründung für Prototyping war durch die parallele Entwicklung der Auftrags- und der Berichtskomponente des Gesamtsystems gegeben. Die Auftrags- und die Berichtskomponente stellten zusammen mit der Objektverwaltung (Objekte hier im TÜV-Sinn (Druckbehälter, Dampfkessel, ...)), deren Entwicklung bereits früher begonnen hat, aber noch nicht abgeschlossen ist, die Datenbasen für die Statistikkomponente dar. Durch die parallele Entwicklung ergaben sich immer neue Möglichkeiten, bzw. Notwendigkeiten die Statistikkomponente zumindest teilweise zu revidieren.

2.1 Stellung des TÜV's zum Prototyping

Aus der obigen Begründung für das Prototyping ist ersichtlich, daß zu Beginn des Teilprojektes "Statistik" noch gar nicht feststand, was eigentlich der konkrete Inhalt dieses Teilprojektes sein würde. Da es allen Beteiligten nicht möglich erschien ein halbwegs vernünftiges Pflichtenheft für dieses Teilprojekt zu erstellen, wurde der von mir eingebrachten Idee des Prototypings nachgegeben. Die Entscheidung war in diesem Fall mehr eine Entscheidung gegen eine klassische Vorgehensweise als eine Entscheidung für Prototyping.

Alle anderen Teilprojekte innerhalb des Projektes wurden dementsprechend auch nach klassischen Vorgehensweisen, wie sie in (3) beschrieben sind, bearbeitet.

3 Vorgehensweise

In Anlehnung an die in (2) beschriebene Vorgehensweise wurde wie folgt vorgegangen.

In einem ersten Schritt wurden die (voraussichtlichen) Anforderungen an die Komponente zusammengetragen. Die Anforderungen waren zum Teil durch die im Altsystem existierenden Statistiken gegeben. Zusätzlich wurde zur Erhebung der neuen Anforderungen ein "stilles Brainstorming" durchgeführt, d. h. alle Beteiligten haben eine Liste der von ihnen gewünschten Statistiken erstellt, die der Teilprojektleiter dann zu einer Liste zusammen gefaßt hat. Die einzelnen Statistiken wurden anschließend genauer definiert, indem für ihre Beschreibung die bisherigen Listen des alten Systems herangezogen wurden, bzw. für die neuen Statistiken "Bilder" gemalt wurden, aus denen hervorging was diese Statistiken eigentlich beinhalten sollten. Diese Anforderungen wurden gesammelt. Die einzelnen Statistiken wurden anschließend einzelnen Sachgebieten zugeordnet. Innerhalb des Teilprojektes wurde auf dieser Grundlage mit den Fachabteilungen zusammen diskutiert, welche dieser Statistiken realisiert werden sollen.

In der ersten Phase der Entwicklung wurde die Benutzungsoberfläche der Statistikkomponente als funktionaler Kern geschaffen. Hierbei wurde in Diskussionen festgelegt, daß es sich um eine Menueführung handeln sollte, da diese den Bedürfnissen der Benutzerinnen und Benutzer am besten gerecht wurde. Dieser Auswahlprozeß wurde von den Benutzerinnen und Benutzern dominiert. Von den Systementwicklerinnen und -entwicklern wurden als Alternativen eine Steuerung über ein SAP-Menue, wie es beim TÜV üblich ist, oder über SAP-Transaktionen, wie es im SAP-System üblich ist, angeboten. Die Gestaltung der Menues erfolgte in direkter Zusammenarbeit von Benutzerinnen, Benutzern, Entwicklerinnen und Entwicklern mit Hilfe eines Maskengenerators. Die einzelnen Masken wurden mit etwas Steuerungslogik versehen und als erster Demonstrationsprototyp (vgl. mit Prototypen-Arten-Einteilung in (1)) präsentiert. Die Masken wurden mit dem SAP-Screen-Painter erstellt, dieses Werkzeug ermöglicht es nicht nur reine Bildschirmmasken zu erzeugen, sondern auch Plausibilitätsprüfungen der Eingaben und den Aufruf einer Folgeverarbeitung direkt in der Maske (bei SAP "Dynpro") zu hinterlegen.

Nachdem die Benutzungsoberfläche geschaffen war, wurden die Statistiken als solche geschaffen. Jede Statistik wurde dabei als ein Objekt (im Informatik-Sinn) aufgefaßt, das einer Matrix gleicht. Für die einzelnen Matrixfelder wurden dann von den Entwicklerinnen, Entwicklern, Benutzerinnen und Benutzern gemeinsam festgelegt, aus welchen Datenbeständen diese auf welche Weise zu füllen sind. Die einzelnen Statistiken wurden in die Benutzungsoberfläche eingebettet. Aus der Benutzungsoberfläche und den ersten Statistiken wurde ein erstes Pilotsystem (vgl. mit Prototypen-Arten-Einteilung in (1)) geschaffen.

Mit diesem Pilotsystem konnte ein Eindruck von der entstehenden Statistikkomponente vermittelt werden. Es konnte eine erhöhte Akzeptanz geschaffen und für die weitere Mitarbeit an der Komponente motiviert werden. Ein weiterer Vorteil des Pilotsystems war es, daß gegenüber den Entwicklerinnen und Entwicklern der anderen Komponenten, anhand des Pilotsystems erläutert werden konnte, welche Anforderungen aus der Statistikkomponente heraus an ihre Komponenten gestellt werden.

Nachdem das Pilotsystem fertig gestellt war, wurden die einzelnen Statistiken soweit bekannt definiert. Für die definierten Statistiken wurde dann eine Datenbankstruktur entworfen und implementiert, in der die erstellten Statistiken gespeichert und aus der die Statistiken angezeigt werden können.

Im Anschluß an die Fertigstellung der Datenbankstruktur und der Benutzungsoberfläche wurden weitere Statistiken entwickelt. Dazu wurden von den Benutzerinnen, Benutzern, Entwicklerinnen und Entwickler zusammen die Datenbasen der Statistikkomponente (Auftragsverwaltung, Berichtswesen, Objektverwaltung) durchforscht und gemeinsam festgelegt, wie die einzelnen Statistikfelder zu füllen sind. Die Formate für den "Statistikkopf" und die jeweilgen Zeilen- und Spaltentextfelder wurden gemeinsam festgelegt, nachdem die Statistiken definiert waren. Als letztes wurden alle in den Statistiken vorkommenden Texte von den Benutzerinnen und Benutzern vorgegeben.

Da die Entwicklerinnen und Entwickler auch in die Entwicklungs- und Testarbeiten der anderen Komponenten der Auftragsabwicklung miteinbezogen waren und gleichzeitig die Arbeitserfordernisse der Benutzerinnen und Benutzer durch die Zusammenarbeit im Prototyping-Prozeß kannten, entwickelten sie Vorschläge für neu zu entwickelnde Statistiken. Diese Vorschläge wurden dann mit den entsprechenden Benutzerinnen und Benutzer auf ihre Tauglichkeit diskutiert und anschließend unter Umständen von beiden weiterentwickelt und implementiert.

Ähnlich wie die Entwicklerinnen und Entwickler waren auch die Benutzerinnen und Benutzer in die Abnahmetests der anderen Komponenten eingebunden. Die entwickelten aus ihrer Kenntnis der anderen Komponenten heraus Vorschläge für noch zu realisierende Statistiken. Diese Vorschläge wurden mit den Entwicklerinnen und Entwicklern zusammen auf Machbarkeit und Aufwand analysiert, gegebenenfalls weiterentwickelt und implementiert.

Die Dokumentation des Systems wurde gemeinsam vorgenommen. Die Benutzerinnen und Benutzer waren dabei für die Formulierung und den Detaillierungsgrad der Dokumentation zuständig. Die Entwicklerinnen und Entwickler waren für die korrekte Darstellung des Systems innerhalb der Dokumentation verantwortlich.

4. Probleme beim Prototyping

1. Da die hierarchische Stellung einiger am Teilprojekt Beteiligter oberhalb der des Teilprojektleiters lag, waren Problem- und Konfliktlösungen oft nur durch das einschalten übergeordneter Stellen (Projektleitung, Reviewgremium) möglich. Dieses Problem stellte sich im Teilprojekt Statistik häufiger und vehementer als in anderen Teilprojekten, die nach klassischen Vorgehensweisen bearbeitet wurden. Der Grund hierfür lag in der viel stärkeren Einbindung der Benutzerinnen und Benutzer in den Entwicklungsprozeß und ihrer größeren Verantwortung für das Endergebnis.

2. Die Arbeit am Terminal oder PC wurde von einigen Angehörigen des mittleren Managements als "Sekretärinnenarbeit" eingestuft. Innerhalb dieses Kreises war es schwierig im Rahmen von Prototyp-Präsentation Projektfortschritte zu erzielen. Den Prototyp testen zu lassen erfordert hier sehr viel Überzeugungsarbeit. Diese konnte nicht in allen Fällen vom Teilprojektleiter alleine geleistet werden, was der Atmosphäre innerhalb des Teams nicht förderlich war.

3. Es war oft schwierig zu erklären, daß es sich um einen Prototyp und nicht bereits um das fertige Produkt handelt. Insbesondere wenn der Prototyp den Vorstellungen der Fachabteilung entsprach, war es schwierig zu vermitteln, warum noch weiter daran gearbeitet werden mußte.

4. Die zeitliche Inanspruchnahme der Benutzerinnen und Benutzer durch das Prototyping wurde von diesen trotz vorheriger Warnung deutlich unterschätzt. Dies führte zu erheblichen Terminschwierigkeiten und langwierigen Auseinandersetzungen mit den betroffenen Fachabteilungen.

5. Vorteile des Prototypings

In den Bereichen, in denen sowohl die Datenbasis wie auch die Anforderungen präzise definiert waren, bot Prototyping keine Vorteile gegenüber herkömmlichen Entwicklungsmethoden.

In den Bereichen, in denen entweder die Datenbasis oder die Anforderungen nicht präzise definiert waren, bot Prototyping erhebliche Vorteile gegenüber herkömmlichen Entwicklungsmethoden. Durch das gewählte Vorgehen konnten Fehlentwicklungen (in der Regel) von vornherein vermieden werden. Die Erwartungen der Benutzerinnen und Benutzer entwickelte sich mit dem System, d. h. es wurde nicht eine Anforderungsliste abgeliefert und erwartet, anschließend ein System zu bekommen, das alles kann. Durch die Einbindung der Benutzerinnen und Benutzer, entwickelte sich ihre Erwartungshaltung an dem, was innerhalb des Projektes möglich war, wobei einige der anfänglichen Erwartungen der Benutzerinnen und Benutzer übertroffen, andere nicht erfüllt werden konnten. Durch diese Vorgehensweise konnte eine sehr hohe Akzeptanz und Zufriedenheit bei den Benutzerinnen und Benutzer der ersten Version des Systems erreicht werden. Es konnten neu entstandene Anforderungen direkt mit in das Projekt einbezogen werden, ohne daß dies zu größeren konzeptionellen Änderungen und/oder einem erheblich höheren Aufwand geführt hätte.

Einige neuentstandene Anforderungen konnten auf diesem Weg auch gleich als im Aufwand-/Nutzen-Verhältnis unvernünftig zurückgewiesen werden.

6. Erfahrungen

1. Das Arbeiten mit unterschiedlichen Vorgehnsweisen innerhalb eines Projektes hat sich als problematisch erwiesen. Die Vorteile und Nachteile der unterschiedlichen Vorgehensweisen wurden zu unterschiedlichen Zeitpunkten offensichtlich und oft innerhalb des Reviewteams als Argument gegen das jeweils in Problemen steckende Teilprojekt verwendet. Dies führte zu erheblichen Spannungen innerhalb des Projektteams sowie zwischen Projektteam auf der einen und Fachabteilungen und Reviewteam auf der anderen Seite.

2. Durch die enge Zusammenarbeit von Entwicklerinnen, Entwicklern, Benutzerinnen und Benutzern traten gruppendynamische Prozesse stärker in den Vordergrund, als dies in Teilprojekten der Fall war, die nach herkömmlichen Vorgehensweisen arbeiteten. Die Auswahl der an einem solchen (Teil-) Projekt Beteiligten müßte zukünftig sorgfältiger und nicht nur aus fachlicher Sicht erfolgen.

3. Das hier beschriebene Projekt alleine genügt nicht, um zu allgemeinen Aussagen über Anwendbarkeit, Vor- und Nachteile von Prototyping in der Praxis zu gelangen. Dieser Erfahrungsbericht kann nur ein Mosaikstein von vielen sein, die in eine allgemeine Bewertung und ein theoretisches Fundament der Anwendung von Prototyping in der Praxis eingehen müssen. Der Verbund eines Teilprojektes, in dem Prototyping betrieben wird, mit sieben anderen Teilprojekten, die nach herkömmlichen Vorgehnsweisen arbeiten, dürfte recht exotisch sein und sollte ganz sicher nicht tägliche Praxis werden.

7. Literatur

A. Kieback, H. Lichter, M. Schneider-Hufschmidt, H. Züllighoven: "Prototyping in industriellen Software-Projekten. Erfahrungen und Analysen", Informatik-Spektrum Band 15 Heft 2 April 1992.

J. E. Richter: "Prototyping und Simulationsverfahren bei der Erstellung von Dialoganwendungen".

I. Sommerville: "Software-Engineering", Bonn 1987.

Thorsten Spitta
(Vatter Unternehmensgruppe)

Sechs Jahre Anwendungsentwicklung mit Prototyping

- Revision von Begriffen und Konzepten -

Zusammenfassung: Es wird gezeigt, daß eine Revision des Begriffs (Software-)Prototyp zweckmäßig ist und bisherige Klassifikationen zum Prototyping eingeschränkt werden sollten. Es wird empfohlen, zwischen Modellen, Prototypen und Pilotsystemen zu unterscheiden. Die Sinnhaftigkeit der Begriffseinschränkung und der tatsächliche Verlauf großer Projekte wird an Fallstudien gezeigt. Die Fallstudien entstammen der Entwicklung eines integrierten Systems mit über 40 MJ Entwicklungsaufwand. Das System besteht aus: Tourenplanung, Produktionssteuerung, Bestandsführung und Vertriebsabwicklung. Anhand der Fallstudien werden auch Nutzen und Gefahren des Prototyping gezeigt.

1. Begriffe

1.1 (Software-)Prototypen

Die Begriffe Prototyp/Prototyping werden in der Softwareentwicklung trotz einer begriffsklärenden Tagung 1983 [Approaches to Prototyping: 2] bis heute verschieden benutzt [vgl. 2, 4, 7, 12, 13]. Der Begriff Prototyp soll hier so eingegrenzt werden, wie er der Projektarbeit unter industriellen Bedingungen entspricht. Dabei rückt der Autor auch von dem bisher selbst praktizierten Sprachgebrauch ab. Ich beziehe mich auf den umgangssprachlichen Gebrauch von Prototyp.

Aus praktischer Anschauung versteht wohl jeder dasselbe unter dem **Prototyp eines Automobils.** Dies ist ein real funktionierendes Auto, an dem man systematisch erprobt, was es unter Extrembedingungen leistet und aushält. Bei der Softwareentwicklung gibt es keine einheitliche, sondern üblicherweise drei Betrachtungsebenen von Prototypen [vgl. Floyd in: 2]:

1.   Der **Entwicklungsschritt,** in dem Prototypen angewendet werden: Dies sind gelegentlich die Vorstudie, meist Spezifikation und Softwareentwurf [vgl. hierzu Abb.1 Folgeseite].

2.   Die **Vorgehensweise bei der Entwicklung**: Sie ist linear oder zyklisch (Folge von Versionen).

3.   Der **Gegenstand**, den ein Prototyp abbildet: Das Produktionssystem oder ein davon verschiedenes Werkzeug.

Statt Definitionen noch einige Beispiele aus dem Alltag:

o   ein Modellauto ist kein Prototyp;

o   ein Musterhaus ist ein **Prototyp** und kein Modell;

o   ein Kapazitätsbelegungsmodell bleibt ein **Modell,** ob es auf dem Papier oder einem Computer gerechnet wird;

o   ein Buchhaltungssystem, ob mit "Haupt- und Nebenbüchern" manuell verwaltet oder mit einem Computer, ist ein **ausführbares Modell** des Werte- und Mengenflusses eines Unternehmens. Es ist sicher kein Prototyp;

o   die ersten BTX-Anwender haben mit einem **Pilotsystem** gearbeitet und nicht mit einem Prototyp.

Prototypen sollen sich demnach von Modellen, von Pilotsystemen [vgl. Rezevski in: 2] und von Produktivsystemen unterscheiden. Sie sind ein Stück Software, das vor dem Produktivsystem entwickelt und mit dem dann gearbeitet wird (Exploration oder Experiment [vgl. Floyd in: 2]). Es ist jedoch eine Einschränkung notwendig:

Man kann Prototypen im Rahmen eines linearen Vorgehensmodells einsetzen ["Wasserfallmodell" nach Boehm] oder in einem zyklischen [Floyd 81: 6]. Prototyping ist jedoch <u>nicht</u> gleichzusetzen mit evolutionärer (=zyklischer) Softwareentwicklung.

Prototypen können wie jede Software evolutionär zum Endprodukt weiterentwickelt werden, wenn der Prototyp in der Zielsprache und -umgebung erstellt wird. Sehr leicht wird jedoch eine notwendige Bedingung hierfür übersehen: Gerade evolutionäre Softwareentwicklung verlangt ein kontrolliertes Vorgehen, d.h. es werden Spezifikationen und Entwürfe erstellt und begutachtet. Ohne die Beachtung dieser Bedingung gleitet evolutionäres Prototyping [vgl. Floyd in: 2] leicht in eine 'quick and dirty'-Entwicklung ab. Um das zu verhindern, muß entweder ein hoher Kontrollaufwand betrieben werden oder man räumt die Möglichkeit für diese Art der Entwicklung gar nicht erst ein.

Für das Weitere seien folgende Entwicklungsschritte eines vereinfachten zyklischen Vorgehensmodells unterstellt:

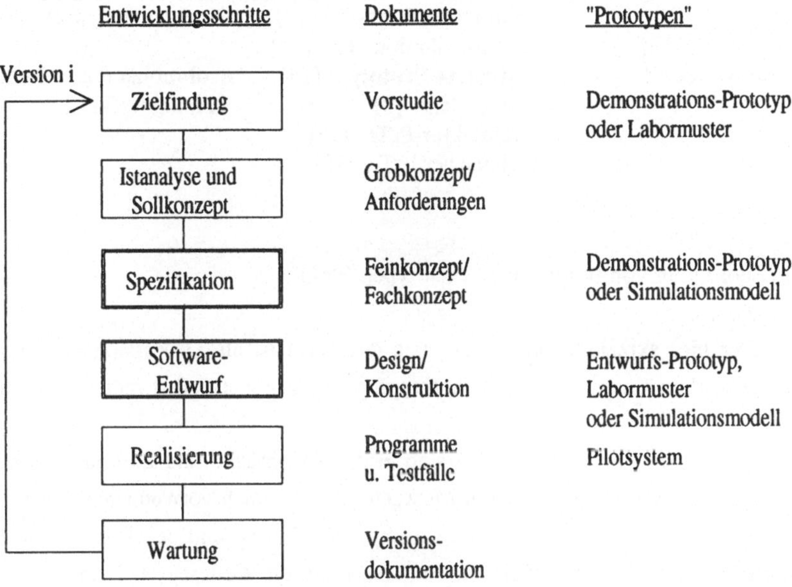

<u>Abb. 1:</u> Entwicklungsschritte mit Prototypen (/= Synonym)

Prototypen werden überwiegend in den doppelt umrandeten Schritten verwendet, <u>ohne</u> textuelle oder formale Spezifikationen und Software-Entwürfe zu ersetzen. Nennt man alle vor der Realisierung hilfsweise erstellten Programme Prototypen -dies der heute gängige Sprachgebrauch-, dann ist "Prototyping" das Arbeiten hiermit (gelegentlich auch das Erstellen).

Folgende Abgrenzung sollte jedoch vorgenommen werden:

Modell	Prototyp	Produktivsystem
Labormuster/ [7]	**Demonstrations-PrT/** [7]	**Pilotsystem** [in 2]
Testprogramm; [13]	Kommunikations-PrT;[14]	
Simulationsmodell	**Entwurfs-Prototyp/** [14]	evolutionär entwickelte
	Durchstich/ [3]	Version [in 2]
	Architektur-PrT/ [12]	
	technischer PrT. [13]	

Tab. 1: Zuordnung von Begriffen zu Prototypen (PrT)

Der hier skizzierte Sprachgebrauch [Fettdruck] ist als Diskussionsbeitrag gedacht und in der starken Eingrenzung des Prototyping zugegebenermaßen radikal. Wozu ist das nützlich?

Prototypen i.S. von Tabelle 1 sind in der Zielsprache und Zielumgebung erstellt. Dies ist m.W. bei der überwiegenden Mehrzahl der praktisch verwendeten Prototypen der Fall, da man meist den Aufwand einer Re-Implementierung und den Bruch an der Benutzerschnittstelle scheut. Die Gefahr einer unkontrollierten Weiterentwicklung ist genau bei diesem "Typ von Prototyp" sehr groß. Sie besteht bei Modellen nicht, bei Pilotsystemen ist eine iterative Weiterentwicklung gewollt. Bei einem wie oben dargestellten Prototyping kann der Entwicklungsprozeß gezielt überwacht werden.

Abschließend ein Bild, das verdeutlicht, wie die am häufigsten verwendeten Prototypen in das zu erstellende Produkt einzuordnen sind:

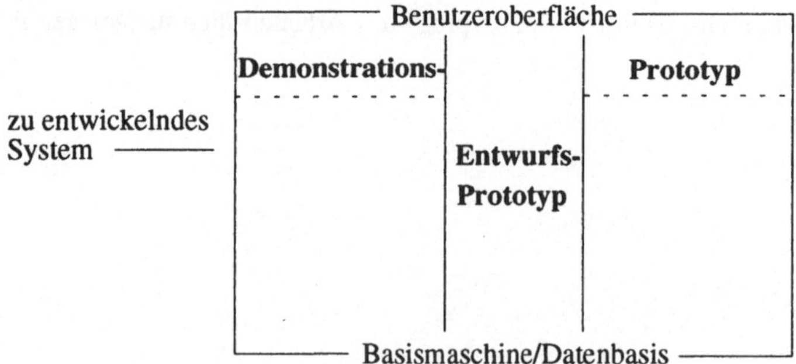

Abb. 2: Zwei Arten von Prototypen nach Denert [3, S. 53]

Die Eingrenzung von Prototyping läßt Raum auch für andere Programme während des Entwicklungsprozesses, die weder Prototypen noch Teil des Echtsystems sind. Demonstrationsmodelle, Labormuster, Testprogramme und Simulationsmodelle sind nützliche Bestandteile vieler Softwareprojekte. Pilotsysteme auf der anderen Seite gehen über in eine "Nullversion" des Zielsystems.

Das hier gegebene eingeschränkte Verständnis von (Software)-Prototyp deckt sich mit dem Sprachgebrauch der übrigen Ingenieurwissenschaften.

1.2 Beteiligte

Bei einer Entwicklung mit Prototyping spielen folgende Gruppen von Beteiligten eine Rolle. Der Sprachgebrauch folgt weitgehend Kieback et.al. [7, S.66]:

Anwender sind alle Mitglieder der Organisationseinheit/en, die vom Anwendungssystem direkt oder indirekt betroffen ist/sind. Demgegenüber sind **Benutzer** diejenigen Personen, die das System direkt benutzen, sei es durch Datenein- oder -ausgaben am Bildschirm (**direkte Benutzer**), oder durch das Benutzen von Listen (**indirekte Benutzer**). In der Regel gehören die Benutzer zu den Anwendern. Mitarbeitende Entwickler aus dem Fachbereich sind von ihrer Tagesarbeit teilweise oder ganz freigestellt. Sie werden hier **Anwendervertreter** genannt, obwohl sie auch Benutzervertreter sein können. Vor allem bei buchenden oder bei einigen Auskunftsystemen ist die Zahl der Benutzer so groß, daß man nur "Vertreter" am Prototyping beteiligen kann. Ein Anwendervertreter, der nicht Benutzer ist, ist z.B. der Projektleiter des Fachbereichs, häufig ein Manager. **Entwickler** gehören der DV-Abteilung oder einem Softwarehaus an.

2. Rahmenbedingungen für Prototyping

Wenn Prototyping eine wichtige Technik bei der Kommunikation mit dem Benutzer oder Anwender ist, dann muß man die Rahmenbedingungen betrachten, denen diese Kommunikation unterliegt. Ich sehe folgende grundsätzlichen Einflußfaktoren auf Verlauf, Aufwand und Nutzen der Kommunikation:

    (1) Organisationskultur

    (2) Qualifikation

    (3) Entwicklungsanlaß

    (4) Kapazität

Zu (1): Eine **Organisationskultur** kann **konstruktiv** oder **konfrontativ** sein. Sicher ist, daß überall der Abbau eines konfrontativen Umgangs der Fachabteilungen miteinander angestrebt wird. Man muß jedoch sehen, daß in Zeiten autoritärer Führungsstrukturen über Jahrzehnte die konfrontative Kultur gepflegt wurde unter dem Motto "Konkurrenz belebt das Geschäft". Konstruktiv heißt nicht fraternisierend. Eine Organisation behält ihre Spannung nur durch Interessengegensätze.

Es ist fast zu trivial, es zu schreiben: Prototyping kann nur bei einer konstruktiven Kultur Nutzen bringen.

Zu (2): Die **Qualifikation** der Entwickler und auch der Anwender hinsichtlich Betriebswirtschaft ist oft unzureichend. Trotzdem muß unter dieser Randbedingung entwickelt werden. Häufig ist sogar das notwendige know how für ein zeitgerechtes System in der Organisation überhaupt nicht vorhanden. **Hier würde Prototyping die falschen Anforderungen evaluieren.** Wir haben in diesen Fällen -soweit wir sie erkennen konnten- das know-how von Beratern und Softwarehäusern "importiert". Wichtig ist, für einen Wissenstransfer an die eigenen Mitarbeiter zu sorgen.

Wenn es im übrigen schon DV-Fachleuten immer schwerer fällt, der stürmischen technologischen Entwicklung zu folgen und Mode von Ernsthaftem zu unterscheiden, dann kann man Anwender verstehen, die sich nach jahrelang verschobenen Neuinvestitionen in Software überfahren fühlen. Prototyping kann hier **helfen**, ist aber keine Patentlösung für Lernprozesse.

Zu (3): Der **Entwicklungsanlaß** ist hier im Gegensatz zu dem Bericht von Kieback et.al. [7] in der überwiegenden Anzahl der Fälle eine Ersatz- und keine Neuinvestition von Software. Dies bedeutet, daß es kaum noch Benutzer ohne Erfahrung mit Computern gibt, aber sehr viele, die veraltete Technik und unzulängliche betriebswirtschaftliche Konzepte gewohnt sind. Folgendes Urteil sei erlaubt:

Es ist viel schwerer und ggf. konfrontativer, die eingefahrenen Muster computererfahrener Benutzer aufzubrechen, als mit Anwendern zu kommunizieren, die seit Jahren auf Computerunterstützung **warten**.

<u>**Zu (4)**</u>: Die **Kapazität** in den DV-Abteilungen ist bekanntlich überall zu gering (sog. Anwendungsstau). In den Fachabteilungen ist sie häufig geradezu dramatisch knapp, und zwar nicht an Zahl, sondern an "Köpfen". Es sind ausschließlich die Schlüsselfiguren der Fachbereiche, mit denen man erfolgreich Software entwickeln kann. Genau diese sind aber durch Tagesbetrieb blockiert, da sie überall unentbehrlich sind. Die Folge ist, daß die Kommunikation ständig unterbrochen wird oder Termine verschoben werden. Wir haben in fast allen Projekten Sitzungen in Hotels auslagern müssen, ohne dort über die technische Infrastruktur für Prototyping zu verfügen, z.B. Bildschirmanschlüsse.

Unter diesen Randbedingungen läuft dann ein Kommunikationsprozeß ab, den man in eine **Informationsphase** und eine **Meinungsaustauschphase** zerlegen kann. In der Informationsphase vermittelt der Entwickler dem Benutzer die (standardisierten) Konzepte der Benutzeroberfläche. Diese Phase ist einseitig. In der Meinungsaustauschphase kommunizieren Entwickler und Benutzer bzw. Anwender wechselseitig über Fachinhalte und die jeweiligen Vorstellungen von den zu implementierenden Konzepten [Näheres in: 13, Kap.9].

3. Sechs Projekte in sechs Jahren

Die im folgenden dargestellten Systeme und Projektabläufe umfassen wesentliche Abläufe des Tagesgeschäftes jedes gleichzeitig produzierenden und verkaufenden Unternehmens. Ausnahme ist das erste System, das man nur dann benötigt, wenn man einen großen Außendienst steuern will. Es handelt sich um die Systeme

TOUR: Tourenplanung Außendienst

GAR: Grunddaten Artikel

(Stammdaten, Stücklisten, Arbeitspläne)

PAU: Produktionsaufträge

LGB: Lagerbestandsführung

(Fertig- und Halbfabrikate, Material)

FAKT: Fakturierung

VAU: Verkaufsauftragsabwicklung

(Kundenaufträge und Versand).

3.1 Allgemeines zum Projektablauf

Alle Projekte

-        waren Ersatz für veraltete Systeme;

-        dauerten mehrere Jahre;

-        wurden stufenweise in Echtbetrieb genommen;

-        wurden an mehreren Standorten auf einem Zentralrechner entwickelt für den Einsatz an zwei bis drei Standorten;

-        waren trotz des Einsatzes von Prototypen geprägt von nachgeschobenen Anforderungen spätestens ab Beginn des Echtbetriebes;

-        mußten so eingeführt werden, daß die Primäraufgabe der Benutzer (produzieren, verkaufen etc.) möglichst wenig beeinträchtigt wurde.

Drei Projekte waren verbunden mit einem Wechsel des Zielrechners.

Das folgende Bild gibt grob die Zusammenhänge und die Implementierungsreihenfolge wieder. Unterteilte Nummern kennzeichnen eine parallele Einführung. Die "Platten"-Symbole drücken aus, daß primär ein Datenbestand verwaltet wird, die Kästchen, daß der funktionale Aspekt überwiegt:

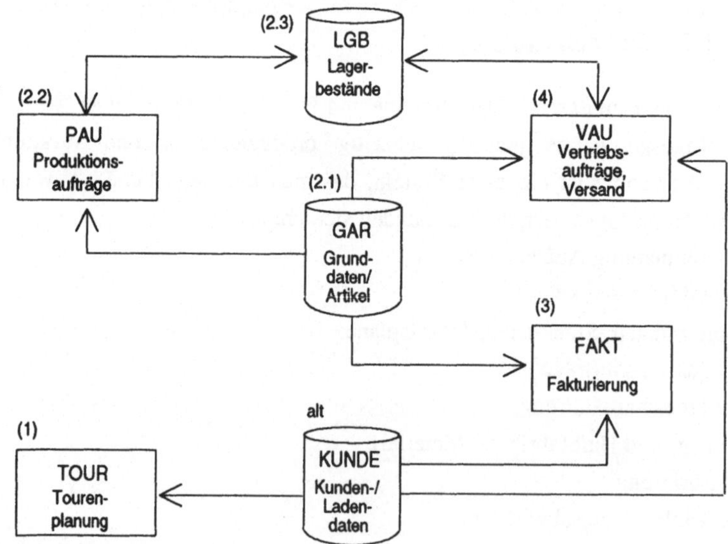

Abb. 3: Abhängigkeiten der Systeme

3.2 Mengengerüste

Die folgende Tabelle zeigt die wichtigsten Eckdaten, die man für eine Beurteilung des Prototyping der Systeme benötigt. Alle Entwicklungsaufwände sind in einer Projekt- (und Wartungs-) Datenbank nachvollziehbar abgelegt. Die Spaltenüberschriften geben einen ersten Eindruck, welche Zusammenhänge zwischen Entwicklungsdauer, Zahl der Beteiligten, Systemgröße und Aufwand bei der Bewertung von Prototyping berücksichtigt werden sollten:

| | Dauer (Mon) | | | EW | AwV | Benutzer | | Mas- | Mo- | DB-V | Aufwand | |
	Ent	Pil	Ein			dir	ind	ken	duln		Std	MJ
TOUR	24	-	4	4	2	2	50	36	55	23	5.962	4,3
GAR	25	13	7	10	3	8	20	120	368	25	18.900	13,5
PAU	21	13	8+	6	4	16	10				13.808	9,9
HOST								31	154	26		
PC								12	32	49		
LGB	19	13	8+	5	6	40	20	142	282	25	9.563	6,8
FAKT	8	-	5	4	1	-	10	-	19	29	1.259	0,9
VAU	21	3	5+	7	2	30	15	36	111	15	12.457	8,9
Σ								377	1.021	192	61.965	44,3

<u>Tab.2:</u> Mengengerüste

Dauer:

Ent: **Entwicklung** von der Vorstudie bis zur Übergabe an den Anwender in Monaten.

Pil: **Pilotanwendung** als Probebetrieb. Der Benutzer muß alte und neue Anwendung parallel betreiben. Dies ist eine erhebliche Zusatzbelastung.

Ein: **Einführung**; in dieser Zeit erfolgen noch viele Änderungen und Fehlerkorrekturen. Nach Abschluß der Einführung befindet sich das System in der **Wartung**. Ein '+' hinter der Dauer bedeutet, daß die Einführung bei Redaktionsschluß dieses Papiers noch nicht beendet war.

Beteiligte:

EW: Zahl der überwiegend oder maßgeblich beteiligten **Entwickler** incl. Projektleiter. [rechnerische Prüfung EW gegen Aufwand in dieser Tabelle **nicht** möglich! (MJ meist > EW, in einem Fall <)]

AwV: **Anwendervertreter** als Mitglied des Projektteams.

Benutzer: dir= direkte , ind= indirekte. Die Zahl der **Anwender** ist bei einigen Systemen >>
        AwV+Benutzer.

Software:

Moduln: Zahl ausführbare, separat compilierbare Programme, nicht aber externe Daten-, Maskendefini-
        tionen u.ä. oder systemweit benutzte Moduln.

DB-V: Zahl Datenbank-Views bzw. Dateien (Dateisystem).

Aufwand: kumulierter **Gesamtaufwand** in Stunden: Ew + Pil + Ein bis 30.06.92. Die **Kosten** betragen
        mehr als 100 DM/Stunde.

3.3 Die Projekte

3.3.1 Tourenplanung Außendienst

Das System wurde in zwei Versionen entwickelt, von denen die erste 18 Monate
im Einsatz war. **TOUR1** war die Ablösung eines unwartbaren, batchorientierten Altsystems mit zentralistischer Planung und starr "verdrahteten" Besuchsdistanzen.

Die Forderung nach einer dezentralen Planung hätte einen so gravierenden Um-
bau des Systems erfordert, daß eine Neuimplementierung als **TOUR2** wirtschaftlicher war.
TOUR2 ist seit 2 Jahren in Echtbetrieb.

Verlauf: In TOUR1 und TOUR2 wurde mit dem in [13, Kap.8 u. 11] beschriebenen
Werkzeug ein Prototyp der Benutzeroberfläche vor Erstellung der Spezifikation mit den
Benutzern durchgesprochen. In TOUR1 wurde er **präsentiert**, in TOUR2 **arbeiteten die
Benutzer selbst** am Bildschirm mit dem Prototyp. Dies war erheblich wirkungsvoller. Der
aktive Aspekt war eine Folge aus den Erfahrungen in TOUR1.

Bewertung: **Prototyping** bedeutet hier, daß der Dialogteil mit den zwei späteren Benutzern evaluiert wurde. Selbstverständlich wurden auch die Listen mit Vertretern der
indirekten Benutzer, 50 Gebietsverkaufsleitern im Außendienst, anhand eines Layout-
Entwurfs besprochen. Dies ist kein Prototyping. Ebenfalls war TOUR1 kein Prototyp,
sondern eine Version. Ohne ein Prototyp-Werkzeug, das auch Produktionswerkzeug ist
(hier eine 4GL), wäre das Projekt sehr wahrscheinlich zu teuer geworden und hätte zu
lange gedauert.

3.3.2 Grunddaten Artikel

Artikelstammdaten mit Stücklisten und Arbeitsplänen sind **der** zentrale Stamm-
datenbestand jedes Industriebetriebes. Er hat ein besonderes Gewicht für die Herstellung

modischer Produkte mit vielen Varianten, bei denen sich halbjährlich zwischen 30 und 70% der Stammdaten gegenüber der Vorsaison ändern. Die vorhandenen zwei Systeme für zwei Werke auf verschiedenen Rechnern genügten den Anforderungen schon lange nicht mehr. Es waren über 600.000 Artikelvarianten gespeichert, da man wegen der vielen Abhängigkeiten und der Undurchschaubarkeit der Systeme kaum noch Daten alter Saisons löschen konnte.

Ziel war die Entwicklung eines möglichst redundanzfreien Systems mit kontrollierbaren Abhängigkeiten. Benutzer waren die für die Datenpflege Verantwortlichen a) in der Produktion und b) im Vertrieb. Das System sollte zunächst in Werk A eingesetzt werden, danach in Werk B.

Verlauf: Die Entwicklung war von Anfang an durch Skepsis der Benutzer und auch einiger Mitarbeiter des DV-Bereiches begleitet. Die Gründe waren genau gegensätzliche: Die Benutzer hatten keine Vorstellung von der Komplexität einer integrierten Stammdatenverwaltung mit mehrfach ineinander verschachtelten Baumstrukturen. Sie hielten das Projekt für überflüssig. Die DV-Mitarbeiter wiederum hatten Bedenken wegen der ihnen sehr wohl bekannten Komplexität. Die erste Benutzerin in Werk A wurde für das Projekt neu eingestellt und kannte solche Strukturen. Mit ihr wurde der **Demonstrations-Prototyp** der Benutzeroberfläche durchgesprochen. Diese Oberfläche verbarg die Komplexität durch logische Sichten. Beim Prototyping mußten Strukturskizzen auf Flipchart verwendet werden, die der Prototyp nicht liefern konnte. Es war zuviel verlangt, daß die Benutzerin die korrekte Abbildung der Strukturen glauben sollte. Erst der fast 3 Monate später verfügbare **Entwurfs-Prototyp** des Datenbankdesigns, ergänzt um einige Listen, konnte die gewünschten Nachweise erbringen und die Benutzerin überzeugen.

Mit diesem Prototyp wurden vor allem die kritisch zu sehenden Zugriffszeiten erstmals getestet; "kritisch" deshalb, weil später fast alle neuen Systeme lesend auf GAR zugreifen würden. Das System wurde problemlos eingeführt, obwohl es immer wieder von indirekt betroffenen Anwendern attackiert wurde.

Bewertung: Bei diesem schwer durchschaubaren System zeigten sich die Grenzen des Prototyping der Benutzeroberfläche. Der Prototyp war nützlich, genügte aber nicht. Für ein anschauliches Prototyping mußte ein erheblicher Teil der echten Funktionalität hergestellt werden. Hier hätte ein Werkzeug für Entwurfs-Prototypen (das es nicht gab!) wenig geholfen, da ein spezifischer Entwurf zu erstellen war. Der hohe Vernetzungsgrad einer Stammdatenverwaltung läßt sich Anwendern nicht durch Prototypen vermitteln. Die Emotionen hätten nur durch intensive Schulung und Demonstration von Listen beseitigt werden können. Hierfür fehlte jedoch die Zeit.

3.3.3 Produktionsaufträge Werk A

In Ablösung und Erweiterung des Altsystems in Werk A sollte eine Produktions-auftragsverwaltung erstellt werden. Ein solches System besteht aus einem zentralen Teil (Logistik/Produktionsplanung) und dezentralen Teilen (Werkstattsteuerung). Es wurde ein **verteiltes Hardware- und Softwaresystem** konzipiert und damit technisches Neuland betreten. Der Logistik-Teil sollte auf dem Host-Rechner in Form der Artikelstammdaten und Lagerbestandsführung, der Werkstatt-Teil auf einem PC-Netz installiert werden. Die Host-Datenbank war ADABAS, die PC-Datenbank DBASE. Die Verteilung bestand darin, daß mangels Verfügbarkeit einer echt verteilten Datenbank zwischen beiden Systemen vollautomatisch Daten per File-Transfer ausgetauscht werden mußten.

Es entstanden mehrere Modelle, zwei Prototypen und ein Pilotsystem:

1. **Modell** Benutzeroberfläche des Systems,
2. **Prototypen** der Benutzeroberfläche Host- und PC-System,
3. **Modelle** (Testprogramme) des Datenbank-File-Transfers (ADABAS <--> DBASE). Dabei sollte ein Produkt verwendet werden, das automatisch aus ADABAS-Dateien DBASE-Dateien erzeugt und umgekehrt,
4. **Pilotsystem** des Gesamtsystems.

Verlauf:

Zu 1 u. 2: Da viele Benutzer direkt beteiligt waren, entstand für das Prototyping jedesmal erheblicher Aufwand durch temporäre Installation von Bildschirmen in Besprechungs-räumen. Das Prototyping war belastet durch organisatorische Störungen.

Als nützlicher erwies sich ein vor den Prototypen für die Vorstudie auf einem tragbaren PC erstelltes **Modell** der Benutzeroberfläche, das ohne Aufwand überall mitgenommen und gezeigt werden konnte. Der (verlorene) Erstellungsaufwand war im Nachhinein infolge des hohen Nutzens gering. Das Modell wurde noch während des Pilotbetriebes benutzt.

Zu 3: Es mußte ermittelt werden, ob und wie ein automatisierter File-Transfer reali-sierbar war. Es mußte vor allem das Ausfallverhalten einer Vielzahl von Hardware- und Betriebssystem-Komponenten getestet werden. Dabei wurden durch die Tests gefunden: 1) Fehler in der gekauften Transfer-Software. Sie wurden vom Hersteller sehr schnell kor-rigiert. 2) Ausfallkonstellationen, die niemand vorhergesehen hatte.

Zu 4: Das System wurde 13 Monate lang mit stufenweise erweiterter Funktionalität als **Pilotsystem** in einem Probebetrieb parallel zum Altsystem von den Anwendern eingesetzt. Die hierbei entdeckten Schwächen lagen vor allem im technischen Bereich (Antwortzeiten

Host, Anbindung PC-Netz an Host, dezentrale online-Drucker u.a.). Mit Prototypen oder mit Modellen hätte man die Schwächen nicht entdecken können.

Die Benutzer waren am Probebetrieb beteiligt, was ihnen bei Systemfehlern nicht unerhebliche Geduld abverlangte. Die Belastung der Beteiligten sowie der Erklärungsbedarf des DV-Bereiches waren groß.

Bewertung: Da das System nur mit den Ergebnissen von GAR und LGB [vgl. 3.3.4] funktionieren konnte und damit fast 60 Benutzer hatte, wurde großer Wert auf ein intensives Prototyping gelegt. Das Prototyping hatte die Benutzer frühzeitig in die Entwicklung mit einbezogen, dies zahlte sich aus durch eine breite Unterstützung während des Pilotbetriebes. Ohne Prototyping und das Pilotsystem wäre es nicht möglich gewesen, ein so komplexes System in Echtbetrieb zu nehmen. Die Prototypen sicherten die Unterstützung der Benutzer, das Pilotsystem deckte die technischen Probleme auf und diente der Schulung.

3.3.4 Lagerbestandsführung

Ein Bestandsführungssystem ist zentral für jede Produktions- als auch Kundenauftragsabwicklung (Versand). Es spielt in einem integrierten System eine ähnlich fundamentale Rolle wie GAR, mit dem Unterschied, daß es von sehr vielen Buchungen "lebt", speziell bei einem Massenfertiger. Bei schlechten Antwortzeiten wird es zum Flaschenhals für viele Betriebsabläufe. 10.000 - 15.000 Lagerbewegungen sind pro Tag zu bewältigen. Die Spitzenlast beträgt bis zu 200 Buchungen pro Minute (ausgelöst durch automatische Hintergrund-Tasks).

Verlauf: Für das System wurde ein **Demonstrations-Prototyp** erstellt und auf dieser Basis eine schon vorformulierte Spezifikation abgestimmt. Zu Beginn des Pilotbetriebes mit PAU wurden viele bereits verabschiedete Konzepte durch die Benutzer in Frage gestellt, da die tatsächliche Lagerorganisation nicht mit der vorher vereinbarten übereinstimmte. Die Benutzer hatten beim Prototyping komplexe Lagerbelegungs- und Reservierungsstrategien gefordert, die sie im Pilotbetrieb nicht handhaben konnten. Dies war eine Ursache für viele Änderungswünsche, eine andere war, daß Funktionen mit realen Daten einfach nicht handhabbar waren.

Die Entwickler wiederum hatten zuwenig Vorstellungen von der Arbeitssituation der Benutzer. Dies hatte Funktionen mit überflüssigem Komfort und Überforderung der Benutzer zur Folge.

Beide Ursachen führten zu aufwendigen Änderungen am fertigen System (Benutzeroberfläche, Datenbasis und Funktionalität). Die Änderungen waren z.T. instabil und nahmen sehr viel Zeit in Anspruch. Dies hätte von Projektleiter und Management als Alarmsignal gewertet werden müssen, wurde es aber nicht, da der Fertigstellungsdruck durch die Fachabteilung sehr groß war. Der Echtbetrieb mit größeren Mengengerüsten war geprägt von schwerwiegenden Antwortzeitproblemen. Eine Detailanalyse nach Beginn des Echtbetriebes ergab, daß das System überarbeitet werden mußte.

Die Entwickler hatten mit rudimentären Spezifikationen und ohne Entwurf aus dem Prototyp heraus "durchrealisiert". Es zeichneten sich Designfehler bei Modularisierung und Datenbankentwurf [10] ab. Management und Projektleiter hatten unter Zeitdruck den erfahrenen Entwicklern vertraut und keine Kontrollen vorgenommen.
Das System mußte als neue Version grundlegend überarbeitet werden. (Die Performanceprobleme waren zunächst behelfsmäßig auf Datenbank-Ebene beseitigt worden.)

Bewertung: In diesem Projekt war "evolutionäres Prototyping" in falsch verstandener Weise betrieben worden, nämlich als Freibrief für 'quick and dirty' durch Programmierer der "alten Schule". Da die notwendigen Kontrollen aus Zeitdruck unterblieben waren, wurde die Fehlentwicklung erst so spät bemerkt. Mit Entwurfs-Prototypen hätte man sowohl die Handhabungs- als auch die Antwortzeitprobleme viel früher erkannt. Es wäre gar nicht erst zu den Designfehlern gekommen.

3.3.5 Fakturierung

Die 25 Jahre alte, längst unwartbare Fakturierung mußte ersetzt werden. Das System ist ein der Kundenauftragsverwaltung und dem Versand (=Dialogsysteme) nachgelagertes Batchsystem.

Verlauf: Mit dem Benutzer mußten die Berechnungsverfahren sorgfältig abgestimmt werden, am Rande auch modifizierte Rechnungsformulare. Dies erfolgte mit Hilfe der **Spezifikation. Es gab keine Prototypen**; sie wurden auch nicht für erforderlich gehalten. Das System wurde mit einer Schnittstelle zur alten Verkaufsabwicklung problemlos in Betrieb genommen. Vorangegangen waren intensive Paralleltests mit dem Altsystem. Implementiert wurde in COBOL.

Bewertung: Für reine Batchsysteme braucht man nur dann Prototypen der Benutzeroberfläche, wenn es sich um umfassende Auswertungssysteme handelt. Dann sollte man aber als Werkzeug einen leistungsfähigen Listengenerator einsetzen. Heute wird in der Vatter Gruppe auf dem Host hierzu NATURAL 2 verwendet, wobei Langläufer als Produktionsversion in COBOL neu geschrieben werden. In einem solchen Fall wäre das NATURAL-Programm i.S. unserer Terminologie ein **Simulationsmodell**.

3.3.6 Verkaufsauftragsabwicklung

Eine Verkaufsauftragsabwicklung besteht grob aus der Verwaltung der Kundenaufträge und dem Versand. Da es kurz-, mittel- und langfristige Aufträge gibt, sind komplexe Reservierungsstrategien für Aufträge erforderlich, die mit den Beständen korrespondieren müssen. Da trotz dieser Steuerung bei der Auslieferung Ware physisch fehlen kann, muß der Versand über Funktionen verfügen, entweder alternative Artikel zu liefern oder Teilaufträge zu verwalten. Eine Verkaufsauftragsabwicklung ist betriebswirtschaftlich anspruchsvoll und entsprechend schwierig zu spezifizieren und zu entwerfen.

Verlauf: Es wurde ein **Demonstrations-Prototyp** erstellt und den Benutzervertretern zweier Standorte vorgestellt. Die Gespräche verliefen stockend, weil den Benutzern das Abstraktionsvermögen fehlte, sich hinter den größtenteils leeren oder fiktiv gefüllten Feldern (die berühmte Artikel-Nr 4711 !) etwas vorzustellen. Daraufhin wurde der Prototyp um eine behelfsmäßige Datenbank erweitert und Extraktionsprogramme auf die alte Datenbasis geschrieben. So konnte ein **Prototyp mit Echtdaten** vorgestellt werden, auf dessen Basis ein intensives Prototyping erfolgen konnte. Hierauf basierte die Spezifikation.

Da das System hohe Transaktionsraten vor allem im Versand zu bewältigen hatte, wurde ein **kollektiver Entwurf** [vgl. 7] durch die besten verfügbaren Entwickler und den Projektleiter erstellt, durch **Testprogramme** belegt und noch einmal einem Review durch eine Fremdfirma mit entsprechenden Erfahrungen unterzogen.

Das System ging ohne technische Probleme in Echtbetrieb, Erweiterungen und Fehlerkorrekturen waren unproblematisch. Es wird seitdem iterativ weiterentwickelt und stufenweise im zweiten Werk eingeführt. Es gab lediglich übergangsweise Beeinträchtigungen durch unperformante Lagerbuchungen bzw. Restriktionen der Hardware (zu langsame Platten).
Auf der Ebene der betriebswirtschaftlichen Verfahren hatten die Benutzer zunächst Schwierigkeiten. Sie konnten die harten Regeln der Reservierungsstrategien nicht umsetzen, so daß einige Aufträge nicht termingerecht ausgeliefert wurden. Nach Beendigung dieser Lernprozesse konnten die wirtschaftlichen Vorteile des Systems gegenüber dem abgelösten Altsystem zum Tragen kommen.

Bewertung: Unter dem Aspekt Prototyping ist dies das am günstigsten verlaufene Projekt, es gab allerdings auch weniger Risiken als bei GAR und PAU: Die technischen Risiken waren aus dem Altsystem bekannt, die Entwickler und die Benutzer kannten die Problemstellung. Die Neuerungen konnten den Anwendern trotz einiger Schwierigkeiten vermittelt werden. Eine evolutionäre Weiterentwicklung in Versionen war aufgrund der soliden Architektur unkritisch. Verallgemeinern läßt sich folgendes: Demonstrations-Prototypen sollten grundsätzlich Echtdaten verwenden und keine "Spieldaten", auch wenn der Aufwand höher ist.

4. Gesamtbewertung

4.1 Nutzen des Prototyping

Eine Entwicklung ohne Prototypen nach dem "klassischen" Vorgehensmodell bewegt sich ausschließlich auf der Modellebene. Die Darstellungsform (Texte, Grafiken, mathematische Ausdrücke) ist vom Realsystem verschieden. Das Verhalten des Realsystems und das Verständnis des Benutzers von diesem System werden **theoretisch** antizipiert.

Mit Prototypen wird auf der Ebene des Realsystems gearbeitet, gefolgert und kommuniziert. Dies vermeidet Strukturbrüche, die Aufwand bedeuten und Risiken bei der Umsetzung beinhalten.

Bei der Entwicklung der Systeme wurden die Prototypen der Benutzeroberfläche immer wieder mit den Benutzern oder Anwendervertretern durchgesprochen und angepaßt. Parallel dazu entstand die Spezifikation aus den Gesprächen. Auf diese Weise erstellte Spezifikationen sind knapper, realitätsnäher und werden eher vom Benutzer getragen als ohne Prototyp erstellte. Die Spezifikationen wurden später in Benutzerhandbücher überführt. Diese Entwicklungsmethode ist effizienter als die Durchsprache von Spezifikationen.

Bei VAU zeigte sich, daß die behelfsmäßige Einbeziehung realer Daten das Prototyping noch wirksamer macht, da hierdurch eine bessere Verständigung mit dem Benutzer möglich war. Der Benutzer hatte mit den realen Daten in den Masken einen besseren Bezug zu den Inhalten, die er kannte, auch wenn die **Form** (die Maske) für ihn neu war. Vergleicht man GAR, PAU und VAU, so könnte man schließen: Je risikoreicher ein System ist, desto wichtiger und nützlicher sind Prototypen.

Durch die Verwendung eines Werkzeuges konnten die Dialogsysteme nach dem Prototyping ohne Strukturbruch bis zum Echtsystem weiterentwickelt werden. Diesem Werkzeug liegt eine vielfach bewährte Software-Architektur zugrunde. Dies bedeutet ebenfalls Nutzen durch effiziente Entwicklung.

Vergleichzahlen zur **Messung des Nutzens** wird man bei realen Systemen kaum erhalten, da solche Entwicklungen nie alternativ durchgeführt werden können. Uns ist nur eine von Boehm veröffentlichte Studie bekannt, in der Softwareentwicklung mit und ohne

Prototyping empirisch verglichen wurde. Dies erfolgte mit Studentengruppen unter den Laborbedingungen einer Universität [1]. Danach ist Softwareentwicklung mit Prototyping wirtschaftlicher als ohne.

Es gibt jedoch ein Maß zur Messung der Qualität und damit des Nutzens einer Software im Echteinsatz, den **Wartungsaufwand**. Die Daten müssen pro System festgehalten werden, lassen sich aber sinnvoll frühestens 2 Jahre nach dem ersten Echteinsatz auswerten. Sie stehen in der Vatter GmbH in einer Datenbank zur Verfügung.
Für TOUR1 und TOUR2 wurden 706 Stunden in 3,5 Jahren aufgewendet. Dies ist extrem wenig für ein so komplexes System. Man kann jedoch nicht ein Tourenplanungssystem, das höchstens 2-3 mal im Jahr benutzt wird, mit einer tagfertigen Versandabwicklung vergleichen. Für die anderen Systeme liegen noch keine Wartungsdaten vor.

4.2 Gefahren des Prototyping

Die Gefahren des Prototyping liegen darin, daß die Vorgehensweise mit Prototypen der "urwüchsigen" Softwareentwicklung, d.h. iterative Realisierung ohne Spezifikation und Entwurf näher ist als das "geregelte" Vorgehensmodell des Software Engineering.

Diese "urwüchsige" Vorgehensweise ist u.W. noch sehr verbreitet und liegt auch der menschlichen Ungeduld nahe, schon früh etwas "laufen" zu sehen. Dann ist die Gefahr sehr groß, einen Prototypen mit Zugriff zu Echtdaten iterativ weiterzuentwickeln, als sich noch mit Spezifikation und Entwurf "aufzuhalten". LGB ist in der Industriepraxis kein Einzelfall. Dies gilt besonders, wenn dem Benutzer der Unterschied zwischen Prototyp und Echtsystem nicht deutlich vermittelt wurde. Ein Prototyp kann leicht falsche Erwartungen beim Benutzer wecken.

Wegen der Nähe zu 'quick and dirty' sollte man evolutionäre Entwicklung nicht mit Prototyping vermischen. Es muß eine tragfähige Architektur existieren, bevor man iterativ entwickeln kann.

In keinem Fall dürfen Prototypen eine Spezifikation und damit eine pflegbare Dokumentation **ersetzen**. Dies liefe auf die Wartung undokumentierter Software und damit den Zustand vor Schaffung der Disziplin Software Engineering hinaus.

5. Fazit und Abschluß

Die Fallstudien haben das Einsatzspektrum von Modellen, Prototypen und Pilotsystemen gezeigt. Prototypen werden hier auf diejenigen Programme eingeschränkt, die in der Zielumgebung erstellt sind, also iterativ weiterentwickelt werden können. Dieser Ausschnitt der Entwicklung sollte explizit und kontrolliert als **Prototyping** gehandhabt werden. Andere Programme, die nicht Prototypen oder Teil des Echtsystems sind (**Modelle**), sollten freizügiger verwendet werden, um die Kreativität der Entwickler nicht einzuschränken. Teil- oder Vorabsysteme, die produktiv genutzt werden, sind als **Pilotsysteme** wiederum anders zu benutzen als Prototypen.

Vom Modell zum Pilotsystem nimmt die Anwendung durch den Entwickler ab und durch den Benutzer zu. Durch den hier dargestellten Einsatz von Prototypen kann die Gefahr des Mißbrauchs des Prototyping reduziert werden.

An der Entwicklung der Systeme und damit dem Zustandekommen dieses Papiers waren beteiligt: Meine Kollegen und Mitarbeiter in der Vatter GmbH in Rheine/Westf. und Schongau/Allgäu. Den Gutachtern der Tagung danke ich für wertvolle Hinweise und Anregungen.

Literatur

[1]   Boehm, B.W., Gray, T.E., Seewaldt, *T.: Prototyping Versus Specifying: A Multiproject Experiment,*in: IEEE Trans. on SE 10(1984) No.3, pp.290-303

[2]   Budde, R., Kuhlenkamp, K., Mathiassen, L., Züllighoven, H. (eds.): *Approaches to Prototyping.* Springer, Berlin - Heidelberg - New York - Tokyo 1984

[3]   Denert, E.: *Software-Engineering.* Springer, Berlin - Heidelberg - New York et.al. 1991

[4]   Dobertkat, E., Fox, D.: *Software Prototyping mit SETL,* Teubner, Stuttgart 1989

[5]   Fittkau, B., Müller-Wolf, H.-M., Schulz von Thun, F.: *Kommunizieren lernen (und umlernen)* (2.Aufl.). Westermann, Braunschweig 1980

[6]   Floyd, C.: *A Process Approach to Software Development,* in: Systems Architecture, Proc. of the 6.European ACM Regional Conference, Westbury House 1981, pp.285-294

[7]   Kieback, A., Lichtner, H., Schneider-Hufschmidt, M., Züllighofen, H.: *Prototyping in industriellen Software-Projekten,* in: Informatik-Spektrum 15(1992) H.2, S.65-77

[8]   Lehmann, M.M.: *Programs, Life Cycles and Laws of Software Evolution,* in: IEEE Proceedings 68(1980) No.9, pp.1060-1076

[9]   Maibaum T.S.E., Turski, W.M.: *On what exactly is going on when Software is developed Step-by-Step,* in: 7th ICSE, pp.528-533. Orlando/ Florida 1984

[10]   Nagl, M.: *Softwaretechnik: Methodisches Programmieren im Großen.* Springer, Berlin - Heidelberg - New York et.al. 1990

[11]   Pasch, J.: *Dialogischer Software-Entwurf,* Dissertation TU Berlin, FB Informatik 1991

[12]   Pomberger, G., Pree, W., Stritzinger, A.: *Methoden und Werkzeuge für das Prototyping und ihre Integration,* in: Informatik Forsch.Entw. 7(1992) H.2, S. 49-61

[13]   Spitta, Th.: *Software Engineering und Prototyping.* Springer, Berlin - Heidelberg - New York et.al. 1989

[14]   Spitta, Th.: *Prototyping: Ziele und Möglichkeiten - Kosten/ Nutzen und Relevanz in der anwendungsorientierten Systementwicklung,* in: CW/CSE 85, Software-Forum 1985, S.493-533

Prototyping mit Standard-Anwendungs-Software

Brigitte Bartsch-Spörl, Helmut Rohe

Zusammenfassung

Dieser Beitrag beschäftigt sich mit den Prototyping-Aspekten unserer Erfahrungen aus einem Einführungsprojekt für SAP-Standard-Anwendungs-Software.

Solche Projekte zeichnen sich dadurch aus, daß der allererste Prototyp des Systems mit ca. 5000 verschiedenen Bildschirmmasken und ca. 3000 für die Konfiguration des Systems einzustellenden Tabellen nicht selbst entwickelt, sondern gekauft wird.
Diese Nullversion ist i.a. noch ein gutes Stück von den tatsächlichen Bedürfnissen der Nutzer entfernt und muß in einem typischerweise nicht unter zwei Jahren dauernden Projekt unter intensiver Beteiligung der späteren Nutzer schrittweise an die gegebene Einsatzsituation angepaßt werden. Solche Anpassungsschritte können methodische, organisatorische und SW-technische Änderungen sowohl am Einsatzumfeld als auch am Software-Paket nach sich ziehen und lassen sich häufig nur auf der Basis von einsatzfähigen Prototypen sinnvoll diskutieren und entscheiden.

1. Was heißt in unserem Fall Prototyping?

Im Mittelpunkt dieses Papiers steht eine 'nicht-klassische Variante' von Prototyping, die weder in frühen [4] noch in aktuelleren [2] Übersichten zum Thema Prototyping explizit erwähnt wird und die in der akademischen Szene der Informatik - im Gegensatz zur Wirtschaftsinformatik und Betriebswirtschaft [7,8] - bisher auch kaum Beachtung gefunden hat. Wenn man das angloamerikanische Verständnis von Prototyping mit dem hauptsächlichen Schwergewicht auf 'schneller Systementwicklung' [5] zugrunde legt, dann kann man sogar darüber streiten, ob der im folgenden vorgestellte Ansatz überhaupt in die Schublade mit der Aufschrift Prototyping einzuordnen ist.

Wir vertreten die Ansicht, daß der wesentliche Unterschied zwischen einem klassischen Prototyping-Ansatz und einem Standard-Anwendungs-Software-Prototyping-Ansatz darin besteht, daß die allererste Version des Software-Systems nicht selbst entwickelt, sondern gekauft wird. Alles, was nach dem Tag der Erstinstallation geschieht, ist

Prototyping, und zwar nicht allein im Hinblick auf die Benutzung des Software-Systems, sondern sehr viel umfassender betrachtet unter Einbeziehung von Fragen der betriebswirtschaftlichen Methodik, der zukünftigen Ablauforganisation und der aufgabenangemessenen Nutzung der Funktionalität des gekauften Software-Pakets.

2. Was heißt in unserem Fall Standard-Anwendungs-Software?

Um falsche Annahmen über den Gegenstand unserer Ausführungen möglichst frühzeitig zu korrigieren, soll an dieser Stelle deutlich darauf hingewiesen werden, daß wir hier nicht von Standard-Software in der Kategorie von Textsystemen oder Tabellen-kalkulationsprogrammen reden, sondern von sog. integrierten Standard-Anwendungs-Software-Paketen, die weite Bereiche der kommerziellen sowie Teilbereiche der produktionsorientierten Datenverarbeitung von Industrieunternehmen abzudecken in der Lage sind. Ganz konkret handelt es sich hierbei um Software-Pakete, mit denen betriebswirtschaftliche Funktionen wie Einkauf, Verkauf, Finanzbuchhaltung, Kostenrechnung, Anlagenbuchhaltung, Lohn- und Gehaltsabrechnung, Instandhaltung, Produktionsplanung und -Steuerung etc. umfassend unterstützt werden können.

Um eine Vorstellung von der Größenordnung solcher Pakete zu geben, soll hier nur kurz erwähnt werden, daß derartige Software-Systeme typischerweise ca. 5000 verschiedene Bildschirmmasken und ca. 3000 verschiedene Konfigurationstabellen enthalten. D.h. ein weiterer wesentlicher Unterschied zum klassischen Prototyping-Vorgehen besteht darin, daß man zu Beginn der Arbeit nicht etwa einen kleinen Kernbereich der benötigten Funktionalität in der Hand hat, sondern eher ein Übermaß an Funktionalität, das weit größer ist als das, was man in einem ersten Schritt überhaupt einführen kann. Typischerweise überschneidet sich das Angebot an vorhandener mit dem Bedarf an tatsächlich benötigter Funktionalität etwa so, wie es in Abbildung 1 dargestellt ist.

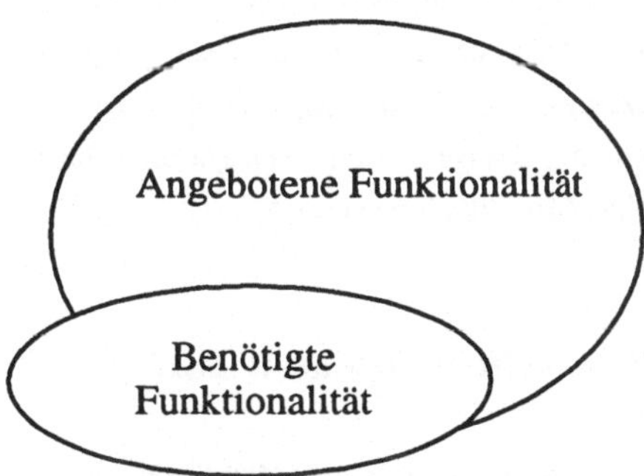

Abbildung 1: Angebotene versus benötigte Funktionalität

3. Wann lohnt sich der Einsatz von Standard-Anwendungs-Software?

Standard-Software einzusetzen gilt heute als 'Stand der Kunst' für diejenigen Bereiche eines Unternehmens, die keine strategischen Wettbewerbsvorteile bringen und in denen sich - z.B. aufgrund von überall einzuhaltenden gesetzlichen Regelungen - verschiedene Industrie-Unternehmen eher wenig voneinander unterscheiden. D.h. Haupteinsatzgebiete für Standard-Anwendungs-Software sind weitgehend standardisier-bare Bereiche des Rechnungswesens wie z.B. die Buchhaltung oder die Kostenrechnung.

Die entscheidenden Vorteile liegen in der Zeitersparnis durch die sofortige Verfügbarkeit eines ersten Prototypen und in der vermeintlichen Einsparung des Differenzbetrags zwischen den Kosten eines Eigenentwicklungsprojektes und dem Kaufpreis der Standard-Software. Daß auf den Kaufpreis der Standardsoftware noch die Kosten eines größenordnungsmäßig an die Hälfte eines Eigenentwicklungsprojektes heranreichenden Standard-Software-Einführungsprojektes aufgeschlagen werden sollten, kann als für größere Unternehmen einigermaßen realistische Schätzung gelten.

Weitere, ebenfalls nicht zu vernachlässigende Argumente für diesen Weg sind das auf den Hersteller der Standard-Software verlagerte Entwicklungsrisiko und die Möglichkeit, die vorhandenen Software-Entwicklungs-Kapazitäten für strategisch wichtige Anwendungen verfügbar zu halten.

Ein weiterer Pluspunkt dieses Ansatzes ist darin zu sehen, daß der Hersteller sich auch für die betriebswirtschaftliche und software-technologische Erneuerung seiner Produkte zuständig fühlt und man als Standard-Anwendungs-Software-Nutzer in Themen wie z.B. die Umstellung der steuerlichen Behandlung von Geschäften innerhalb der EG ab Anfang 1993 oder die Umstellung der Anwendungs-Software auf neue Versionen der darunterliegenden Betriebssysteme, Datenbanksysteme etc. relativ wenig eigenen Aufwand investieren muß.

Nicht zuletzt kann man für prüfungsrelevante Bereiche mit der Software auch das notwendige Testat von der Stange kaufen. Dies gilt allerdings nur unter der Voraussetzung, daß man das Paket ohne Modifikationen einsetzt.

4. Welche Risiken geht man damit ein?

Natürlich sind Vorteile wie die im letzten Kapitel genannten auch mit Nachteilen und Risiken verbunden, die man vor einer Entscheidung für Standard-Anwendungs-Software kennen sollte. Insbesondere wird durch die folgenden Punkte der Spielraum, der für eine Umsetzung der aus den Prototyping-Aktivitäten resultierenden Erkenntnisse vorhanden sein muß, teilweise empfindlich eingeschränkt.

Die unseres Erachtens wichtigste Erkenntnis besteht darin, daß man mit der Software auch ein betriebswirtschaftliches Konzept und eine Standard-Ablauforganisation (eine Art Muster-Unternehmensmodell) erwirbt, die mit den Anforderungen und Zielsetzungen des Unternehmens nicht ohne weiteres verträglich sein müssen.

Problematisch wird es z. B. immer dann, wenn die 'mitgelieferten Daten(bank)-strukturen' weniger Flexibilität erlauben als eigentlich benötigt wird oder wenn es innerhalb eines Bereiches, der weitgehend mit Standard-Funktionen abgedeckt werden kann, ein paar Spezialitäten gibt, die für das Unternehmen wichtig, aber eben kein etablierter Industrie-Standard sind.

Ein besonders schwieriges Thema sind etablierte Schlüsselsysteme, die sich durch viele existierende Anwendungen hindurchziehen, aber mit der neuen Standard-Software nicht unter einen Hut gebracht werden können.

Nicht zuletzt macht man sich in einer vielleicht nicht immer erwünschten Weise vom Software-Hersteller abhängig - auch im Hinblick auf die einzusetzende software-technische Infrastruktur.

5. Wie kommt man zu einer vernünftigen Entscheidung für oder gegen den Einsatz von Standard-Anwendungs-Software?

Für das Treffen der einen Kometenschweif von Konsequenzen nach sich ziehenden Entscheidung Pro oder Contra Standard-Anwendungs-Software gibt es - wie immer in besonders schwierigen Fällen - keine Patentrezepte.

Man tut jedoch gut daran, z.B. anhand einer Probeinstallation und mit der dann verfügbaren Dokumentation das mitgelieferte Muster-Unternehmensmodell explizit herauszuarbeiten und mit dem vorhandenen Ist-Zustand, den Soll-Vorstellungen und der Anpassungsfähigkeit oder besser Anpassungsbereitschaft der Organisation zu vergleichen. Außerdem sollte man sich von vornherein darüber klar sein, daß hier ein das ganze Projekt begleitendes Spannungsfeld entsteht.

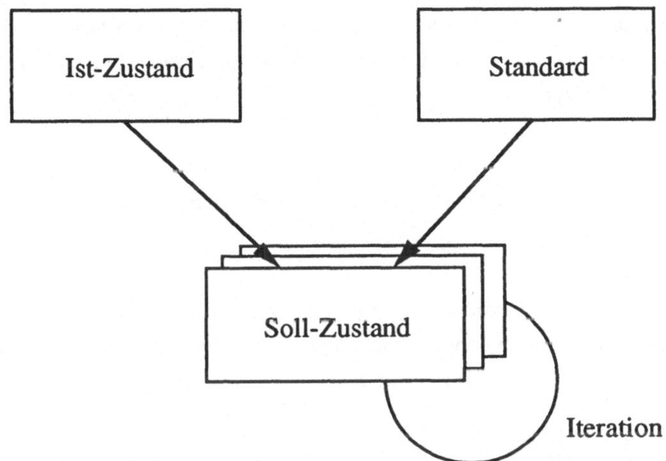

Abbildung 2: Spannungsfeld Ist-Zustand, Standard, Soll-Zustand

Ein weiteres Spannungsfeld entsteht auf der Achse 'Anpassung der Organisation an die Software' oder 'Anpassung der Software an die Organisation'? So widersinnig es auf den ersten Blick auch aussehen mag, besteht der bessere Weg aller Erfahrung nach darin, eine i.a. zu stark taylorisierte Organisation zu verändern in Richtung auf eine Re-Integration der Arbeitplätze [9] mit gleichzeitiger Reduzierung der Anzahl der Bearbeitungsstationen. Dies bedeutet i.a. einen erwünschten Schritt in Richtung 'Lean Administration', 'Job Enrichment' und nicht zuletzt eine spürbare Verringerung der Durchlaufzeiten für die zu bearbeitenden Vorgänge.

Natürlich stößt man mit solchen Anforderungen zur Veränderung der Organisation auf Widerstände von vielen Seiten. Deshalb ist es wichtig, hier behutsam vorzugehen, d.h. die Betroffenen, den Betriebsrat und das Management gleichermaßen von den Vorteilen der neuen Organisationsform zu überzeugen und die neuen Abläufe solange zu prototypen, bis die beste Lösung zur Ablauforganisation und zur Verteilung der Aufgaben und der damit untrennbar verbundenen Verantwortung gefunden ist.

Außerdem sollte man schon sehr früh die Philosophie der Software-Nutzung, d.h. das 'Look and Feel' des Umgangs mit dem Paket unter Einbeziehung zumindest eines repräsentativen Querschnitts der späteren Benutzer so weit auf seine Akzeptanz hin überprüft haben, daß man auf diesem Gebiet keine Überraschungen mehr erlebt. Denn im Gegensatz zu eigenentwickelter Software sind bei Standard-Software an dieser Stelle keine grundlegenden Veränderungen, sondern allenfalls marginale Ergänzungen und Verbesserungen möglich.

Insgesamt wird man aufgrund der schwer überschaubaren Komplexität um ein gewisses Restrisiko in Form eines teilweisen 'Katze-im-Sack-Kaufens' [1] nicht herumkommen. Deswegen sei an dieser Stelle auf ausführlichere Erörterungen dieses Themas in [1] und [6] hingewiesen.

6. Was für ein Vorgehensmodell paßt zur Einführung von Standard-Software?

Die Einführung von großen und komplexen Standard-Anwendungs-Software-Paketen ist ein Projekt, das normalerweise nicht unter zwei Jahren dauert und dessen Kosten eine siebenstellige Größenordnung erreichen. Dafür ist ein geordnetes Vorgehen unabdingbar.

Es wäre im vorliegenden Fall nicht sinnvoll, sich an einem konventionellen Entwicklungsvorgehen zu orientieren und z.B. Benutzer völlig losgelöst von der gekauften und installierten Software Anforderungen an die Funktionalität definieren oder Bildschirmlayouts entwerfen zu lassen, die sich dann in der entworfenen Form vielleicht gar nicht auf die Standard-Software abbilden lassen.

Auch die Rolle von Aktivitäten wie z.B. der Datenmodellierung muß anders definiert werden, weil die Standard-Software mit etablierten Strukturen geliefert wird und man mehr über deren Eignung und ggfs. Erweiterung diskutieren muß als über die notwendigen Bestandteile und Beziehungen an sich.

Vergleichbares ist zum Thema Funktionalität zu sagen: Man kann sich nur durch marginale Änderungen oder echte Zusätze vom Standard entfernen und je weiter man sich entfernt, desto teurer wird das Projekt und desto mehr Folgekosten für die Betriebsphase, insbesondere auch für anstehende Releasewechsel, handelt man sich damit ein.

An einem gründlichen Test des gesamten Systems führt kein Weg vorbei. Aber auch hierbei kann man sich das Leben leichter machen, indem man die Software unverändert läßt oder sich viel Arbeit aufbürden, indem man größere Veränderungen vornimmt.

Das geeignetste Vorgehensmodell ist demzufolge ein Prototyping-Ansatz mit einer gekauften ersten Version, die durch möglichst wenige und strukturell verträgliche Zusätze den tatsächlichen Bedürfnissen der Nutzer schrittweise angepaßt wird.

7. Wie lassen sich die einzelnen Stadien charakterisieren?

Aufgrund des Umfangs und der damit verbundenen Komplexität von gekauften Standard-Anwendungs-Paketen ist verständlich, daß die erste Phase jedes Projekts zur Einführung eines solchen Paketes erst einmal darin besteht, das installierte Software-Paket kennenzulernen. Hier können 'eingekaufte Know-How-Träger' über manche Hürden schneller hinwegkommen helfen, aber eine gründliche **Exploration des ersten Prototyps** durch das gesamte Projektteam und zumindest teilweise auch durch die am Projekt beteiligten Fachbereichs-Mitarbeiter kann man sich keinesfalls ersparen.

Die darauffolgende Phase ist charakterisierbar durch Iterationsschleifen von miteinander verzahnten Prozessen, die auf voneinander abgrenzbaren Teilbereichen im besseren Fall **Entwurf und Prototyping des Business-Reengineerings** durchführen bzw. im schlechteren Fall **Entwurf und Durchführung von Modifikationen der Standard-Software** bedeuten.

Bei der Entscheidung, was man in dieser Phase zuerst, zuletzt oder parallel bearbeiten will, hat man aufgrund der Vollständigkeit des gekauften Prototyps ganz neue Freiheiten:

Man kann das gesamte Gebiet so in Teilbereiche zerlegen, daß man immer jeweils eine gut und effizient zusammenarbeitende Kleingruppe auf einen Teilbereich ansetzt. Dies ermöglicht eine gewisse Minimierung der persönlichen Reibungsverluste.

Man kann mit den durch den gelieferten Standard zu größenordnungsmäßig 90% abdeckbaren Gebieten anfangen und so in kurzer Zeit den Anwendern und dem Management ein eindrucksvolles Maß an Projektfortschritt präsentieren.

Man kann sich aber auch die durch den ersten Prototyp nicht oder völlig unzureichend unterstützten Funktionen vornehmen und sich zuallererst den besonders schwierigen Problemen widmen, weil von deren Lösbarkeit der Gesamterfolg des Projektes entscheidend abhängt.

Nicht zuletzt kann man diese Strategien kombinieren und damit auf äußere Einflüsse wie z.B. die Verfügbarkeit von Fachbereichs- oder Projektmitarbeitern reagieren.

Eine wichtige Voraussetzung dafür ist jedoch, daß das Zusammenspiel der einzelnen Teilbereiche - d.h. die methodischen, organisatorischen und teilweise auch softwaretechnischen Schnittstellen - soweit geklärt und verabschiedet ist, daß die Detailarbeit auf den verschiedenen Gebieten möglichst wenig Gefahr läuft, durch neue Erkenntnisse obsolet zu werden.

Wenn alle Gebiete hinreichend weit bearbeitet sind, dann folgt die abschließende Phase des **Tests der gesamten Ablauforganisation im Verbund mit der darunterliegenden Software**. Diese Phase unterscheidet sich relativ wenig vom Test eigenentwickelter Software. Wenn man Glück hat, dann lassen sich 'Sandkörner im Getriebe' relativ schnell durch einen Tabelleneintrag wegpusten, es kann aber auch durchaus vorkommen, daß gefundene Fehler nur durch Änderungen an Programmen beseitigt werden können.

8. Welche Anforderungen muß ein prototyping fähiges Standard-Software-Paket erfüllen?

Um Prototyping-Aktivitäten mit akzeptablen Turn-Around-Zeiten durchführen zu können, müssen unserer Erfahrung nach folgende Voraussetzungen gegeben sein:

Man muß ein Paket gekauft haben, dessen Source-Code mitausgeliefert wird, weil man sonst keine Chance hat, irgendwelche substantiellen Veränderungen vornehmen zu können.

Das Paket muß so übersichtlich strukturiert und zuverlässig dokumentiert sein, daß Änderungen nicht zum unkalkulierbaren Abenteuer werden.

Man benötigt gute Werkzeuge wie z.B. ein Data Dictionary, um die 5000 Felder und ihre Verwendung im Griff behalten zu können.

Für schnelle Änderungen an Bildschirmmasken etc. ist ein Werkzeug zur Generierung des Programmcodes für die Benutzer-Schnittstelle sehr nützlich.

Um zusätzliche Auswertungen von heute auf morgen programmieren zu können, ist eine dafür geeignete 4GL zumindest ein produktives Vehikel.

Und nicht zuletzt benötigt man natürlich Leute, die mit dem System und den Werkzeugen zu seiner Weiterentwicklung gut und produktiv umgehen können.

9. Wie ändern sich die Rollen der Beteiligten?

Projekte zur Einführung von Standard-Anwendungs-Software sind in erster Linie Fachbereichs-Projekte. Dies soll heißen, daß die Datenverarbeitung hier eine zwar unverzichtbare, aber von den zu treffenden Entscheidungen her gesehen eher untergeordnete Rolle spielt.

Die Mitarbeiter im Fachbereich müssen sich vom Management bis hin zu allen in die Prototyping-Aktivitäten involvierten Sachbearbeitern zeitlich und inhaltlich sehr viel stärker engagieren als dies bei konventioneller Software-Entwicklung der Fall ist.

Besonders wichtig ist, daß die Mitarbeiter des Projektteams über ein sehr breites Spektrum an Qualifikationen verfügen. Sie müssen das Anwendungs-Software-System in seinen wesentlichen Strukturen, Eigenheiten und Grenzen seiner Flexibilität kennen, müssen mit den Anpassungs-Werkzeugen umgehen können, müssen als Organisationsberater und u.U. auch als Organisationsdesigner kompetent sein und nicht zuletzt die wichtigen Funktionen mit den Fachbereichsmitarbeitern so lange prototypisch durchspielen und verbessern, bis die wesentlichen Anforderungen herausgearbeitet und abgedeckt sind.

Der Rechenzentrums-Betrieb muß ebenfalls frühzeitig in das Projekt involviert werden, um sicherzustellen, daß es beim Übergang zum produktiven Betrieb keine Probleme mit (zu) großen Datenmengen und Ressourcenanforderungen gibt. Auch hier ist eine Art von systemtechnischem Prototyping unverzichtbar.

10. Prototyping-Erfahrungen

Zuletzt möchten wir von unseren Erfahrungen erzählen. Um diese besser einordnen zu können, sollen zunächst ein paar Informationen zum Projektumfeld gegeben werden.

Unser Beispiel-Projekt begann vor mehr als drei Jahren mit der Fragestellung, wie man die nur noch mit Mühe wartbaren, teilweise seit zwanzig Jahren genutzten alten Batch-Systeme für einen Kernbereich des betrieblichen Rechnungswesens und die auf der Basis dieser Systeme entstandene tayloristische Arbeitsorganisation möglichst kostengünstig und einigermaßen sanft erneuern könnte.

Eine wesentliche Erkenntnis aus der Analyse des Ist-Zustands war, daß die mangelnde Flexibilität der Altsysteme auch im Bereich der betriebswirtschaftlichen Methodik so manche Anforderung nicht mehr abzudecken in der Lage war und daß es in dieser Situation keine Alternative zu einer flächendeckenden Erneuerung gab.

Eine der ersten und die vermutlich richtungsweisendste Entscheidung für das gesamte Projekt war die Antwort auf die Frage, ob es vorteilhafter wäre, ein teures und vermutlich sehr lange dauerndes Eigenentwicklungsprojekt aufzulegen oder ob man eine Chance hätte, mit einem ingesamt billigeren und vor allem weniger lang dauernden Projekt zur Einführung von Standard-Anwendungs-Software ans Ziel zu kommen.

Um die Problematik dieser Entscheidung aufzuzeigen, sei kurz angeführt, daß es Teilbereiche gab, die zu ca. 80% mit dem gekauften Prototyp abdeckbar waren, aber eben auch Teilbereiche, für die außer ein paar Stammdatenstrukturen keinerlei Funktionalität vorhanden war.

Heute stehen wir unmittelbar vor der Einführung des Systems und zu den Prototyping-Erfahrungen auf dem dazwischenliegenden Weg erscheinen uns folgende Punkte erwähnenswert:

Zunächst einmal hat sich die Tatache, daß man den Benutzern relativ schnell etwas vorführen und anhand von Prototypen über die Anforderungen diskutieren kann, positiv auf die Beteiligung der Benutzer an den Entscheidungen auf der Detailebene ausgewirkt.

Viele Benutzer wären ohne 'anfaßbare Prototypen' gar nicht in der Lage gewesen, sich eine Meinung zu bilden und Entscheidungen im Hinblick auf den späteren Umgang mit dem System zu treffen.

Aber auch mit Prototyp getroffene Entscheidungen hatten manchmal nicht lange Bestand. Dies erfordert sowohl Geduld als auch Flexibilität vom Projektteam. Irgendwann ist aber der Zeitpunkt gekommen, an dem ein Prototyp als 'abgenommen' und damit als fertig für den produktiven Einsatz erklärt werden muß. D.h. die leichte Veränderbarkeit mancher Eigenschaften darf nicht dazu führen, daß sich der Prototyping-Zyklus endlos im Kreis dreht.

Es ist sinnvoll, sich in der Anfangsphase Zeit zu nehmen, um die schwierigen Abbildungsprobleme einer möglichst kreativen und standard-konformen Lösung zuzuführen.

Es ist ratsam, vorhandene Alternativ-Lösungen sowohl bzgl. der Organisation als auch bzgl. der Abbildung auf die Software im Detail durchzuspielen, dann zu entscheiden und die Entscheidung zu dokumentieren. Falls sich später neue Gesichtspunkte ergeben, fällt es dann viel leichter zu entscheiden, ob dies ein ausreichender Grund ist, auch an anderen Stellen das Verfahren zu wechseln.

Die bei eigenentwickelten Prototypen vorhandene 'Durststrecke' bis zur Vorführbarkeit des ersten kleinen Prototyps entfällt hier, was zunächst Zeit spart und die Motivation günstig beeinflußt. Aber es gibt auch hierbei 'Durststrecken' während des 'Haderns mit vermutlich unabwendbaren Modifikationen'.

Modifikationen mögen aus der Sicht des Fachbereichs als 'bequeme Lösung' erscheinen (die Arbeit damit haben andere), aber aus der Sicht des Unternehmens und aus der Sicht des Projektteams ist jede Modifikation eine schlechte Lösung.

Es gibt beim Einsatz von Standard-Anwendungs-Software Bereiche, in denen keine alle Beteiligten zu hundert Prozent zufriedenstellende Lösung erreichbar ist. Dies sollte allen bekannt sein und möglichst wenig zu Verstimmungen oder zu vergeblichen Bemühungen führen.

Die Diskussionen um die Akzeptanz des Systems sind nicht weggefallen, sondern zeitlich vorverlegt und in kleineren Gruppen geführt worden.

11. Ausblick: Was bleibt zu wünschen übrig?

Standard-Anwendungs-Software ist u.a. auch ein Ansatz in Richtung Wiederverwendbarkeit von Software.

Doch solange man noch noch keine anwendungsbezogene Objekt-Bibliothek [3] anstatt eines fertigen Systems geliefert bekommt, ist die Kreativität der Benutzer und Entwickler nicht immer so entfaltbar, wie man sich das - im Sinne einer bestmöglichen Problemlösung für die Anwender - wünschen würde.

Aber wir sind zuversichtlich, daß die nächste Generation von Standard-Anwendungs-Software-Systemen auf der Basis objektorientierter Sprachen, Architekturen und Programmier-Umgebungen dazu führen wird, daß 'Anwendungs-Konfigurierungs-Unterstützungs-Systeme' entwickelt und angeboten werden, mit denen man einen großen Teil der heutigen Anpassungsprobleme schneller und besser in den Griff bekommen wird.

Literatur

[1]   Bartsch-Spörl, B.: *Standard-Software-Einführung versus Eigenentwicklung: Erfahrungen und Überraschungen*, Tagungsband 'Software-Entwicklungs-Systeme und -Werkzeuge', Esslingen 1991, Seite 4.2.1-4.2.6

[2]   Budde, R.; Kautz, K.; Kuhlenkamp, K.; Züllighoven, H.: *Prototyping - An Approach to Evolutionary System Development*, Springer Verlag Berlin 1991

[3]   Bürkle, U.; Gryczan, G.; Züllighoven, H.: *Erfahrungen mit der objektorientierten Vorgehensweise bei einem Bankprojekt*, Informatik-Spektrum 15 (1992, Seite 273-281

[4]   Floyd, C.: *A Systematic Look at Prototyping*, Tagungsband 'Modellierung und Konstruktion bei Entwicklung von Informationssystemen', Tutzing 1984, Seite 1 - 17

[5]   Hekmatpour, S.; Ince, D.: *Software Prototyping, Formal Methods and VDM*, Addison-Wesley Publishing Company, Wokingham 1988

[6]   Kütz, M.: *Organisatorische Veränderungen im Unternehmen durch den Einsatz von Standard-Software*, Tagungsband 'Computerwoche-Forum SAP', München 1992, Seite 47-57

[7]   Österle, H. (Hrsg.): *Integrierte Standardsoftware: Entscheidungshilfen für den Einsatz von Softwarepaketen, Band 1: Managemententscheidungen*, AIT Verlag Hallbergmoos 1990

[8]   Österle, H. (Hrsg.): *Integrierte Standardsoftware: Entscheidungshilfen für den Einsatz von Softwarepaketen, Band 2: Auswahl, Einführung und Betrieb von Standardsoftware*, AIT Verlag Hallbergmoos 1990

[9]   Scheer, A.-W.: *CIM - Der computergesteuerte Industriebetrieb*, Springer Verlag Heidelberg 1987

Analyse der Aufgabenmerkmale als Voraussetzung für erfolgreiches Prototyping

Astrid Beck

Zusammenfassung

Eine Untersuchung von neun Projekten aus den Bereichen Büro, Versicherungswesen, Pharmaindustrie, TV–Branche sowie Produktionssteuerung ergab, daß Prototyping zwar ein sowohl bei SW–Entwicklern als auch bei Benutzern bekanntes Konzept ist, Methodik und Vorgehen aber noch eine Reihe von Defiziten aufweisen. Aufgrund dieser Erfahrungen und der daraus resultierenden Forderung nach mehr Aufgaben– und Benutzerorientierung wurde ein Vorgehens- und Methodenmodell für Prototyping entwickelt. Organisatorische Voraussetzungen ermöglichen, die Benutzer in den Prototyping–Prozeß erfolgreich einzubinden. Entscheidende Bedeutung kommt zudem den zu ermittelnden Merkmalen der Arbeitsaufgabe, Information, Benutzer, Gesamttätigkeit und Organisation zu. Aufgrund dieser Merkmale lassen sich dann die Aufgaben, wichtigsten Objekte, sowie Dialogabläufe des Prototypen definieren.

1 Aufgaben– und benutzerorientiertes Prototyping

Mit Prototyping erhofft man sich, die negativen Erfahrungen traditioneller Vorgehensmodellen überwinden zu können. Prototyping bezieht sich auf die frühzeitige Erstellung von lauffähigen Arbeitsversionen des zukünftigen Anwendungssystems [4]. Ein Prototyp ermöglicht aufgrund seiner hohen Anschaulichkeit, Arbeitsabläufe besser zu kritisieren und zu modellieren sowie Anforderungen besser zu visualisieren. Durch die verbesserte Kommunikation zwischen Anwendern und Entwicklern stellt Prototyping somit eine wesentliche Voraussetzung für partizipative Systementwicklung dar.

Zudem verbindet sich mit Prototyping die Hoffnung, die Gesamtkosten des Software–Entwicklungsprozesses senken zu können. Während in den frühen Phasen durch Prototyping zwar ein verstärkter Aufwand nötig ist, wachsen die Kosten in den späteren Phasen — insbesonderer während der "Wartung" — nur noch gering.

Aus software–ergonomischer Sicht wird darüberhinaus eine aufgaben– und benutzerorientierte Herangehensweise gefordert, die stärker die Anforderungen und Bedürfnisse der Benutzer berücksichtigt. Für die Benutzer ist vor allem die Frage von Interesse, wie gut das neue System die zu erledigenden Aufgaben unterstützt, inwieweit interessante, anregende Aufgaben durchgeführt werden können und sie bei eher uninteressanten oder rechenintensiven Aufgaben durch den Computer entlastet werden. Allerdings bestehen noch weitgehend unklare Vorstellungen darüber, wie eine aufgaben- und benutzerorientierte Vorgehensweise am besten zu realisieren ist.

Graphische Benutzungsschnittstellen haben sich im Bereich der Standard–Software durchgesetzt und verbreiten sich nun auch für betriebliche Anwendungen. Parallel dazu sind User Interface Management Systeme als Software–Werkzeuge zur effizienten Entwicklung von graphischen Benutzungsschnittstellen entstanden. Für Prototyping und iterative Systementwicklung sind diese Systeme von großer Bedeutung, gegenwärtig fehlt jedoch noch eine methodische Unterstützung für die Entwicklung graphischer Benutzungsschnittstellen im Rahmen herkömmlicher Software-Entwicklungsmethoden und eine Einbettung von User Interface Management Systemen in heutige CASE-Werkzeuge.

Bisher fehlen nicht nur dokumentierte Erfahrungen aus der industriellen Software–Produktion mit Prototyping [8], sondern auch ein methodengestütztes Vorgehenskonzept, wie Prototyping am besten zu realisieren ist.

In TASK (Technik der aufgaben- und benutzerangemessenen Software-Konstruktion, gefördert vom BMFT, Projektträger Arbeit und Technik) werden Methoden und Werkzeuge zu diesen Fragestellungen erarbeitet [3]. Im folgenden werden die Schwerpunkte Analyse von Aufgabenmerkmalen sowie Prototyping vorgestellt.

2 Organisatorische und inhaltliche Voraussetzungen für Prototyping

Eine Untersuchung von neun Projekten aus den Bereichen Büro, Versicherungswesen, Pharmaindustrie, TV–Branche sowie Produktionssteuerung ergab, daß Prototyping zwar ein sowohl bei SW–Entwicklern als auch bei Benutzern bekanntes Konzept ist, Methodik und Vorgehen aber noch einige Defizite aufweisen [1]. Zu beobachten ist in jedem Fall, daß das Vorgehen und die einzelnen Aktivitäten bei der Entwicklung von Prototypen wenig oder gar nicht definiert und strukturiert sind. Es ist deshalb wesentlich, die Entwicklung und Verwendung von Prototypen explizit in der Projektplanung und in der Definition des projektübergreifenden Vorgehensmodells zu berücksichtigen. Zwei Aspekte müssen als vorrangig gesehen werden, um Prototyping vom Zustand einer Ad–Hoc–Aktivität in einen planbaren und organisierbaren Bestandteil des Software-Entwicklungsprozesses zu überführen:

- Das Prototyping-Vorgehen muß in den Gesamtlebenszyklus der Software-Entwicklung eingebettet werden. Es müssen klare Entscheidungshilfen gegeben werden, unter welchen Voraussetzungen, in welcher Phase und mit welchem Ziel Prototypen entwickelt werden sollen. Der erforderliche Detaillierungs- und Abdeckungsgrad des Prototypen muß definiert werden, um in der jeweiligen Projektphase die gewünschten Ergebnisse erzielen zu können. Wesentlich ist auch, in welcher Form die Ergebnisse der Prototypingphase in das Gesamtvorhaben zurückfließen, um die gewonnenen Erkenntnisse nutzbar zu machen.

- Die Prototypentwicklung selbst ist wiederum in einzelnen definierten Abschnitten und Arbeitsschritten durchzuführen, die sowohl die jeweils notwendigen Zielsetzungen klarer herausstellen wie auch eine bessere Planung und Ressourcenallokation für die Entwicklung erlauben. Eine entsprechende Dokumentation der Ergebnisse sollte auch den Nutzen des Prototyping bewertbar machen.

Die personelle Zusammensetzung des Prototyping-Teams ist von großer Bedeutung. Im Team sollten nicht nur EDV–Entwickler und Organisatoren, sondern auch Anwender sowie betroffene Benutzer (aus verschiedenen Benutzergruppen) beteiligt sein. Entscheidend ist, daß die Benutzer bereits zu Projektbeginn eingebunden sind. Gegebenenfalls kann der Einbezug der betrieblichen Interessenvertretung, insbesondere bei Neueinführung von Hard– und Software, sinnvoll oder notwendig sein. Benutzerorientiertes Prototyping sollte eine verbesserte Kommunikation zwischen Entwicklern und Benutzern anstreben. Bei dieser Zielsetzung kann ein — möglichst externer — Moderator behilflich sein.

Eine passive Einbindung der Benutzer in die Projektarbeit ist nicht ausreichend, vielmehr ist deren aktive, eigenverantwortliche Mitarbeit anzustreben. Generell sollte den Benutzern mehr Verantwortung, Einflußmöglichkeit und Entscheidungskompetenz als bisher zukommen. Bei den Benutzern, aber auch auf Seiten der Software-Entwickler ist das Verständnis für Beteiligungsprozesse zu wecken. Software-Entwickler müssen zunächst selbst genau wissen, wie Beteiligung aussehen soll, damit sie ihr Verständnis an die beteiligten Benutzer weitergeben können. Dementsprechend sind für Benutzer und Entwickler Qualifizierungsmaßnahmen vorzusehen. Kenntnisse, die zu vermitteln sind, sollten umfassen:

- DV–technische Kenntnisse (z.B. Grundkenntnisse für Benutzer, Werkzeugkenntnisse für Entwickler)
- Prototyping als Möglichkeit der Benutzerbeteiligung,
- Fachwissen (aufgaben- und fachbezogene Qualifizierung),
- software–ergonomisches und arbeitswissenschaftliches Wissen (insbesondere auch Anwendung von Styleguides und Standards),
- Kenntnisse von Gruppenprozessen.

Nach Möglichkeit sind Hilfsmittel zur Kommunikation und zum verbesserten Dokumentenaustausch zu schaffen, wie z.B. DV–gestützte und für die Projektmitarbeiter immer zugängliche Projektdokumentation (Aufgaben- und Zeitpläne, Projektnachrichten, Begriffsglossar, Projektergebnisse, Pflichtenheft, Prototyp etc.). Ein gemeinsames Projektbüro kann Ort für Besprechungen, Standort von Unterlagen und installierter Prototypen sein.

Prototyping ist ohne produktive Werkzeuge kaum zu realisieren. Deshalb ist der Auswahl von geeigneten Tools und Entwicklungsumgebungen besonderes Gewicht beizumessen. Hierbei ist von großer Bedeutung, ob eine Entwicklung im Rahmen eines explorativen oder experimentellen Prototyping zum Wegwerfen bestimmt ist oder die evolutionäre Weiterentwicklung eines Prototypen als erste Systemversion geplant ist [5]. Im letzteren Fall ist die Prototyping-Plattform identisch mit der Realisierungsplattform des Zielsystems. Die Auswahl der Umgebung wird deshalb in diesem Fall wesentlich kritischer und aufwendiger sein als die Auswahl eines Werkzeugs zur Produktion eines Wegwerfsystems. Allerdings müssen natürlich auch im letzten Fall die Eigenschaften der geplanten Zielumgebung zumindest grob bekannt sein, um Prototyp und Systemrealisierung nicht zu weit auseinanderklaffen zu lassen. Verwendete Methoden und Werkzeuge in der SW–Entwicklung sollten — wenn sie Auswirkungen auf die Projektarbeit und die Dokumentation haben — für die Benutzer transparent sein (u.a. SW–ergonomische Style Guides, Darstellungsmethoden, CASE–Tools).

Bisherige Erfahrungen zeigen, daß mit Prototyping schon begonnen wird, obwohl die benötigten Informationen aus der Anforderungsanalyse nicht oder schlecht aufbereitet zur Verfügung stehen. Die entstehenden Prototypen entsprechen nicht den Anforderungen der Aufgabe, was von den Benutzern selten erkannt wird, da diese sich eher auf die Kritik der reinen Benutzungsoberfläche beschränken. Wesentlich ist daher, daß die für Prototyping relevanten Informationen zuvor mit den Benutzern ermittelt werden. Der Prototyp muß dialogfähig sein und sich in die reale Arbeitssituation einbetten lassen. Erst dann sollte mit dem Entwurf und anschließender Implementation des Prototypen begonnen werden. Die für Prototyping mindestens benötigten Informationen sind die Beschreibungen von:

- *Ziel*

  Es wird grob beschrieben, was die Aufgaben des Prototypen sind, welche Schnittstellen es gibt und wer die zukünftigen Benutzer sind.

- *Aufgaben*

  Mit Hilfe einer Zusammenstellung der wichtigsten und häufigsten Aufgaben der Benutzer läßt sich beurteilen, welche Aufgaben vorrangig zu betrachten sind und wie sich das zu entwickelnde System in die Arbeitsabläufe der Benutzer einordnen läßt. Es hat sich bewährt, vom typischen Tagesablauf der Benutzer auszugehen.

- *Objekte*

  Die Objektbeschreibung ist eine Zusammenstellung der wichtigsten Objekte mit deren Hauptattributen, nach Häufigkeit und Wichtigkeit geordnet und mit Angabe von Mengengerüsten. Die Objekte sind in einem Data Dictionary (nach Möglichkeit rechnergestützt) zu beschreiben.

- *Funktionen*

  Eine Zusammenstellung der wichtigsten Funktionen, nach Häufigkeit und Wichtigkeit geordnet, bietet die Grundlage dessen, was im Prototyp implementiert werden soll. Dabei ist anzugeben, welche Funktionen immer zugänglich sein müssen, u.U. auch anwendungsübergreifend (um einen flexiblen Zugang zu ermöglichen –> evt. Menü). Andererseits wird es spezielle Funktionen geben, die nur auf bestimmten Sichten operieren, also nicht immer verfügbar sein müssen.

- *Sichten*

  Sichten beschreiben die konkreten Interaktionsmöglichkeiten des Benutzers in Abhängigkeit der zu bearbeitenden Teilaufgaben. Anzugeben ist, welche Attribute auf der jeweiligen Sicht benötigt werden und welche Funktionen hier erlaubt sind.

- *Dialogabläufe*

  Es ist der Einstiegsdialog sowie der typische Ablauf mit den Navigationsmöglichkeiten und Funktionsaufrufen zu beschreiben. Zu berücksichtigen ist, was parallel bearbeitet werden kann. Gibt es zwingende Reihenfolgen oder feste Übergänge, sind diese über ihre Vorgänger/Nachfolger–Beziehung zu identifizieren.

Wie Aufgaben, Objekte und Funktionen, Sichten sowie Dialogabläufe zu ermitteln und entwerfen sind, wird in den nächsten Abschnitten näher beschrieben.

3 Analyse von Aufgabenmerkmalen

Ausgangspunkt für Prototyping sind die Arbeitsaufgaben der verschiedenen Benutzergruppen. Dabei sind vor allem folgende Fragestellungen wesentlich:

- Wer macht was? (-> funktionelle Rollen, Benutzertypologie)
- Was wird wann gemacht? (-> Ablauf, typische Reihenfolgen, Teilaufgaben; jeweils nach Wichtigkeit und Häufigkeit geordnet)
- Was wird bearbeitet? (-> Arbeitsgegenstände und –informationen mit deren Eigenschaften und Beziehungen, Informationsflüsse)
- Wie werden Arbeitsgegenstände bearbeitet? (-> detaillierte Abläufe, Operationen)
- Welche Anforderungen aus Benutzersicht gibt es? (-> Vollständigkeit, Flexibilität).

Diese und weitere Fragestellungen sind Gegenstand der Aufgaben– und Anforderungsanalyse, deren Ziel es ist, die relevanten Merkmale (kurz: *Aufgabenmerkmale*) der Tätigkeit des Benutzers zu ermitteln. Aufgabenmerkmale charakterisieren die relevanten Aspekte der Arbeit, deren Arbeitsbedingungen und die Eigenschaften der Arbeitstätigkeit. Es lassen sich folgende Merkmale unterscheiden:

- Merkmale der Gesamttätigkeit
- Aufgabenmerkmale
- Informationsmerkmale
- Benutzermerkmale
- Merkmale der Organisation.

Zu jedem dieser Merkmale läßt sich die Gestaltungsrelevanz darlegen. Das stellt sicher, daß nur die für die Gestaltung wichtigen Aspekte erhoben werden. Die Analyse erfolgt mithilfe von Fragebögen, unter Einbezug bekannter Arbeitsanalyseverfahren wie VERA [9] und KABA [10]. Die Analyse wird mittels Interviews und Beobachtung der Beschäftigten durchgeführt. Eine Übersicht über wichtige Aufgabenmerkmale und deren Gestaltungsrelevanz gibt Tab. 1 [vgl. 3].

Aufgabenmerkmal	Gestaltungsrelevanz
Aufgabenstruktur	Menü-Struktur, Dialogabläufe
Parallelität	Individualisierbarkeit, Parallelisierung der Dialoge
Informationsbedarf	Gestaltung des Objektmodells und der logischen Sichten
Vor- und Nachbedingungen	Dialogabläufe
Priorität	Menü-Struktur, Erreichbarkeit
Häufigkeit/ Wiederholungsrate	Abkürzungen im Dialog, Dauer-/Wiederholungsfunktion, Menü-Struktur, Benutzerführung und Online-Hilfe
Kommunikation und Kooperation	E–Mail, gemeinsame Dokumentenbearbeitung und Ablage
Variabilität	Individualisierbarkeit (z.B. Einstellungen, Arbeitsmappe, Filter, Makros), flexible Vorgehensweisen, Eingriffs– und Auswahlmöglichkeiten
Vollständigkeit	Mensch-Rechner-Funktionsteilung, Handlungsspielräume

Tab. 1: Zusammenstellung wichtiger Aufgabenmerkmale

Die *Aufgabenstruktur*, das heißt die Unterteilung in Teilaufgaben (statische Struktur), wie auch die Aufgabenabläufe (dynamische Struktur) hat unmittelbaren Einfluß auf die Dialogabläufe. Beim Entwurf der Dialogabläufe ist es wichtig, daß die typischen Aufgabenabläufe mit möglichst wenigen Schritten abgearbeitet werden können. Ferner ist ein wichtiges Anordnungskriterium für Menüs die aufgabenbezogene Ordnung.

Das Kriterium der *Parallelität* gibt an, inwieweit Aufgaben, die prinzipiell unabhängig voneinander sind, zeitlich überlappend abgearbeitet werden können. Dies kann z.B. bei Unterbrechungen vorkommen, wenn während einer Aufgabenbearbeitung durch einen Telefonanruf oder ein anderes Ereignis der Aufgabenkontext gewechselt werden muß. Tritt Parallelität in der Aufgabenbearbeitung auf, so müssen Mechanismen zur Speicherung des Kontextes im Dialogsystem existieren, z.B. die temporäre Ablage von Objekten.

Ein wichtiges Kriterium in bezug auf die Gestaltung ist die *Häufigkeit* des Auftretens einer Aufgabe, verbunden mit der Wiederholungsrate, also die Anzahl der Wiederholungen von Teilaufgaben bei der Aufgabenbearbeitung. Für eine selten auftretende Aufgabe muß z.B. ein Dialogsystem sehr viel mehr Benutzerführung bzw. ausführliche Hilfe geben als für eine Routineaufgabe. Bei häufigen Aufgaben sollten Abkürzungen im Dialogablauf vorhanden sein. Ebenso ist an die Wiederholbarkeit von Funktionen zu denken.

Die *Variabilität* einer Aufgabe beschreibt den Grad der Änderungen in der Aufgabenstruktur durch die Veränderung der Aufgabenstellung oder durch benutzerspezifische Veränderungen, z.B. durch Lernen des Benutzers. In diesem Zusammenhang ist auf die Anpaßbarkeit des Systems an individuelle Wünsche des Benutzers zu achten. Beispiele sind Wahlmöglichkeiten der Darstellung von Objekten, sowie die Möglichkeit Makros und Arbeitsmappen anzulegen.

Die *Vollständigkeit* der Arbeitsaufgabe betrifft die Funktionalität des gesamten Software-Systems und dessen Einbettung in die Gesamttätigkeit. Bei der Mensch-Rechner-Funktionsteilung, also der Aufteilung der Gesamt-Funktonalität zwischen dem Benutzer und dem Software-System sollte darauf geachtet werden, daß die Aufgaben des Benutzers vollständig im arbeitswissenschaftlichen Sinne sind [6], also genügend planende, entscheidende und kontrollierende Tätigkeiten bieten. Diese sollten wiederum angemessen vom Software-System unterstützt werden.

4   TASK — ein Vorgehensmodell für Prototyping

Insbesondere die Forderungen nach stärkerer Aufgabenorientierung und nach angemessener Beteiligung der Benutzer beeinflußte den TASK–Ansatz, in dem gleichermaßen Schwerpunkte auf die Benutzer und deren Arbeitsaufgaben sowie die Analyse der sozialen, organisatorischen und technischen Anforderungen gelegt werden. Gleichzeitig wurde Wert auf die praktische Durchführbarkeit sowie die Anwendbarkeit für graphische Benutzungsschnittstellen gelegt. TASK wird momentan im Büro– und Produktionsbereich erprobt und ist so konzipiert, daß es sich in vorhandene Vorgehensmodelle einbetten läßt bzw. diese ergänzen kann [2].

TASK setzt sich zusammen aus Methoden, Techniken und Regeln, wobei sich das Vorgehen in Aktivitäten beschreiben läßt, die eine Reihe von Ergebnissen ("Produkte") produzieren. In TASK werden in regelmäßigen Reviews die Ergebnisse zusammen mit den Benutzern überprüft und korrigiert, damit wird die Bildung von benutzerbegleiteten Teams gefördert. Von Beginn an wird Wert auf eine gemeinsame Verständigungsbasis gelegt, die durch ein projektbegleitendes Qualifizierungskonzept unterstützt wird. TASK hat ihren Schwerpunkt auf den frühen Phasen, da diese die größte Bedeutung für die Benutzer und die weitere Systementwicklung haben. In TASK werden diese Phasen durch Prototyping und Benutzerpartizipation unterstützt. Bei graphischen Benutzungsschnittstellen steht die Objektorientierung im Vergleich zur Funktions- und Ablauforientierung im Vordergrund. Dieses muß sich natürlich auch im Vorgehens- und Methodenmodell für die Entwicklung objektorientierter Benutzungsschnittstellen niederschlagen.

Abb.1 gibt einen Überblick über die Aktivitäten und Produkte von TASK. Schwerpunkt sind die Phasen Projektdefinition, Aufgaben– und Anforderungsanalyse, fachlicher Entwurf der Benutzungsschnittstelle, sowie Prototyping und Evaluation. Die Rückkopplung in der Darstellung des Vorgehensmodells macht deutlich, daß hier nicht ein streng sequentielles Phasenmodell vorliegt. Die sequentielle Anordnung zeigt vielmehr den logischen Zusammenhang zwischen den verschiedenen Modellen auf, die im Verlauf der Entwicklung erstellt werden. Das eigentliche Vorgehen ist iterativ und verläuft in aufeinanderfolgenden Zyklen, in denen jeweils neue Systemversionen (Prototypen) erstellt und bewertet werden. Wieviele Zyklen durchlaufen werden, hängt dann stark von dem jeweiligen Projekt ab. So kann es sein, daß bei gut strukturierten und im Prinzip bekannten Problemen die Analyseergebnisse weitgehend vollständig ausgearbeitet werden und kaum korrekturbedürftig sind. Bei weniger vertrauten Problemen werden dagegen die Prototypen ein entscheidender Faktor für Korrekturen und Ergänzungen sein. Ähnlich hängt es von der Erfahrung der Projektteilnehmer bezüglich der Gestaltung graphischer Oberflächen im Anwendungsbereich ab, wieviele Entwurfszyklen durchlaufen werden müssen, um zu einer aufgaben- und benutzerangemessenen Benutzungsschnittstelle zu kommen.

Auf die organisatorischen Voraussetzungen wurde bereits in Kap. 2 eingegangen. Diese sind während der Projektdefinition zu realisieren. Anschließend sind die Aufgaben zu analysieren und entsprechende Anforderungen abzuleiten (Kap. 3). In den weiteren Abschnitten wird auf den fachlichen Entwurf, Prototyping und Evaluation genauer eingegangen.

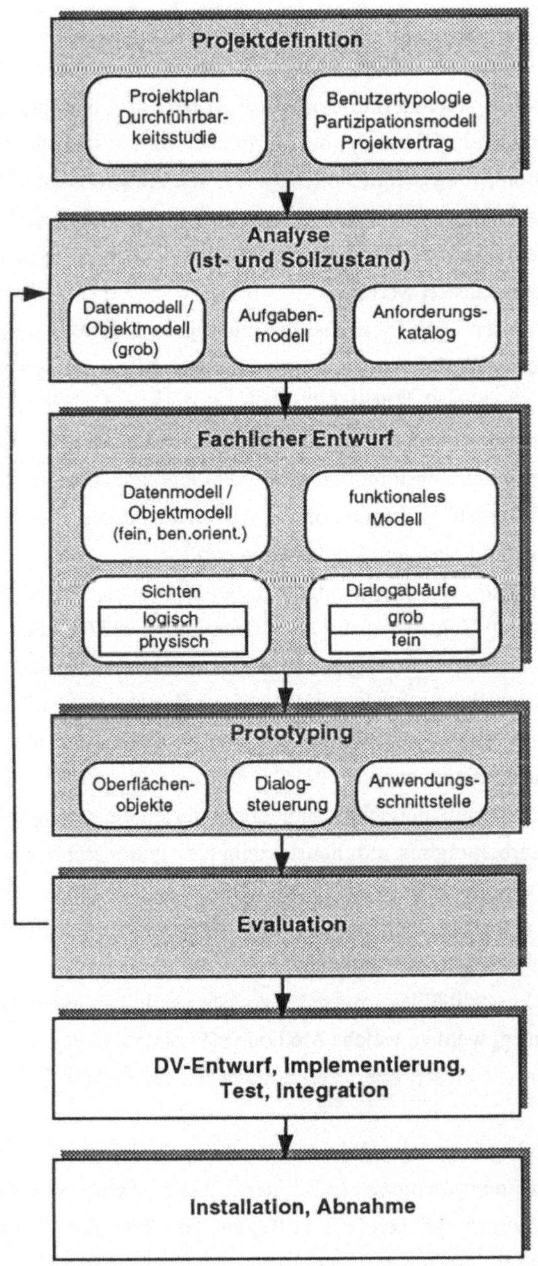

Abb. 1: Das TASK–Vorgehensmodell für aufgaben- und benutzerangemessene Entwicklung von graphischen Benutzungsschnittstellen

4.1   Fachlicher Entwurf: Objekte, Sichten und Dialogabläufe

Aufbauend auf den Aufgabenmerkmalen (Kap. 3) wird das benutzungsschnittstellenorientierte Modell entwickelt. Die Aufgabenmerkmale werden in konkrete Anforderungen an die graphische Benutzungsschnittstelle sowie deren Aufgaben– und Benutzerunterstützung umgesetzt. Abgeleitet werden die Anwendungs-Objekte und deren Funktionalität. In TASK werden folgende Benutzungsschnittstellenobjekte unterschieden, durch die bereits wichtige Anforderungen realisiert werden:

- *Aufgabenobjekte* repräsentieren (zunächst die wichtigsten) Objekte der Aufgabe. Metaphern aus der realen Welt können die Darstellung und Benennung unterstützen (z.B. "Aktenordner", "Ablage", "Plantafel"). Die Attribute und mögliche Zustände der Aufgabenobjekte geben dazu wichtige Informationen;

- *Mengenobjekte* dienen zur Zusammenfassung von Objekten. Zum Beispiel kann das Mengenobjekt "Kunden" geöffnet werden, worauf eine Liste aller Kunden erscheint, die den Zugriff auf einzelne Kundendaten ermöglicht;

- *Individualisierungsobjekte* sind Objekte, die dem Benutzer eine individuelle Ablage bzw. einen individuellen Zugriff auf die Aufgabenobjekte ermöglichen. Ein Beispiel ist eine persönliche Arbeitsmappe, in der Kundendaten abgelegt werden können, die voraussichtlich in nächster Zukunft nochmals zu bearbeiten sind. Benutzer sollten in der Lage sein, eigene Objekte zu definieren, aber auch zu löschen oder umzustrukturieren etc.

Die Strukturierung des benutzungsschnittstellenorientierten Objektmodells muß so erfolgen, daß die Aufgabenbearbeitung mit möglichst wenig Navigationsschritten im späteren Dialogsystem ermöglicht wird. Benutzern sollten Wahlmöglichkeiten bei der Darstellung von Objekten geboten werden. Zu beachten ist außerdem, daß je nach funktioneller Rolle u.U. Zugriffsrechte auf die Objekte bestehen können.

Hinsichtlich der Funktionalität des Anwendungssystems muß zu jedem Objekt der Benutzungsschnittstelle festgelegt werden, welche Methoden (Funktionen) es zur Verfügung stellt. bzw. welche Methoden auf diesen operieren können. Es lassen sich die folgenden Funktionen unterschieden:

- *Datenfunktionen* mit Zugriff auf die Objekte (z.B. "Eingabe", Öffnen", "Löschen")
- *Ausführungs–/Bearbeitungsfunktionen* (z.B."Start", "Abbrechen", Statusanzeigen)
- *Informationsbeschaffungsfunktionen* (z.B. Hilfe, Fehlererläuterung, Tutorial)
- *Werkzeugsteuerung* (z.B. "Speichern", "Drucken", Bildschirmparameter)
- *Spezielle Funktionen* (z.B. Benutzervoreinstellungen, E–Mail, Notizfunktion).

Die Interaktion mit den Objekten erfolgt für den Benutzer über *Sichten*. Eine Sicht umfaßt die Objekte und Attribute, die in der Sicht dargestellt werden und die Funktionen, die zugänglich sind (logische Sicht). Ferner müssen für eine Sicht geeignete Interaktionsobjekte zur Repräsentation der Objekte und deren Beziehungen und Attribute ausgewählt und angeordnet werden. Diese werden in Fenstern angeordnet, und deren graphische Gestaltung, z.B. bezüglich Farben, Fonts usw. wird entworfen (physische Sicht).

Die Sichten sind so zu gestalten, daß aufgabenangemessene Darstellungen der Objekte entstehen. Zum Beispiel sind die Attribute von Datensichten so auszuwählen, daß die dargestellten Informationen dem Informationsbedarf für die jeweils bearbeiteten Aufgaben entsprechen. Informationen, die gleichzeitig benötigt werden, sollte in einem Fenster dargestellt werden. Die Zahl der Attribute bestimmt ihre spätere Repräsentation, z.B. als Datensicht oder als Listendarstellung. Sichten sollten so gestaltet werden, daß verschiedene Aufgaben in ihnen bearbeitet werden können, um Flexibilität im Dialog zu gewährleisten.

Die dynamische Veränderung von Sichten bei der Interaktion durch den Benutzer sowie die Veränderung der intern gespeicherten Objektzustände ergibt den *Dialogablauf*. Es lassen sich zwei Ebenen von Dialogabläufen unterscheiden:

* Die Ebene der *groben Dialogabläufe* beschreibt die Abfolge von Sichten aufgrund von Benutzereingaben, wobei systemintern Funktionen der Anwendung aufgerufen werden können. Hier wird also z.B. das Öffnen und Schließen von Fenstern und evtl. auch von Fensterteilen beschrieben.

* Die Ebene der *feinen Dialogabläufe* beschreibt die Zustandswechsel der Interaktionsobjekte, die zu den einzelnen Sichten gehören, z.B. die Änderung der Selektierbarkeit von Schaltflächen (Buttons) und Menü-Einträgen.

Beim Entwurf der Dialogabläufe sollte man so vorgehen, daß zunächst die groben Dialogabläufe beschrieben (und in einem Prototyp implementiert) werden, bis ein befriedigendes Ergebnis hinsichtlich der Zahl und Größe der Fenster und der erforderlichen Navigationsschritte erreicht ist. Erst danach sollte man die Details, also die feinen Dialogabläufe spezifizieren. Bereits frühzeitig sollte damit begonnen werden, alternative Vorgehensweisen anzubieten, den Dialogkontext wechselbar sowie Dialoge abbrechbar zu entwerfen. Zur Beschreibung der groben Ebenen des Dialoges können *Dialognetze* herangezogen werden [7], die eine spezielle Form von Petri-Netzen sind.

4.2   Prototyping und Evaluation

Mit Prototyping sollte dann begonnen werden, wenn geklärt ist, was genau Umfang und Inhalt des Prototypen sein soll und welche Aufgaben unterstützt werden sollen. Welche Gestaltungsinformation benötigt wird, wie diese ermittelt und entworfen wird, wurde in den vorhergehenden Kapitel erläutert. Auf dieser Basis kann nun der Prototyp implementiert werden. Hier sollte ein aufgabenorientiertes Prototyping ansetzen, das sich an den Arbeitsabläufen der Benutzer und den Merkmalen der Aufgaben orientiert und bei dem die Ziele und Vorgehensschritte von Benutzern und Entwicklern gemeinsam festgelegt werden.

Prototyping läßt sich sowohl während der Aufgaben- und Anforderungsanalyse als auch im Entwurf durchführen. Wird mit Prototyping bereits frühzeitig in der Analyse begonnen, können unmittelbar anhand des ersten Prototypen Anforderungen und mögliche Realisierungsvorschläge überprüft werden. Es kann dann in den darauf folgenden Phasen der Prototyp weiterentwickelt werden, parallel zum eigentlichen Produkt oder zyklisch-iterativ als Produktversion. Dabei werden dann in einem weiteren Zyklus Analyse und Entwurf nochmals durchlaufen, um somit in vergleichbar kurzer Zeit den nächsten verbesserten Prototypen zu erhalten. In TASK wird dieses Vorgehen favorisiert, wobei sich zwei bis drei Prototypen von Aufwand und Zeit her als praktikabel erwiesen haben. Dieses Vorgehen läßt sich als evolutionäres Prototyping charakterisieren [5], d.h. daß ein ausgereifter Prototyp als erste Version des Software-Systems aufgefaßt wird.

Die Evaluation des Prototypen erfolgt anhand von Reviews/Walk-Throughs sowie realistischer Szenarien mit Benutzern und Entwicklern. Die Benutzer sind also im Vergleich zu in der Praxis häufig anzutreffenden Vorgehensmodellen länger am Entwicklungsprozeß beteiligt. Sie liefern nicht nur die fachlichen Informationen in der Analysephase und beim Entwurf des verfeinerten Datenmodells und des Funktionsmodells, sondern sind gleichberechtigt am Entwurf und Bewertung der Benutzungsschnittstelle beteiligt.

5   Erfahrungen

Es wurde ein Vorgehens- und Methodenmodell für die aufgaben- und benutzerangemessene Gestaltung von graphischen Benutzungsschnittstellen vorgestellt. Die Vorteile sind vor allem in einer erhöhten Akzeptanz und Motivation bei den beteiligten Benutzern zu sehen. Dadurch daß wesentlich früher als sonst üblich Ergebnisse in Form von bewertbaren Prototypen vorliegen, können Fehler in der Analyse und im Entwurf eher gefunden und behoben werden, was letzendlich auch zu einer Kostenreduktion führt.

Durch die Berücksichtigung von Aufgabenmerkmalen und Merkmalen hinsichtlich der Benutzer wird eine aufgaben- und benutzerangemessene Gestaltung mit Individualisierbarkeit des Systems angestrebt. Damit sollen arbeitswissenschaftliche Ziele wie die Möglichkeit zum selbstbestimmten Handeln, Persönlichkeitsförderlichkeit durch anspruchsvolle, qualifizierte Tätigkeiten und die Vermeidung von Belastungen realisiert werden.

In mehreren Projekten im Versicherungs- und Produktionsbereich wurde das Vorgehens- und Methodenmodell eingesetzt und erste Erfahrungen liegen bereits vor. Gegenwärtig fehlt jedoch noch eine integrierte Werkzeugunterstützung. Als positiv hat sich die bei vielen Entwicklern dringend benötigte Vorgehensweise zum Entwurf graphischer Benutzungsschnittstellen herausgestellt. Bei den Software-Entwicklern ist zum Teil aber noch Überzeugungsarbeit zu leisten, was die Notwendigkeit eines strukturierten Vorgehens mit starker Benutzerorientierung angeht. Hier muß noch mehr Aufklärungsarbeit bei den Entwicklern, aber auch den Benutzern und deren jeweiligem Management geleistet werden.

In einem der durchgeführten Projekte in einem großen Unternehmen der Versicherungsbranche ging es um die Bestandsführung von Lebensversicherungen. Zielstellung war hier, von einer batch-orientierten Host-Anwendung auf graphische Benutzungsschnittstellen im Client-Server-Betrieb umzusteigen. Das Datenmodell war bereits entwickelt.

Schwierigkeiten hatten die Entwickler vor allem mit ihrem Versuch, das Datenmodell direkt in einen Prototypen umzusetzen. Da dies nach unseren Erfahrungen ohne weitere Information und ohne Benutzerbeteilung nicht möglich ist, mußten zwangläufig viele Anforderungen quasi "erraten" werden bzw. die Entwickler entwickelten die Prototypen gänzlich nach ihren eigenen Vorstellungen. Zusätzliche Schwierigkeit ergaben sich aus dem für die Entwickler noch neuen (sehr leistungsfähigen) Werkzeug für die Gestaltung graphischer Oberflächen. Eine weitere Forderung war die Einhaltung des firmeninternen Style Guides.

Aufbauend auf dem Datenmodell konnte das benutzungsschnittstellenorientierte Objektmodell abgeleitet werden. Die wichtigsten Objekte wurden direkt in den Einstiegsdialog übernommen. Für die Gestaltung der Benutzungschnittstelle wurde ein desk-top-orientierter Ansatz gewählt, der in Bezug auf häufige Suchoperationen — wie bei Datenbanken üblich — erweitert wurde. Durch Anwendung des hier beschriebenen Vorgehens wurden die Benutzer verstärkt eingebunden, es entstand in relativ kurzer Zeit eine gut lesbare Dokumentation. Eine anstehende Präsentation des entwickelten Prototyps konnte mit Erfolg durchgeführt werden. Die Entwickler verstanden durch ihre von der Methodik "erzwungene" verstärkte Auseinandersetzung mit den Benutzern deren Aufgaben besser. Damit konnten sie das Anwendungsgebiet besser durchdringen, und fehlende Informationen konnten gezielt ergänzt werden. Begleitet wurde die Projektberatung mit Workshops, die das benötigte Wissen hinsichtlich der Methodik und des zu berücksichtigenden Style Guides vermittelte.

6　Literatur

1.　Beck, A.: *Benutzerpartizipation aus Sicht von SW–Entwicklern und Benutzern. Eine Untersuchung von beteiligungsorientierten SW–Entwicklungsprojekten*, Beitrag auf der Software–Ergonomie '93 in Bremen, erscheint bei Teubner (1993)

2.　Beck, A. ; Janssen, Ch.: *Vorgehen und Methoden für aufgaben– und benutzerangemessene Gestaltung von graphischen Benutzungsschnittstellen*, Beitrag zur Arbeitstagung "Menschengerechte Software als Wettbewerbsfaktor", erscheint voraussichtlich bei Teubner (1993)

3.　Beck, A. ; Ziegler, J.: *Methoden und Werkzeuge für die frühen Phasen der Software-Entwicklung*. In: Ackermann, D. ; Ulich, E.: Software-Ergonomie '91, Stuttgart: Teubner, 76-85 (1991)

4.　Budde, R. ; Kautz, K. ; Kuhlenkamp, K. ; Züllighoven, H.: *Prototyping. An Approach to Evolutionary System Development*, Berlin: Springer (1992)

5.　Floyd, C.: *A systematic look at prototyping*. In: Budde, R. ; Kuhlenkamp, K. ; Mathiassen, L. ; Züllighoven, H. (Eds.): *Approaches to Prototyping*, Berlin: Springer (1984)

6.　Hacker, W.: *Arbeitspsychologie. Psychologische Regulation von Arbeitstätigkeit*. Berlin, VEB Deutscher Verlag der Wissenschaften (1986)

7.　Janssen, C.: *Dialognetze zur Beschreibung von Dialogabläufen in graphisch-interaktiven Systemen*, Beitrag auf der Software–Ergonomie '93 in Bremen, erscheint bei Teubner (1993)

8.　Kieback, A. ; Lichter, H. ; Schneider-Hufschmidt, M. ; Züllighoven, H.: *Prototyping in industriellen Software-Projekten - Erfahrungen und Analysen*. In: Informatik - Spektrum, 15/2, 65-77 (1992)

9.　Volpert, W. ; Oesterreich, R. ; Gablenz-Kolakovic, S. ; Krogoll, T. ; Resch, M.: *Verfahren zur Ermittlung von Regulationserfordernissen in der Arbeitstätigkeit (VERA)*, Köln : TÜV Rheinland (1983)

10.　Zölch, M. ; Dunckel, H.: *Kontrastive Aufgabenanalyse - Ergebnisse des Verfahrenseinsatzes - Praxisrelevanz*. In: Ackermann, D. ; Ulich, E., Software-Ergonomie '91, Stuttgart: Teubner, 363-372 (1991)

Software-Sanierung
mit Benutzerbeteiligung und Prototyping

Robert Bergann, Hubert Biskup, Axel Küpper;

Technische Universität Berlin,
Fachbereich Informatik, Softwaretechnik
Franklinstr. 28/29, D-1000 Berlin 10
Tel. (030) 314-24 784, Fax. (030) 314 -73 488
E-Mail: hubert@cs.tu-berlin.de

Einführung

Auf der Grundlage des an der Technischen Universität entwickelten und erprobten Projektmodells STEPS (SoftwareTechnik für evolutionäre und partizipative Systementwicklung) wurde ein bereits im Einsatz befindliches Softwaresystem funktional und technisch überarbeitet und weiterentwickelt. Das Forschungsinteresse war dabei die Erprobung von STEPS in der besonderen Situation der Sanierung eines bereits im Einsatz befindlichen, fremdentwickelten Softwaresystems. Dabei sollten die bereits erprobten Strategien zur kooperativen Systementwicklung, die dem evolutionären Charakter sowohl der Produktentwicklung als auch der Zusammenarbeit Rechnung tragen, konsolidiert werden. Bei den neu zu entwickelnden Software-Anteilen sollte ein CASE-Tool eingesetzt und erprobt werden. Die Projektmitarbeiter waren eine Tierärztin als Benutzervertreterin, ein Informatiker und zwei Studenten der Informatik, die wesentliche Ergebnisse dieses Forschungsprojektes in ihrer Diplomarbeit beschrieben (vgl. [1]).

1.   Kooperationspartner im Projekt

Kooperationspartner in diesem Projekt war eine Forschungsgruppe der Klinik und Poliklinik für kleine Haustiere an der Freien Universität Berlin. Die dort beschäftigten Veterinärmediziner/innen behandeln sowohl ambulant, als auch stationär - dazu gehört auch die Nachsorge bei Operationen - kleine Haustiere, insbesondere Hunde und Katzen. Neben diesen Aufgaben erfüllen eine Reihe von Hochschullehrern/innen Pflichten in Lehre und Forschung.

2.   Anwendungsbereich

Unser Kooperationspartner beschäftigt sich mit der Untersuchung von Epilepsien bei Kleintieren. Das umfangreiche Datenmaterial, das über einen Zeitraum von mehr als 12 Jahren gesammelt worden ist, soll sowohl für klinische, als auch für wissenschaftliche Zwecke ausgewertet werden. Es wurde lange Zeit teilweise mit Hilfe eines mangelbehafteten, computergestützen Informationssystems, zum größten Teil jedoch mit Karteikarten und Datenblättern manuell verwaltet.

Wegen der nach Aussagen der Beteiligten angespannten Arbeitssituation, der großen Datenmenge und vor allem des undurchschaubaren und "unberechenbaren Verhaltens" des eingesetzten Informationssystems, war keine systematische Erfassung und Auswertung des Datenmaterials möglich. Dies betraf im besonderen, neben der eigenen Forschungsarbeit, Informations- und Serviceleistungen, die im Rahmen wissenschaftlicher Zusammenarbeit, aber auch von praktizierenden Tierärzten/innen, gewünscht werden.

Das Informationssystem wies aus der Sicht der Benutzer/innen erhebliche Mängel - funktionaler und technischer Art - bei der Unterstützung ihrer Arbeit auf und sollte daher überarbeitet und erweitert werden. Zum einen sollte die leitende ärztin, die als einzige mit dem mangelbehafteten System umgehen konnte, von dieser Arbeit entlastet werden, zum anderen sollte die Qualität des Systems verbessert werden. Dies betraf insbesondere die Benutzungsschnittstelle, die Entwicklung von Auswertungsfunktionen und die Beseitigung softwaretechnischer Mängel, um die medizinische und wissenschaftliche Arbeit der Arbeitsgruppe zu sichern und zu verbessern.

3.   Das Projektmodell: STEPS

Unsere Vorgehensweise im Projekt richtete sich nach dem an der Technischen Universität Berlin entwickelten theoretisch-methodischen Ansatz STEPS - Softwaretechnik für evolutionäre und partizipative Systementwicklung (vgl. [2] und Abb. 1).

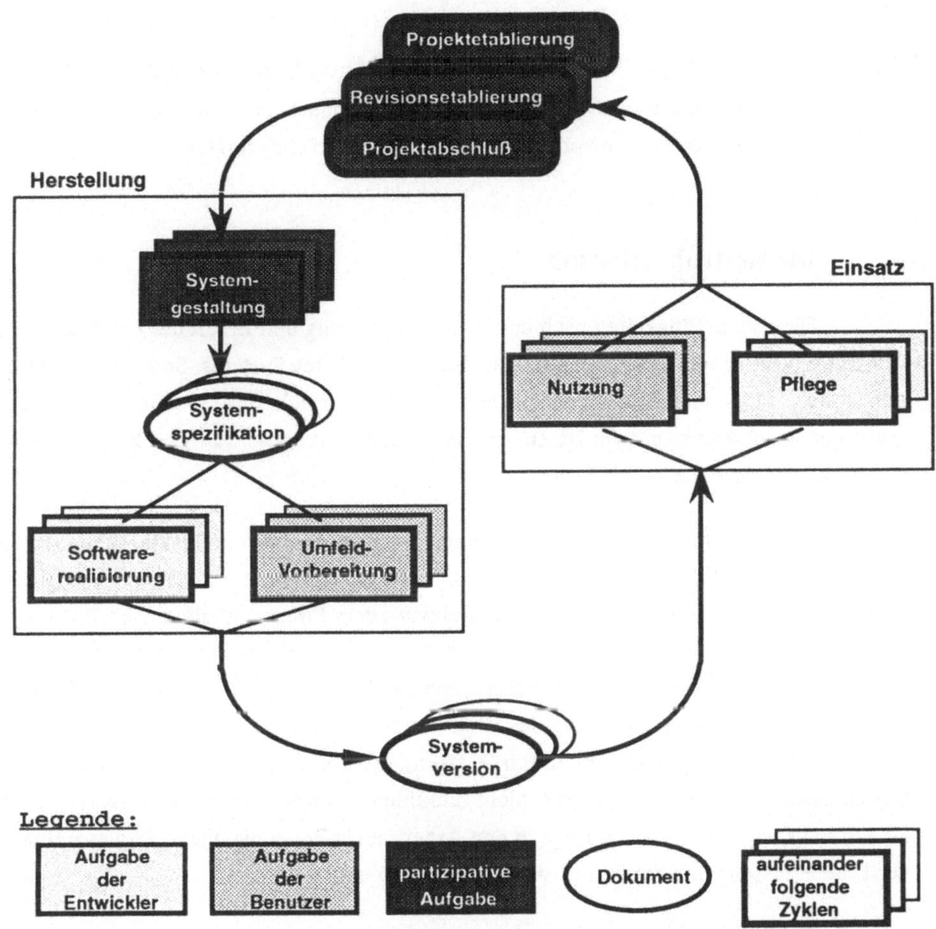

Abb.1: Das STEPS-Projektmodell

STEPS betrachtet die Softwareentwicklung aus prozeßorientierter Sicht, die zu erstellende Software wird nicht als einmalig anzufertigendes Produkt, sondern als immer wieder zu überarbeitende Version gesehen. Diese Sicht der Systementwicklung als fortlaufenden Designprozeß nimmt Rücksicht auf einen veränderlichen Einsatzkontext und gestattet eine Anpassung von Benutzer und Umfeld einerseits und System andererseits. Die Kooperation mit den zukünftigen Benutzern wird hervorgehoben, die auf den Menschen bezogenen Software-Qualitätsmerkmale Relevanz, Handhabbarkeit, Angemessenheit, Verständlichkeit werden betont. Die Besonderheit im geschilderten

Projekt war, daß zu Projektbeginn bereits ein fremdentwickeltes Softwaresystem vorhanden war und genutzt wurde. Die Projektetablierung konnte nicht 'auf der grünen Wiese' stattfinden, sondern mußte die vorgefundene Situation berücksichtigen.

4.　Die Restrukturierung

Die ersten Tätigkeiten nach der Projektetablierung und Erhalt des Quellcodes und des lauffähigen Programmes dienten dem Kennenlernen des Systems. So befaßten wir uns neben der Hard- und Softwarebasis auch mit den durch das System unterstützten Aufgaben, machten uns mit der Daten- und Programmstruktur vertraut und kümmerten uns besonders um die Aspekte der Benutzung.

Die Vorführung des Systems zeigte die bisherige Leistungsfähigkeit und die Schwachstellen des Systems auf. Die Leiterin der Benutzergruppe, die als einzige mit der Anwendung wirklich vertraut ist, führte uns alle mit dem Programm möglichen Aktivitäten vor, wies auf Besonderheiten hin und reproduzierte die bekannten Fehler. Das System brach bei manchen Eingaben ungewollt ab, einige Funktionen waren nur sehr unkomfortabel implementiert. Mängel an der Benutzungsoberfläche waren z.B. ungünstige Handhabbarkeit (u.a. Auswahl durch Ziffern), ein Nichtanzeigen des momentanen Systemzustands und angezeigte, aber nicht funktionierende Funktionstasten. Es zeigte sich eine oftmals ungünstige Reihenfolge in den Arbeitsabläufen, erzwungene Sequenzialität in der Datenerfassung und das Fehlen wichtiger Funktionen.

Nach der Analyse der Benutzungsaspekte befassten wir uns mit dem internen Aufbau des Programms. Die Darstellung der vorgefundenen Datenstruktur nach dem Entity-Relationship-Modell ergab hohe Redundanz in der Datenhaltung. Eine Strukturierung des Programmtextes oder gar Modularisierung war nicht vorhanden, manche Funktionen waren an verschiedenen Stellen des Systems mehrfach implementiert.

4.1　1. Überarbeitung des Systems

Während des ersten Zyklus bearbeiteten wir nur softwareinterne Probleme. So wurde zum Beispiel die Effizienz des Programmes durch Ersetzen von ungünstig programmierten Filterfunktionen und eine verbesserte Verwaltung der Datenbanken erhöht, die Häufigkeit der Ausfälle des Systems wurde durch die Eliminierung von Fehlern gesenkt. Die Version wurde installiert und in Zusammenarbeit mit den Benuzern erprobt.

4.2   2. Überarbeitung des Systems

Viele der im ersten Zyklus von uns gemachten Erfahrungen und die dringendsten Wünsche der Benutzer definierten die Anforderungen für die zweite Revision. Realisiert wurden die dringend benötigten Möglichkeiten, Patientenstammdaten zu ändern und komplette Patienten zu löschen. Ein einmal eingetragener Patient konnte bisher nicht aus dem System entfernt werden; Schreibfehler beim Namen usw. waren nicht korrigierbar. Es wurde eine Funktion implementiert, die es ermöglicht, Patienten aus einer Liste auszuwählen (bisher mußte der genaue Name incl. Groß- und Kleinschreibung angegeben werden). Der aktuelle Systemzustand war bisher zu keinem Zeitpunkt ersichtlich. Die von uns eingefügte Informationszeile am unteren Rand des Bildschirms enthält eine Auswahl der aktuellen Falldaten, jede Bildschirmmaske hat jetzt einen Titel.

Eine komfortablere Gestaltung der Benutzungsschnittstelle erschien uns dringend nötig. So wurde die Menüführung von der notwendigen Eingabe von Ziffern auf Auswahl durch Lichtbalken umgestellt, eine ausgesprochen störende Sequenzialität bei der Stammdateneingabe erforderte ein weiteres Menü. Sämtliche Druckfunktionen wurden an einer anderen Stelle des Menübaumes eingehängt. Dadurch war es möglich, direkt bei der Bearbeitung eines Falles Druckfunktionen zu nutzen, statt wie vorher die Bearbeitung abbrechen und nach Aufruf des Druckmenüs den gleichen Fall noch einmal auswählen zu müssen.

Um neue Perspektiven für die Konzipierung der Weiterentwicklung aufzuzeigen, implementierten wir den Prototyp einer für die Benutzer neuen Variante der maskenorientierten Datenerfassung. Er ist alternativ zu einer 'gewohnten' Maske benutzbar.

4.3   Probleme bei der Restrukturierung

Das größte aufgetretene Problem war sicherlich die völlig fehlende Dokumentation. Es existiert weder ein Handbuch noch eine kurze Bedienungsanleitung, keine einzige Quellcodezeile ist kommentiert. Der ursprüngliche Entwickler, ein Veterinärmediziner mit Programmierkenntnissen, war im Rahmen einer ABM-Stelle beschäftigt, stand jedoch nicht mehr zur Verfügung. Ein leichter, schneller Einstieg in das Programmsystem war uns so verwehrt. Der Rechner war mit einer Menüoberfläche (DOSShell) versehen, die bei einigen wichtigen Auswahlpunkten mit nicht dokumentierten Passwörtern gesichert war. Bei beiden Problemen konnte mit Hilfe der Erfahrung der Benutzer im Umgang mit dem System bzw. deren Kombinationsgabe (Passwörter) zu ausreichenden Lösungen gelangt werden.

Ein Problem trat während der Weiterentwicklung zu Tage: Der letzte vorhandene
Quellcode stimmmte nicht mit dem der aktuellen, lauffähigen Programmversion zugrunde
liegenden überein. Zwischen beiden lag etwa ein Vierteljahr Zeit und die Implementierung
einiger Funktionen. Das Fehlen dieser Funktionen wurde von den Benutzern beim Einsatz
der überarbeiteten Versionen bemerkt und bemängelt.

5.   Die Re-Implementierung

Die bei der Restrukturierung aufgetretenen Probleme, insbesondere die im
Programm vorgefundenen softwaretechnischen Mängel wurden von uns als derart gravie-
rend eingeschätzt, daß wir eine Weiterentwicklung des vorhandenen Programms nicht gut-
heißen konnten. Vor dem Hintergrund der bisherigen Erfahrungen war eine komplette
Software-Neuentwicklung angezeigt.

Die Ergebnisse der Restrukturierung und die Erfahrungen der beiden ersten
Revisionszyklen brachten uns zu der überzeugung, daß eine komplette Software-
Neuentwicklung angezeigt war. Ausschlaggebend waren hauptsächlich die programmier-
technischen Mängel der zugrundeliegenden Version.

Mit der Neuimplementierung sollte eine ganze Reihe von Mängeln behoben
werden: eine neue Benutzungsschnittstelle sollte eingeführt werden, die vorhandenen
Daten sollten in eine ökonomischere Datenstruktur überführt und das Systems sollte um
Funktionen zur Datenauswertung erweitert werden. Außerdem sollte das System auf
mehreren Rechnern installiert werden mit der Möglichkeit des Datenaustausches. Mit der
Entscheidung zur Re-Implementierung des Systems konnte auch eine neue, leistungs-
fähigere Basismaschine eingeführt werden: Ein 386er-PC wurde als Hauptrechner
beschafft. Als Basissoftware wurde Clipper ausgewählt und als Grafiklösung ein Anschluß
an Excel vorgesehen.

6.   Prototyping und Pilotsysteme

Im Gegensatz zur oft üblichen Praxis, den Begriff Prototyping als Bezeichnung
für überhastetes, unstrukturiertes Vorgehen zu verwenden, setzen wir für Prototyping über-
legtes und geplantes Vorgehen voraus. Je nach Zielsetzung kann man unterschiedliche
Arten des Prototyping unterscheiden: experimentelles, exploratives, oder evolutionäres

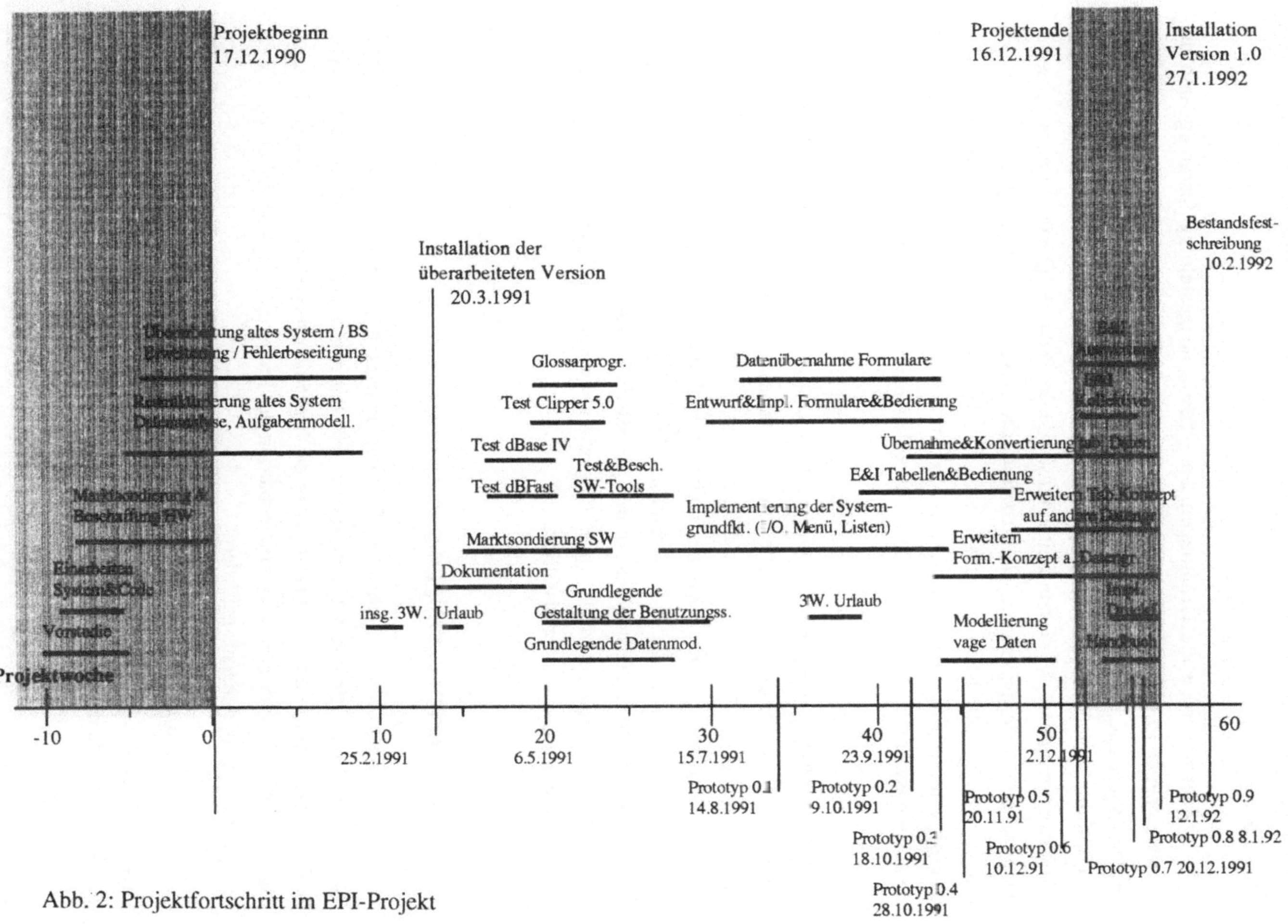

Abb. 2: Projektfortschritt im EPI-Projekt

Prototyping; horizontale oder vertikale Prototyen (vgl. [3]). In unserem Projekt haben wir beim Prototyping unterschiedliche Ziele und damit Vorgehen verfolgt (Projektfortschritt vgl. Abb. 2).

Zuerst wurden die Grundlagen der Oberflächengestaltung festgelegt und die gesamte oberste Ebene der Benutzungsschnittstelle als horizontaler Prototyp modelliert, implementiert und vorgestellt. Darauf folgend wurde auf jede Art von vorgesehener Bearbeitung exemplarisch eingegangen, vertikale Ergänzungen des ersten Prototypen wurden programmiert. Zu diesem Zeitpunkt wurde der bisherige Quellcode nach software-technischen Gesichtspunkten überarbeitet, die folgenden Prototypen wurden als Pilotsystem bei den Benutzern installiert. Von Version zu Version wurden weitere Bearbeitungstypen implementiert, erprobt und revidiert, konsolidierte Bearbeitungsschemata wurden auf gleichartige Problemstellungen angewendet.

Der Vorführung eines jeden Prototypen folgte jeweils direkt eine Diskussion der erlangten Eindrücke und nach Installation als Pilotsystem eine Erprobungsphase durch die Benutzer. Diese Erprobung sollte bis zur jeweils nächsten Projektsitzung eine Einschätzung der realisierten Systemteile, Kritikpunkte und neue Anforderungen ergeben. Diese Reaktionen sollten nach einer weiteren Diskussion und Beurteilung durch die Entwickler Eingang in die jeweils nächste Version bzw. die ihm zugrunde gelegten Konzepte finden. In den Prototypen wurden jeweils die Konzepte herausgestellt, die für die Benutzer direkt von Interesse sind. Insgesamt wurden im Laufe des Projektes 9 Pilotsysteme beim Anwender installiert.

7.   Thesen zum Prototyping

Der grundsätzliche Nutzen des Prototyping liegt in der möglichen Anpassung des Systems an die zukünftigen Benutzer, im frühzeitigen Aufdecken von Fehlern und Fehlentwicklungen und in der Präzisierung der eigentlichen Systemanforderungen. Auch das Schaffen einer konstruktiven Atmosphäre in der Projektgruppe wird durch gut einge-setztes Prototyping durchaus gefördert.

Auch in diesem Projekt hing der Erfolg der Prototyping-Sitzungen und der er-zielte Effekt stark von der Güte der Vorbereitung und der konsequenten Durchführung des geplanten Vorgehens ab. Dabei waren zur Anleitung der Benutzer didaktische Hilfsmittel ebenso von Nöten wie eine gewisse Beharrlichkeit in der Durchführung. Gute Ergebnisse wurden durch folgendes Vorgehen bei der Präsentation eines neuen Prototypen erzielt:

- Rekapitulation der bisher vorgestellten Schemata, eventuell anhand des vorherigen Prototypen zu Beginn der Sitzung,

- verbale Schilderung der für den nächsten (gerade erfolgten) Schritt geplanten Erweiterungen sowie eventuell eine Begründung dieses Vorgehens,

- Herstellen des Bezuges zum Gesamtprojekt,

- Eingehen auf die Planmäßigkeit,

- Ausblick auf die folgende Vorführung,

- Vorführung und Erläuterung der Neuerungen / Veränderungen,

- Diskussion der getroffenen Entscheidungen usw.

Die Tätigkeit des Prototyping geht also, weit über das bloße Vorführen einer gewählten Problemlösung und der anschließenden Diskussion hinaus. Die Auswertung unserer Erfahrungen im Projekt ist in den folgenden Thesen zusammengefaßt.

- **Prototyping trainiert die Benutzer**

Es ist durchaus empfehlenswert, bei einer Prototypingsitzung die Bedienung des vorgestellten Programmteils einem der Benutzer zu überlassen. Neben der Temporegulierung durch den Benutzer wird deren Selbstbewußtsein und die Akzeptanz des Systems erhöht. Diese Benutzerbeteiligung bietet die Möglichkeit, die Bedienbarkeit und Robustheit des Systems vorab zu testen und dadurch zu verbessern. Wichtige Voraussetzung ist dabei, daß der entsprechende Benutzer zumindest die grundsätzliche Fähigkeit zur Bedienung des Systems besitzt und so ein gewisses Arbeitstempo überhaupt ermöglicht.

- **Prototyping setzt Motivation und Bereitschaft voraus**

Die Vorraussetzung dafür ist neben der guten Vorbereitung die sichere Leitung der Sitzung und das Schaffen einer Atmosphäre, die die Benutzer persönlich beruhigt, ihnen die eventuelle Angst und Unsicherheit nimmt und ihnen in Bezug auf die Entwicklung Zuversicht vermittelt. Erfolgserlebnisse der Benutzer während einer Prototyping-Sitzung sind extrem motivierend. Alle Beteiligten müssen das Gefühl haben, die Sache an sich im Griff zu haben und die Möglichkeit bekommen, sich durch Bemerkungen, Einwände oder Vorschläge zu profilieren.

- **Prototyping setzt Abstraktionsvermögen voraus**

Ein Prototyp ist immer nur ein Modell eines zu erstellenden Systems, in dem gewisse Aspekte bereits ausmodelliert sind, andere aber noch völlig fehlen. Auf die Erwähnung eines genauen, der Anwendung entsprechenden Beispiels muß zugunsten der Darstellung einer allgemeineren Problemlösung verzichtet werden. Diese Form der Abstraktion von einem fachbezogenen, konkreten Fall auf ein allgemeiner formuliertes Problem setzt bei den Benutzern eine gewisse Abstraktionsfähigkeit voraus. Sinnlos erscheint uns, einen Prototypen so zu gestalten, daß dem Benutzer jegliches Abstrahieren erspart bleibt. Sinn und Zweck eines Prototypen wären durch die nötige Ausführlichkeit der Realisierung in Frage gestellt.

- **Prototyping nicht in der gewohnten Umgebung der Benutzer durchführen**

Unsere Erfahrungen im Projekt haben gezeigt, daß Prototypingsitzungen in den Räumlichkeiten der Benutzergruppe geradezu von Ablenkungen geprägt waren. Nicht nur die ständigen Störungen durch Anrufe oder andere Klinikmitarbeiter unterbrachen den Fortgang der Sitzungen, auch die aktive Beschäftigung der Benutzer mit anderen Tätigkeiten, die ihnen als unaufschiebbar erschienen oder spontan einfielen, brachten jedes gefaßte Konzept durcheinander. Abzuwägen sind sicherlich die Vor- und Nachteile, die eine Räumlichkeit im Bereich der Entwickler oder an einem neutralen Ort mit sich bringt. Einerseits ist die Ablenkung der Benutzer durch gewohnte Umgebung und damit zusammenhängende Beschäftigungen geringer, anderseits kann in fremder (eventuell technischer orientierter) Umgebung die Unsicherheit und damit auch eventuelle Ablehnung gegenüber den zu bewertenden Aspekten zunehmen. Aus unserer

Sicht nimmt jedoch in einer eher neutralen Umgebung die Bereitschaft der Benutzer, Neues zu erfahren und auch auszuprobieren, erheblich zu.

- **Prototypingpartner sind nicht immer repräsentativ für die Benutzergruppe.**

Oftmals unterscheiden sich die Personen, die beim Prototyping die Benutzerseite vertreten, von den späteren Benutzern. Die Entscheidung, wie ein System wirklich aussehen soll bzw. wie es schließlich realisiert wird, behalten sich oft die Verantwortlichen vor. In diesem Zusammenhang ist auch die Tatsache zu sehen, daß der jeweilige Prototypingpartner oder der jeweils Weisungsbefugte innerhalb einer Nutzergruppe versucht, seine Macht auszuspielen. So kann es dazu kommen, daß versucht wird, einen im Grunde unwichtigen Aspekt zu betrachten oder durchzusetzen, obwohl er im betrachteten Zusammenhang entweder nicht relevant ist oder die Gruppe der Benutzer und auch der Entwickler zu einer anderen Lösung tendiert.

8. Bewertung der Benutzerbeteiligung

Die im Projekt favorisierte Art der Benutzerbeteiligung hat sich als ausgesprochen effektiv erwiesen. Die Gruppensitzungen mit allen Beteiligten ergaben in der Regel gute Ergebnisse, umfassende korrekte Definitionen und eine angenehme, produktive Arbeitsatmosphäre. Schlechtere Ergebnisse wurden in den Bereichen erzielt, in denen hauptsächlich durch schriftliche Darlegung der Benutzergruppe Fakten und Anforderungen definiert wurden. Trotz des späteren Besprechens dieser Spezifikationen stellten sie sich in der Regel als nicht vollständig und teilweise unklar heraus. Eine aufwendige Nachbearbeitung war in den meisten Fällen nötig. Einen aus unserer Sicht negativen Einfluß auf die Effizienz der Benutzerpartizipation hatte die Arbeitsatmosphäre der gemeinsamen Sitzungen: Die Arbeit wurde oft unterbrochen durch Störungen von außen, die auf dem normalen Betrieb in der Klinik beruhten.

Viel Engagement und hoher Zeitaufwand wurde für die gemeinsamen Sitzungen erbracht. Jedoch wurde unseres Erachtens zwischen den Arbeitstreffen wesentlich weniger Zeit für die Erprobung der Pilotsysteme aufgewendet als gewünscht. Aus Sicht der Benutzerinnen war das Pilotsystem unvollständig und bot nicht die gewünschte vollständige Funktionalität, um damit arbeiten zu können. Erst wenn das neue System mindestens den Funktionsumfang des alten Systems aufweist, erscheint es aus Benutzersicht sinnvoll, sich intensiver damit auseinanderzusetzen. Für die Projektplanung bedeutet das, daß die vorhandene Funktionalität - und hier insbesondere auch die als zufriedenstellend einge-schätzten Funktionen - genau analysiert und im neuen System nachgebildet werden müs-sen!

Die Benutzerinnen waren durch das vor Projektbeginn vorhandene System derart vorgeprägt, daß die Vermittlung neuer Arbeitstechniken mit dem Rechner ausgesprochen schwierig war. Entsprechend problematisch war die Akzeptanz der neuen Benutzungs-oberfläche. Die Anwenderinnen arbeiten lieber mit ihrem bekannten "kryptischen" alten System, als die Benutzung des neuen zu lernen. Andererseits führt die durch STEPS vor-geschlagene intensive Benutzerbeteiligung, wie sie in diesem Projekt zu verwirklichen versucht wurde, die bis dahin in der Vielfältigkeit der durch Computereinsatz möglichen Effekte meist noch unbedarften Benutzer auch auf völlig neue Wege.

So ist es nicht weiter verwunderlich, wenn in nahezu jeder Arbeitssitzung eine Reihe neuer oder erweiterter Systemanforderungen formuliert werden. Die vorher fehlende Vorstellung der zur Verfügung stehenden Möglichkeiten lassen eine vollständige Formulierung aller Wünsche vor Projektbeginn nicht zu, da diese Wünsche teilweise erst durch die Kommunikation mit den Entwicklern und die dabei aufgezeigten neuen Aspekte entstehen. Schwierig ist es dabei, den Benutzern das zur-Verfügung-stellen einer möglich erscheinenden, noch zu konzipierenden Funktionalität zu verwehren. Aus Gründen der Wirtschaftlichkeit, aber auch um im Projektrahmen (sowohl finanziell als auch zeitlich) bleiben zu können, ist ein genaues Abwägen der in den Sitzungen erarbeiteten Neu- oder änderungsvorschläge nötig um unvernünftig hohen Aufwand zu vermeiden.

Die Erfahrungen haben gezeigt, daß gerade bei der Weiterentwicklung von Software, die im Einsatz ist, eine Beteiligung des Benutzers sinnvoll und notwendig ist. Im vorliegenden Projekt war der Zugang zum Programm praktisch nur über die Kenntnisse der Benutzer möglich, da der ursprüngliche Software-Entwickler nicht mehr verfügbar war und eine schriftliche Dokumentation nicht vorlag. Das Software-System wäre ohne Benutzer-beteiligte Revision zum Sterben verurteilt gewesen, da die Rekonstruktion des Wissens über das Programm ohne mündliche Informationen nicht möglich gewesen wäre! (vgl. Peter Naur [3]). Sicherlich ist Prototyping der richtige Weg, nutzernahe Systeme inhaltlich und ergonomisch gut und benutzerangepaßt zu gestalten. Die gemeinsame Betrachtung von gestalterischen und inhaltlichen Aspekten eröffnet nicht nur neue Blickwinkel, sondern gestattet es, frühzeitig auf Fehlentscheidungen beim Entwurf, ver-gessene oder falsche Definitionen und Unstimmigkeiten in der Gestaltung aufmerksam zu werden. Die Tendenz, hohe Benutzerpartizipation nur mit einem entsprechend hohen

Aufwand durchführen zu können, bestätigt sich auch hier. Prototyping erfordert gründliche, auch didaktische und fachübergreifende Vorbereitung seitens der Entwickler, aber auch Bereitschaft der Benutzer zu intensiver Arbeit in einem für sie fachfremden Gebiet. Dann aber ist das Erreichen entsprechender Ergebnisse durchaus gesichert.

Literatur

1.	Robert Bergann und Axel Küpper:*Werkzeugunterstützte Entwicklung einer veterinärmedizinischen Anwendung mit STEPS*, Diplomarbeit an der TU-Berlin (1992).

2.	C. Floyd, F.-M. Reisin, G. Schmidt: *STEPS to Software Development with users*, in: C. Ghezzi, J. A. McDermid (ed.); *ESEC '89*, S. 48-64, Springer-Verlag (1989).

3.	Chr. Floyd: *A Systematic Look at Prototyping*, in: R. Budde, K. Kuhlenkamp, L. Mathiassen, H. Züllighoven (editors): *Approaches to Prototyping*, Springer-Verlag (1984). ...

4.	P. Naur: *Programming as Theory Building*, in: Microprocessing and Microprogramming 15 (1985) 253-261, North-Holland Publishing Company.

Anschrift der Autoren:

Robert Bergann, Hubert Biskup, Axel Küpper;
Technische Universität Berlin,
Fachbereich Informatik, Softwaretechnik
Franklinstr. 28/29, D-1000 Berlin 10
Tel. (030) 314-24 784, Fax. (030) 314 -73 488
E-Mail: hubert@cs.tu-berlin.de

Konzeptionelles und analytisches Prototyping

Christof Ebert [1], Peter Baur [2]

Zusammenfassung

Softwareentwicklungsprojekte sind zunehmend durch hohe Komplexität und wachsende Anforderungen gekennzeichnet. Aus diesen Gründen werden Prototyping-Methoden und -Werkzeuge benötigt, die frühzeitig in der Entwicklung (konzeptionelles Prototyping) bzw. entwicklungsbegleitend (analytisches Prototyping) Aussagen über Verhalten und Leistungsfähigkeit eines Systems zulassen. Dieser Beitrag beschreibt die Verbindung eines Prototyping-Werkzeugs mit einer CASE-Umgebung. Dabei wird sowohl das konzeptionelle als auch das analytische Prototyping als eine integrierte Funktion des Software-Entwicklungsprozesses dargestellt. Es wird die Vorgehensweise des Einsatzes von höheren Petri-Netzen bei der Spezifikation solcher Systeme sowie der automatische Übergang von der graphisch-orientierten Beschreibung der Netze zu einer formalen Entwurfssprache gezeigt. Anhand eines Beispiels aus der Verfahrenstechnik wird diese Vorgehensweise veranschaulicht.

Abstract

Software development projects are characterized by a high complexity and an increasing number of requirements. Prototyping methods and tools are thus required that provide look-and-feel information available early in the development process (conceptual prototyping) or troughout the complete life cycle (analytic prototyping), respectively. This article introduces the integration of a prototyping tool into a CASE environment. Both, conceptual and analytical prototyping are described as an integrated function of the software development process. For better understanding an example from process control in a chemical engineering application is introduced.

[1] Institut für Regelungstechnik und Prozeßautomatisierung, Universität Stuttgart, Pfaffenwaldring 47, 7000 Stuttgart 80, Tel.: 0711-685-7295; e-mail: ebert@irp.e-technik.uni-stuttgart.dbp.de

[2] Gesellschaft für Prozeßrechnerprogrammierung, GPP mbH, Kolpingring 18a, 8024 Oberhaching bei München, Tel.: 089-61304-1

1.   Einleitung

Systeme der Automatisierungstechnik sind schwierig zu entwickeln, da sie neben den üblichen Ansprüchen mittlerer bis großer Softwaresysteme (Daten- und Kontrollflüsse) zusätzliche Schwierigkeiten beinhalten in Form von Echtzeitanforderungen oder Interaktionen mit einer Umwelt aus vielfältigen Sensoren und Aktoren. Wir verwenden die folgenden Bezeichnungen für die Ergebnisse der einzelnen Phasen des Entwicklungsprozesses (vgl. Kap. 2): Aufgabenstellung (Lastenheft), Lösungskonzeption (aus der Analyse der Aufgabenstellung resultierende fachtechnisch orientierte Lösung, wie sie im Pflichtenheft beschrieben wird), Entwurf (Software-Architektur mit Beschreibung von funktionalen Einheiten, Daten- und Kontrollflüssen) und Quellcode (lauffähiges Programmpaket in der Zielumgebung). Unter Prototyping verstehen wir einerseits die iterative Erstellung lauffähiger Modelle (Prototypen) der zukünftigen Anwendungs-Software (*konzeptionelles Prototyping*) [1]. Andererseits besteht zusätzlich oder alternativ das Konzept, die laufend anfallenden Entwicklungsinformationen analytisch zu validieren und sie dazu in ein Simulations-Tool zu übertragen (*analytisches Prototyping*) [2].

Die Realisierung eines Prototypen wird bisher häufig als eine der Systementwicklung vorgeschaltete Aktivität betrachtet. Dieses Vorgehen birgt jedoch die Gefahr (wenigstens im Projektdruck) in sich, den Prototypen zu einem Endprodukt mit vollem Funktionsumfang zu vervollständigen. So entstehen unstrukturierte, schwer wartbare und fehleranfällige Softwaresysteme. Werden Prototypen andererseits "weggeworfen", ergibt sich ein gravierender zusätzlicher Aufwand. Diese Probleme lassen sich weitgehend dadurch lösen, indem das Prototyping als eine in den Software-Entwicklungsprozeß integrierte Funktion betrachtet wird und durch entsprechende Werkzeuge unterstützt wird.

Für das *konzeptionelle Prototyping* müssen die Werkzeuge den Entwickler unterstützen, Lösungsmodelle zu definieren und deren Gültigkeit zu validieren. Sie müssen eine schnelle interaktiv-grafische Erstellung, Änderung und dynamische Analyse dieser konzeptionellen Modelle erlauben. Die Ergebnisse müssen in der weiteren Entwicklung verwertbar sein. Für das *analytische Prototyping* müssen die Werkzeuge Möglichkeiten bieten, um zu jedem Zeitpunkt während der Entwicklung den aktuellen Stand (z.B. Datenbankinhalt des verwendeten CASE-Tools) im Sinne eines Prototypen zu analysieren, beispielsweise hinsichtlich der Einhaltung von Zeiteigenschaften. Die Realisierung und Analyse eines Prototypen muß dabei mit möglichst minimalem zusätzlichen Aufwand durchführbar sein. Insbesondere muß hinsichtlich des Datenbestandes eine automatische Datengewinnung ermöglicht werden.

2. Petri-Netze in der Software-Entwicklung

Um die in der Reparatur kostenintensivsten Fehler in der Lösungskonzeption zu vermeiden oder zumindest zu reduzieren, ist es erforderlich:

- eine ausführliche Lösungskonzeption methodisch zu erstellen (Regeln für Erfassung, Analyse und Überprüfung der geforderten Information in der richtigen Reihenfolge);

- die Lösungskonzeption in einer präzisen Sprache unter Verwendung geeigneter Standards (Regeln, Terminologie, Beschreibungsebene, Prüfmaßnahmen) zu beschreiben;

- die beschriebene Konzeption mit automatischen Werkzeugen zu dokumentieren, zu analysieren und zu simulieren (zwecks Vollständigkeit, Konsistenz etc.).

Zur formalen Beschreibung von Systemen der Automatisierungstechnik haben sich in den vergangenen Jahren Petri-Netze etabliert [3]. Dies liegt an der verhältnismäßig leichten Abbildbarkeit von Zuständen und deren Vernetzung (Übergänge zwischen Zuständen), die den Kontrollfluß sowie den Informationsfluß in Automatisierungssystemen beschreiben. Höhere Petri-Netze helfen Systemanforderungen aufzustellen, Systemmodelle zu spezifizieren und immer weiter zu konkretisieren [4]. Sie stellen eine formale Beschreibungssprache für fachtechnische Lösungen in der Automatisierungstechnik dar, weil sie die dort gebräuchlichen Konzepte der *Ereignisse*, *Bedingungen* und *Echtzeitanforderungen* direkt anwendbar machen. Die Prinzipien, wie höhere Petri-Netze als Spezifikationsinstrument eingesetzt werden können, wurden bereits diskutiert [5]. Die fundierte Theorie der Prädikat-Transitions-Netze (PrT-Netze) erlaubt zudem noch vor der Implementierung die statische und dynamische Prüfung von Systemmodellen. Mittels einer animierten Simulation des Gesamtnetzes kann das spezifizierte System bereits frühzeitig getestet werden und hinsichtlich seines Verhaltens mit den späteren Anwendern diskutiert werden.

Bei der Realisierung von bereits mit höheren PrT-Netzen spezifizierten Systemstrukturen geht es darum, eine Abbildungsmethode für ihre Umsetzung in Programmschemata zu definieren [6]. Dies erfordert zur Umsetzung eine Entwurfssprache, die alle notwendigen Sprachkonstrukte für den Entwurf automatisierungstechnischer Projekte zur Verfügung stellt. Die Intention ist dabei, die im Netz des Systementwurfs (fachtechnische Lösungskonzeption) enthaltenen statischen und dynamischen Elemente und syntaktische Strukturen aufzuspüren und in einen Programmentwurf (DV-technische

Lösungskonzeption) umzusetzen. Dabei können die Strukturierungsmittel der Entwurfssprache auf den unterschiedlichen Abstraktionsstufen des Systementwurfs einzelnen Elementen und Relationen sowie dynamischen Zusammenhängen zugeordnet werden. Ziel einer solchen Transformation von Petri-Netzen in eine Entwurfssprache ist neben einer
programmiersprachennäheren Darstellungsform vor allem die Anwendung zusätzlicher
Analyse- und Dokumentationsverfahren. Interessant ist natürlich auch eine frühzeitige
Vollständigkeitsüberprüfung der vorliegenden Spezifikation (z.B. unklar formulierte parallele Strukturen oder Datenflüsse).

3.   Ein CASE-orientierter Entwicklungsprozeß

Der hier vorgestellte Entwicklungsprozeß basiert auf der Integration des Prototyping-werkzeugs PACE mit der CASE-Umgebung EPOS. Er wurde in dieser Form bereits
in mehreren industriellen Entwicklungsprojekten eingesetzt und wird zum besseren Verständnis exemplarisch betrachtet. Drei Werkzeuge zur Unterstützung der Phasen Lösungskonzeption, Entwurf und Implementierung wurden zu einer CASE-Umgebung mit
einer gemeinsamen Datenbank integriert [7,8,2]. Dies führt zur folgenden Vorgehensweise
(vgl. Abb. 1):

- Nach der Aufgabenstellung, die informell als Lastenheft mit der halbformalen
  Spezifikationssprache EPOS-R [8] erstellt wird, werden verschiedene Alternativen fachtechnischer Lösungen konzipiert, um die vorgegebenen Aufga-
  benstellungen zu erfüllen. Aus diesen möglichen Lösungen wird eine bestimmte
  Lösungskonzeption ausgewählt, die die Grundlage der weiteren Ent-
  wicklungsarbeiten darstellt. Diese fachtechnische Lösungskonzeption wird mit Pr-
  T-Netzen und dem diese Methode unterstützenden Werkzeug PACE formal beschrieben. Das Prototyping-Werkzeug PACE unterstützt die grafisch-interaktive
  Erstellung von Systemmodellen und deren Animation und Simulation. Durch eine
  Beschreibungssprache, die Lösungen der Automatisierungstechnik und deren
  Besonderheiten (Parallelität, Nichtdeterminiertheit, Echtzeitanforderungen) unterstützt, soll ein unüberwindbarer Strukturbruch beim Übergang zum Systementwurf verhindert werden [9,10]. Dies bedeutet, daß die als Ergebnis der Anforderungsanalyse vorliegende Struktur der fachtechnischen Lösung (z.B. Regel-
  kreisstruktur) einen ganz anderen Charakter haben kann als die vom Entwickler
  beim Systementwurf festgelegte Struktur (z.B. Modul- oder Taskstruktur, verteiltes Rechnersystem). Die Ursache dafür ist die Verschiedenheit der Randbedin-

gungen: Während bei der Lösungskonzeption nur das funktionelle Verhalten betrachtet wird, werden beim Software-Entwurf die durch die einzusetzende Software- und Hardwaretechnik sinnvollen oder aus Effizienzgründen nötigen Strukturen betrachtet. Der Strukturbruch verhindert, bedingt durch verschiedene Darstellungsformen, einen einheitlichen Systementwurf, so daß bei Spezifikation *und* Entwurf von Null angefangen werden muß, obwohl viele Informationen bereits vorliegen. Grundsätzlich ist bei der Überwindung des Strukturbruchs darauf zu achten, die mögliche Problemklasse stark einzuschränken, wie dies im hier betrachteten Fall für die Automatisierungstechnik geschehen ist (ein anderes Beispiel für eine eingeschränkte Problemklasse stellen Benutzeroberflächen dar, die meist frühzeitig exakt spezifiziert werden müssen und dann automatisch in den jeweiligen Programmcode umgesetzt werden).

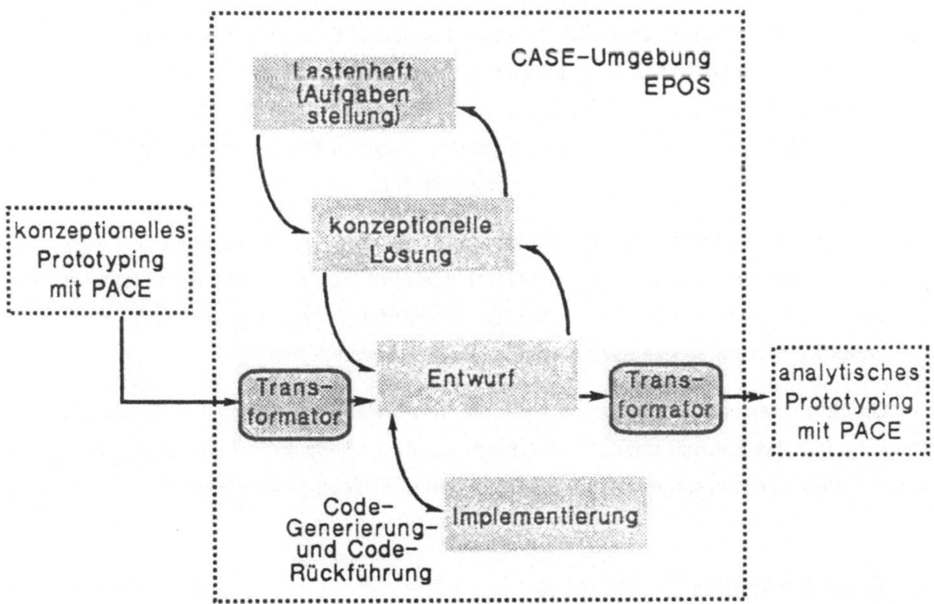

Abb. 1 Konzeptionelles und analytisches Prototyping mit EPOS und PACE

- Im nächsten Entwicklungsschritt wird diese Lösungskonzeption in ein Software / Hardware System umgesetzt. Der zugehörige Entwurf wird mittels EPOS-S in einer für Automatisierungssysteme besonders geeigneten funktions- und ereignisorientierten Vorgehensweise erstellt. Grundlage dafür ist ein aus der Darstellung mit Petri-Netzen automatisch generierter Entwurfs-Prototyp. Dieser Prototyp beinhaltet bereits alle Modulstrukturen, hierarchischen Verfeinerungen, Kontrollflüsse und Synchronisationskonstruktionen, die im Petri-Netz enthalten waren. Interessant und neu ist die automatische Generierung dieses Prototypen aus der Petri-Netz-Beschreibung. Steht eine eingeschränkte Problemklasse zur Verfügung, können Umsetzungsregeln definiert werden, mit deren Hilfe eine formale Spezifikation entweder in eine Entwurfssprache oder direkt in eine Programmiersprache umgesetzt werden kann (z.B. mittels SADT eine Umsetzung in Funktionen, Module und Datenflüsse [9]). Auf diese Weise entfällt der ansonsten notwendige Neuanfang für eine veränderte Struktur des Entwurfs. Auf diese Umsetzung wird in Kap. 4 näher eingegangen. Die in umgekehrter Richtung verlaufende Abbildung eines Entwurfs auf Petri-Netze dient dazu, um auch während der weiteren Verfeinerung und Detaillierung des Systementwurfs jederzeit analytische Untersuchungen hinsichtlich der funktionellen Eigenschaften und des Zeitverhaltens zu erlauben. Ein bestimmter Entwicklungsstand wird als Prototyp des Zielsystems verstanden und durch Simulation evaluiert (vgl. Kap. 5) [11]. Dies ist insbesondere dann von Bedeutung, wenn das Vorgehensmodell eines bestimmten Projekts kein konzeptionelles Prototyping vorsieht.

- Bei der anschließenden Implementierung des entworfenen Automatisierungssystems in Form von prozeduralen, echtzeitfähigen Programmen (Ada, PEARL) wird der Programmcode automatisch aus der Entwurfsbeschreibung generiert. Auch dieser Umsetzungsvorgang erfolgt in beide Richtungen automatisch [8].

Durch die realisierte Integration kann das Prototyping-Werkzeug PACE sowohl als Front-End (für das konzeptionelle Prototyping) als auch als Back-End (für das analytische Prototyping) zu der bestehenden CASE-Umgebung EPOS eingesetzt werden.

4. Konzeptionelles Prototyping

Formale Spezifikationen helfen bei der Darstellung der fachtechnischen Lösung und ermöglichen damit eine frühzeitige Analysierbarkeit solcher Systeme. Zur Vorgehensweise bei der Entwicklung einer fachtechnischen Lösungskonzeption als Grundlage des konzeptionellen Prototyping gibt es verschiedene Ansätze, die aber alle eine einheitliche Reihenfolge vorschlagen:

1.   Analyse des technischen Systems mit seinen Randbedingungen (z.B. Identifikation von auftretenden Prozessen, Reihenfolgen, Ereignissen);

2.   Detaillierte Beschreibung aller Zustände des technischen Systems (z.B. elementare Zustände, Übergänge, physikalische Abhängigkeiten);

3.   Darstellung der Anforderungen an das Automatisierungssystem (z.B. Funktionalität, externe Einflüsse und Ausgänge, auftretende Objekte und deren Manipulation, notwendiges Wissen über den technischen Prozeß, Protokollfunktionen und Benutzerschnittstelle, Anbindung an andere technische Prozesse oder Automatisierungssysteme);

4.   Konzeption (verschiedener Alternativen) einer fachtechnischen Lösung, um die vorgegebene Aufgabenstellung zu erfüllen (z.B. Regelungskonzeption, funktionale Strukturierung und interne Abhängigkeiten, Zustände im automatisierungstechnischen System)

Für Modellierung und Prototyping von Lösungskonzeptionen für Aufgabenstellungen aus der Automatisierungstechnik haben sich hierarchische Prädikat-Transitions-Netze (Pr-T-Netze) durchgesetzt [3,4,5]. Solche Netze stellen die folgenden graphischen Notationen zur Verfügung: Kreise für Prädikate (Stellen in einfacher Petri-Notation), Rechtecke für Transitionen, Pfeile für Datenflüsse zwischen diesen Objekten und Marken zur Markierung von Stellen. Textuelle Beschriftungen erleichtern die Identifizierung dieser Symbole. Beschriftungen der Pfeile definieren den dort jeweils erlaubten Datenfluß und stellen Bedingungen für die Behandlung mehrerer an einer Transition endenden Pfeile und damit den Gesamtdatenfluß auf. Beschriftungen der Transitionen wiederum definieren Feuerungsbedingungen und auszuführende andere Aktionen nach dem Feuern (Änderung von Daten etc.). Prädikate können mit einer die Markenverteilung initialisierenden Beschriftung versehen werden. Diese Prädikate beinhalten die Marken und deren Werte während des gesamten Simulationsprozesses. Nur die jeweilige Verteilung aller Marken auf diesen Prädikaten beschreibt die Systemzustände. Alle anderen Elemente bleiben während der Simulation unverändert. Die Simulation basiert auf folgenden sogenannten Feuerungsregeln: Wenn Datenmarken verfügbar sind, die Bedingungen der Pfeile für mögliche Datentransporte sowie die Eingangsbedingungen der Transitionen erfüllt sind und die Ausgangsprädikate neue Marken aufnehmen können, kann "gefeuert" werden. Beim Feuern werden alle Eingangsmarken konsumiert, und neue Marken werden zu den passenden Ausgangsprädikaten geschickt.

Da die Spezifikation großer Systeme eine Verfeinerung in verschiedene Ebenen erfordert, wurde eine hierarchische Strukturierung auch in den ausgewählten Pr-T-Netzen berücksichtigt. Dabei wird mittels sogenannter Kanäle (sich verfeinerndes Prädikat) und Instanzen (sich verfeinernde Transition) gearbeitet. Beide Einheiten können verschachtelt verfeinert werden, um dadurch ein hierarchisches top-down oder bottom-up Vorgehen zu ermöglichen.

Im Rahmen von EPOS wird die Phase der Lasten-/Pflichtenhefterstellung und der Lösungskonzeption durch ein semiformales Spezifikationssystem unterstützt. Das Ergebnis ist die formale Identifikation der Requirements und Constraints für die Entwurfsphase. Parallel zur Formulierung der lösungsabhängigen Anforderungen ermöglicht das Werkzeug PACE einen (konzeptionellen) Prototypen in einem formalen grafisch-orientierten Modell zu beschreiben und diesen werkzeugunterstützt zu analysieren, zu dokumentieren und zu simulieren. Damit die so gewonnenen Entwicklungsinformationen weiterverwendete werden können, wurde ein automatischer Übergang von der grafisch-orientierten Beschreibung in PACE in die Entwurfssprache des CASE-Tools EPOS realisiert (Abb. 1). Obwohl der hier beschriebene Umsetzer für die Werkzeuge PACE und EPOS-S realisiert wurde, ist er vergleichsweise leicht auf andere Umgebungen zu übertragen [12]. Kostenintensive konzeptionelle Fehler oder nicht gangbare Lösungen können durch das frühzeitige Prototyping weitestgehend vermieden werden. Die durch das Prototyping gewonnenen Informationen können in der Software-Entwicklungsumgebung weiterverwendet werden.

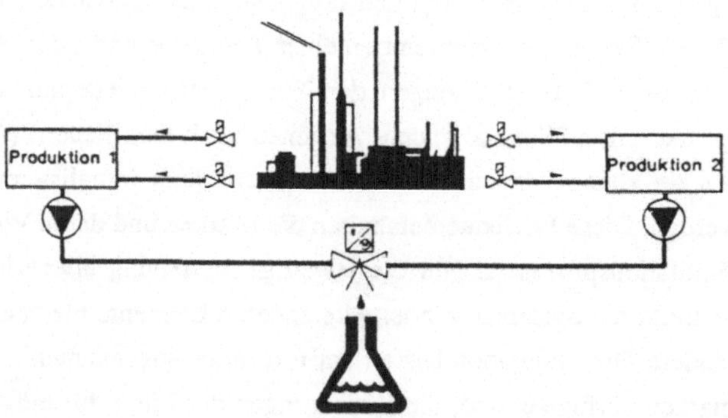

Abb. 2 Beispiel eines Prozesses aus der Verfahrenstechnik

Der Einsatz von solchen höheren Petri-Netzen für Spezifikationen verteilter Systeme soll anhand eines kleinen Beispiels aus der Verfahrenstechnik beleuchtet werden.

Abb. 2 zeigt die Steuerung eines Prozesses, wo zunächst zwei Grundstoffe vorverarbeitet werden (Produktion 1 und 2), die dann zu einem Ausgangsprodukt gemischt werden. Das Abfüllen selbst erfolgt durch zwei sich gegenseitig ausschließende Tasks.

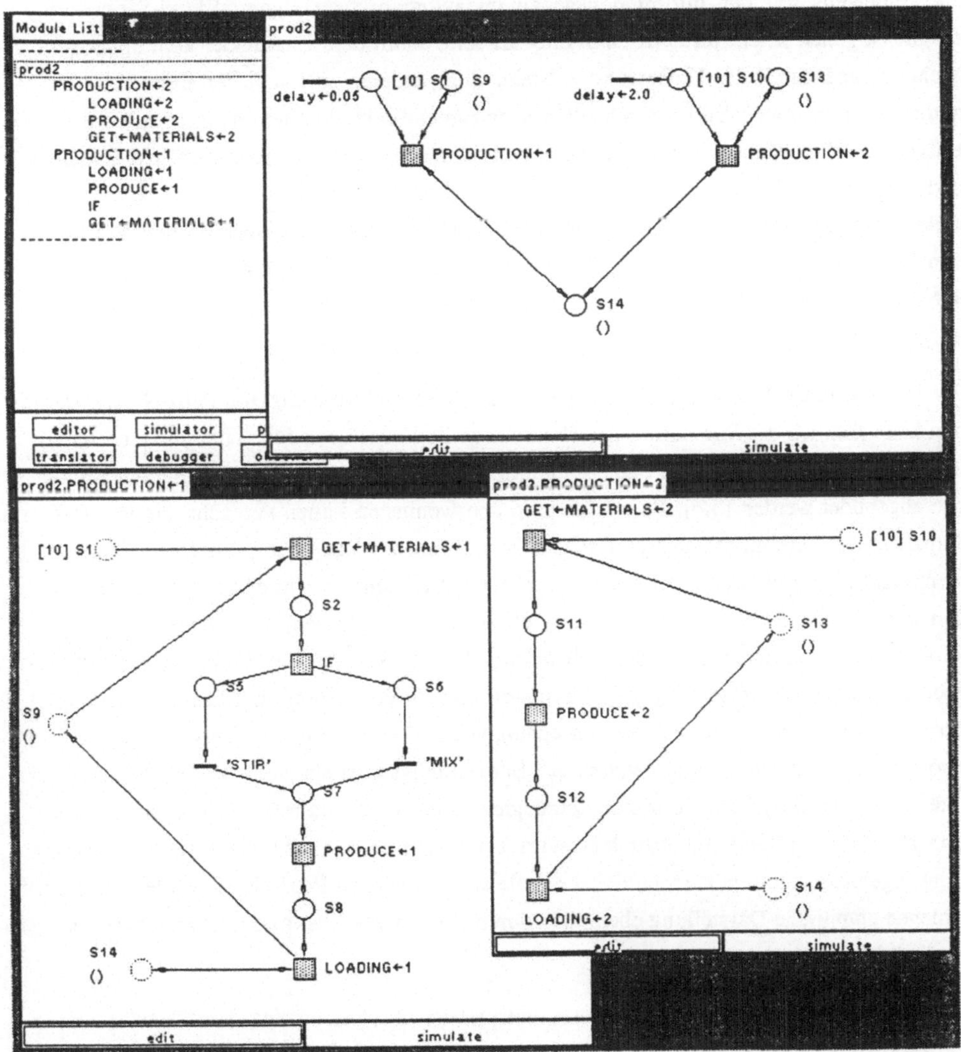

Abb. 3 Lösungskonzeption des Beispiels mit höheren Petri-Netzen in PACE

Die Spezifikation der obersten zwei Ebenen dieses Prozesses mittels Pr-T-Netzen in der Umgebung PACE ist in Abb. 3 dargestellt. Dunkel schattierte Transitionen werden auf der dritten Ebene verfeinert.

Zwei Vorgaben bestimmten die Entwicklung des Umsetzers in die Entwurfssprache. Einerseits soll der Informationsgehalt im automatisch erzeugten EPOS-S-Entwurf möglichst gleich jenem im Petri-Netz-Entwurf sein, damit dem Entwickler kein unnötiger Mehraufwand durch die Umsetzung entsteht. Zum anderen soll sich der Entwickler im automatisch erzeugten Entwurf schnell wieder zurechtfinden können, denn er soll diesen Entwurf anschließend erweitern oder verfeinern können. Diese Vorgaben dürfen aber nicht dadurch erreicht werden, daß dem Entwickler bei der Verwendung von Petri-Netzen zu viele Einschränkungen auferlegt werden, die dann letztendlich die spezifischen Vorteile von Petri-Netzen zunichte machen. Deshalb mußte eine Semantik für den Einsatz von Pr-T-Netzen für die Formalisierung einer Lösungskonzeption in der Automatisierungstechnik vorgegeben werden.

Die in der Literatur besprochenen Methoden zur Umsetzung von Petri-Netzen haben hauptsächlich die Simulation des Netzes zum Ziel, was dazu führt, daß die einzelnen Petri-Netz-Elemente sehr direkt auf bestimmte Konstruktionen in einer Programmiersprache abgebildet werden [5,6]. Es wird also in den wenigsten Fällen versucht, die im Netz enthaltene Ablauflogik zu analysieren, um somit von der Bedeutung einzelner Netzelemente und Netzstrukturen abstrahieren zu können. Vielmehr kommt es bei diesen Methoden darauf an, die Simulation möglichst effizient durchzuführen, ohne dabei mögliche Parallelitäten einzuschränken oder Effekte wie Deadlocks oder Livelocks zu erzeugen. Häufig erfolgt eine Umsetzung auf Transputer, so daß nicht einmal die Prozeßaufteilung berücksichtigt werden muß. Für die Umsetzung von Pr-T-Netzen in eine Entwurfssprache - also nicht nur zur Simulation, sondern zur Entwicklungsunterstützung - helfen die in der Literatur vorgeschlagenen Umsetzungsstrategien kaum weiter, da mit diesen zu wenig auf eine globale Ablauflogik hin abstrahiert wird. Das wiederum hat zur Folge, daß die Umsetzungsergebnisse noch unübersichtlicher als die entsprechenden Petri-Netze werden, da die fehlende graphische Darstellung eben nicht durch ein höheres Abstraktionsniveau kompensiert wird.

Das Ergebnis für das skizzierte Beispiel ist als Auszug aus dem Textfile von EPOS-S ist in Abb. 4 dargestellt. Aus der vervollständigten Entwurfsbeschreibung wird in der EPOS-Umgebung beispielsweise automatisch ein Ada-Quellprogramm erzeugt.

```
#NEU
ACTION MODULE PRODUCTION_AUTOMATION .
DECOMPOSITION :
   (/ PRODUCTION_1 , PRODUCTION_2 /) .
SYNCHRO : EXCLUSIV ( LOADING_1 , LOADING_2 ) .
ACTIONEND


##*******************************************************************************

ACTION TASK PRODUCTION_1 .
DECOMPOSITION :
   GET_MATERIALS_1 ;
   IF KIND THEN
      STIR
   ELSE
      MIX
   FI ;
   PRODUCE_1 ;
   LOADING_1 .
TRIGGERED : START_PRODUCTION_1 .
ACTIONEND


##*******************************************************************************

ACTION TASK PRODUCTION_2 .
DECOMPOSITION :
   GET_MATERIALS_2 ;
   PRODUCE_2 ;
   LOADING_2 .
TRIGGERED : START_PRODUCTION_2 .
ACTIONEND


##*******************************************************************************

EVENT START_PRODUCTION_1 .
CYCLIC : 1 7 'HOUR' / .
EVENTEND


##*******************************************************************************

EVENT START_PRODUCTION_2 .
CYCLIC : 1 7 'HOUR' / .
EVENTEND


##*******************************************************************************
```

Abb. 4   Ausschnitt aus dem Entwurf in EPOS-S für das Beispiel

5.   Analytisches Prototyping [3]

5.1.   Ziele und Konzepte

Die Grundidee des analytischen Prototypings ist es, ein Spektrum von Validie-
rungs-Werkzeugen bereitzustellen, das es gestattet, beginnend bei der Planung und Projek-
tierung über die Entwicklung bis hin zur Implementierung von Softwaresystemen, die aktuell bei der Entwicklung anfallenden Analyse-Modelle und Entwurfsspezifikationen zu
simulieren und zu analysieren. Dabei soll jeweils der aktuelle Entwicklungsstand als pro-

---

[3] Dieses Projekt wird im Rahmen eines von der DARA unterstützten Vorhabens gefördert (Vorhaben Nr. 50TH9002)

totypische Beschreibung des Zielsystems hinsichtlich der geforderten Eigenschaften validierbar sein.

Im Rahmen eines von der DARA geförderten Vorhabens wurde dazu eine Prototyping-Umgebung realisiert, die frühzeitig bzw. entwicklungsbegleitend Aussagen über Verhalten und Leistungsfähigkeit eines zu entwickelnden bzw. in Entwicklung stehenden Software-Systems gestattet, ohne daß aufwendige vorbereitende Maßnahmen durchgeführt werden müssen. Speziell wurde dabei die Integration mit den Methoden (SADT [13], HOOD [14]) und Werkzeugen der Entwicklungsumgebung der europäischen Weltraumbehörde ESA durchgeführt. Diese Prototyping-Umgebung ermöglicht es, aus bereits vorliegenden Informationen einer Projektdatenbank (z.B. Datenbank eines SADT-Analyse-Tools), einen für die rechnergestützte Evaluierung (im Sinne eines analytischen Prototypings) geeigneten Prototypen zu generieren.

Es können also die bisherigen Entwicklungsmethoden und Werkzeuge unverändert beibehalten werden. Der zusätzliche Aufwand für das analytische Prototyping wird auf ein absolutes Minimum reduziert. Methodisch betrachtet bedeutet dies, daß alternativ zum entwicklungsvorgeschalteten konzeptionellen Prototyping (als spezifischer Ansatz einer Systemanalyse) eine konventionelle Systemanalyse ergänzt um analytisches Prototyping stehen kann.

5.2. Analytisches Prototyping im Rahmen von EPOS

Eine weitere exemplarische Anpassung dieser Umgebung an Software-Entwicklungsumgebungen (neben SADT- und HOOD-Werkzeugen) wurde für die Inhalte der Projektdatenbank des CASE-Tools EPOS realisiert (vgl. Abb. 1). Damit ist jeder Entwicklungsstand der EPOS-Datenbank als Prototyp verfügbar. Der Nachteil des späten Tests, bei dem man ohne Anwendung des Prototypings erst auf Code-Ebene, nach Abschluß der Spezifikation, Aufschluß über die Korrektheit der Lösungskonzeption erhält, wird somit vermieden.

Für das analytische Prototyping stehen alle im Rahmen dieses Vorhabens entwickelten bzw. integrierten Validierungs-Werkzeuge zur Verfügung. Sie reichen von der statischen Analyse über die symbolische Ausführung bis hin zur Simulation der Entwicklungsinformation auf der Basis von erweiterten Petri-Netzen. Diese soll im folgenden exemplarisch näher betrachtet werden.

5.3 Petri-Netz-Simulation als Maßnahme des Analytischen Prototypings

Als geeignete Lösung für die gestellten Aufgaben wurde auch hier das bereits diskutierte PACE ausgewählt. In diesem Fall findet also eine Transformation von Inhalten der Entwicklungsdatenbank, wie z.B.:

- zu realisierende Systemfunktionen und ihre Zeiteigenschaften,

- die kontrollflußbedingten Abhängigkeiten,

- Daten und Datenflüsse,

- die Echtzeiteigenschaften, wie die Synchronisierung paralleler Prozesse, auslösende Ereignisse, usw.

in ein entsprechendes Petri-Netz-Modell statt. Mit dem Simulationswerkzeug erfolgt dann die Validierung der dynamischen Eigenschaften beispielsweise das Zeitverhalten, Dead-Lock-Untersuchungen, Performance-Analyse, Synchronisierung paralleler Prozesse etc.

Um komplexe System-Modelle geeignet repräsentieren zu können, arbeitet PACE dabei mit sogenannten erweiterten Petri-Netzen (vgl. Kap. 4). Die wichtigsten Erweiterungen sind:

- hierarchische Strukturierung

- Modellierung der Zeit

- Inhibitoren

- objektorientierte Beschreibung der Daten und der Kontroll-Logik mit Smalltalk

- benutzerdefinierbare Icons für Marken und Netzelemente

Dieses Modell kann nun mit den Funktionen von PACE simuliert bzw. animiert werden. Dabei besteht prinzipiell die Wahl zwischen einer "Hintergrundsimulation" (kontrolliert über eine Simulationsuhr) und einer unmittelbar am Bildschirm verfolgbaren Animation der Petri-Netze. Im letzteren Fall wird das dynamische Verhalten der Netze durch eine Animation des Markenflusses unmittelbar beobachtbar. Der Benutzer kann für die (hierarchisch gegliederten) Petri-Netze am Bildschirm Simulationsfenster öffnen. Darin werden auch die Marken auf den Stellen gezeigt. Ihre Attribute werden unter der Stellen-Beschriftung beschrieben. Im aktiven Fenster wird der Markenfluß animiert, d.h. es werden die Marken mit ihren Beschriftungen kontinuierlich über die Pfeile verschoben.

Somit ist es möglich, das dynamische Verhalten des Prototypen für eine beliebige Auswahl
der Module zu beobachten.

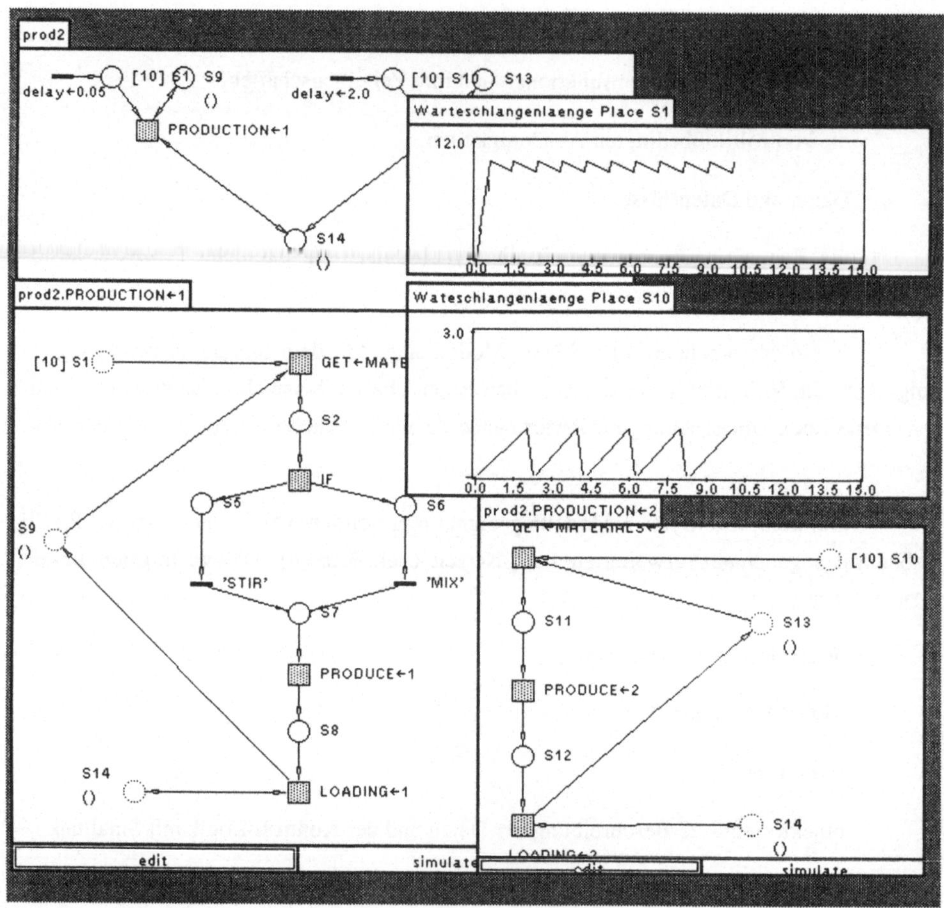

Abb. 5   Simulationsmodell des Beispiels

Zur interaktiven Validierung dieses Modells, kann

- schrittweise simuliert werden (vorwärts, rückwärts)

- eine laufende Simulation angehalten und wieder gestartet werden

- eine zu feuernde Transition vom Benutzer bestimmt oder zufällig ausgewählt werden

- das Modell on-line modifiziert werden (z.B. Hinzufügen oder Entfernen von Marken)

Damit sind verschiedenste Modellparametrierungen und Ausgangssituationen im Sinne einer "was wäre wenn" Analyse betrachtbar.

Interessant bei der Hintergrundsimulation ist die Darstellung einer Vielzahl von möglichen Statistiken für Transitionen, Marken und Stellen in separaten Fenstern. Darin sind für das jeweilige Element interessierende Größen und Funktionen laufend graphisch animiert in Histogrammen oder Balkendiagrammen visualisiert. Diese Größen werden durch eine vom Anwender bestimmbare Funktion berechnet, die bei jeder Behandlung des Elements während der Simulation ausgewertet wird. Diese Statistiken wurden im Rahmen des Projektes für das besonders im Raumfahrtbereich relevante Problem der Verteilungs-optimierung von Arbeitslasten auf Ressourcen, Maschinen oder Prozessoren ausgewertet. Je nach Zielfunktion der Optimierung können dabei neue, eventuell spezialisierte Prozessoren eingeführt oder bestehende Prozessoren freigestellt werden. Die Qualität einer Änderung in Bezug auf die Zielfunktion ist aus den Veränderungen der Statistiken direkt ersichtlich, sobald der Simulationslauf durchgeführt wurde.

Ein Beispiel in Abb. 5 zeigt ein aus der Spezifikation in Bild 3 generiertes PACE-Simulationsmodell.

6.   Zusammenfassung

Die Verbindung von drei Werkzeugen zur Unterstützung der Phasen Lösungskonzeption, Entwurf und Implementierung ermöglicht die phasenübergreifende Entwicklung von Software für Realzeitsysteme. Mit der Ergänzung der Entwicklungsumgebung EPOS durch eine mit höheren Petri-Netzen dargestellte Lösungskonzeption ist eine bereits frühzeitige lauffähige Modellierung von Parallelitäten, Synchronisationen und Zeitanforderungen möglich. Dieses Modell kann zur Simulation im Sinne eines konzeptionellen Prototyping verwendet werden. Darüber hinaus ist die automatische Umsetzung in eine Entwurfssprache möglich, so daß einmal eingegebene und funktionierende Strukturen nicht nochmals neu eingegeben werden müssen, wie dies bei der Kombination unterschiedlicher Tools häufig der Fall ist. Der Entwurf selbst kann wiederum automatisch in eine Echtzeitsprache, wie Ada, umgesetzt werden. Die Umsetzungen sind natürlich auch in umgekehrter

Richtung möglich, was eine durchgängige Versionsverwaltung verschiedener Zwischenprodukte erlaubt. Damit können alle diese Zwischenprodukte auf dem Weg zu einem funktionierenden Echtzeitsystem separat getestet werden, was durch den Einsatz von ablauffähigen Petri-Netzen sogar dynamische Tests ermöglicht (analytisches Prototyping). Der Effekt ist die Vermeidung teurer Fehlentwicklungen, die erst im fertigen Programm erkannt werden können.

Literatur

[1]   Budde, R., K. Kautz, K. Kuhlenkamp u. H. Züllighoven: *Prototyping - An Approach to Evolutionary System Development*. Springer, Berlin, 1992.

[2]   Baur, P.: *Prototyping und CASE - Gegensatz oder Ergänzung*. G. Hommel (Hrsg.): Proc. Fachtagung Prozeßrechensysteme, Springer, Berlin, 1991.

[3]   J. L. Peterson: *Petri Net Theory and the Modeling of Systems*. Prentice-Hall. Englewood Cliffs, NJ, USA, 1981.

[4]   W. Brauer et al. (Hrsg.): *Petri Nets: Central Models and their Properties*. Springer Verlag. Berlin, 1987.

[5]   G. Bruno et al.: *Process-Translatable Petri Nets for the Rapid Prototyping of Process Control Systems*. IEEE Transactions on Software Engineering, Vol. SE-12, No. 2, Feb. 1986.

[6]   R. A. Nelson et al.: *Casting Petri Nets into Programs*. IEEE Transactions on Software Engineering, Vol. SE-9, No. 5, Sep. 1983.

[7]   *PACE User's Manual*. Gesellschaft für Prozeßrechnerprogrammierung, München, 1991.

[8]   *EPOS-Kurzbeschreibung*. Gesellschaft für Prozeßrechnerprogrammierung, München, 1991.

[9]   Glinz, M.: *Probleme und Schwachstellen der Strukturierten Analyse*. M. Timm (Hrsg.): Requirements Engineering '91, Springer, Berlin, 1991.

[10] Zave, P. and W. Schell: *Salient Features of an executable Specification Language and its Environment*. IEEE Transactions on Software Eng., Vol. 12, No. 2, pp. 312-325, 1986.

[11]   Popall, M.: *Simulation und Rapid-Prototyping für Realzeitanwendungen auf Spezifikationsebene*. R. Henn und K. Stieger (Hrsg.): PEARL 89 - Workshop für Realzeitsysteme. Springer-Verlag, Berlin, 1989.

[12]   Ebert, C., P. Baur u. M. Repnow: *Petri-Netze als Front-End-Tool für CASE-Umgebungen bei der Entwicklung von Echtzeitsystemen*. H. Rhezak (Hrsg.): Tagungsband zur Echtzeit '92, Sindelfingen, Juni 1992.

[13]   Marca, D. A., C. L. McGowan: *SADT*. McGraw-Hill, New York, NY, USA, 1987.

[14]   *HOOD Reference Manual*, Issue 3.1, European Space Agency (ESA), Noortvijk, NL, 1990.

Slow and Principled Prototyping of Usage Surfaces: a Method For User Interface Engineering

Peter Gorny

with Axel Viereck, Ling Qin and Ulrike Daldrup

Abstract

Rapid prototyping in usage surface design is a method which supports the early presentation of first results to the customer and the potential users of new software systems. It implies an intuitive design, based on the experience and imagination of the designers. This approach often blocks the consideration of alternatives for the usage surface in a very early stage - a disadvantage, which cannot be overcome by the users because of the lack of their knowledge of the other possibilities.

With MUSE we present a method for user interface engineering which offers the possibility to reduce the complexity of design decisions by ordering them in phases, beginning with the analysis of all available information about user and task characteristics, deciding about dialogue types, selecting appropriate dialogue forms, their techniques, including their textual or graphical/iconic representation, and ending with the implementation of a user interface prototype (an interactive "mock-up"): a slow and principled prototyping approach.

1.　　Do User Interface Design Rules and Standards Help the Designer ?

The draft standard ISO 9241 [1] and the German DIN standard 66234 [2] for software ergonomics present general principles together with selected "typical recommendations", but they do not help the designer in how to achieve the general objectives - they are not operational.

In the draft of ISO part 10 (dialogue principles), for instance, one of the principles is "suitability for the task", described as:

P1:　　*"a dialogue supports suitability for the task, if it supports the user in the effective and efficient completion of the task. The dialogue presents the user only those concepts which are related to the user's task."*

This work is supported by funds from the German Federal Ministry for Research and Development under the programme "Arbeit und Technik" (01 HK 190) - Joint project of the Universities of Oldenburg and Rostock.

To make our point we cite two "typical recommendations" for this principle:

R1.3:   *"the type and format of input and output should be specified such that it suits the given task."*

R1.7:   *"The dialogue system should enable the user to condense inputs, minimize repetitive work, and control the data according to the task specification."*

The authors of the standard obviously aim at helping the designers *what* to consider, but they refrain from presenting information about *how* to reach the objectives, in our example how to "suit the given task" (with certain types and formats) and how to "...control the data according to the task specification".

Principle 6 in the ISO draft is "suitability for individualization":

P6:   *"A dialogue supports suitability for individualization, if the dialogue system is constructed to allow for modification to the user's individual needs and skills for a given task."*

Three typical recommendations are here, for example:

R6.3:   *"The dialogue system should allow the user for choosing among alternative forms of representation according to the complexity of the information to be processed."*

R6.4:   *"The amount of explanation (e.g., details in error messages, help information) should be modifyable according to the individual level of knowledge of the user."*

R6.7:   *"Individual preferences for selecting among the dialogue techniques should be supported, when applicable, with regard to the user task."*

Again the standard gives hints *what* to consider, but the designers are on their own to find methods *how* to link the requirements with the construction of the interface and to apply scales to measure the degree of compliance with the requirements.

Design rules, e.g., the Apple Human Interface Guidelines [3], the IBM Common User Access [4, 5], or the aggregation of rules by Smith & Mosier [6] are practically completely layout-oriented and give recommendations with regard to the concrete layout on displays. Since they do not link the needs of the users while performing their tasks to specific features of the dialogue behavior of the user interface, the designers have to choose themselves which user interface elements (e.g., which widgets) to implement in which way for achieving the required effects.

In order to stress the goals of the design we prefer to distinguish between the user interface and the effects produced by the user interface: the usage surface. In this sense the usage surface gives the user access to the complete functionality of the application system. Thus is more than the screen layout or the "look and feel".

From these considerations we can answer our preliminary question in the title of this chapter with *"no"* – the standards and rules only give part of the necessary support for the designers.

2. Does Rapid Prototyping Help the Usage Surface Designer ?

The presentation of paper and pencil sketches or on-line mock-ups of display layouts to potential users gives a direct feedback to the designers about the users' impressions. But regularly these impressions uttered under laboratory conditions result in amendments or changes of the usage surface, which do not improve the task completion – the designers know too little about the complexity at the task and the capabilities and needs of the users, the users know too little about the high complexity of interdependent features of a user interface. Imagine a prototype with an impressing multicoloured graphical surface with direct manipulation for a highly repetitive task, that requires the call of application functions, including some numerical input. The task itself does not leave many degrees of freedom to organize its performance or vary the sequence of actions. The users are highly skilled and the usage is frequent, intensive and regular. In such a case keyboard numerical input and function key command call would probably be very adequate, but the participating users fall for the coloured pictures in the test situation. They do not realize, that colour, if not used with care, can be disturbing or distracting from important parts of the screen, and that direct manipulation is more adequate for tasks with possibilities to individualize its performance, and with more user initiative and user responsibility for the task results, than in the given case. A designer follows intuitively some well developed design habits, basing on her/his experience with previous design tasks. Very often they reuse designs and dialogue patterns without checking that the new circumstances may differ in relevant parts from formerly experienced work situations. Thus both parties agree on an ergonomically unsatisfying dialogue design presented in the prototype.

We may conclude that the rapid prototyping approach reduces the design complexity by reducing the number of possible technical solutions as early as possible – with the danger of prematurely restricting the fantasy of the users and the creativity of the designers.

3. Human Factors Engineering

With the "Method for User Interface Engineering" (MUSE) we propose a systematic approach to usage surface design, which has been developed during the last eight years in our group and which bases on the detailed research work of A. Viereck [7, 8].

One of its main objectives is to leave as many options open for the technical realization of the surface as long as possible and – contrary to "rapid" prototyping – to reduce the complexity of the design decisions by ordering the decisions into four steps, or, more precisely, design phases:

1.   conceptual phase,
2.   structuring phase,
3.   concretization phase,
4.   realization phase,

with a user interface prototype as a result. We presume that this phase-oriented principled prototyping approach will be handled – like the phase models of software engineering – with iterative walks through the phases.

3.1   The conceptual phase

Starting from a detailed specification of the task which the user has to perform within a given work environment (including an analysis of the work distribution and communication needs) the functions which the software system has to provide for task completion can be listed. These functions are called *application functions*.

Later during phase 1 these functions will be complemented with *adapting functions* for individualization purposes, *controll functions* for controlling the computer performance (mostly on the operating system level) and *meta-functions* for recovery from error situations and for help and tutorial advice. For this purpose the designer will have to analyse the specification documents in order to deduce

- task characteristics (the quality and quantity of the wanted result and its predetermination, in respect to the task structure and the process variability);
- user characteristics (the degree of knowledge and experience in respect to the task and to computer usage);
- usage characteristics (the frequency, intensity, regularity of usage and the probability of interruption of the task by other tasks).

For each of these characteristics the analysis will probably yield not only one but a range of values. The range represents the possible variations of knowledge or experience in the group of intended users, the process of learning and forgetting of an individual user, the variations for the task and for its occurance etc.

The user, task and communication analyses and the description of characteristics an approach, which is common to several other projects, too, e.g., TASK[9]. It is also reflected in the ISO draft standard, which bases on the presumption, that these analyses have been undertaken.

From the characteristics the designer can derive some attributes for human-oriented criteria for the given task, such as the degrees of decision freedom, of communication needs and of action regulation needs (reduction of action hindrances - resulting in stress). Here it is important to point out, that a task can be divided into subtasks, which may inherit most of the task and usage characteristics, but not necessarily all: the task may occur once a week, while the specific subtask has to be performed only in every every tenth task performance (e.g., copying data from a previous similar task), or ten times within a task (e.g., deleting erroneous input).

A scenario: a tender submission system

As an example we may choose a task in the administration of a construction enterprise. One of the tasks is to submit tenders to customers on request or in response to a licitation. It consists of collecting all necessary technical information for the planned construction, linking it to cost factors, production facilities, technical and labor resources and aggregating this into a tender, which has to meet certain legal and commercial requirements. After taking other commercial information into account (e.g., the competition, the general market situation and the customer's solvency) the bid can be price-tagged and submitted to the customer.

The characteristics

The user of a tender system is typically trained in business administration with a solid knowledge of the engineering process. s/he may have only little knowledge and experience in computing, resp. in other computer applications. In spite of that s/he will probably – soon after an introductory period – request possibilities for customization of the program to meet the company's requirements and for individualization for her/his personal work style. The task requires great responsibility and initiative for the result from the user's side; the completion of the task cannot be reached with a great deal of communication by several media with the customer, with suppliers of construction material or special services, with engineers and administrators from the own enterprise. Frequent access to data bases for retrieval of technical and commercial data is necessary. The task is well structured; it offers a great variability with regard to the sequencing of the subtasks. The values for the usage characteristics can be summarized with frequent, but irregular occurance and intensive use. The frequency variation may reach from once a quarter to once a week.

The derivation of additional functions for the software system

From the characteristics we can derive the necessity of additional functionality complementing the *application functions,* which were already described in the system specification.

Staying within our scenario of tender submission the degree of freedom with respect to sequencing the subtasks leads to a *control function* in order to leave the default sequence. It would only be consequent, if the switching between subtasks was also possible without first completing the current one. The necessity of accessing many kinds of information resources while working on a subtask brings the designer to implement a *control function* for accessing the specific information server and *adapting functions* to move the presented information window to a suitable place on the display and change the window size, font , font size, cut and colouring, etc. The possibility of inexperienced users is a reason to design some tutorial advice, also needed for users after a long interval without usage of the system: a *meta-function*. Similar meta-functions are needed to overcome the consequences of user errors, mistakes or slips: a system of error management is needed within the system [10, 11]. Other *control* and *adapting functions* are needed to cope with interruptions of the work process from outside (telephone calls, meetings, etc.)

The reader may have noticed that we – until now – refrained from mentioning anything about how the basic functionality and the additional functions were to be implemented. This belongs to design decisions reserved for the later phases of MUSE.

A look into the ISO draft standard shows, that its "typical recommendations" and the related examples given in Annex A lack the classification of functions and of design decision phases. For the two above mentioned principles P1 (task suitability) and P6 (individualization) (see chapter 1) the recommendation R1.3 (about the type and format of input and output) points to the last two phases (concretization and realization) – without regard to the kind of function involved. R1.7 is an imperative to add *adapting* functions (to condense inputs..) and *control functions* (to minimize repetitive work, to control the data..). R6.3 specifies the necessity of *adapting functions* for information presentation, R6.4 recommends the use of *adapting functions* on the output of *meta-functions* : the presentation of error messages and help information. R6.7 leads to the use of an *adapting function* for selecting among the dialogue techniques – which in our model will be specified in the structuring phase.

The final document of phase 1 is a list of all application functions, adapting functions, control functions and meta-functions, including notes to which of the functions the user needs to have parallel or priority access, or which functions are not permitted during the actuation of other functions (to avoid data inconsistency or system errors).

3.2   The structuring phase

This phase centers on decisions with respect to dialog structures. We distinguish between different *dialogue types* for this purpose:

- command dialogue,
- data input dialogue,
- multiple choice dialogue,
- object manipulation,
- priority input (only in process control applications).

The suitability of one of the types for a specific function depends on the characteristics of task, user and usage. For instance, the control function mentioned above facilitating the change of the subtask sequence could be implemented either by a command dialogue or by a multiple choice dialogue – the latter to be preferred for irregular and non-intensive usage, etc.

Each of the dialogue types can be implemented with different *dialogue techniques* (this term is used in the ISO draft standard, while MUSE uses "dialogue form"). A command dialogue can be achieved with textual input and output (in the next phase we will have to decide, if by keyboard and display or natural language input/output). A multiple choice dialogue can be designed using, e.g., textual or iconic menus and accessing one item by key-, mouse-, pen- or finger-controlled cursors, by function keys, by key combinations (e.g., CTRL-1), by letter or number keys, etc.

Again, from task, user and communication analyses and the related characteristics we can derive some recommendations for the designer to support his decisions – now only in regard to the dialogue techniques.

3.3   The Concretization Phase

As mentioned in an example above in this phase the designer maps a dialogue technique onto a physical medium: s/he decides to choose natural language for the textual input and/or output for a command dialogue instead of using keyboard and display. The decision criteria have to be derived from special needs of users or from certain conditions in the work environment, e.g., keeping the user's attention on a process (instead on the computer display), or requiring the handling of objects (instead of the keyboard). The recommendations for these design decisions can be derived from cognitive science, from Gestalt- and from perception psychology, in combination with the user characteristics.

The presentation of values on the display has to be decided in this phase: single values, vectors, matrices, tables, forms, graphs, icons, photorealistic pictures... Criteria for these decisions can be gained from the task analysis and from psychological considerations of affordances of objects. With this term Norman [12] labels certain properties of objects, which lead to mental models in users about what the object might be used to. (Examples: knobs afford turning – buttons afford pushing – cords afford pulling – scroll bars afford ... scrolling

– slide controls afford value changes etc.) These mental models of possible actions have to be taken into account when selecting widgets for the user interface. For example, the keyboard input of values representing measured physical properties and their output in a digital representation suggest a higher accuracy than normally given – a pseudo-analogue representation is more appropriate, a pseudo-analogue input via a scrollbar-like slide control *is* already sufficiently inaccurate. As a side remark it may be mentioned here, that rotational analogue input cannot be imitated with other input devices such as a mouse or a pen, since these afford linear two-dimensional movements; in this case physical rotational potentiometers would be necessary.

3.4   The Realization Phase

From all information derived from the analyses and all design decisions made while considering the evaluated characteristics of task, user and usage during the previous phases the designer now can implement the layout of a usage surface and structure the dialogue. The use of design tools, prototyping tools etc. can easily follow the lines and limits of the previous decisions. Last choices will have to be made with respect to the selection of colours, fonts, font sizes etc., the use of one or more mouse buttons, the phrasing of menu texts and so forth. General rules from perception research results [6] or guidelines [3, 4, 5] or rules of thumb from one of the many user interface design textbooks and specific recommendations derived from the characteristics are the yardsticks to evaluate the design alternatives here.

Hopefully the decisions do not violate the software ergonomic principles [e.g., 1], though often a tradeoff between differing principles has to be considered. At least the designer has the possibility to recognize the interdependability of the criteria, the characteristics and certain design features and knowingly make her/his choices.

The result of this phase is a paper and pencil layout of the displays and or an interactive prototype of the complete usage surface. Since the real application functionality of the planned software system still is missing, the participating users can only test a "mock-up". The following evaluation of the prototype can lead to repetitions of earlier phases of MUSE or even to a supplementation of the preceding analyses.

4.   The Application of MUSE

With principled prototyping as a concept and MUSE as a method it is the designer's decision how far and how strict to follow its guidance. MUSE is not meant as a procedure which can be followed automatically. With this in mind our group endeavors to construct a knowledge based system in order to support the designer while using the method. With funding from the German Federal research programme "Arbeit und Technik" of the joint project EXPOSE (Expert system for phase-oriented software-ergonomic engineering) between the Universities Oldenburg and Rostock we have started to design an advisory system for MUSE. First outlines of the system have been reported by Viereck[13] and Gorny et al [14].

References

[1]   ISO 9241: Ergonomic Requirements for Office Work with visual Display Terminals (VDTs). Part 10: Dialogue Principles. First Committee Draft. International Standards Organisation ISO TC159 SC4 WG5, 1991.

[2]   Deutsches Institut für Normung: DIN-Norm 66234/8. Bildschirmarbeitsplätze - Grundsätze der Dialoggestaltung. Berlin 1987.

[3]   Apple Human Interface Guidelines. The Apple Desktop Interface. New York: Addison Wesley 1987.

[4]   Systems Applications Architecture. Common User Access. Basic Interface Design. IBM 1989.

[5]   Systems Applications Architecture. Common User Access. Advanced Interface Design. IBM 1989.

[6]   Gorny, P.; Viereck, A.: Eine Vorgehensweise zur Entwicklung interaktiver Programme. In: K.-P. Fähnrich (Hg): Software-Ergonomie. München: R. Oldenbourg Verlag 1987. p93-105.

[7]   Viereck, A., Schlungbaum, E., and Gorny, P.: Structured Design of User-Interfaces and Knowledge-based Design. In: H.-J. Bullinger: Human Aspects in Computing. Amsterdam: Elsevier 1991. p577-581.

[8]   Beck, A., und Ilg, R.: Aufgabenorientierte Analyse und Gestaltung mit TASK. In: Frese, M., et al. (Eds.): Software für die Arbeit von morgen. Heidelberg etc. 1991: Springer-Verlag. pp. 95-106.

[9]   Frese, M., Irmer, C., und Prümper, J.: Das Konzept Fehler-Mamagement: Eine Strategie des Umgangs mit Handlungsfehlern in der Mensch-Computer-Interaktion. In: Frese, M., et al. (Eds.): Software für die Arbeit von morgen. Heidelberg etc. 1991: Springer-Verlag. pp. 241-252.

[10] Carroll, J.M.: Making Errors, Making Sense, Making Use. In: Floyd, C., Züllighoven, H., Budde, R., and Keil-Slawik, R.: Software-Development and Reality Construction. Berlin etc. 1992: Springer-Verlag. pp. 155-167.

[11] Norman, D.: Turn signals are the facial expressions of automobiles. Reading MA 1992: Addison-Wesley. p. 19.

[12] Smith, L.S. ; Mosier, J.: Guidelines for Designing User Interface Software. Bedford, Mass.: Mitre Corporation 1986.

[13   Viereck, A.: Computer-unterstützte Benutzungsoberflächen-Gestaltung. In: Konradt, D. (Ed.): Benutzungsoberflächen in teilautonomer Gruppenarbeit. Köln 1992: Verlag Leske&Budrich.

[14] P. Gorny, P. Forbrig u.a.: Konzepte für EXPOSE - Expertensystem zur phasenorientierten Software-Ergonomie-Beratung bei der Benutzungsschnittstellen-Entwicklung. 1. Zwischenbericht des Projekts EXPOSE. Universität Oldenburg und Universität Rostock, Januar 1993.

Author's address: Prof. Dr.-Ing. Peter Gorny
                           Computer Graphics and Software Ergonomics Group
                           Informatics Department - Carl von Ossietzky Universität Oldenburg
                           D-2900 Oldenburg, Germany

Using Executable Specifications for Prototyping System-Design Processes

Claus Hoffmann and Burhan Dinler
GMD, Schloß Birlinghoven, D-5205 Sankt Augustin

Abstract

In this paper we propose a multiparadigm approach for modeling tasks of system-design. The idea is to use executable task specifications which support analysis and understanding of complex design processes. Such specifications can act as a means for both rough and detailed planning of design tasks, providing system designers with proposals for instrumenting their activities and automatize appropriate work steps. The multiparadigm approach is based on a combination of an object-oriented language with high-level Petri nets and rules. The object-oriented language is used for modeling the characteristics of design-artifacts (e.g. design specifications, executable models, test plans, documentation). With high-level Petri nets the overall data and control flow in the design process is specified. Rules are used for the detailed specification and prototyping of design tasks.

1. Introduction

Despite considerable progress in the areas of tools, methods, and environments, it turns out that the development of large systems is nearly always more expensive and time consuming than expected. Moreover system development often leads to results that are unreliable and fail to meet expectations. Most of these difficulties have their origin in system design (cmp. [1]). This makes design one of the most crucial steps in the development of any engineered system.

Problems of system design can be characterized as ill-structured problems that can only be solved with great expenditures and considerable creativity of the contributing engineers. The main reasons for this are: i) design goals are often contradictory and ambiguously defined, ii) the complexity of most design situations makes it impossible to find an optimal solution, iii) many different kinds of knowledge like technical information, design principles, information about production, commercial conditions, and administrative constraints are needed in order to perform a successful design process (cmp. [2]).

Essential properties of system design are hardly supported by contemporary design environments. Human creativity and characteristics of human problem solving are not noticed and the necessity for adapting design processes to changing situations is underestimated. Traditional design-environments have evolved as integrated tools sets for supporting increasingly complex development situations [3]. Each individual tool contains information about some specific parts of the process. The problem is that it is nearly impossible to modify or extend this information because it is encoded in the tools. Furthermore this information cannot be shared with users of the design environment [4]. An important requirement for achieving maximum flexibility and user support is, that process models are made explicit and that they are separated from tool functionality (cmp. [5], [6], [7], [8]).

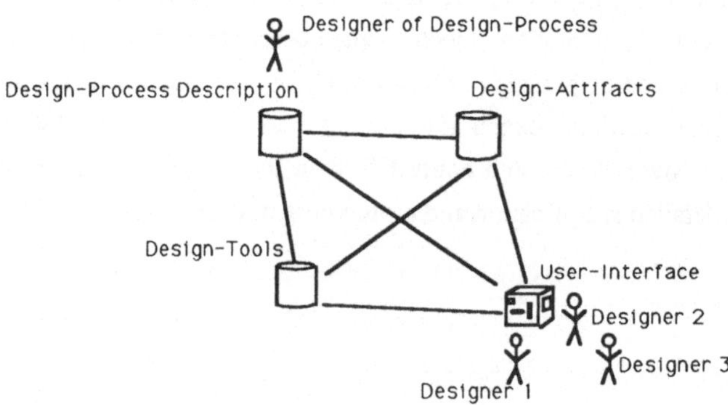

Fig.1: The design environment

The design-process can be modeled as a distributed process with numerous problems of concurrency and communication. During the design process, many cooperating developers (e.g. system designer, senior engineer, project manager, member of the technical staff), partially independently of each other, try to iteratively transform an initial set of requirements into an operational system. They might have different views on the design process and usually possess only incomplete knowledge about the actual process state. One of the most essential challenges of the actors involved in the design-process is the handling of inconsistent, conflicting and partial information (cmp. [9]).

Models of design processes specify which activities are to be performed by which team members, who is authorized to access which documents and which tools can be used for performing these activities. These models describe the structure and behavior of design activities, the properties of design artifacts as well as the responsibilities and obligations of the engineers involved in the design process.

Explicit models of system design processes as well as design environments that rely on these models (see Fig. 1) can be an important means for project managers to analyse, simulate and to improve their understanding of the design process. Process models support the utilization of design methods and tools and make the necessity of coordination between design activities explicit. These models can be a means for communicating ideas and in this way serve as a basis for a evolutionary adaptation of processes. Design engineers can get help by explicit process models in the rough and detailed planning of their activities. By automation of appropriate activities they can be supported in performing their task at hand and can get information about instrumentation of activities that cannot be automated. Communication among members of the design team is enhanced on the basis of such models.

2. Requirements imposed on a Process Modeling Language

Design process modeling aims at supporting design engineers to develop creative solutions. Therefore the underlying process modeling language shall satisfy certain requirements:

Activities of system design create many different artifacts with associated planning and control information that are to be managed in an reliable and efficient way. Examples of these artifacts are requirement and design specifications, executable models, test plans, and any kind of documentation. These components are interrelated in space (decompositions and configurations) and time (versions). Semantic relationships between design components affect the process dynamics and are themselves subject to dynamic changes. Techniques of conceptional modeling should serve to represent design artifacts in a semantically rich way. These modeling concepts shall allow for representing static as well as behavioral aspects of design components on any level of precision (cmp. [10]).

One important requirement imposed on process modeling languages is that their level of abstraction is appropriate for modeling concrete work situations and allows for formal analyzing process models. Building blocks of process models are specifications of tasks. It shall be possible to specify design tasks on various levels of abstractions. Often tasks can be broken down into subtasks of a lower level of abstraction until elementary subtasks are defined for which corresponding tools or work procedures are available.

For the specification of tasks not only the hierarchy of subtasks is essential but also the sequence in which these subtasks can be performed. These specifications shall be able to describe which actions have to be carried out to transform an initial design state into a desired goal state. The sequence of subtasks can be determined for example by the fact that results of a certain subtask are needed by another subtask or that subtasks provide feedback information for other subtasks. For the coordination of subtasks it should be possible to represent nondeterminism, concurrency, alternative execution or the repeated execution of activities.

A certain amount of task knowledge is of heuristic nature. It must be possible to represent this kind of heuristic knowledge appropriately, e.g. using rules or constraints.

It shall be possible to describe, under what circumstances a task can be initiated and what the results of the task will be.

The process modeling language shall be open in the sense that it supports the integration of existing and future tools into task specifications.

Finally task specifications shall be executable. The execution of these specifications shall assist design engineers to maintain the relevant work context, provide information about significant work conditions, and monitor the carrying out of the task at hand.

3. Design Process Specifications

Design objects are intended to encapsulate knowledge about design artifacts. The hidden information covers the structure as well as the behavior of the objects. The interface, which is the only visible part of the objects describes the set of methods that are supported. An object consists of (i) a structural part which entails the implementation of the object; (ii) a behavioral part which characterizes the behavior of a given object and specifies its interface; (iii) a constraint part which controls the validity of object messages and thus monitors the activities undertaken by the behavioral part; (iv) a meta-knowledge part which contains information concerning both model pertinent knowledge and the role of the object within a given domain [11].

Task specifications form the basic building blocks of design-process modeling. Design processes are performed by the execution of the tasks necessary to develop or modify certain design components. Task structure deals with the decomposition of a given task into a set of subtasks (see Fig. 2). The execution of these subtasks can be distributed among the developers. The task structure determines the definition of communication relationships and information flow among different parts of the design-process. A challenge for future work is to define a precise semantics of a task refinement and composition and their interplay. This semantics is crucial for understanding the impact of task structures on design processes, and for determining and reasoning upon the effects of changes to a given task structure.

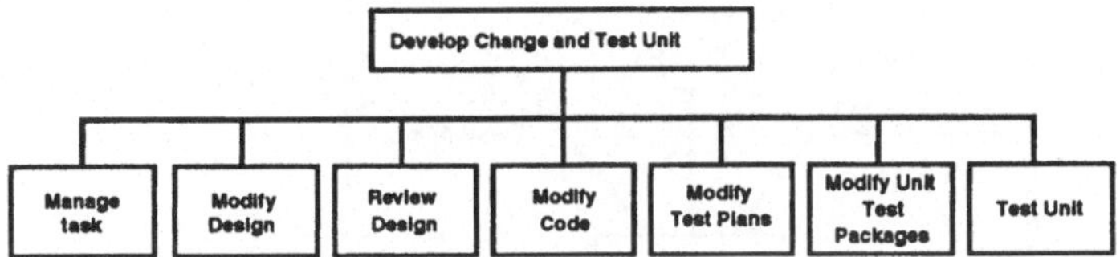

Fig. 2: Decomposition of the task "Develop Change and Test Unit"

Task partitioning has two dimensions: refinement and composition. Refinement leads to task hierarchy that defines a "part-of"-relationship on tasks, while composition imposes a partial ordering on the execution of tasks. This partial ordering describes causal or temporal relationships between tasks at the same level of abstraction [12].

The behavior of a task is defined by high-level Petri nets (see Fig. 3). They specify how the subtasks associated with a task are coordinated and which information flows among the designers that perform these subtasks. Transitions in the net designate process activities, typed places represent dynamic relationships between objects. Arcs represent causal relationships between activities and objects. The intuitive visual representation of Petri nets, in combination with associated formal techniques for validation of important process properties support the establishment and maintenance of coordination structures.

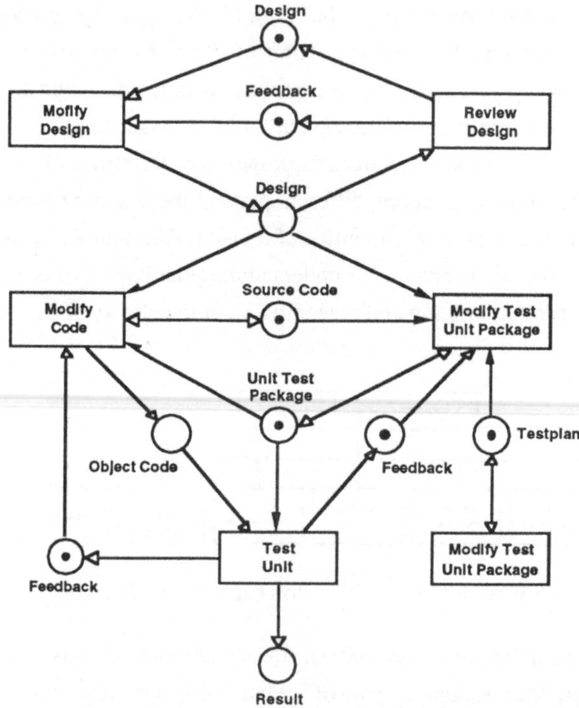

Fig. 3: Coordination structure of the task "Develop Change and Test Unit"

Subtasks are represented by transitions; inputs and outputs occur as typed places in the net. Each transition denotes either a subtask or a primitive (non-decomposable) action. In the former case, the behavior of the transition is defined by the net while in the latter it is defined by rules. Rules are used as a flexible means to organize the activity of developers and deal with heuristic process knowledge (e.g. design heuristics). Rules allow for describing heuristic knowledge about adequate instrumentation of subtasks and methodological processing of the tasks at hand. They can be adapted easily to the current work situation and provide the possibility for further development of task specifications (cmp. [13]). Rules are responsible for consistently propagating changes caused by users or other active resources, like tools, throughout the object base. Rule execution may effect the creation, modification and deletion of objects involved in a transition. Associated chaining mechanisms enable computer-supported user guidance, monitoring and control. Data driven and goal-directed rule execution techniques are needed.

Furthermore rules enable a declarative description of the prerequisites and consequences of actions. Pre- and postconditions can be interpreted as treaties that arc established between subtask (cmp. [14]). If the preconditions are satisfied the performance of the subtask guaranties the satisfaction of the specified postconditions. Preconditions describe constraints under which a task can be enacted successfully. Postconditions define the results that are produced by task enactment if all preconditions where satisfied. This means that pre- and postconditions have to be satisfied before and after the enactment of a task. They are of a static nature and do not describe any dynamic behavior of the task. Pre- and postconditions are an important means for describing and analyzing the logical structure of a process model. They provide valuable information for the analyzis of the process model concerning possible effects of changes.

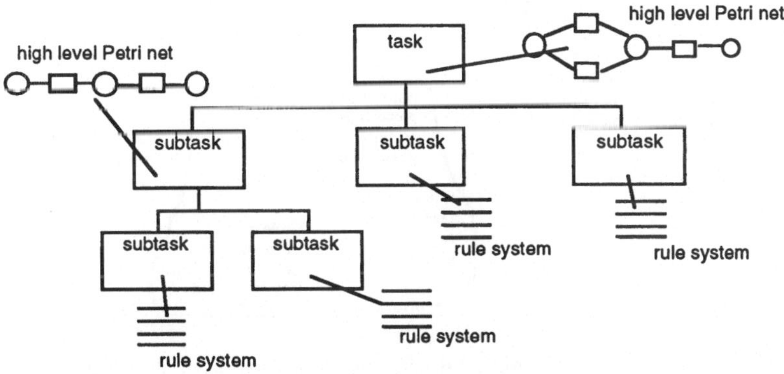

Fig. 4: The relation between task structure, task coordination, and task rules

The enactment of tasks is controlled by a high level Petri net simulator that aims to support the user interactively during the process of problem solving. This simulator serves as a distributed inference engine for the rules that are associated with the transitions (cmp. [15]).

A marking of the places with interrelated object tokens represents a distributed process state. A new marking, and hence a new state, results from the set of concurrent transaction occurrences. Each occurrence redistributes the tokens on its adjacent places according to a formally defined token game [16]. The input of an activity is the set of objects consumed from input places and possibly further inputs that must be provided by the performer of that action. Output of an activity are objects produced on output places of the associated transition.

Rules are activated whenever the token engine verifies the activation of the corresponding transition (see Fig. 5). At least one rule carries the name of the transition label. The sum of activation conditions of all rules named after the transition define the activation of this transition. The action part of the dynamically selected rules defines the effect of the corresponding transition occurrence on the object tokens produced on the output places of a transition.

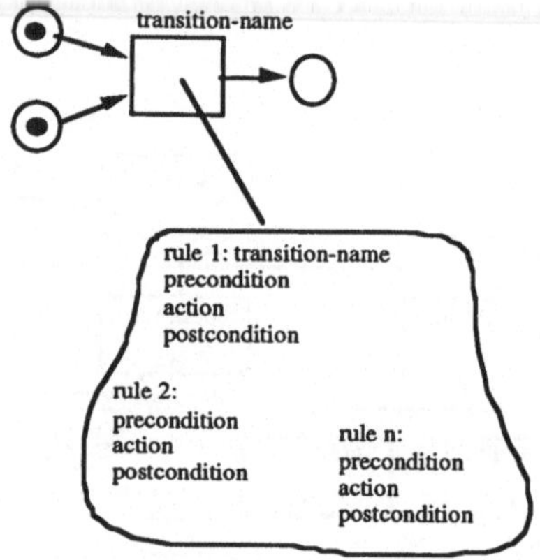

Fig. 5: A rule set describing the activation of a transition

Rules associated with a transition have only access to attributes of objects that are explicitly communicated to that transition. Rules are interpreted by a local rule engine. No implicit information sharing, for example through a common object base, is possible. Conceptually the objects accessible by a transition represent the minimal knowledge the activity performer must have about the distributed state.

A description of the syntax of these rules can be found in [17]. Each rule has a name followed by a list of parameters. The types of parameters correspond to the type definitions of the design-objects. Then follows a list of preconditions that must be fulfilled before the rule action can be activated. The rule definition is concluded by alternative lists of postconditions that define the various effects of rule activation.

4. Enacting the Process Model

One of the central tasks for project management is the planning of the design process. Tasks have to be broken down into appropriate subtasks. The intuitive visual representation of Petri nets together with associated formal techniques for validation of important process properties support the establishment and maintenance of coordination structures between these subtasks. The modeling of the coordination structure includes the concise description of behavioral issues such as concurrency, mutual exclusion (or nondeterminism), sequence, iteration, synchronization, and distributed state.

To get information about a design process the project manager analyzes the process model prior to its execution. Net specifications can be executed symbolically for rapid prototyping purposes. Well-known formal techniques are available to automatically validate important process properties and detect ill-behaved process models. Such techniques include invariant analysis, reachability of the goal state, liveness and safety of the coordination structure, flow of data objects among subtasks, possible deadlocks, needed resources (e.g. personnel, machines, tools, etc.). Further analysis is applied to check version safety, degree of automation, well structuredness of the development process and need for staff. For example it can be discovered how many design-engineers can work concurrently on certain design activities. While a hierarchically organized process model is being designed it is not necessary to wait with the analyzis until all levels of abstraction are specified in detail. Certain hierarchy levels can be analyzed as soon as they are syntactically correct.

To enact a process model the project management has to allocate resources and to assign roles to tasks. While the design-process is being performed one of the most important tasks of the project management it to monitor progress. Task tracking is supported by notifications that can signal successful completion of a task or provide feedback information for necessary changes of the process model. One of the characteristic properties of design processes is that they cannot be described by a static specification in an appropriate way. Design processes are subject to permanent evolution because for example new tools are developed or bought, new work procedures are established or new project strategies are tried. It is possible to adapt the process model to a new situation. The visual representation of Petri nets is helpful for the maintenance of the coordination structure. Formal analyzis techniques for Petri nets can be applied to discover impacts of changes. Rules that specify tasks guarantee the flexibility for updating these specifications. This allows an evolutionary process improvement.

When the design process is finished the process model is analyzed for shortcomings. In this way project managers can get valuable information for future planning. The post evaluation of process models belongs to the experimental analyzis techniques. Examples for properties of process models that can be discovered are (cmp. [18]): Time intensive activities can be localized to validate the value of tools to automate these activities. Decisions that were taken in the design process and the number and subject of unexpected changes can be analyzed. It can be uncovered which parts of the process model were changed, at which time this occurred, and how the concerned process parts looked after the modification. In this way it can be discovered which parts of the process model are subject to permanent change and therefore should be revised.

5. Summary

A multiparadigm approach for representing and prototyping complex system-design processes is proposed. We believe that this approach will be an effective medium for making design-processes explicit thus serving as a basis for process-evolution. The intuitive visual representation of Petri nets as well as associated formal techniques for validation of important process properties support the establishment and maintenance of coordination structures. Rules guarantee flexibility for updating task specifications. They also support prototyping and evolution of process descriptions and allow improvement of a process while being performed.

References

1.   Pressman, R.S.: *Software Engineering - A Practioner´s Approach*, MacGraw-Hill

2.   Simon , H. A.: *The structure of ill structured problems*, Artificial Intelligence, 4, 145-180, 1973.

3.   Dart, S.A., Ellison, R.J., Feiler, P.H. Haberman, A.N.: *Software Development Environments*, IEEE Computer, Nov., 1987

4.   Kaiser, G.E., Feiler, P.H.: *An Architecture for Intelligent Assitance in Software Development*, Proc. of 9th Int. Conf. on Software Engineering, Monterey 1987

5.   Fernström, C.: *Design Considerations for Process Driven Software Environmnets*, in Proceedings of the 4th International Workshop on Software Proccess

6.   Tully (Edt.): *Representing and Enacting the Software Process*, Proceedings of the 4th International Software Process Workshop, Devon, UK, 1988

7.   Proceedings of the 6th International Software Process Workshop, 1990, Hakodate, Japan

8.   Derniame J.C. (Edt.): EWSPT 92, 2nd European Workshop on Software Process Technology, 1992, Trondheim, Norway

9.   Hewitt, C. de Jong, P.: *OPEN SYST EMS*, Artificial Intelligence Labaratory Massachusetts Institute of Technology, AIM 691, December 1982

10.   Wegner, P.: *Dimensions of Object- Based Language Design*, OOPSLA 86, SIGPLAN Notices, vol. 21, no. 11, pp. 168-182, 1986

11.   Papazoglou, M., Hoffmann, C.: *The Role of Knowledge in an Active Information Environment*, Proc. 1st Int. conf. on tools for Artificial Intelligence, pp. 336-385, Virginia, Oct. 1989

12.   Krämer, B. Madhavji, N. Hoffmann, C.: *Communication in the Process Cycle*, in: Procs. First European Process Modeling Workshop, Mailand, Mai 1991

13.   Dzida, W.: *Auf dem Wege zum informationstechnischen Arbeitsystem*, in: Remmele, W., Sommer, M. (eds), Arbeitsplätze morgen, Berichte des German Chapter of the ACM, 1986

14.   Meyer, B.: *Object-oriented Software Construction*, Prentice Hall (UK) Ltd, 1988

15.   Hoffmann, C., Krämer, B., Dinler, B.: *Multiparadigm Description of System Development Processes*, in: Proceedings of the 2nd European Workshop on Software Process Technology, Springer Verlag, LNCS, 1992

16.   Krämer, B.: *Concepts, Syntax and Semantics of SEGRAS - A Specification Language for Distributed Systems*, Oldenbourg Verlag, München, Wien, 1989.

17.   Barghouti, N.S., Kaiser, G.E.: *Scaling up Rulebased Software Development Environments*, International Journal on Software Engineering, Vol2(2).

18.   Gruhn, V.: *Validation and Verification of software Process Models*, Dissertation, Dortmund, 1991

Verwaltung persistenter Daten in einer Prototyping-Umgebung[1]

E.-E. Doberkat, W. Franke, Universität Essen
U. Kelter, W. Seelbach, FernUniversität Hagen

Zusammenfassung

Im Zentrum einer Programmierumgebung zur Unterstützung des Software Prototyping steht die Sprache PROSET, eine mengentheoretisch orientierte Breitbandsprache in der Nachfolge von SETL. Sie erlaubt die Modellierung von Programmen und persistenten Daten. Wir behandeln in dieser Arbeit die Verwaltung solcher persistenter Daten mit Hilfe eines hochperformanten Objektverwaltungssystems. Dazu diskutieren wir zunächst die zugrundeliegende Sprache und gehen auf den Mechanismus zur persistenten Datenhaltung in dieser Sprache ein. Nach einer Diskussion möglicher Datenbanksysteme zur Realisierung der sprachlichen Anforderungen zeigen wir, daß sich die in Hagen entwickelte Variante H-PCTE von PCTE besonders zur Realisierung dieser Ideen eignet und skizzieren die Implementierungsstrategie.

1. Exploratives Prototyping

Christiane Floyd hat in ihrer wichtigen Arbeit [1] eine Bestimmung des Begriffs Prototyping vorgeschlagen: Prototyping bezieht sich nach dieser Begriffsbestimmung auf die wohldefinierte Phase im Produktionsprozeß von Software, in der ein Modell angefertigt wird, das alle wesentlichen Eigenschaften des endgültigen Produkts hat und das dazu herangezogen wird, Eigenschaften zu überprüfen und den weiteren Produktionsprozeß zu bestimmen. Wir konzentrieren uns mit unseren Überlegungen zum Prototyping auf Aktivitäten, die von Frau Floyd als exploratives Prototyping charakterisiert werden: es geht uns darum, Prototypen als ausführbare Modelle zu konstruieren, um mit Algorithmen experimentieren zu können, wenn die Definition der Anforderungen unscharf oder unklar ist, wenn also analytisches Vorgehen nicht angezeigt ist.

Da Prototypen schnell produziert werden müssen, um wirksam zu sein, benötigen wir eine Programmiersprache auf hohem semantischen Niveau, die mächtige Operatoren

---

[1]Diese Arbeit wurde im Rahmen des *Verbunds Software-Technik Nordrhein-Westfalen* vom nordrhein-westfälischen Ministerium für Wissenschaft und Forschung finanziell gefördert.

besitzt, gleichwohl aber semantisch wohlfundiert ist. In der Vergangenheit hat sich die mengentheoretisch orientierte Sprache SETL als very high-level language erwiesen, in der exploratives Prototyping erfolgreich durchgeführt werden konnte [2,3].

Unser Sprachentwurf für die Sprache PROSET (Prototyping with Sets) beruht im wesentlichen auf dem von SETL verfolgten Ansatz, nämlich die endliche Mengenlehre als Ausgangspunkt und Hilfsmittel für die Formulierung von Algorithmen heranzuziehen. Wir sind beim Sprachentwurf von SETL ausgegangen und haben uns dabei bemüht, die Sprache von einigen allzu barocken Konstruktionen zu befreien und die recht umständliche Handhabung von Moduln und Bibliotheken durch einfachere Konstrukte zu ersetzen. Die grundlegenden Datentypen der Sprache umfassen neben den üblichen primitiven Typen Mengen, Tupel (also endliche Vektoren), Abbildungen im Sinne der endlichen Mathematik sowie Funktionen, Moduln und Instanzen. Moduln entsprechen in etwa generischen Paketen in Ada, Instanzen werden durch einen expliziten Instantiierungsprozeß aus Moduln gewonnen und entsprechen nicht-generischen Paketen in Ada. Mengen, Tupel und Abbildungen können heterogen sein in dem Sinne, daß Elemente verschiedenen Typs in der Datenstruktur enthalten sein können. Alle genannten Konstrukte besitzen Bürgerrechte erster Klasse [4]. Dies bedeutet, daß sie eine Identität haben, daß sie zugewiesen werden können und daß sie als aktuelle Parameter wie auch als Rückgabewerte von Prozeduren benutzt werden können.

Prototyping beinhaltet die Modellierung von Programmen. Es erweist sich zusätzlich als wünschenswert, auch Daten modellieren zu können: wird eine Anwendung entwikkelt, so hat man in der Regel nicht nur dafür zu sorgen, daß ein Programm wie gewünscht arbeitet, man sollte auch im Auge behalten, daß die Daten und die Datenstrukturen, auf denen die Algorithmen arbeiten sollen, korrekt bearbeitet werden. Dies erinnert stark an die semantische Datenmodellierung, die mit Objekten, Attributen und ISA-Beziehungen arbeitet, um Daten im Hinblick auf ihren semantischen Inhalt zu modellieren. Khoshafian und Briggs [5] verdeutlichen, daß die Datenmodellierung dem Benutzer insoweit entgegenkommen soll, als die Darstellung und Behandlung der Daten sich möglichst nicht weit vom Verständnis des Benutzers entfernen. Daher ist es aus unserer Sicht des explorativen Prototyping wünschenswert,

- Daten in Übereinstimmung mit den Bedürfnissen des Benutzers zu modellieren,

- die Datenstrukturen iterativ zu verfeinern (was wiederum Zugang zu früher definierten Datenstrukturen erfordert),

- bereits früher formulierte Datenstrukturen wiederzuverwenden,

- auf Daten (z.B. zu Testzwecken) von verschiedenen Benutzern oder zwischen verschiedenen Prototyping-Sitzungen gemeinsam zugreifen zu können.

Damit wird sichtbar, daß die Formulierung von Datenmodellen und die Modellierung von Programmen einander ziemlich ähnlich sind: beide Male wird ein Modell konstruiert, mit dem experimentiert werden soll und das schließlich die Wünsche des Benutzers möglichst gut wiedergibt. Wir arbeiten daher unter der Hypothese, daß Software Prototyping am effektivsten ist und den größten Wirkungsgrad haben wird, wenn die gemeinsame Modellierung von Programmen und Daten möglich ist, wenn es also durch eine Programmiersprache unterstützt wird, die beides ermöglicht. Daher haben wir uns dazu entschlossen, Überlegungen zur Persistenz von Daten mit in die Konstruktion der Programmiersprache aufzunehmen. Die Grundidee besteht darin, jeden Wert in einem Programm persistent machen zu können; dieser Wert soll später über seinen Namen wieder angesprochen werden können. In PROSET können Werte mit Bürgerrechten erster Klasse persistent gemacht werden.

Dies betrifft insbesondere Moduln und Instanzen, so daß wir mit der Verwaltung persistenter Daten gleichzeitig einen Mechanismus gefunden haben, Programmkomponenten wie Moduln oder Prozeduren separat zu übersetzen, indem wir sie in den persistenten Speicher schreiben, und zur Laufzeit dazuladen zu können, indem wir sie als PROSET-Werte aus dem persistenten Speicher holen, vgl. [4]. Die Konstruktion großer Programme läßt sich auf homogene Art durch die Verwaltung persistenter Daten beschreiben.

In dieser Arbeit beschreiben wir zunächst programmiersprachlich die Mechanismen für die Persistenz in PROSET, skizzieren eine Programmierumgebung, in der eine solche persistente Programmiersprache lebt, und gehen dann auf die Implementierung der Persistenz näher ein. Da es sich aus der Sicht der Datenbanken um eine Nicht-Standard-Applikation handelt, diskutieren wir zunächst Kriterien für die Auswahl eines Datenbanksystems, zeigen auf, warum wir für die Implementierung H-PCTE gewählt haben, und diskutieren dann eine Implementierungsstrategie in H-PCTE.

2.   Persistenz in PROSET

Persistenz von Daten ist durch die Tatsache charakterisiert, daß sie länger leben als das Programm, das sie erzeugt hat; dies steht im Gegensatz zu flüchtigen Daten, die verschwinden, sobald das Programm seine Arbeit beendet hat. Persistenz ist eine Eigenschaft, die orthogonal zu anderen Eigenschaften von Werten ist. Jeder Wert, der Bürgerrechte erster Klasse hat, kann persistent gemacht werden, wobei der Name, mit dem er definiert worden ist, zur Identifikation dient. Ein persistenter Wert kann benutzt werden, wenn dies im Deklarationsteil der entsprechenden Programmkomponente angekündigt worden ist und wenn gesagt wird, aus welchem Archiv dieser Wert genommen werden soll. Im selben Archiv werden diese Werte gespeichert. Diese Archive werden P-Files genannt und im Programm durch Zeichenketten identifiziert. Das folgende einfache Programm demonstriert die Handhabung dieses Mechanismus.

```
program demo;
   visible t := 13;
   persistent t_demo : "otto";
begin
   t_demo1();
   t_demo := closure t_demo1;

   procedure t_demo1();
   begin
     put("t = ", t);
   end t_demo1 ;

end demo;
```

Zunächst wird die Variable t als sichtbar in allen Unterprozeduren deklariert, und der persistente Wert t_demo wird mit dem P-File "otto" verknüpft. Die Prozedur beginnt ihre Arbeit, indem t_demo1 aufgerufen wird. Diese Prozedur gibt den Wert der Variablen t aus. Da Prozeduren keine Bürgerrechte erster Klasse haben, verleihen wir durch das closure - Konstrukt diese Bürgerrechte, der entsprechende Wert enthält den Namen t_demo. Wenn die Prozedur demo ihre Arbeit beendet hat, wird in dem P-File "otto" der persistente Wert t_demo abgespeichert. Das folgende Beispiel benutzt diesen persistenten Wert: sein Deklarationsteil deklariert zunächst t_demo als persistente Konstante, die dem P-File "otto" zu entnehmen ist, und ruft t_demo auf, die dann den Wert 13 ausgibt:

```
procedure user();
   persistent constant t_demo: "otto";
begin
   t_demo();
end user;
```

Die spezifische Art des Speichers für persistente Werte ist implementationsabhängig. Operationen auf den P-Files werden zusammen mit ihrer Realisierung in einem späteren Abschnitt diskutiert. Der Bezeichner eines P-Files wird dazu benutzt, auf den P-File zuzugreifen, ähnlich wie dies bei Dateien in einem Dateisystem geschieht. Auf der Ebene der Kommandosprache sind einige Verwaltungsoperationen notwendig, um P-Files zu benutzen.

Persistente Werte werden durch entsprechende Deklarationen in einer Programmeinheit eingeführt und sind während deren Ausführung zugänglich. Zur Kontrolle der Modifikationen von persistenten Werten wird jede Programmeinheit, die persistente Deklarationen enthält, als Transaktion ausgeführt. Transaktionen gewährleisten die atomare Ausführung einer Folge von Operationen auf den Einträgen des P-Files und dienen somit der Konsistenz der P-Files. Eine Transaktion ist durch die üblichen Eigenschaften Atomarität, Dauerhaftigkeit und Serialisierbarkeit ausgezeichnet.

2.1 Vergleich mit anderen persistenten Sprachen

Wir wollen kurz den Zugang zweier historisch wichtiger Programmiersprachen zur persistenten Datenhaltung charakterisieren; zur Diskussion von Persistenz im Zusammenhang mit Datenbank-Programmiersprachen (DBPLs) sei auf [6], insbesondere Teil IV verwiesen. Die erste Sprache, in der Persistenz als explizites programmiersprachliches Konstrukt auftaucht, ist PS-algol. In dieser Sprache wird mit einem persistenten Heap gearbeitet: Daten, die im Heap aufgebaut wurden, werden auf externe Plattenspeicher verlagert, wenn das Programm zu Ende ist, und zurück in den Heap gebracht, wenn das Programm sie wieder benötigt. Dies ist der Ausgangspunkt der Idee einer persistenten Wurzel: nur solche Objekte, die von der persistenten Wurzel erreichbar sind, werden abgespeichert und können wieder zurückgebracht werden.

Andere Sprachen benutzen ebenfalls die Idee einer persistenten Wurzel: ein Wert ist persistent, wenn er von dieser Wurzel aus erreichbar ist, und ein Wert wird persistent gemacht, indem er mit einem Wert verknüpft wird, der bereits von der Wurzel aus erreichbar ist. Im Gegensatz dazu und zur Realisierung über flache Namensräume benutzt unsere persistente Datenhaltung die Idee eines Archivs: Werte werden persistent gemacht, indem sie in einem Archiv abgelegt werden, und persistente Werte müssen von einem Archiv, das mit einem Namen angesprochen wird, zurückgeholt werden. PS-algol war offenbar die erste Sprache, in der separate Übersetzung mit Hilfe persistenter Strukturen implementiert wurde. Dies wird in der Arbeit [4] näher ausgeführt und verdeutlicht. Es gibt einige Unterschiede syntaktischer und semantischer Art, und der Leser sei für eine Diskussion auf [7] verwiesen.

PS-algol Systeme unterhalten zwei Arten von Heaps: einen flüchtigen Heap im Hauptspeicher sowie einen persistenten Heap auf der Platte. Zur Implementierung des persistenten Heaps wurden verschiedene Speicherverwaltungssysteme entwickelt [8]. Sie stellen eine Reihe von primitiven Operationen zur Verfügung, die vom Laufzeitsystem aufgerufen werden können. Die Operationen werden im wesentlichen in zwei Klassen eingeteilt. Analog zum flüchtigen Heap gibt es Operationen zur Erzeugung, zum Lesen und für die Modifikation von Objekten beliebiger Größe. Die zweite Klasse von Operationen ermöglicht eine einfache, auf PS-algol zugeschnittene Transaktionsverwaltung.

Der persistente Speicherraum von PS-algol ist in *Datenbanken* genannte Einheiten strukturiert, die als persistente Wurzeln verwendet werden. Soll ein Wert, der von einer persistenten Wurzel aus erreichbar ist, benutzt werden, so muß die entsprechende Datenbank zusammen mit der Angabe, ob sie modifiziert werden soll, geöffnet werden. Dadurch werden entsprechende Sperren auf die gesamte Datenbank gesetzt, um exklusiven Schreibzugriff bzw. mehrfachen Lesezugriff sicherzustellen. Zur Abspeicherung von modifizierten Werten wird die Routine `commit` aufgerufen, die als atomare Operation alle Änderungen in den aktiven Datenbanken zurückschreibt. Im Gegensatz hierzu ist PROSET's Transaktionsmechanismus wesentlich flexibler. Geschachtelte Transaktionen, die unten angesprochen werden, erlauben eine feinkörnigere Kontrolle der Modifikationen von persistenten Daten. Insbesondere wird eine Transaktion nicht durch die fehlerhafte Beendigung einer Subtransaktion beeinflußt.

PS-algol wurde zu Napier88 weiterentwickelt. In dieser Sprache werden Umgebungen (environments), die im wesentlichen aus einer Kollektion von Bindungen bestehen, als eigene Datentypen eingeführt. Um ein Datenobjekt persistent zu machen, wird es in eine Umgebung eingebunden, die selbst wieder mit der persistenten Wurzel verknüpft werden muß. Umgebungen werden explizit erzeugt, und sie werden durch den Aufruf einer Standardprozedur persistent gemacht, entweder durch den Programmierer oder implizit, wenn das entsprechende Programm normal terminiert. Persistenz ist, wie in unserem Vorschlag, eine Eigenschaft, die orthogonal zu anderen Eigenschaften von Datenobjekten ist.

Der strukturell wichtigste Unterschied zwischen Napier88 und PROSET besteht in der Behandlung des Typsystems. Napier88 hat ein ausgefeiltes Typsystem mit einem reichen Arsenal expliziter Typkonstruktoren. Wir finden insbesondere abstrakte Datentypen, die durch existentielle Quantifikation beschrieben werden. Datentypen werden zur Übersetzungszeit statisch abgeleitet, während in PROSET der Typ eines Wertes zur Laufzeit bestimmt wird, da die Sprache keine expliziten Typkonstruktoren zur Verfügung stellt.

2.2   Ausnahmebehandlung und Transaktionen

PROSET verfügt über einen flexiblen Mechanismus zur Ausnahmebehandlung. Dieser Mechanismus ermöglicht die Behandlung von Situationen, die zur Laufzeit eines Programms auftreten, und deren Nichtbehandlung die Zuverlässigkeit des Programms beeinträchtigt. Darüber hinaus bietet der Mechanismus ein Mittel zur Strukturierung und Modellierung. Charakteristisch hierfür ist die Trennung der Ausnahmesituation von deren Behandlung. Somit kann der Programmierer zunächst den Grundalgorithmus knapp und präzise formulieren und im weiteren Verlauf des Entwicklungsprozesses die Behandlung der Ausnahmesituationen gesondert vom Grundalgorithmus hinzufügen. Wir betrachten im folgenden die Ausnahmebehandlung in Verbindung mit persistenten Daten. Weitere Details zur Ausnahmebehandlung werden in [9; Kap. 8] diskutiert. Sofern innerhalb einer Programmeinheit ein Fehler entdeckt wird, der nicht behoben werden kann, muß davon ausgegangen werden, daß die innerhalb dieser Einheit veranlaßten Änderungen der persistenten Daten zu inkonsistenten oder unerwünschten Zuständen führen; sie müssen daher im Rahmen einer Transaktion rückgängig gemacht werden. Im Unterschied zum klassischen Transaktionsrollback kann aber nicht einfach die gesamte Applikation rückgängig gemacht werden, sondern das Rollback muß in dem Moment stoppen, in dem eine explizite Ausnahmebehandlung vorliegt. Im folgenden Beispiel wird dieser Aspekt der Ausnahmebehandlung in Verbindung mit geschachtelten Transaktionen erläutert:

```
program demo;
begin
    outer() when E use H;

    procedure outer();
        persistent x : "my_p_file";
    begin
        x := x + 1;
        inner();
        signal E(x);
        x := x + 1;
```

```
        procedure inner();
            persistent u : "U";
            persistent v : "V";
        begin
            u := u + 100;
            v := v + 100;
        end inner;
    end outer;

    handler H(z);
    begin
        if z > 1000 then
            return;
        elseif z = 1000 then
            commit;
        else
            resume;
        end if;
    end H;
end demo;
```

Im Programm demo wird die Prozedur outer aufgerufen und als Transaktion
ausgeführt. Hierin wird zunächst der persistente Wert x aus dem P-File "my_p_file"
gelesen und inkrementiert. Die Prozedur inner wird als Subtransaktion von outer ausgeführt. Nach deren Beendigung wird in der folgenden Anweisung die Ausnahme E aktiviert,
zum Hauptprogramm propagiert und dort durch den Handler H behandelt, der in Abhängigkeit vom Parameter z den weiteren Kontrollfluß bestimmt. Im Handler kann dynamisch zwischen Terminierung und Wiederaufnahme der Prozedur outer entschieden werden. Die
Anweisung return bewirkt die fehlerhafte Beendigung der Transaktion outer, d.h. alle
Modifikationen von persistenten Werten (x, u und v) werden rückgängig gemacht. Die
Anweisung commit beendet ebenfalls die Transaktion outer, in diesem Fall jedoch erfolgreich. Der modifizierte Wert von x wird also zurückgeschrieben. Als weitere Alternative
kann die Transaktion durch die Anweisung resume wieder aufgenommen werden. In diesem Fall wird der Wert von x erneut inkrementiert und anschließend abgespeichert.

Da in PROSET Transaktionen mit der Ausführung einer Programmeinheit verbunden sind, können Transaktionen auch geschachtelt auftreten. Wird eine umgebende Transaktion fehlerhaft beendet, so sollten auch alle Modifikationen von persistenten Werten, die
im Rahmen erfolgreich beendeter innerer Transaktionen durchgeführt worden sind, rückgängig gemacht werden. Im Gegensatz hierzu kann der Programmierer bestimmen, ob die

fehlerhafte Beendigung einer geschachtelten Transaktion einen Einfluß auf die umgebenden Transaktionen hat.

3. Eine Prototyping-Umgebung als Teil einer offenen Software-Entwicklungsumgebung

Prototyping ist nur eine von mehreren Tätigkeiten bzw. Entwicklungsschritten innerhalb eines umfassenden Software- (bzw. System-) Entwicklungsprozesses. Es wird heute gefordert, daß alle Tätigkeiten bei der Entwicklung von Software durch offene, integrierte Software-Entwicklungsumgebungen (SEU) unterstützt werden. Aus dieser Sichtweise heraus stellt sich eine Prototyping-Umgebung als eine von mehreren Komponenten einer SEU dar, die mit anderen Komponenten in mehrfacher Hinsicht integriert sein soll. Wir konzentrieren uns in diesem Papier auf den Aspekt Datenintegration und auf die im Rahmen des Prototyping entstehenden persistenten Daten und wollen in diesem Abschnitt damit zusammenhängende Anforderungen an eine Prototyping-Umgebung und das zugrundeliegende Datenverwaltungssystem diskutieren.

Der Begriff *offene SEU* soll andeuten, daß es relativ leicht ist, weitere, möglicherweise von anderen Herstellern stammende Komponenten in die SEU zu integrieren. Im Hinblick auf die Datenintegration bedeutet dies praktisch, daß die Daten einer SEU in einem Datenbankmanagementsystem (DBMS) mit einer standardisierten Schnittstelle verwaltet werden und daß die Schemata veröffentlicht sein müssen. Hierdurch ergeben sich (ein entsprechend leistungsfähiges DBMS vorausgesetzt) die folgenden Vorteile:

- Die Daten der SEU, also speziell die beim Prototyping enstehenden Daten, können durch Standardwerkzeuge des DBMSs (z.B. Browser) inspiziert, verändert, archiviert usw. werden, und zwar sowohl von den Entwicklern als auch den Benutzern der Prototyping-Umgebung.

- Die Prototyping-Umgebung kann in mehrere, selbständig durch verschiedene Entwicklerteams realisierbare Komponenten aufgeteilt werden. Im Falle von PROSET liegt es nahe, neben dem eigentlichen Sprachprozessor z.B. einen graphischen Editor (oder Browser) oder ein Druckprogramm für beliebige P-Files zu realisieren. Die Entwicklung spezieller Komponenten, deren Funktionalität auch durch Standardwerkzeuge des DBMS in etwa abgedeckt wird, kann zunächst aufgeschoben werden.

- Der Prototyp selbst kann in mehrere, selbständig realisierte Komponenten aufgeteilt werden, die auf den gleichen oder überlappenden Daten arbeiten.

- Ein in der Praxis besonders hartnäckiges Problem bei der Software-Entwicklung ist die Gewinnung von Testdaten für die Produktionsversion des zu entwickelnden Systems. Mit der Gewinnung von Testdaten sollte idealerweise schon in der Analysephase begonnen werden. Es liegt nahe, die persistenten Daten hierfür wiederzuverwenden. Sofern der Prototyp (genauer gesagt das Laufzeitsystem der Prototyping-Umgebung) und die Produktionsversion mit dem gleichen DBMS arbeiten, ist die Wiederverwendung der persistenten Daten relativ leicht möglich. Andernfalls können die vorhandenen Daten normalerweise mit Standardwerkzeugen recht einfach in ein anderes DBMS oder in Dateien übertragen werden (allerdings ist dann die verzahnte Benutzung der Daten durch den Prototypen bzw. die Produktionsversion nicht mehr ohne weiteres möglich).

4.   Auswahl eines DBMS für PROSET

4.1   Anforderungen an ein DBMS für PROSET

Von einer SEU verlangt man nicht nur, daß ihre Komponenten integriert sind, sondern daß sie auch die Arbeit im Team unterstützt, also sozusagen die Entwickler und deren unterschiedliche Rollen integriert, denn große Softwaresysteme müssen arbeitsteilig in Teams entwickelt werden. Ein DBMS für eine SEU sollte daher in zweierlei Hinsicht mehrbenutzerfähig sein. Die Trennung zwischen unterschiedlichen Rollen bzw. Arbeitsgruppen ist durch ein passendes Zugriffsschutzkonzept zu unterstützen (eine detaillierte Analyse diesbezüglicher Anforderungen findet sich in [10]). Trotz dieser groben Trennung müssen u.U. mehrere Entwickler von verschiedenen Arbeitsplätzen aus parallel auf die gleichen persistenten Daten zugreifen. Um inkonsistente Daten und andere Arten von Parallelitätsanomalien zu verhindern, muß das DBMS geeignete Transaktionskonzepte anbieten, durch die der parallele Zugriff auf persistente Daten reguliert werden kann.

Eng verbunden mit Transaktionen ist das Recovery. Während PROSET an das Vorwärtsrecovery nach Medien- oder Systemfehlern die gleichen Anforderungen stellt wie konventionelle Anwendungen, liegen beim Rückwärtsrecovery (Transaktionsrollback) besondere Umstände vor: ein PROSET-Programm hat im allgemeinen eine komplexe, hierarchische Blockstruktur. Das DBMS muß ein derartiges partielles Rollback ermöglichen, normalerweise mittels Sicherungspunkten (Savepoints).

Da heute SEU typischerweise auf vernetzten Workstations basieren, wird man ferner verlangen, daß die persistenten Daten in einem solchen Netzwerk verteilt gespeichert werden können. Über die vorstehenden Anforderungen hinaus sollte das DBMS natürlich ein passendes Datenmodell bieten, das eine direkte, "natürliche" Modellierung der persistenten Daten erlaubt. P-Files und Mengen in PROSET sind wegen ihrer geschachtelten Struktur, der schwachen Typisierung, langer Felder und anderer Faktoren nicht problemlos in konventionellen Datenmodellen modellierbar.

PROSET-Prototypen sind somit nichtkonventionelle Applikationen sowohl bzgl. der Datenmodellierung als auch der Transaktionsverwaltung. Aus diesem Grunde und wegen möglicher Performanzprobleme erscheinen konventionelle, insb. relationale DBMS als Basis der PROSET-Umgebung weniger geeignet. Vom Datenmodell her sind im Prinzip objektorientierte DBMS gut geeignet. Als problematisch stellten sich allerdings folgende Faktoren heraus:

- Es gibt bis dato bis auf eine Ausnahme (PCTE) keine Standards in diesem Bereich.

- Die Transaktionskonzepte sind überwiegend konventionell und erfüllen nicht die o.g. Anforderungen sofern überhaupt Transaktionen angeboten werden.

- Die Performanz der meisten Systeme war zumindest zum Zeitpunkt des Beginns des Projekts relativ schlecht [11,12].

4.2 Übersicht über H-PCTE

Aufgrund der vorgenannten Probleme fiel die Entscheidung zugunsten des Systems H-PCTE. H-PCTE ist eine hochperformante Implementierung des im ECMA-Standard PCTE definierten verteilten, strukturell objektorientierten Datenbank-Managementsystems (OMS) [13, 14; zum Begriff "strukturell objektorientiert" siehe 14].

Grundlegende Begriffe im Datenmodell von PCTE sind komplexe Objekte, die beliebig hierarchisch geschachtelt werden können, und Beziehungen zwischen Objekten, die durch sogenannte Links repräsentiert werden. Solche Beziehungen sind immer zweistellig. Eigenschaften von Objekten und Links werden durch Attribute repräsentiert. Objekte werden mittels Navigation über Pfadnamen lokalisiert; Pfadnamen sind Sequenzen von Linknamen.

Ein Linkname besteht aus einer eventuell leeren Folge von Schlüsselattributwerten und dem Namen des Linktyps. Objekte, Links und Attribute besitzen jeweils einen Typ, der die Charakteristika der Instanzen des Typs festlegt. Typdefinitionen werden in PCTE in Schema Definition Sets (SDS) zusammengefaßt. Schema Definition Sets können von Anwendern definiert werden. Das konzeptionelle Schema besteht aus der Gesamtheit aller vorhandenen SDS. Die Typisierung komplexer Objekte kann im Schema relativ schwach gewählt werden, d.h. daß die Zahl und die Typen der Komponenten eines komplexen Objekts frei festgelegt werden können. Insofern harmoniert das Datenmodell von PCTE besonders gut mit dem Typkonzept von PROSET.

Applikationen bietet PCTE generische Datenmanipulationsoperationen zum Erzeugen, Löschen, Kopieren, Versionieren usw. von Objekten und Beziehungen, zum Lesen und Schreiben von Attributen usw. an.

PCTE realisiert ein nichtkonventionelles Transaktionskonzept. Im Gegensatz zu konventionellen Konzepten kann man zwischen unterschiedlich strengen Sperr- und Wiederherstellungsverfahren wählen; hierdurch kann die Isolierung paralleler Anwendungen und der Grad der Wiederherstellung der Daten nach Systemfehlern dem Bedarf der Anwendungen angepasst werden. Ferner bietet H-PCTE über PCTE hinaus die Möglichkeit, innerhalb einer Transaktion zu beliebigen Zeitpunkten explizit Sicherungspunkte zu setzen. Zu jedem Zeitpunkt innerhalb der Transaktion kann auf einen beliebigen vorangegangenen Sicherungspunkt zurückgesetzt werden. Anwendungen können so sehr einfach frühere Zustände der Datenbank wiederherstellen lassen. Den hohen Anforderungen von PROSET an die Performanz des DBMS wird H-PCTE insbes. durch dessen spezielle Unterstützung feingranularer Zugriffe (z.B. auf einzelne Attribute) gerecht.

5.   Implementierungstrategie

5.1   Implementierung von PROSET

Der PROSET-Übersetzer wurde in ANSI-C entworfen und implementiert. Aus Gründen der Portabilität, Effizienz und der breiten Verfügbarkeit wurde ANSI-C ebenfalls als Zielsprache verwendet. Der produzierte C-Code wird anschließend von einem systemeigenen C-Übersetzer in Objektmoduln übersetzt und mit der PROSET *Laufzeitbibliothek* zu einem ausführbaren Programm gebunden. Die Laufzeitbibliothek stellt für alle PROSET-Datentypen eine Standarddarstellung, die u.a. auch die Typinformation enthält, zur Verfügung. Beispielsweise werden Mengen als Hashtabellen implementiert. Einer der wesentlichen Faktoren für die Performanz eines Systems, das zumindest Funktionen erster Klasse unterstützt, ist die Speicherzuweisungsstrategie für Aktivierungssegmente (activation records). Eng damit verbunden ist die Darstellung der Programmeinheiten einschließlich der Datentypen höherer Ordnung (Funktionen, Moduln und Instanzen). Im Gegensatz zu anderen Implementierungen, bei denen alle Daten auf dem Heap verwaltet werden, wie z.B. bei PS-algol, wird bei PROSET eine gemischte Strategie von Stack- und Heapallokationen angewendet. Neben einer besseren Performanz und der spezifischen Hüllenbildung in PROSET spricht für diese Strategie in erster Linie die Zielsetzung, daß die Verfügbarkeit von Persistenz keinen Overhead verursacht, wenn Persistenz nicht verwendet wird.

Für den Zugriff auf persistente Werte stehen Laufzeitroutinen zur Verfügung, die jeweils einen kompletten PROSET-Wert laden bzw. speichern. Wird beispielsweise eine Menge gelesen, so werden alle ihre Elemente geladen. Dies geschieht unter der Annahme, daß Kollektionen in einer Prototyping-Umgebung in der Regel relativ klein sind. Zum Laden und Speichern von höheren Datentypen wird ein dynamischer Binder verwendet, der den Speicherplatz für den Code auch wieder freigeben kann. Weitere Routinen stehen u.a. für die Transaktionsverwaltung zur Verfügung.

5.2 Die Objektverwaltungsschnittstelle von PROSET

Die Software-Architektur zur Realisierung der Persistenzkonzepte von PROSET mit Hilfe des OMS von H-PCTE kann als Schichtenmodell veranschaulicht werden, wobei eine untere Schicht der darüberliegenden Dienste in Form aufrufbarer Funktionen bereitstellt:

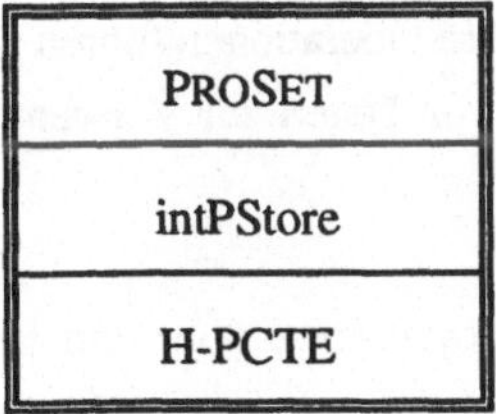

Abb. 1: Systemarchitektur

Das Laufzeitsystem von PROSET benutzt die Dienste von H-PCTE durch eine Objektverwaltungsschnittstelle, die auf den Bedarf von PROSET bezüglich der Verwaltung persistenter Daten zugeschnitten ist. Diese Schnittstelle ist unabhängig vom unterliegenden Objektverwaltungssystem - in diesem Fall H-PCTE -, so daß mit unterschiedlichen Konfigurationen, Versionen des OMS bzw. mit verschiedenen Speicherverwaltungssystemen experimentiert werden kann.

intPStore ist die Implementierung der Objektverwaltungsschnittstelle auf Basis von H-PCTE und bietet als Anpassungsschicht zwischen PROSET und H-PCTE einerseits eine Vereinfachung der Anwendung von H-PCTE aus der Sicht der Implementierung von PROSET, und bietet weiterhin den Vorteil, daß bei eventuellen Änderungen der PCTE-Schnittstellen nur die spezialisierte Schnittstelle angepaßt werden muß und nicht die Implementation von PROSET. Ein weiterer Vorteil dieser Implementation besteht in der Möglichkeit, die Strategien beim Zugriff auf persistente Objekte oder der Transaktionsverwaltung zur Laufzeit auf Grund von programmübergreifenden oder -lokalen dynamischen Analysen anzupassen. Die durch intPStore bereitgestellten Operationen lassen sich grob wie folgt in Gruppen einteilen:

- Operationen zur Initialisierung und Beendigung einer PROSET-Anwendung bezüglich H-PCTE

- Verwaltungsoperationen (Anlegen von Hilfsstrukturen in der Objektbank wie etwa ein Objekt, welches als P-File-Verzeichnis fungiert; Anlegen neuer P-Files, usw.)

- Operationen zum Erzeugen und Löschen von Objekten in P-Files und Zugriffsoperationen auf die Werte von PROSET-Objekten. Für jeden PROSET-Objekttyp werden jeweils Operationen zum Erzeugen und zum Löschen von Objekten dieses Typs und notwendige Zugriffsoperationen auf die Werte der Objekte bereitgestellt. Diese Operationen führen unter anderem Typüberprüfungen und ggf. Aufbereitungen von Daten zur Verwendung vom PROSET-System bzw. von H-PCTE durch.

- Hilfsfunktionen, die Informationen über den Inhalt von P-Files, Mengen und Tupeln liefern. Diese Operationen erzeugen im wesentlichen geeignet aufbereitete Listen, die alle aus der Sicht des PROSET-Laufzeitsystems notwendigen Informationen über die direkten Komponenten dieser komplexen Objekte enthalten.

5.3 Das Schema für PROSET

Das Schema für PROSET (proset.sds) definiert die H-PCTE-Typen (Objekttypen-, Linktypen und Attribute), die zur Modellierung der PROSET-Typen im OMS verwendet werden. Aus der Sicht der Integration des Prototyping in eine umfassende SEU definiert das Schema gleichzeitig die Schnittstelle zu den persistenten Daten in der SEU.

P-Files werden in H-PCTE als Objekte des speziellen Objekttyps mit dem Namen `p_file` repräsentiert, welcher im Schema definiert wird. Die Objekte in der Objektbank, die die in einem P-File vorhandenen Werte repräsentieren, werden mittels Links des Typs `p_file_entry` mit dem Objekt verbunden, welches den P-File in der Objektbank repräsentiert. Diese Links haben die Kategorie *composition*; Links dieser Kategorie führen immer von der Wurzel eines komplexen Objekts zu seinen (direkten) Komponenten (die wiederum komplexe Objekte sein können). Alle komplexen PROSET-Objekttypen werden im Schema nach diesem Muster modelliert: es wird ein spezieller Objekttyp definiert, der den komplexen PROSET-Typ im OMS repräsentiert, sowie zugehörige Linktypen der Kategorie *composition*, deren Instanzen die Komponenten des komplexen Objekts verbinden. Beispiele für PROSET-Typen, die auf diese Weise im Schema modelliert werden, sind Mengen, Tupel, Prozeduren und Module. Geschachtelte Strukturen der Form, daß beispielsweise eine Menge weitere Mengen als Elemente enthält, sind problemlos modellierbar. Komplexe Objekte können aus der Sicht von H-PCTE auch als Ganzes bearbeitet werden (zum Beispiel kann ein komplexes Objekt durch einen entsprechenden Operationsaufruf vollständig, d.h. einschließlich aller Komponenten, gelöscht oder versioniert werden).

Einfache PROSET-Typen, wie beispielsweise ganze Zahlen (Integer) und Boole'sche Werte (Boolean), werden ebenfalls im Schema durch spezielle Objekttypen modelliert. In diesem Fall werden aber statt Linktypen der Kategorie *composition* Attribute zu den Objekttypen definiert, die die entsprechenden Werte bei konkreten Objekten enthalten.

Der nachstehende Auszug aus dem Schema (proset.sds) zeigt beispielhaft die Definition der H-PCTE-Typen, die P-Files, Mengen und ganze Zahlen aus PROSET in H-PCTE modellieren:

```
name:          string  := "";
number:        integer := 0;
integer_value: integer := 0;


p_file: subtype of object
    with link p_file_entry: composition link (name)
    to set, integer_element, ...
end p_file;
```

```
set:  subtype of object
    with link elements: composition link (number)
    to set, integer_element, ....
end set;

integer_element:  subtype of object
    with attribute integer_value;
end integer_element;
```

Ein Objekt vom Typ `p_file` in H-PCTE modelliert einen P-File aus PROSET. Die Objekte in einem P-File werden mittels Links des Typs `p_file_entry` mit dem Objekt verbunden, welches den P-File in der Objektbank repräsentiert. Links des Typs `p_file_entry` haben die Kategorie *composition* und die Kardinalität *many* (es können mehrere Links dieses Typs von einem Objekt ausgehen). Das Attribut name ist das Schlüsselattribut dieses Linktyps. Analog werden Mengen durch komplexe Objekte realisiert. Geschachtelte Strukturen und auch komplexe Objekte mit gemeinsamen Komponenten können auf der Basis dieses Schemas in der Objektbank problemlos erzeugt werden. Der Typ `integer_element` modelliert den elementaren PROSET-Typ für ganze Zahlen und besitzt daher (nur) das Attribut `integer_value`.

Im Laufe der weiteren Entwicklung und Realisierung von PROSET wird das Schema entsprechend angepaßt und weitere Operationen in der spezialisierten Schnittstelle realisiert. Dies umfaßt insbesondere die Bereiche Transaktionsverwaltung, Sicherheitskonzepte, Realisierung des Prozedurkonzepts und Realisierung des Modulkonzepts von PROSET. Gegenwärtig wird ein graphischer Browser für P-Files auf der Basis eines allgemeinen graphischen Werkzeugs zum Editieren der H-PCTE-Objektbank [15] implementiert.

Literatur

1.   Ch. Floyd: *A Systematic Look at Prototyping*, in: R. Budde, K. Kuhlenkamp, L. Matthiassen, H. Züllighoven (Hrsg.): Approaches to Prototyping. Springer-Verlag, Berlin, Seiten 1 - 18, 1984

2.   J.T. Schwartz et al: *Programming with Sets - An Introduction*. Springer-Verlag, New York, 1986

3.   E.-E. Doberkat, D. Fox: *Software Prototyping mit SETL*. Teubner-Verlag, 1989

4.   M.P. Atkinson, R. Morrision: *Procedures as Persistent Data Objects*. ACM Trans. Prog. Lang. Systems 7 (4), Seiten 539 - 559, 1985

5. S. Khoshafian, T. Briggs: *Schema Design and Mapping Strategies for Persistent Object Models*, Information and Software Technology 30, Seiten 606 - 616, 1988

6. J. Rosenberg, D. Koch (Hrsg.): *Persistent Object Systems*. Springer-Verlag, London, 1990

7. E.-E. Doberkat: *Integrating Persistence into a Set-Oriented Prototyping Language*. Structured Programming 13, Seiten 137 - 153, 1992

8. A.L. Brown: *Persistent Object Stores*, Persistent Programming Research Report 71, University of St Andrews, März 1989

9. E.-E. Doberkat, W. Franke, U. Gutenbeil, W.Hasselbring, U. Lammers, C. Pahl: *PROSET - Prototyping with Sets: Language Definition*, Universität GH Essen, Informatik-Bericht 02-92, 1992

10. U. Kelter: *Type-level access controls for distributed structurally object-oriented database systems*, in: Proc. European Symposium on Research in Computer Security, AFCET, Toulouse, Springer-Verlag, Seiten 21-40, November 1992

11. S. Dewal et al.: *Bewertung von Objectmanagementsystemen für Software-Entwicklungsumgebungen*, in: Proc. BTW 91, Informatik-Fachberichte 270, Springer-Verlag, Seiten 404-411, März 1992

12. A.J. Berre, T.L. Anderson, M. Mallison: *The HyperModel Benchmark*, in: F. Bancilhon et al, EDTB 90, Springer-Verlag, Seiten 317-331, 1990

13. European Computer Manufacturers Association: *Standard ECMA-149: Portable Common Tool Environment (PCTE), Abstract Specification*, Dezember 1990

14. U. Kelter: *H-PCTE - a high-performance object management system for system development environments*, in: Proc. COMPSAC '92, Chicago, Illinois, Seiten 45-50, September 1992

15. M. Bartsch: *Ein Browser für H-PCTE*, Diplomarbeit, Universität Dortmund, 4600 Dortmund 50, 1992

Prototyping mit Mengen — der PROSET-Ansatz[1]

Wolfgang Franke, Ulrich Gutenbeil, Wilhelm Hasselbring,
Claus Pahl, Hans-Gerald Sobottka, Bettina Sucrow

Universität - Gesamthochschule - Essen

Zusammenfassung

Wir stellen in diesem Beitrag ProSet als eine Programmiersprache vor, die sich durch ein hohes expressives Niveau auszeichnet. Sie ist in eine Entwicklungsumgebung zur Unterstützung explorativen Prototypings eingebettet. ProSet kann in frühen Phasen der Software-Entwicklung eingesetzt werden, um die Kluft zwischen den teilweise unscharfen und vagen Vorstellungen der Kunden und der exakt zu formulierenden Anforderungsdefinition der Software-Entwickler zu überwinden. Die im Rahmen des Entwurfsprozesses häufig notwendige Rückkopplung zum Kunden wird durch Prototypen im Sinne von ausführbaren Modellen oder Spezifikationen gestaltet. ProSet, basierend auf Konzepten der endlichen Mengenlehre, erlaubt Software-Entwicklern, formale Prototypen knapp und in Anlehnung an die in der Mathematik übliche Notation zu erstellen.

1.   Einführung

Die erste Phase eines Software Engineering-Prozesses des gängigen *Life Cycle-*Modells besteht aus der Analyse der Anforderungen an ein zu erstellendes Software-System. Software Prototyping ist eine Möglichkeit, um von anfänglich unscharfen, informell formulierten Problemstellungen über die Erstellung eines (*explorativen*) Prototypen zu exakten Anforderungen zu gelangen. Unser Anspruch an Prototyping, in frühen Phasen Rückkopplung mit Kunden zu erlauben, erfordert es, Prototypen als *ausführbare Modelle* auf hohem expressiven Niveau zu formulieren, an denen das Verhalten des Systems für den Benutzer anschaulich demonstriert werden kann. Ausgehend von einem ersten Modell, das der Entwickler aus seiner bis dahin erworbenen Kenntnis der Wünsche des Kunden erarbeitet, entsteht in einem Rückkopplungsprozeß schließlich eine (vorläufig) stabile

---

[1] Diese Arbeit wurde teilweise unterstützt durch Mittel des Ministeriums für Wissenschaft und Forschung des Landes NRW im Rahmen des Verbunds Software-Technik Nordrhein-Westfalen, *Integration semantischer Datenmodelle in eine Prototyping-Umgebung.*

Spezifikation, die die Grundlage für weitere Phasen ist. Wir fassen Prototyping als einen über die Erstellung formaler Anforderungsspezifikationen hinausgehenden Prozeß auf, der es auch erlaubt, *experimentell* gefundene (Teil-)Lösungen zu untersuchen oder *evolutionär* zu einer vollständigen, stabilen Lösung zu gelangen.

Das folgende Kapitel definiert Anforderungen an eine Prototyping-Sprache. Wir stellen in Kapitel 3 mit ProSet eine Sprache mit sehr hohem expressiven Niveau basierend auf Konzepten der endlichen Mengenlehre vor, die es dem Software-Entwickler erlaubt, formale Spezifikationen knapp und in Anlehnung an die in der Mathematik übliche Notation zu erstellen. Anschließend skizzieren wir in Kapitel 4 unsere Prototyping-Umgebung, deren Einsatzbereich solche Probleme umfaßt, deren Lösungen im wesentlichen algorithmischer Natur sind und sich mit mathematischen Formalismen gut beschreiben lassen. Wir schließen mit einer Diskussion unseres Ansatzes in Kapitel 5.

2. Anforderungen an eine Prototyping-Sprache

Aus den Erfordernissen des Requirements Engineering leiten sich Anforderungen an die den Kern der Prototyping-Umgebung bildende Prototyping-Sprache ab. Es ist hierbei zu nennen die Ausführbarkeit der Sprache, die zusammen mit der graphischen Vorführung des Prototypen die Validierung der Anforderungsdefinition ermöglicht und die Akzeptanz beim Benutzer erhöht. Ausführbarkeit ermöglicht das frühe Integrieren des Prototypen in die Produktionsumgebung und verringert somit das Auftreten von realitätsfernen, zu stark modellbezogenen "Laborsituationen". Weiterhin muß die Sprache auf einem Formalismus beruhen, der die Programmierung natürlich, also in einem gängigen mathematischen Kalkül, und nahe an einer Problemlösung erlaubt. Die Sprache muß insbesondere über wenige, aber mächtige Datenstrukturen sowie vielseitige Kontrollstrukturen verfügen, die diese komplexen Datenstrukturen auf hohem Niveau manipulieren. Hierzu seien auch weitergehende Konzepte wie Ausnahmebehandlung oder Parallelität gerechnet, die die Formulierung der modellhaften Eigenschaften des Prototypen gestatten. Ein weiteres Kriterium ist die Lesbarkeit eines Prototypen, die durch die Natürlichkeit des Ansatzes und eine geeignete Wahl des Programmierparadigmas unterstützt werden kann.

Den Anforderungen evolutionären Prototypings kann eine als Breitbandsprache angelegte Prototyping-Sprache gerecht werden. In ihr kann aus dem Prototypen durch Transformationen ein äquivalentes, aber effizienteres Programm erstellt werden.

3. Die Prototyping-Sprache ProSet

In diesem Kapitel sollen die wesentlichen Konzepte der imperativen Sprache ProSet vorgestellt werden:

- *Datenabstraktion* wird unterstützt durch die flexiblen Datenstrukturen `tuple` und `set`, sowie `function`, `module` und `instance` (Kapitel 3.1).

- *Kontrollabstraktion* wird durch ein vielseitiges Konzept zur Ausnahmebehandlung unterstützt (Kapitel 3.3).

- *Datenmodellierung* wird durch einen Persistenzmechanismus unterstützt (Kapitel 3.4).

- *Parallele Programmierung* wird durch Konzepte der generativen Kommunikation basierend auf dem Linda-Modell unterstützt (Kapitel 3.5).

ProSet ist schwach getypt, d.h. der Typ einer Variablen braucht zur Übersetzungszeit noch nicht bekannt zu sein. Dies befreit den Software-Entwickler von der Deklaration der benutzten Variablen und bietet die nötige Flexibilität zur Modellierung von Funktionalitäten. Hinzu kommt die Möglichkeit, über heterogene zusammengesetzte Datenobjekte zu iterieren und benutzerdefinierte polymorphe Prozeduren zu benutzen. Für eine vollständige Beschreibung der Sprache ProSet (ProSet ist eine Abkürzung für Prototyping with Sets) verweisen wir auf [1].

3.1 Grundlagen

ProSet stellt Datentypen der endlichen Mengenlehre zur Verfügung. Zu den *primitiven Datentypen* gehören `integer`, `real`, `boolean`, `string` und `atom`. Endliche Mengen und Tupel der Mathematik sind Vorlage für die *zusammengesetzten Datentypen* `set` und `tuple`, also heterogene Datentypen, deren Kardinalität sich zur Laufzeit beliebig ändern kann. Mengen und Tupel werden wie in der Mathematik gewohnt beschrieben, d.h. durch Aufzählen der Elemente oder durch Beschreibung der Elemente über Eigenschaften. Auf dieser Basis können nun weitere Konstrukte wie mathematische Abbildungen oder Relationen gebildet werden, indem auf Teilmengen eines kartesischen Produkts operiert wird.

Eine dritte Form der Datentypen bezeichnen wir als *Datentypen höherer Ordnung*. Das sind Funktionen und Moduln, die parametrisch polymorph sind. Moduln sind Schablonen, die die Arbeitsweise von Operationen auf einer gemeinsamen Datenstruktur beschreiben. Bevor die Dienste eines Moduls in Anspruch genommen werden können, muß es instantiiert werden. Ergebnis der Instantiierung ist ein Wert des Typs `instance`. In

Übereinstimmung mit der Sprachphilosophie werden die Typen importierter oder exportierter Werte nicht spezifiziert, so daß sich der Polymorphismus der Prozeduren auch auf Moduln überträgt.

3.2 Ein einführendes Beispiel

Um einen ersten Eindruck von den Ausdrucksmöglichkeiten der Sprache ProSet zu vermitteln, werden wir das bekannte n-Damen-Problem auf sehr hohem Niveau lösen. Informell lautet das n-Damen-Problem: Ist es möglich, auf einem n x n Schachbrett n Damen so aufzustellen, daß sie sich nicht gegenseitig schlagen können?

Jeder, der die Grundregeln des Schachs kennt, weiß, was "sich gegenseitig schlagen können" in diesem Kontext heißt: um sich schlagen zu können, müssen zwei Damen auf der gleichen Linie (Spalte), der gleichen Reihe (Zeile) oder der gleichen Diagonale stehen.

```
program Damen;
   constant N := 4;
begin
   fields := {[x,y]: x in [1..N], y in [1..N]};

   put ({NextPos: NextPos in npow(N, fields) |
                       NonConflict(NextPos)});

   procedure NonConflict (Position);
   begin
      return forall F1 in Position, F2 in Position |
              ((F1 /= F2) !implies
                 (F1(1) /= F2(1)      -- Ungleiche Linie?
                  and F1(2) /= F2(2) -- Ungleiche Reihe?
                  and             -- Ungleiche Diagonale?
                  (abs(F2(1)-F1(1)) /= abs(F2(2)-F1(2))))));
   end NonConflict;

   procedure implies (a, b);
   begin
      return not a or b;
   end implies;
end Damen;
```

Npow(k, s) liefert die Menge aller Teilmengen der Menge s, die genau k Elemente enthalten. NonConflict überprüft, ob sich die Damen in einer gegebenen Position nicht schlagen können. Es ist möglich, Prozeduren mit geeigneten Parametern als benutzerdefinierte Operatoren zu verwenden, indem ihrem Namen ein Ausrufezeichen vorangestellt wird. Das wird hier mit der Prozedur `implies` gemacht. Die Funktion `abs` liefert den Absolutwert des Arguments. Der Ausdruck `T(i)` liefert das *ite* Element eines Tupels `T`.

Unser Programm löst das obige Problem nicht direkt. Es druckt die Menge aller Positionen aus, in denen sich die n Damen nicht gegenseitig schlagen können. Falls es nicht möglich ist, die n Damen so zu plazieren, daß sie sich nicht schlagen können, wird diese Menge leer sein. Wir bezeichnen Felder auf dem Schachbrett durch Paare von natürlichen Zahlen. Das Paar `[1,1]` bezeichnet z.B. das untere, linke Eckfeld. Diese Art der Bezeichnung ist im Schach unüblich, da dort Buchstaben zur Bezeichnung der Linien verwendet werden, vereinfacht aber unser Programm. Für $n=4$ produziert das Programm dann die Menge `{{[1, 3], [2, 1], [4, 2], [3, 4]}, {[3, 1], [1, 2], [2, 4], [4, 3]}}` als Ausgabe. Da Mengen ungeordnete Kollektionen sind, könnte das Program die Felder und Positionen auch in einer anderen Reihenfolge ausdrucken.

Es sei angemerkt, daß dieses kleine Programm keine expliziten Schleifen und keine Rekursion enthält. Alle Iterationen werden implizit durchgeführt. Dieses Programm ist somit eine ausführbare, deskriptive Spezifikation des n-Damen-Problems.

3.3   Ausnahmebehandlung

Ausnahmebehandlung wird als Mittel zur Strukturierung und Modellierung eingeführt, mit dem Ziel, einen Algorithmus möglichst knapp und präzise zu formulieren und die Ausnahmebehandlung davon zu trennen. Kennzeichen unseres Ausnahmemechanismus ist die Trennung der Ausnahmeauslösung von ihrer behandelnden Einheit. Die Assoziierung beider erfolgt dynamisch im Kontext der ausnahmeauslösenden, d.h. auch ausnahmeerkennenden Einheit. Nach der an der Assoziierungsstelle erfolgenden Ausnahmebehandlung sind zwei Formen des weiteren Programmablaufs möglich. In einem Wiederaufnahmemodell wird in die auslösende Einheit zurückgekehrt, so daß dort weitergearbeitet werden kann. Das Terminierungsmodell beendet die auslösende Einheit. Zwischen Terminierung oder Wiederaufnahme kann dynamisch entschieden werden.

Die klare Trennung der Spezifikation des Algorithmus unter normalen Bedingungen von der Beschreibung der Ausnahmesituation mit der Spezifikation ihrer Behandlung sehen wir als Aspekt des Prototyping. Sie hilft dem Modellierer beim Programmieren und Wiederverwenden, die zu entwerfende Anwendung zu verstehen.

3.4   Persistenz

Exploratives Prototyping ist nicht auf die Entwicklung von Algorithmen beschränkt, sondern umfaßt ebenso die Modellierung von Daten und Datenstrukturen, auf die die Algorithmen angewendet werden. Ein Beispiel hierfür ist die semantische Datenmodellierung [2] im Bereich der Datenbanken. Aus diesem Kontext heraus ergibt sich die Forderung, bereits existierende (Daten-)Modelle wiederzuverwenden, ohne sie neu zu berechnen [3]. Dies erfordert wiederum die Möglichkeit, Daten persistent zu machen, d.h. einmal berechnete Daten über eine Programmausführung hinweg zu erhalten und sie anderen Programmen zugänglich zu machen. Dabei hat es sich gezeigt, daß herkömmliche Datei- oder Datenbanksysteme hierfür nicht geeignet sind.

Der Persistenzmechanismus in ProSet unterstützt nun die Persistenz von Daten orthogonal zum Typsystem und unabhängig von ihrer Verwendung. Jeder ProSet-Wert, der einen Typ erster Klasse besitzt, kann demnach persistent gemacht werden, ohne daß sich der Programmierer Gedanken über die Details der Datenhaltung machen muß. Für die Speicherung von persistenten Daten wird ein abstrakter Datentyp namens *P-file* zur Verfügung gestellt. Um ein Objekt in einem bestimmten Sichtbarkeitsbereich persistent zu machen oder um auf ein bereits existierendes Objekt zugreifen zu können, muß der Programmierer seine Intention bei der Deklaration des Objekts angeben. Hierzu gehören die Absicht, ein Objekt als konstant oder variabel zu behandeln, sowie die Angabe des *P-files*, aus dem das Objekt entnommen werden soll. Um die Integrität der persistenten Daten zu gewährleisten, können Programmeinheiten als Transaktionen, wie sie im Bereich der Datenbanken üblich sind, durchgeführt werden. Daneben wird der gleichzeitige Zugriff auf persistente Daten durch geeignete Sicherheitsmaßnahmen unterstützt.

Da Funktionen sowie generische und instantiierte Moduln in ProSet Datentypen erster Klasse sind und damit persistent gemacht werden können, kann sowohl die getrennte Übersetzung als auch das Binden und Laden von Programmen innerhalb der Sprache formuliert werden.

3.5   Parallele Anwendungen

Beim Software Prototyping wird ein *Modell* eines zukünftigen Systems entwickelt. Viele reale Systeme haben inhärent eine (grobkörnige) parallele Struktur. Es ist somit nur natürlich, beim Prototyping auch Mittel zur expliziten Parallelprogrammierung zur Verfügung zu stellen, um so Modelle von Systemen mit inhärent paralleler Struktur einfach beschreiben zu können. Ohne explizite parallele Konstrukte müßten solche Prototypen/Modelle in Sequenzen *gezwängt* werden.

Für eine Prototyping-Sprache ist es somit notwendig, hierzu einfache und mächtige Konstrukte zur dynamischen Prozeßkreation und zur Koordination der parallelen Prozesse zur Verfügung zu stellen. In ProSet wird das Konzept der Prozeßkreation durch Multilisp's Futures [4] auf die mengenorientierte Programmierung zugeschnitten und mit dem flexiblen Konzept zur Synchronisation und Kommunikation durch Linda's Tupelraum [5] kombiniert. Dieser Tupelraum ist ein virtueller gemeinsamer Datenraum, über den die Prozesse kommunizieren. Synchronisation und Kommunikation erfolgen durch das Einfügen, Entfernen, Lesen und durch unteilbares Ändern von einzelnen Tupeln im Tupelraum. Der Zugriff erfolgt assoziativ und nicht über Adressen, so daß Hardware-Unabhängigkeit gewährleistet ist. Parallele ProSet-Programme sind damit sowohl leicht zu programmieren als auch portabel zwischen verschiedenen parallelen Hardware-Architekturen. Die Operationen auf dem Tupelraum gewährleisten automatisch gegenseitigen Ausschluß und Synchronisation bzgl. gemeinsamer Daten, so daß sich der Programmierer nicht selbst darum kümmern muß. Da sowohl in Linda als auch in ProSet Tupel eine zentrale Rolle spielen, ist es nur natürlich, Tupel als Grundlage zur Kombination von ProSet und Linda zu verwenden.

4. Die Prototyping-Umgebung

Prototyping ist ein methodischer Zugang und als solcher nicht an Sprachen und Werkzeuge gebunden. Gleichwohl hat sich gezeigt, daß Prototyping mit traditionellen Hilfsmitteln nicht erfolgreich durchführbar ist. Wir haben in diesem Beitrag zunächst unsere Definitionen der Begriffe Prototyping und Prototyp diskutiert und hieraus die programmiersprachlichen Anforderungen abgeleitet. Der Schwerpunkt unserer bisherigen Arbeit lag auf der Konstruktion der Sprache ProSet, die diesen Anforderungen entspricht. Eine Implementierung von ProSet steht seit Ende 1992 zur Verfügung [6]. Das langfristige Ziel unserer Arbeit ist der Entwurf und die Realisierung einer Umgebung zur Unterstützung aller Prototyping-Aktivitäten. Analog zu den Anforderungen an die Sprache ergeben sich im Hinblick auf Werkzeuge zum Prototyping eine Reihe von Anforderungen, die von uns gegenwärtig konkretisiert werden. Wir wollen zunächst einige Werkzeuge skizzieren, die speziell beim Prototyping-Prozeß hilfreich sind.

Prototypen werden in ProSet für gewöhnlich auf einem hohen semantischen Niveau formuliert, um sie in einer frühen Phase des Software-Entwicklungsprozesses einsetzen zu können. Derartige ProSet-Programme sind im allgemeinen nicht effizient ausführbar. In [7] wurde gezeigt, wie ein stabiler Prototyp durch geeignete Werkzeugunterstützung in ein effizienteres Programm auf einem niedrigen Niveau transformiert werden kann. Ferner werden wir eine Klassifikationskomponente für wiederzuverwendende Module und Programmbausteine erstellen, die den Benutzer bei der Suche nach geeigneten Software-Komponenten unterstützt. Neben Werkzeugen zum Entwurf von graphischen Benutzungsschnittstellen, zum Editieren von *P-Files* und der graphischen Animation von Prototypen, soll der Benutzer durch eine Vielzahl weiterer Komponenten bei der Konstruktion, dem Studium und der Modifikation von Modellen unterstützt werden.

Da Prototyping lediglich einen Teil des gesamten Software-Entwicklungsprozesses umfaßt, wird die Umgebung als Teil einer integrierten, konsistenten und offenen Software-Entwicklungsumgebung entwickelt und realisiert werden. In diesem Kontext werden auch Werkzeuge, die nicht spezifisch für Prototyping sind, zur Verfügung gestellt. Wir untersuchen zur Zeit verschiedene Basissysteme für Software-Entwicklungsumgebungen, welche die von uns benötigten Basisdienste zur Verfügung stellen. Insbesondere durch die Realisierung der Persistenz in ProSet konnten wir bereits einige Erfahrungen mit Datenbanken sammeln, die auch auf die Datenhaltung in der Prototyping-Umgebung übertragbar sind. Hierzu verweisen wir auf den Beitrag in [3].

5. Diskussion

Wir haben in diesem Beitrag ein Prototyping-System vorgestellt, dessen zugrundeliegende Programmiersprache ProSet es einerseits ermöglicht, Programme zu erstellen, die die typischen Charakteristika von Prototypen aufweisen, wie

- die Ausführbarkeit
- ein hohes expressives Niveau
- die nötige Formalität, um Verifikation und Transformation mit Werkzeugen zu ermöglichen, ohne aber auf die Lesbarkeit zu verzichten
- die Transformierbarkeit innerhalb der Sprache.

Andererseits ist ProSet konzeptionell breit genug angelegt, so daß sich die Sprache nicht nur zur Modellierung von Funktionalitäten sondern auch zur Modellierung von Daten gleichermaßen eignet.

Die Praxistauglichkeit von Setl, dem Vorläufer von ProSet, wurde z.B. bei der Entwicklung der Programmiersprache Ada [8] bewiesen. Hier wurde parallel zur Sprachdefinition ein lauffähiger Prototyp des Compilers erstellt. Die Kompaktheit mit nur

25000 Programmzeilen einschließlich Dokumentation und die gute Lesbarkeit machten das System zu einer alternativen, formalen Spezifikation für Ada.

ProSet ist natürlich nicht die einzige Hochsprache, die sich zum Software Prototyping eignet. Für einen Vergleich zu anderen Sprachen, die sich aufgrund ihrer Abstraktionsmöglichkeiten auch zum Erstellen von Prototypen eignen, verweisen wir auf [9] und [10]. In diesen Büchern wird Setl mit Sprachen wie Lisp und Prolog bzgl. der Tauglichkeit zum Software Prototyping vergleichend diskutiert. Wir wollen diese Diskussion hier nicht wiederholen, sondern Vergleiche zu grundsätzlich anderen Zugängen zum Software Prototyping aufzeigen. In unserer Terminologie muß ein Prototyp immer ein ausführbares Programm sein, an dem sich Eigenschaften durch Ausführung demonstrieren lassen. In anderen Ansätzen werden graphische Repräsentationen, die üblicherweise nicht ausführbar sind, zum Software Prototyping verwendet. In [11] werden z.B. Prototypen für occam-Programme mithilfe von Petri-Netzen und Datenflußdiagrammen erstellt. Mit solchen Prototypen kann dann i.a. natürlich nur die statische Struktur und nicht das dynamische Verhalten eines zukünftigen Systems gezeigt werden. Grundsätzlich stellt sich bei der Verwendung von graphischen Darstellungen auch die Frage, *wie* aus einem Diagramm ein späteres Produktionsprogramm erzeugt werden kann. Für eine Sprache wie ProSet dagegen gibt es ein wohldefiniertes Kalkül zur systematischen Transformation von Prototypen in Produktionsprogramme, um so evolutionäre Software-Entwicklung zu ermöglichen und nicht nur Prototypen zum Wegwerfen zu erstellen. Es scheint auch nicht sinnvoll zu sein, Software in größerem Umfang zu *zeichnen,* wie es z.B. bei der Verwendung von Petri-Netzen oder Datenflußdiagrammen der Fall ist. Im ProSet-Ansatz ist die Graphikunterstützung ein Teil der Entwicklungsumgebung und nicht der Sprache, in der die Software *geschrieben* wird.

Literatur

1.   E.-E. Doberkat, W. Franke, U. Gutenbeil, W. Hasselbring, U. Lammers, C. Pahl: *ProSet — Prototyping with Sets: Language Definition,* Universität GH Essen, Informatik-Bericht 02-92, 1992.

2.   R. Hull, R. King: *Semantic Database Modelling: Survey, Applications and Research Issues,* ACM Computing Surveys 3(19):201-260, 1987.

3.   E.-E. Doberkat, W. Franke, U. Kelter, W. Seelbach: *Verwaltung persistenter Daten in einer Prototyping-Umgebung,* akzeptiert für die Fachtagung Requirements Engineering '93 — Prototyping, April 1993.

4. R.H. Halstead: *Multilisp: A language for concurrent symbolic computation*, ACM Transactions on Programming Languages and Systems, 7(4):501-538, 1985.

5. D. Gelernter: *Generative communication in Linda*, ACM Transactions on Programming Languages and Systems, 7(1):80-112, 1985.

6. E.-E. Doberkat, W. Franke, U. Gutenbeil, W. Hasselbring, U. Lammers, C. Pahl: *A First Implementation of ProSet*, in: International Workshop on Compiler Construction CC'92, Universität GH Paderborn, Reihe Informatik, Bericht Nr. 103, Seiten 23-27, 1992.

7. E.-E. Doberkat: *Transformationelle Entwicklung von Algorithmen: Ein Beispiel*, Mathematische Semesterberichte, 39(1):69-85, 1992.

8. P. Kruchten, E. Schonberg, J. Schwartz: *Software Prototyping Using the SETL Programming Language*, IEEE Software, Seiten 66-75, Oktober 1984.

9. E.-E. Doberkat, D. Fox: *Software Prototyping mit SETL*, Teubner-Verlag, Stuttgart, 1989.

10. R. Budde, K. Kautz, K. Kuhlenkamp, H. Züllighoven: *Prototyping - An Approach to Evolutionary System Development*, Springer-Verlag, 1992.

11. X. Ma, T. Hintz: *A Perspective on Tools for Parallel Distributed Computation - Background to the RE-Vision Project*, in: Proc. NATUG-5, IOS Press, 1992.

Hierarchische Verhaltensbeschreibung in objekt-orientierten Systemmodellen - eine Grundlage für modellbasiertes Prototyping

Martin Glinz
ABB Informatik AG, CH-5401 Baden

Zusammenfassung

Der Beitrag beschreibt ein objekt-orientiertes Modell für Spezifikation und Entwurf von Systemen, das die Generierung von Prototypen gestattet. Das Verhaltensmodell basiert auf Zustandsautomaten, welche in eine 'Ist-Teil-von'-Hierarchie eingebettet sind. Zusammen mit den Grundprinzipien der objekt-orientierten Modellierung (vor allem Vererbung und Benutzungs-Abstraktion) ergibt sich eine sehr attraktive Kombination von Anschaulichkeit, Ausdruckskraft und Durchgängigkeit der Modellkonzepte einerseits und von Beobachtbarkeit und Erprobbarkeit des Systemverhaltens andererseits.

Ein solches modellbasiertes Prototyping hat gegenüber herkömmlichen Prototypen den Vorteil, daß ein Modell anschaulicher, besser verstehbar und leichter änderbar ist als der Code eines Prototyps.

1 Einleitung

Eine attraktive Variante des Prototyping besteht darin, einen Prototyp nicht zu programmieren, sondern ihn aus der (in Form eines Modells vorliegenden) Spezifikation zu generieren. Modellbasiertes Prototyping hat u.a. folgende Vorteile:

- Ein Modell, welches über geeignete Abstraktionsmechanismen verfügt, eignet sich sehr gut zur Veranschaulichung von Strukturen und Zusammenhängen in einem System. Ein programmierter Prototyp dagegen kann hierzu höchstens indirekt (durch Beobachten und Analysieren seines Verhaltens) Aussagen machen.

- Modelle sind einfacher änderbar als Code, da die Auswirkungen einer Änderung besser überblickbar sind.

- Nach Abschluß des Prototyping steht mit dem Modell eine saubere und gut verstehbare Vorgabe für die Realisierung zur Verfügung.

- Häufig wird nur ein Teil eines Systems mit Prototypen erprobt. Bei codierten Prototypen führt dies zu einer oft schwierigen Koexistenz von durch den Prototyp gegebenen Anforderungen und konventionell spezifizierten Anforderungen. Bei modellbasiertem Prototyping dagegen bildet das Modell eine einheitliche Grundlage, in welche Prototypen organisch eingebettet sind.

Dieser Ansatz setzt geeignete Modelle für die Spezifikation des zu erstellenden Systems voraus. Diese müssen (neben einigen anderen Eigenschaften) insbesondere das System*verhalten*, nicht nur die Daten und Operationen modellieren. Die heute existierenden Modelle zur Beschreibung von Systemverhalten basieren meist auf einer Kombination von endlichen Automaten und Strukturierter Analyse mit einer geeignet festgelegten Semantik oder auf Petri-Netzen. Eine wesentliche Voraussetzung für die Benutzbarkeit solcher Modelle für reale Aufgaben aus der Praxis ist die Möglichkeit zur Bildung von Abstraktionen auch für die Verhaltensbeschreibung. Bei Petri-Netzen fehlen die Abstraktionsmöglichkeiten weitgehend. Bei den auf Strukturierter Analyse basierenden Modellen existieren die notwendigen Möglichkeiten zur Verhaltensabstraktion. Diese Modelle haben aber an anderen Orten schwerwiegende Schwachstellen (vgl. Glinz [3]).

Die objekt-orientierte Spezifikation überwindet die wesentlichen Schwachstellen der Strukturierten Analyse. Bisher sind aber die Möglichkeiten zur Verhaltensbeschreibung in objekt-orientierten Spezifikationsmethoden völlig unzureichend:

- Das Verhalten jedes Objekts kann zwar modelliert werden. Das Gesamtverhalten eines Systems ist aber nur durch Zusammensetzung des Verhaltens der einzelnen Objekte erkennbar. Abstraktionen in der Verhaltensbeschreibung fehlen. Dies liegt im wesentlichen daran, daß die heutigen objekt-orientierten Spezifikationsverfahren keine brauchbare 'Ist-Teil-von'-Abstraktion haben. ('Part-of'-Beziehungen ohne Abstraktion, z.B. bei Coad und Yourdon [1], nützen nicht viel.)
- Eine präzise Verhaltensbeschreibung wird ferner dadurch behindert, daß die bisher bekannten Modelle eine nur sehr schwammig definierte Semantik aufweisen.

Dieser Beitrag skizziert ein objekt-orientiertes Systembeschreibungsmodell, welches mit Hilfe der 'Ist-Teil-von'-Abstraktion auch eine Abstraktion der Verhaltensbeschreibung liefert. Die Semantik des Verhaltens ist wo nötig formal definierbar und erlaubt somit die Generierung von Prototypen. Gleichzeitig aber ist das Modell aufgrund seiner Abstraktionsmöglichkeiten wesentlich anschaulicher und leichter verständlich als die bisherigen objekt-orientierten Ansätze. Das Modell eignet sich gleichermaßen für die Spezifikation wie für den (Architektur-)Entwurf von Systemen. In diesem Beitrag wird es jedoch nur als Spezifikationsmittel verwendet.

2 Grundelemente des Modells

Die Grundelemente des objekt-orientierten Systemmodells sind in Bild 1 anhand eines Ausschnitts aus einem Personalverwaltungs-Systems gezeigt und werden nachfolgend kurz erläutert.

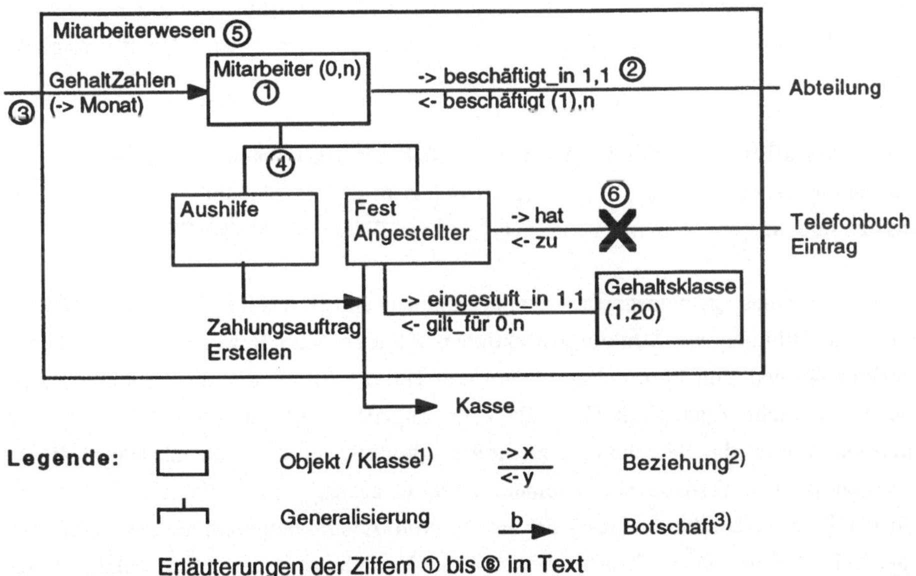

Bild 1: Grundelemente des objekt-orientierten Systemmodells

---

[1] Das Zahlenpaar nach dem Namen gibt die Mindest- und Höchstzahl der Exemplare an. Fehlt diese Angabe und wird sie nicht von einer Oberklasse geerbt, so gibt es genau ein Exemplar.

[2] Die Beschriftung einer Beziehung gibt an, was die in Beziehung gesetzten Objekte füreinander bedeuten. Die Pfeile geben die Richtung, die Zahlen Kardinalitäten an. Beispiel: Jeder Mitarbeiter ist beschäftigt_in genau einer (mind. 1, max. 1) Abteilung. Die Existenz eines Mitarbeiter-Objekts verlangt zwingend die Existenz einer solchen Beziehung. Umgekehrt beschäftigt jede Abteilung mehrere Mitarbeiter. Die Mindestzahl soll 1 sein, dies wird aber nicht erzwungen.

[3] Den Botschaften können aktuelle Parameter mitgegeben werden. Ein Pfeil gibt die Kommunikationsrichtung an (Beispiel: Die Botschaft b (->x, <-y) hat den Eingabeparameter x und den Ausgabeparameter y).

Ein System wird als eine Menge von Objekten ①, die statisch und dynamisch untereinander zusammenhängen, modelliert. Mengen gleichartiger Objekte werden zu Klassen zusammengefaßt. Die Objekte einer Klasse werden durch ein Repräsentanten-Objekt im Modell dargestellt. Ein Objekt verkapselt Daten, Operationen und Zustands-informationen. Über Beziehungen können statische Zusammenhänge ② zwischen Objekten modelliert werden[1]. Durch das Senden von Botschaften ③ kann ein Objekt dynamisch auf andere Objekte einwirken. Diejenigen Objekte, die mit den dargestellten Objekten in Beziehung stehen oder von ihnen Botschaften empfangen, sind im Diagramm mit ihren Namen aufgeführt. (Damit wird dargestellt, auf welche anderen Objekte die in einem Diagramm modellierten Objekte sich abstützen.) Eine Vererbungshierarchie in den Klassen ermöglicht die Modellierung einer Generalisierungs-Abstraktion ④. (Diese ent-spricht der Begriffs-Oberbegriffs-Hierarchie im menschlichen Denken und ermöglicht ein realitätsnahes Modellieren.) Das zeitliche Verhalten eines Objekts kann durch Zustands-automaten beschrieben werden (In Bild 1 nicht vorhanden; wird in den folgenden Kapiteln genauer erläutert).

Spezifikationsmethoden, denen ein Modell mit den Elementen ① bis ④ in dieser oder ähnlicher Art zugrunde liegt, werden objekt-orientiert genannt. Die bekanntesten Ansätze sind die von Coad und Yourdon [1] und von Shlaer und Mellor [7], [8].

Über diese gemeinsamen Grundlagen hinaus enthält das hier vorgestellte Modell Mittel zur Bildung von Strukturabstraktionen (Objekte sind Bestandteil von anderen Objekten ⑤) und zum Information Hiding (ein Teil der Informationen eines Objekts ist von außen nicht zugänglich ⑥; z.B. kein Zugriff vom TelefonbuchEintrag eines Mitarbeiters über die Beziehungen zu und eingestuft_in auf die Gehaltsklasse dieses Mitarbeiters). Die Verhaltensbeschreibung ist im Gegensatz zu den bisherigen Modellen vollständig formalisierbar und dank der 'Ist-Teil-von'-Abstraktion nicht nur auf elementare Objekte beschränkt. Diese formale hierarchische Verhaltensbeschreibung, welche in den folgenden beiden Kapiteln genauer beschrieben wird, bildet den Schlüssel für die Generierung von Prototypen aus dem Modell.

---

[1] Ein statischer Zusammenhang ist eine Beziehung, über welche ein Objekt auf ein anderes Objekt direkt zugreifen kann. Alle Attribute, Zustände und eingeschachtelten Objekte eines Objekts, die nicht als privat deklariert sind, können über Beziehungen von anderen Objekten aus gelesen oder verändert werden. Beziehungen zwischen zwei Objekten können einseitig sein oder in beiden Richtungen bestehen.

3 Hierarchische Verhaltensbeschreibung - Einführung anhand eines Beispiels

3.1 Das Beispiel-Problem

Als Beispiel wird die Spezifikation der Steuerung eines einfachen Fahrausweis-Automaten verwendet. Ein solcher Automat verfügt über mehrere Wahltasten für verschiedene Tarifstufen. Es können nacheinander mehrere Wahltasten gedrückt werden. Alle Wahlen werden registriert; der aufsummierte Preis aller Wahlen wird angezeigt. Nach dem Drücken der ersten Wahltaste wird der Münzschlitz entriegelt, und der geforderte Betrag kann bezahlt werden. Nach dem Einwurf der ersten Münze ist keine weitere Wahl mehr möglich. Wenn der ganze Betrag bezahlt ist, druckt das Gerät den (die) Fahrausweis(e) und gibt Wechselgeld. Eine Annulliertaste ermöglicht den Abbruch des Bedienvorgangs. Wird die Bedienung für mehr als 45 s unterbrochen, so löst das Gerät intern eine Annullierung aus (Timeout). Bei Aufbruchversuchen wird für 60 s ein Alarmhorn eingeschaltet. Danach geht das Gerät außer Betrieb. Im Inneren des Geräts gibt es Tasten zur In- und Außerbetriebsetzung des Geräts. Wenn das Gerät außer Betrieb ist, kann der Betreiber ab einem Datenträger Änderungen der im Gerät gespeicherten Tarife vornehmen.

Die Bilder 2 bis 6 zeigen einen Ausschnitt aus der Spezifikation der Software für dieses Gerät. Anhand dieser Bilder werden die Syntax und eine anschauliche Semantik des Modells erläutert.

3.2 Verhaltensbeschreibung in hierarchisch gegliederten Objekt-Diagrammen

Bild 2 beschreibt das Objekt Fahrausweisautomat_Steuerung mit einem Objekt-Diagramm. Dieses Objekt besteht aus dem Objekt Betrieb und den Objekten der Klasse Tarif. Die Beziehung zwischen Betrieb und Tarif beschreibt die Tarife, welche zu den von Betrieb registrierten Auswahlen gehören. Die Botschaft Verwenden dient zum Auf- bzw. Abbau dieser Beziehungen. Die drei Punkte nach dem Namen kennzeichnen Betrieb als ein Objekt, das durch ein weiteres Objekt-Diagramm spezifiziert ist, während Tarif nur noch eine Elementarbeschreibung aufweist.

Zusätzlich ist nun auch das globale Verhalten der Fahrausweisautomat-Steuerung spezifiziert. Hierzu dienen die im Diagramm durch gerundete Rechtecke dargestellten **Zustände** AußerBetrieb und Alarm sowie die durch gestrichelte Pfeile gekennzeichneten möglichen **Zustandsübergänge**. Da es einen Zustandsübergang zum Objekt Betrieb gibt, repräsentiert dieses gleichzeitig auch einen (globalen) Zustand. Die Einzelheiten dieses Zustands sind in der Beschreibung des Objekts Betrieb (siehe Bild 3 unten) spezifiziert.

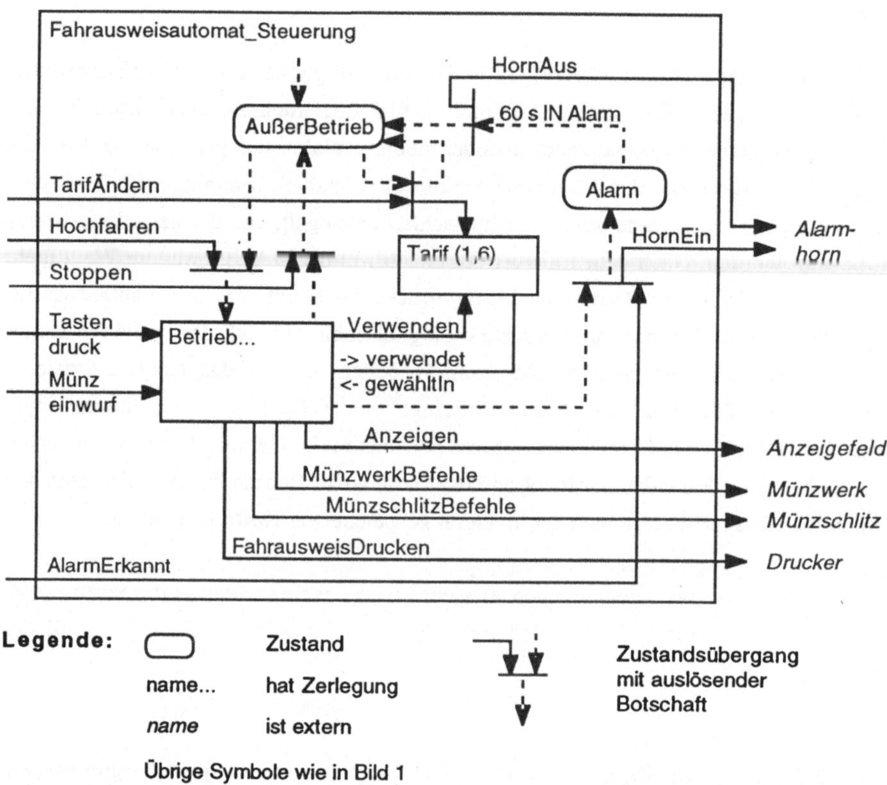

Bild 2: Objekt Fahrausweisautomat_Steuerung (Gesamtmodell der zu spezifizierenden Software)

Die Auslösung eines Zustandsübergangs geschieht durch Botschaften, die in der Graphik auf einen Querbalken im Zustandsübergangspfeil geführt werden. Der Zustandsübergang findet nur statt, wenn das System sich entweder in dem Zustand befindet, von dem der Zustandsübergangspfeil ausgeht, oder wenn es sich in einem Zustand innerhalb desjenigen Objekts befindet, von dem der Zustandsübergangspfeil ausgeht. Botschaften, für die diese Bedingung nicht erfüllt ist, gehen ohne Wirkung verloren. Ein Zustandsübergang kann neue Botschaften erzeugen; diese werden in der Graphik als vom Querbalken abgehende Pfeile dargestellt. Zustandsübergänge sind im Normalfall zeitfrei.

Der vom Diagrammrand kommende gestrichelte Pfeil kennzeichnet AußerBetrieb als Initialzustand. In diesem Zustand wird die Botschaft TarifÄndern akzeptiert und an das beauftragte Tarifobjekt weitergeleitet. Das System bleibt im Zustand AußerBetrieb. Die Botschaften Stoppen, Tastendruck, Münzeinwurf und AlarmErkannt werden in diesem Zustand ignoriert und gehen verloren. Beim Empfang der Botschaft Hochfahren wechselt das System in einen Zustand innerhalb des Objekts Betrieb. Von jetzt an werden die Botschaften TarifÄndern und Hochfahren ignoriert. Auf die Botschaften Tastendruck bzw. Münzeinwurf wird entsprechend der Spezifikation des Objekts Betrieb (siehe Bild 3 unten) reagiert. Eine Zustandsveränderung findet dabei höchstens innerhalb des Objekts Betrieb statt. Hingegen gibt es auf die Botschaften Stoppen bzw. AlarmErkannt eine in Bild 2 spezifizierte globale Reaktion. Bei AlarmErkannt beispielsweise wird das Objekt Betrieb (und damit auch jeder in diesem enthaltene Zustand) verlassen und in den Zustand Alarm übergegangen. Gleichzeitig wird die Botschaft HornEin erzeugt. Der Zustand Alarm wird durch eine Zeitbedingung (nachdem sich das System 60 s in diesem Zustand befunden hat) wieder verlassen. Dabei wird gleichzeitig das Ausschalten des Alarmhorns veranlaßt.

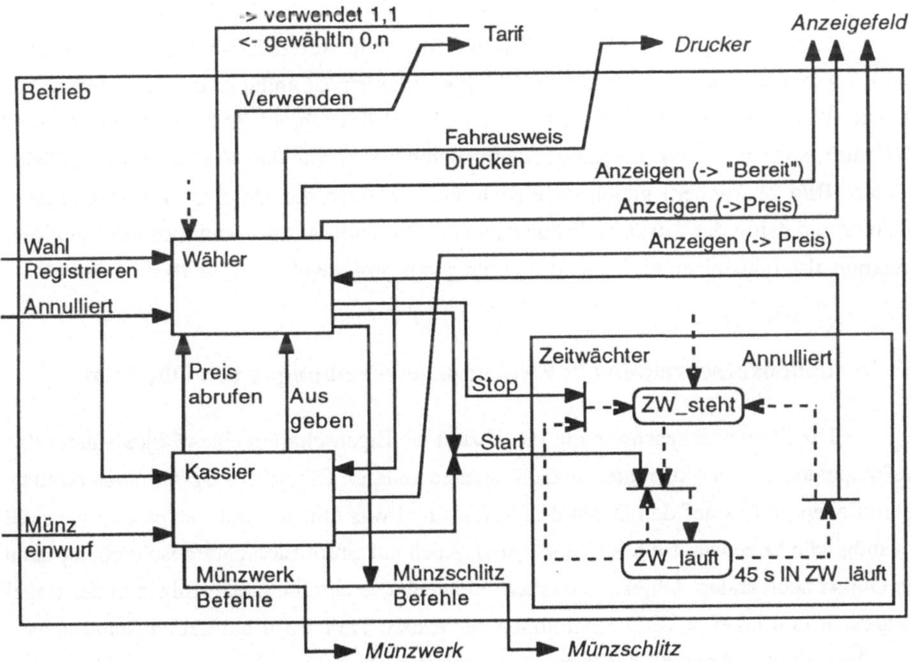

Bild 3: Objekt-Diagramm des Objekts Betrieb

Ein Objekt kann auf zwei Arten genauer spezifiziert werden: a) durch ein Objekt-Diagramm mit Objekten und Zuständen oder b) durch eine Elementarbeschreibung mit Operationen und Daten. Objekt-Diagramme können je nach Komplexität separat oder ineinander verschachtelt gezeichnet werden. Bild 3 zeigt die Spezifikation des Objekts Betrieb mit einem Objekt-Diagramm. Elementarbeschreibungen werden in Abschnitt 3.3 erläutert.

Das Objekt-Diagramm in Bild 3 beschreibt das Objekt Betrieb, welches aus den Objekten Wähler, Kassier und Zeitwächter besteht. Das Diagramm von Zeitwächter ist in dasjenige von Betrieb eingeschachtelt. In Betrieb gibt es zwei Initialzustände: einen Zustand innerhalb von Wähler und den Zustand ZW_steht in Zeitwächter. Dies ist zulässig, solange es im Inneren von Betrieb weder direkt noch transitiv Zustandsübergänge von den beiden Initialzuständen auf einen gemeinsamen Folgezustand gibt. Der Gesamtzustand des Objekts ist das kartesische Produkt der Einzelzustände. Wird das Objekt Betrieb durch die Botschaft Hochfahren (Bild 2) betreten, so gelangt es somit in den Initialzustand (Bereit, ZW_steht), wobei Bereit der Initialzustand innerhalb des Objekts Wähler ist (Bild 5).

Wird ein Objekt durch einen Zustandsübergang verlassen, so werden gleichzeitig und rekursiv alle inneren Zustände des Objekts verlassen. Befindet sich beispielsweise das Objekt Wähler im Zustand InAuswahl (Bild 5) und das Objekt Zeitwächter im Zustand ZW_läuft, so bewirkt die Botschaft AlarmErkannt nicht nur das Verlassen des Objekts Betrieb (Bild 2), sondern gleichzeitig auch das Verlassen der Objekte Wähler und Zeitwächter und damit der Zustände InAuswahl und ZW_läuft. AlarmErkannt bewirkt in dieser Situation also faktisch einen Zustandsübergang von (InAuswahl, ZW_läuft) nach Alarm.

3.3 Verhaltensbeschreibung in Elementarbeschreibungen von Objekten

Die Elementarbeschreibung spezifiziert die Eigenschaften eines Objekts unter den drei Aspekten *Daten* (Attribute, Beziehungen zu anderen Objekten), *Operationen* (welche Operationen gibt es auf den Daten des Objekts und was tun sie) und *Verhalten* (wie sieht der mögliche Lebenslauf eines Objekts aus). Auch auf Stufe Elementarbeschreibung kann ein Objekt noch andere Objekte enthalten. Elementarbeschreibungen erfolgen in der Regel textuell. Bild 4 ist eine Textbeschreibung der Klasse Tarif. Tarif hat kein zustandsabhängiges Verhalten und enthält daher nur Attribute, Beziehungen und Operationen. Vor allem, wenn komplexe Verhaltensabläufe zu spezifizieren sind, kann die textuelle Darstellung durch ein Diagramm ergänzt werden. Die Bilder 5 und 6 zeigen für das Objekt Wähler eine graphische Elementarbeschreibung sowie einen Ausschnitt aus der Textbeschreibung.

```
CLASS Tarif IS
    OBJECTS (1,6);                                    -- min./max. Anzahl von Exemplaren
    OID AUTOMATIC;                                    -- systemgenerierte Objekt-Idents

    TYPE
        Tastencode = 1..6;                            -- Typ-Definitionen für Attribute bzw.
        Rappen = 0..99999;                            -- Parameter

    ATTRIBUTES                                        -- Attributdefinitionen mit Kardinalitä-
        zugeordneteTaste (1,1) Tastencode;            -- ten (min./max. Anzahl Werten pro
        Name (1,1) STRING(20);                        -- Objekt) und Wertebereich
        Preis (1,1) Rappen;

    RELATIONSHIPS                                     -- Beziehungsdefinitionen mit Kardi-
        gewähltIn (0,n) Auswahl;                      -- nalität und Name der referenzierten
                                                      -- Klasse (bzw. des referenz. Objekts)


    FUNCTION TarifÄndern (->neuerCode: Tastencode;
        ->neuerName: Name; ->neuerPreis: Preis) IS
        "Das Objekt mit dem Tastencode <neuerCode>
        wird geändert oder neu erzeugt."              -- informale Definition einer Operation
    END Ändern;

    FUNCTION Abrufen (->Taste: Tastencode;
        -> neueAuswahl: Auswahl; <-gewählterTarif: Tarif) IS
        LET (x IN Tarif WITH x.zugeordneteTaste = Taste);
        PRE                                           -- formale Definition einer Operation
            EXIST x;
        POST
            gewählterTarif = x.OID;                   -- Setzen des Ausgabeparameters
            x.gewähltIn = x.gewähltIn' + {neueAuswahl};  -- Hinzufügen einer Beziehung[1]
    END Abrufen;

    CLASS FUNCTION VerwendungLöschen IS              -- Botschaft an die Klasse
        PRE   NULL;
        POST
            FORALL x IN Tarif (x.gewähltIn = {});     -- alle Beziehungen sind gelöscht
    END VerwendungLöschen;
END Tarif;
```

Bild 4: Elementarbeschreibung der Klasse Tarif

In graphischen Elementarbeschreibungen sind Operationen in der Regel
Bestandteil von Zustandsübergängen. Das Eintreffen einer Botschaft kann eine Operation
nur aktivieren, wenn sie gleichzeitig den zugehörigen Zustandsübergang auslöst. Liegen
auf einem Zustandsübergangspfeil mehrere Operationen, so werden diese hintereinander

---

[1] name' ist der Wert von name zum Zeitpunkt des Aufrufs einer Operation

ausgeführt. Mehrere Zustandsübergänge, welche durch die gleiche Botschaft ausgelöst werden, können zusammengefaßt werden. Eine Operation kann auch als Zustandsverzweigung dienen. Der Folgezustand ist dann abhängig vom Ergebnis der Operation.

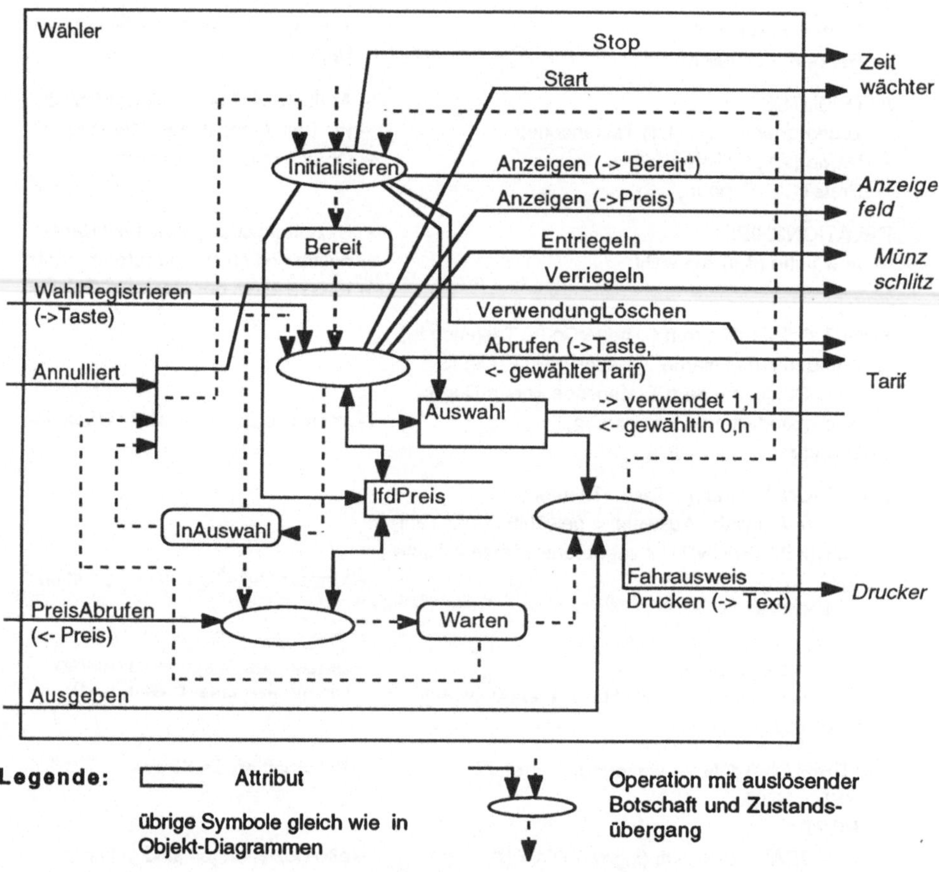

Bild 5: Graphische Elementarbeschreibung des Objekts Wähler

Befindet sich das System beispielsweise innerhalb von Wähler im Zustand Warten (Bild 5), so löst die Botschaft Ausgeben einen Zustandsübergang nach Bereit aus, bei dem zunächst die Operation Ausgeben und dann die Operation Initialisieren zur Ausführung gelangen. Durch die Auslösung der Botschaft Zeitwächter.Stop gibt es dabei auch im Zeitwächter (Bild 3) einen Zustandsübergang, so daß der neue Gesamtzustand des Systems aus dem Paar (Bereit, ZW_steht) besteht.

Die Wirkung einer Operation ist aus der Textform der Elementarbeschreibung ersichtlich. Das Diagramm zeigt nur die Datenzugriffe und die erzeugten Botschaften. Die Operation WahlRegistrieren (Bild 6) beispielsweise hat als Eingabeparameter das Objekt Taste, welches vom Typ Tastencode ist (dieser Typ wird aus der Klasse Tarif importiert). Die Operation ist *privat* im Objekt Betrieb, d.h. sie ist nur innerhalb dieses Objekts zugänglich. PRE beschreibt die Voraussetzung der Operation, nämlich daß das Objekt im Zustand Bereit oder im Zustand InAuswahl sein muß. Unter POST sind die Ergebnis-Zusicherungen aufgeführt: Ein Objekt neueAuswahl der Klasse Auswahl mit einer Beziehung verwendet ist erzeugt. Das Tarifobjekt, zu dem die Beziehung geht, ist durch Verwendung der Operation Abrufen (siehe USES-Angabe in Bild 6 und Definition von Abrufen in Bild 4) bestimmt worden. Der Wert zum Attribut lfdPreis ist erhöht, und zwar um den Wert des Attributs Preis des (über die Beziehung verwendet) zugeordneten Tarif-objekts. Die drei angegebenen Botschaften sind erzeugt. Der neue Zustand ist InAuswahl.

```
FUNCTION WahlRegistrieren (-> Taste: Tastencode) IS
    PRIVATE IN Betrieb;
    PRE
        IN STATE Bereit OR IN STATE InAuswahl;
    POST
        CREATED neueAuswahl WITH neueAuswahl IN Auswahl AND
                neueAuswahl.verwendet = zugehörigerTarif;
        lfdPreis = lfdPreis' + neueAuswahl.verwendet.Preis;
        Anzeigefeld.Anzeigen(->Preis) WITH Preis = lfdPreis;
        Zeitwächter.Start;
        Münzschlitz.Entriegeln;                          -- mehrfaches Entriegeln (bei wieder-
        IN STATE InAuswahl;                              --          holter Wahl) stört nicht
    USES Tarif.Abrufen (->Taste, neueAuswahl, <- zugehörigerTarif);
END WahlRegistrieren;
```

Bild 6: Ausschnitt aus der Textform der Elementarbeschreibung des Objekts Wähler (Operation WahlRegistrieren)

3.4 Der Zusammenhang in der Diagramm-Hierarchie

Werden die Stufen einer Hierarchie in mehreren Diagrammen beschrieben, so müssen die Aussagen dieser Diagramme untereinander konsistent sein. Ist x ein beliebiges Objekt oder eine beliebige Klasse, so müssen die Botschaften und Beziehungen von bzw. zum Diagrammrand im Objekt-Diagramm von x eindeutig mit den Botschaften und Bezie-hungen von bzw. nach x im übergeordneten Objekt-Diagramm übereinstimmen. Analoges gilt für die Konsistenz zwischen Objekt-Diagrammen und Elementar-Beschreibungen.

Um die abstrakten Modelle, welche durch die übergeordneten Diagramme dargestellt werden, nicht mit Detailinformation zu überladen, muß es möglich sein, auch
Botschaften und Beziehungen zu abstrahieren. *Botschaften* können abstrahiert werden,
indem zusammengehörige Botschaften zu einer abstrakten Botschaft zusammengefaßt
werden, oder indem die Parameter einer Botschaft weggelassen werden. Beispielsweise
sind die Botschaften WahlRegistrieren und Annulliert aus Bild 3 in Bild 2 zu einer Botschaft Tastendruck zusammengefaßt. Die Anzeigebotschaften mit verschiedenen aktuellen
Parametern aus Bild 3 sind in Bild 2 zu einer Botschaft ohne Parameter zusammengefaßt.
Beziehungen werden durch Weglassen der Kardinalitäten und durch Zusammenfassen
verwandter Beziehungen zu einer abstrakten Beziehung (mit eigenem Namen) abstrahiert.

Werden verschiedene Botschaften oder Beziehungen zusammengefaßt, so braucht
dies eine zugehörige Definition, damit die Konsistenz der Darstellung formal überprüft
werden kann. Diese Definitionen gehören als Annotation zu den entsprechenden übergeordneten Diagrammen. Beispielsweise muß das Objekt-Diagramm in Bild 2 mit der Defi-
nition Tastendruck := WahlRegistrieren | Annulliert   annotiert werden.

3.5 Abstraktionen in der Verhaltensbeschreibung

Am Beispiel des Objekts Betrieb in den Bildern oben wird deutlich, wie die 'Ist-
Teil-von'-Abstraktion auch eine Abstraktion der Verhaltensbeschreibung liefert. So gibt
z.B. Bild 2 eine Übersicht über das Verhalten von Betrieb, sagt aber nicht, wie die genaue
Reaktion auf Tastendruck und Münzeinwurf aussieht. Diese Verhaltensdetails werden erst
in den Diagrammen und Textbeschreibungen der tieferen Stufen spezifiziert.

Die **Generalisierungs-Abstraktion** (welche in dem Fahrausweis-Automat-
Beispiel nicht vorkommt) ermöglicht es, für die Objekte einer allgemeinen Klasse ein
grundsätzliches Verhalten zu spezifizieren und für Objekte abgeleiteter Klassen dann
Spezialfälle dieses Verhaltens zu beschreiben.

Die dritte für die Strukturierung objekt-orientierter Systeme wesentliche Abstraktion ist die **'Benutzt'-Abstraktion**, welche ein System in Schichten aufeinander aufbauen-
der Dienstleistungserbringer und Dienstleistungsverwender gliedert. Der Abruf von
Dienstleistungen erfolgt über das Senden von Botschaften vom Verwender zum Erbringer.
Mit der hier vorgestellten Art der Verhaltensbeschreibung, bei der die Verhaltens-Teilmodelle sich durch Senden und Empfangen von Botschaften beeinflussen, können einzelne
Verhaltens-Teilmodelle organisch in eine solche Schichtenstruktur integriert werden.

4 Zur formalen Definition des Verhaltensmodells

Das dynamische Systemverhalten wird durch verallgemeinerte Zustandsautomaten beschrieben. Das Konzept hat Ähnlichkeiten mit den Statecharts von Harel [4] und den davon abgeleiteten Objectcharts von Coleman, Hayes und Bear [2]. Auch Strukturierte Analyse mit Echtzeit-Erweiterungen (Hatley und Pirbhai [5], Ward und Mellor [9]) basiert auf der Grundidee einer hierarchischen Verhaltensbeschreibung mit Zustandsautomaten (allerdings ohne eine genau definierte Semantik). Im Gegensatz zu allen diesen Ansätzen ist im hier vorgestellten Modell die Beschreibung von Funktionalität, Verhalten und Struktur *integriert* und nicht auf verschiedene Diagramm-Typen verteilt.

Ein verallgemeinerter Zustandsautomat unterscheidet sich von einem endlichen Automaten dadurch, daß neben den explizit modellierten Zuständen auch gewöhnliche Daten zur Speicherung eines Teils des gesamten Systemzustands zugelassen sind. Die explizit modellierten Zustände dienen im wesentlichen dazu, das 'Makro'-Verhalten zu beschreiben, d.h. Zeiträume zu charakterisieren, in denen auf bestimmte Botschaften in einer bestimmten Weise reagiert oder auch nicht reagiert wird. Dies wird häufig auch als Objekt-Lebenslauf bezeichnet. Das 'Mikro'-Verhalten dagegen, d.h. unterschiedliche Resultate von Operationen aufgrund der Geschichte der Dateneingaben, wird primär mit Hilfe von Datenspeichern modelliert. Auf diese Weise hat das Gesamtmodell die Mächtigkeit einer Turing-Maschine (natürlich bei jeder Realisierung mit durch den Adreßraum begrenzter Bandlänge). Gleichzeitig wird die beim Spezifizieren mit endlichen Automaten sonst auftretende Zustandsexplosion vermieden.

4.1 Semantik hierarchisch verschachtelter Zustandsautomaten

Die Semantik der Zustände und Zustandsübergänge im hierarchischen Verhaltensmodell ist durch eine Abbildung auf eine Gesamt-Zustandsübergangsmatrix eindeutig definiert. Dazu wird zunächst die Menge der Elementarzustände bestimmt: Überall, wo es innerhalb eines Objekts parallele Zustandsfolgen gibt, wird die Menge aller geordneten Tupel der parallelen Zustände gebildet. Bei verschachtelten Objekten erfolgt die Tupelbildung rekursiv von innen nach außen. Die Menge der Elementarzustände besteht aus allen so gebildeten Zustandstupeln sowie allen Zuständen des Modells, die in keinem dieser Tupel vorkommen. Die Elementarzustände sind die *Zeilenindizes* der Gesamt-Zustandsübergangsmatrix. Die *Spaltenindizes* werden durch die Menge der Auslöser für Zustandsübergänge gebildet. Dies sind alle Botschaften, welche irgendwo im Modell einen Zustandsübergang auslösen, alle zeitlichen Bedingungen (wie z.B. 60 s IN Alarm; vgl. Bild

2) und alle Hilfsbotschaften bei Verzweigungen[1]. Tabelle 1 beschreibt die Abbildung vom Modell auf die Gesamt-Zustandsübergangsmatrix. Tabelle 2 zeigt als Beispiel die Matrix des Fahrausweis-Automaten (vgl. Bilder 2, 3 und 5).

Tabelle 1: Abbildung vom Modell auf Gesamt-Zustandsübergangsmatrix

Modell			Gesamt-Zustandsübergangsmatrix		
von	**Auslöser**	**nach**	**Zeilenindex i**	**Spalten-index j**	**Eintrag m_{ij}**
z_1	b	z_2	Alle Tupel der Art $(x_1,...,z_1,...,x_n)$	b	$(x_1,...,z_2,...,x_n)$
x_1	b	z_2	Alle Tupel der Art $(x_1,...,z_{s1},...,z_{sm},...,x_n)$ mit z_{si} Zustand in x_1	b	$(x_1,...,z_2,...,x_n)$
z_1	b	x_2	Alle Tupel der Art $(x_1,...,z_1,...,x_n)$	b	$(x_1,...,z_{j1},...,z_{jk},...x_n)$ mit $z_{j1},...z_{jk}$ = Tupel der Initialzustände von x_2
x_1	b	x_2	Alle Tupel der Art $(x_1,...,z_{s1},...,z_{sm},...,x_n)$ mit z_{si} Zustand in x_1	b	$(x_1,...,z_{j1},...,z_{jk},...x_n)$ mit $z_{j1},...z_{jk}$ = Tupel der Initialzustände von x_2

Legende: z_1, z_2: Zustände x_1, x_2: Objekte

Tabelle 2: Gesamt-Zustandsübergangsmatrix des Fahrausweis-Automaten

Zeile: alter Zustand Spalte: Auslöser Zelle: neuer Zustand	Tarif-Än-dern	Hoch-fah-ren	Stop-pen	Wahl Re-gist-rieren	An-nul-liert	Preis ab-rufen	Aus-ge-ben	Start	Stop	Alarm Er-kannt	60 s IN Alarm	45 s IN ZW_läuft
1: AußerBetrieb	1	2	-	-	-	-	-	-	-	-	-	-
2: (Bereit, ZW_steht)	-	-	1	4	-	-	-	3	-	8	-	-
3: (Bereit, ZW_läuft)	-	-	1	5	-	-	-	3	2	8	-	2
4: (InAuswahl, ZW_steht)	-	-	1	4	2	6	-	5	-	8	-	-
5: (InAuswahl, ZW_läuft)	-	-	1	5	3	7	-	5	4	8	-	4
6: (Warten, ZW_steht)	-	-	1	-	2	-	2	7	-	8	-	-
7: (Warten, ZW_Läuft)	-	-	1	-	3	-	3	7	6	8	-	6
8: Alarm	-	-	-	-	-	-	-	-	-	-	1	-

Werden bei einem Zustandsübergang eine oder mehrere Botschaften erzeugt, welche ihrerseits Zustandsübergänge auslösen können, so wird zunächst der erste Zustandsübergang durchgeführt und vom Folgezustand aus dann untersucht, was die neu erzeugten

---

[1] Verzweigt ein Zustandsübergang abhängig vom Ergebnis einer Operation auf mehrere mögliche Folgezustände, so wird die Verzweigung vorgängig beseitigt: Der Zustandsübergang geht zunächst auf einen Hilfs-Zwischenzustand. Von der steuernden Operation erzeugte Hilfsbotschaften bewirken den Übergang vom Zwischenzustand in den gewünschten Folgezustand.

Botschaften bewirken. Sind dabei mehrere verschiedene Zustandsübergänge möglich, so gewinnt zufällig einer.

4.2 Synchronität und Zeit

Dem ganzen Modell liegt die Annahme einer zeitsynchronen Parallelität mit Zustandsübergängen der Dauer null zugrunde. Dadurch ist sichergestellt, daß das System sich zu jedem Zeitpunkt in genau einem der in der Gesamt-Zustandsübergangsmatrix aufgeführten Zustände befindet. Die Einführung von Dauern für Operationen (was zu Zustandsübergängen mit Dauern führt), ist von der Theorieseite her kein Problem: Ein Zustandsübergang von z_1 nach z_2 mit einer Operation f, welche n Zeiteinheiten dauert, wird für die Bestimmung der Semantik ersetzt durch einen neuen Zustand z_f mit Zustands-übergängen z_1 nach z_f und z_f nach z_2. Der erste Übergang wird ausgelöst durch die Bedingung, welche bisher den Übergang von z_1 nach z_2 ausgelöst hat; der zweite durch die Zeitbedingung "n Zeiteinheiten IN z_f".

Asynchrone Parallelität zwischen zwei Teilen des Modells ist dann möglich, wenn es zwischen den Modellteilen keine Zustandsübergänge und keine wechselseitige zeitbezogene Inspektion von Zuständen gibt.

4.3 Verhaltens-Spezialisierung

Wird von einer Klasse X eine Spezialisierung X' abgeleitet, so muß sich jedes Objekt aus X' auch wie der Spezialfall eines Objekts aus X verhalten. Dazu gehört, daß die Invarianten von X auch Invarianten von X' sind und daß für jede Operation b' in X', welche eine Operation gleichen Namens in X spezialisiert, gilt PRE b' $\subseteq$ PRE b und POST b' $\supseteq$ POST b, d.h. eine Spezialisierung darf Voraussetzungen nicht verstärken und Ergebnis-Zusicherungen nicht abschwächen (vgl. Meyer [6]). Zusätzlich aber gibt es Bedingungen für das Verhalten von spezialisierten Objekten: Wird ein Objekt x' aus X' gleich behandelt wie ein gleichartiges Objekt x aus X, so muß es sich auch gleich wie x verhalten. Welches die genauen formalen Bedingungen für diese Verhaltenseinbettung spezialisierter Objekte sind, ist noch nicht untersucht.

5 Generierung von Prototypen

Der Schwerpunkt dieses Beitrags liegt in der Einführung und Beschreibung eines hierarchischen Verhaltensmodells als *Grundlage* für modellbasiertes Prototyping. Das Vorgehen bei der Generierung eines Prototyps wird daher hier nur grob skizziert.

Das Ausführungsmodell basiert auf einer Menge zeitsynchron ablaufender Prozesse. Jedes Objekt wird durch einen Prozeß betrieben[1]. Zur Erzeugung dieser Prozesse hat der Prototyp-Generator folgende Basis-Arbeit zu leisten:

- Aus den Attributen und Beziehungen jedes Objekts generiert er entsprechende Datenstrukturen (am besten unter Verwendung einer objekt-orientierten Datenbank).

- Für jede Operation generiert er eine Methode. Für den dazu notwendigen Code gibt es drei mögliche Quellen: (1) die Spezifizierer annotieren die Definition der Operation im Modell mit einem entsprechenden Codestück, (2) sie geben auf eine entsprechende Anfrage des Prototyp-Generators hin ein Codestück oder feste Resultatwerte an, (3) der Prototyp-Generator generiert eine Laufzeit-Anfrage für die zu verwendenden Operations-Resultate.

- Er generiert die Zustandsmaschine für das Objekt (siehe unten).

- Er generiert einen einfachen Objektrahmen (Bild 7), welcher mit Hilfe der Objekt-Zustandsmaschine das Objektverhalten steuert.

```
LOOP
    "Warten auf Botschaft";
    Zustandsmaschine_von_x.Fortschalten (->empfangeneBotschaft);
END LOOP;
```

Bild 7: Coderahmen für ein Objekt x

Jeder Prozeß, der ein zustandsbehaftetes Objekt x betreibt, enthält eine Objekt-Zustandsmaschine für x. Dies ist ein Objekt einer Klasse Zustandsmaschine, welches den Automaten betreibt, der im Verhaltensmodell von x definiert ist. Auf diesem Automaten sind drei Operationen definiert: Init, Exit und Fortschalten(->auslösendeBotschaft) (siehe Bild 8). Init und Exit werden innerhalb von Fortschalten verwendet, um Zustandsübergänge in eingeschachtelte Objekte hinein oder aus solchen heraus zu veranlassen. Beispiel: Beim

---

[1] Die Anzahl der benötigten Prozesse läßt sich reduzieren, wenn alle Objekt-Prozesse, die nie parallel ausgeführt werden können, jeweils zu einem Prozeß zusammengefaßt werden.

Zustandsübergang von AußerBetrieb nach Betrieb (vgl. Bild 2) wird Zustandsmaschine_ von_Betrieb.Init aufgerufen, welche rekursiv Zustandsmaschine_von_Wähler.Init und Zustandsmaschine_von_Zeitwächter.Init aufruft.

```
Operation Init IS
   PRE
      "Der aktuelle Zustand ist nicht innerhalb des Objekts";
   POST
      "Der Initialzustand des Objekts ist gesetzt. Enthält ein Objekt eingeschachtelte Objekte, so
      gilt diese Zusicherung rekursiv auch für diese Objekte.";
END Init;

Operation Exit IS
   PRE   NULL;
   POST
      "Alle Zustände des Objekts (einschließlich aller eingeschachtelten Objekte) sind verlassen.";
END Exit;

Operation Fortschalten (->auslösendeBotschaft: Botschaft) IS
   PRE   NULL;
   POST
      IF "auslösende Botschaft wird in aktuellem Zustand akzeptiert"
      TRUE:   "Botschaft ist an Methode gebunden und ausgeführt, Folgeoperationen auf dem
              gleichen Zustandsübergang sind (falls vorhanden) reihenfolgerichtig ausgeführt,
              Folgezustand ist eingenommen (ggf. unter Verwendung von Init bzw. Exit).";
      FALSE:  "Falls vorhanden, ist Ergebnisparameter für Mißerfolg in Botschaft gesetzt,
              Zustand bleibt unverändert.";

      FI;
END Fortschalten;
```

Bild 8: Operationen auf der Objekt-Zustandsmaschine

Schlußendlich wird der erzeugte Prototyp in eine Umgebung eingebunden, welche die benötigten externen Botschaften erzeugt und die Botschaften an externe Objekte entgegennimmt. Diese Umgebung kann sein: (1) die Hardware und Betriebssoftware des Zielsystems, (2) vorhandene Software (vor allem bei Erweiterungen und Änderungen bestehender Software) oder (3) ein Simulator für das Zielsystem.

6 Schlußbemerkung

Meine Arbeit an objekt-orientierten Systemmodellen mit hierarchischer Verhaltensbeschreibung steht noch am Anfang. Die Sprache ist grob definiert; die Möglichkeiten zu einer vollständigen, sauberen Definition sind erkennbar. Eine Methodik für den Einsatz der Sprache existiert in Ansätzen; wird aber in diesem Beitrag nicht behandelt. Werkzeuge fehlen noch vollständig, und zwar sowohl für die Modell-Erstellung und -Bearbeitung, als auch für die Generierung von Prototypen.

Das, was heute vorhanden ist, zeigt aber deutlich, daß mit einem solchen Modell die wesentlichen Schwachstellen bisheriger Ansätze zur objekt-orientierten-Spezifikation überwunden werden können. Durch die Zusammenhänge in der Verhaltensbeschreibung wird objekt-orientiertes Spezifizieren auch für Echtzeitsysteme anwendbar. Die 'Ist-Teil-von'-Hierarchie mit den zugehörigen Abstraktionsmechanismen erlaubt eine natürliche Modellierung komplexer, mehrstufig ineinander eingebetteter Systeme. Die Generierung von Prototypen aus dem Modell ermöglicht ein organisches Zusammenwirken von Modellen und Prototypen in der Spezifikation von Systemen.

Literatur

1.   Coad, P., E. Yourdon (1991). *Object-Oriented-Analysis*. Prentice-Hall, Englewood Cliffs, N.J.

2.   Coleman, D., F. Hayes, S. Bear (1992). *Introducing Objectcharts or How to Use Statecharts in Object-Oriented Design*. IEEE Transactions on Software Engineering, **18**, 1 (Jan 1992), 9-18.

3.   Glinz, M. (1991) *Probleme und Schwachstellen der Strukturierten Analyse*. GI-Fachtagung RE'91, Marburg, Informatik-Fachberichte Nr. 273, Springer Verlag.

4.   Harel, D. (1987). *Statecharts: A Visual Formalism for Complex Systems*. Sci. Computer Program. **8** (1987), 231-274.

5.   Hatley, D.J., I.A. Pirbhai (1988). *Strategies for Real-Time System Specification*. Dorset House, New York.

6.   Meyer, B. (1992). *Applying "Design by Contract"*. IEEE Computer 25, 10 (Oct 1992), 40-51.

7.   Shlaer, S., S.J. Mellor (1988). *Object-Oriented Systems Analysis: Modeling the World in Data*. Prentice-Hall, Englewood Cliffs, N.J.

8.   Shlaer, S., S.J. Mellor (1992). *Object Lifecycles: Modeling the World in States*. Prentice-Hall, Englewood Cliffs, N.J.

9.   Ward, P.T., S.J. Mellor (1985). *Structured Development for Real-Time Systems*, Vol. I-III. Prentice-Hall, Englewood Cliffs, N.J.

Ein flexibler Interpreter für ausführbare Anforderungsdokumente

Christine Kohring

Zusammenfassung

Ausgehend von einer dreigeteilten Anforderungsmethode (SA/RT/IM) wird ein Entwurfskonzept für ein flexibles Interpreterwerkzeug vorgestellt. Die Flexibilität des Werkzeugs umfaßt dabei sowohl Bereiche der Anforderungsmethode wie auch Bereiche der Werkzeug-Instrumentierung. Erstere ermöglichen die Adaptabilität des Werkzeugs an unterschiedliche Dialekte der Modellierungssprache, während der zweite Bereich vielfältige Möglichkeiten zur Steuerung und Messung der Laufzeitinformationen anbietet. Zur Realisierung der geforderten Flexibilität ist daher eine modulare und objekt-orientierte Architektur erforderlich. Durch die Verkapselung jedes einzelnen Parameters in einem klar abgegrenzten Modul oder Teilsystem wird die einfache Benutzung sowie Ergänzung oder Veränderung der Parameter sichergestellt.

## 1.	Motivation

Seit geraumer Zeit wird an unserem Lehrstuhl im Rahmen des IPSEN-Projekts eine Softwareentwicklungsumgebung entwickelt [1]. Diese ist gekennzeichnet durch eine starke Integration der Dokumente und der Werkzeuge, sowie eine inkrementelle Arbeitsweise sämtlicher Werkzeuge. Dadurch wird sichergestellt, daß Veränderungen an einer Stelle des Dokuments nur minimalen Anpassungsaufwand an anderer Stelle erfordern. Das IPSEN zugrundeliegende Prozeßmodell beruht auf einem phasenorientierten Softwarelebenszyklus-modell, indem Rückgriffe auf frühere Phasen erlaubt sind [2], [3]. Im Bereich des Requirements Engineering betrachten wir drei unterschiedliche Gesichtspunkte: das funktionale Modell, das Kontrollmodell und das Informationsmodell. Zur Beschreibung dieser drei Aspekte sehen wir die Benutzung einer integrierten SA/RT/ER-Sprache vor [4], [5], [6], [7], [8], [9]. Bezüglich der im Requirements Engineering verwendeten Methoden wurden bereits umfangreiche wissenschaftliche Untersuchungen im Rahmen unseres Projektes durchgeführt, siehe [10], [11], [12].

Insbesondere die ausführliche Analyse der Anforderungen ist eine wichtige Voraussetzung, um unvollständige und fehlerhafte bzw. widersprüchliche Forderungen in der Spezifikation frühestmöglich aufzudecken [13]. Zu diesem Zweck eignen sich besonders Werkzeuge zur direkten Interpretation von ausführbaren Anforderungsdokumenten. Solch ein Interpreter ermöglicht die Ausführung der funktionalen Anforderungen, so daß bereits in einer frühen Phase der Softwareentwicklung ein erster Prototyp des Systems automatisch erzeugt werden kann. Dieser kann gemeinsam mit dem Auftraggeber analysiert werden, wobei verschiedene Situationen im dynamischen Verhalten des Modells simuliert werden können.

Bei genauer Betrachtung der existierenden Werkzeuge fallen zwei gravierende Nachteile auf [14], [15], [16], [17], [18]. Zunächst einmal unterstützt jedes Werkzeug nur genau eine Methode. Der Benutzer ist darauf angewiesen, sich an die jeweiligen Sprachvorgaben zu halten. Der zweite Nachteil liegt in der mangelhaften Semantikfestlegung vieler Methoden. Die Werkzeuge unterstützen zwar die syntaktisch korrekte Verwendung der Methoden, aber welche Bedeutung hinter den Sprachkonstrukten liegen soll, bleibt oftmals unbeantwortet. Unser Ziel ist es nun, basierend auf einer klaren Semantikfestlegung der Modellierungssprache, ein flexibles Ausführungswerkzeug zu entwickeln, welches verschiedene Dialekte der SA/RT/IM-Methode unterstützten kann. Das zentrale Thema dieser Arbeit ist folglich die Flexibilität des Werkzeugs und die diesen Aspekt unterstützende Architektur des Interpreters.

2.   Flexibilität des Werkzeugs

In diesem Abschnitt sollen nun einige Voraussetzungen geschaffen werden, um später die Entwurfsentscheidungen bezüglich des Interpreters nachvollziehen zu können. Zu diesen Voraussetzungen zählen insbesondere Überlegungen zur Parametrisierbarkeit der RE-Sprache und zu Parametern im Bereich der Instrumentierung. In diesem Zusammenhang spielt auch der Zeitbegriff eine wichtige Rolle. Sowohl im Bereich der RE-Sprache wie auch im Bereich der Instrumentierung wird die Berücksichtigung des zeitlichen Aspekts häufig im Vordergrund stehen.

2.1   Zeitbegriff

Unser Begriff von Zeit beruht zunächst auf einer fiktiven Systemuhr, die global im ganzen System gültig ist. Während der Ausführung schreitet diese Uhr immer dann vorwärts, wenn Anweisungen des Systemmodells interpretiert werden. Im Gegensatz dazu verbrauchen die internen Kontrolloperationen des Interpreters keine Zeit.

Wie bereits aus den meisten SA/RT-Dialekten bekannt, können Zeitschranken für bestimmte Ereignisse in Abhängigkeit von anderen Ereignissen formuliert werden. An dieser Stelle wollen wir uns darauf beschränken, das die Zeitschranken Bedingungen für das Ende von Datenprozessen darstellen. Auf Seiten des Simulationswerkzeugs werden natürlich Angaben zur tatsächlichen (simulierten) Ausführungsdauer der Prozesse benötigt. Hierzu wird für jeden Anweisungstyp der PSPEC-Sprache eine Ausführungsdauer angegeben. Dadurch wird die (dynamische) Ausführungsdauer aller atomaren Prozesse aus der Sicht des Interpreters festgelegt. Gleiche Festlegungen müssen für die verschiedenen Sprachkonstrukte, die in den CSPEC´s verwendet werden, getroffen werden.

2.1   Ausführungssemantik der Modellierungssprache

An dieser Stelle betrachten wir nur solche Parametrisierungsmöglichkeiten, die die Ausführungssemantik der Spezifikationssprache betreffen. Im Gegensatz dazu gibt es noch eine Vielzahl von Parametern, die die Syntax der RE-Sprache beeinflussen. In der Architektur finden sich dann die einzelnen Sprachanteile in entsprechenden Modulen wieder, so daß die verschiedenen Parameter an klar definierten Stellen gesetzt werden können.

Bei den Datenprozessen unterscheiden wir jeweils zwischen abstrakten und atomaren Prozessen, denn nur die atomaren Prozesse besitzen eine Mini-Spezifikation, welche später tatsächlich ausgeführt werden kann. Dadurch ergeben sich Unterschiede in den möglichen Zuständen, die die abstrakten und die die atomaren Prozesse während der Ausführung annehmen können. Als mögliche Einflußfaktoren des Zustands eines Datenprozesses sind zu nennen: Der Zustand seines (abstrakten) Vaterprozesses, der Zustand des korrespondierenden Kontrollprozesses (soweit vorhanden) sowie die Zustände der einlaufenden Daten- und Kontrollflüsse. Insbesondere bei den Kontrollprozessen darf man hinsichtlich seines "Zustands" zwei Dinge nicht verwechseln: Zum einen sind Kontrollprozesse hinsichtlich der Ausführungssemantik von ihrem Vaterdatenprozeß abhängig, d.h. wenn dieser Datenprozeß inaktiv ist, ist es auch der Kontrollprozeß. Andererseits wird das Innenleben eines Kontrollprozesses sehr oft durch ein Zustandsübergangsdiagramm beschrieben, d.h. das ein aktiver Kontrollprozeß sich dann in einem bestimmten internen Zustand befindet (welcher eben genau durch das Diagramm beschrieben ist). Um diese beiden Dinge nicht zu verwechseln, wollen wir im ersten Fall von seinem externen und im zweiten Fall von seinem internen Zustand sprechen.

Der Benutzer legt nun vor der Ausführung der Spezifikation die möglichen Zustände sowie die Zustandsübergänge für die Prozesse fest. Diese Festlegung ist als Teil der Ausführungssemantik einer speziellen RE-Sprache anzusehen und kann daher immer wiederverwendet werden, solange die benutzte Sprache die gleiche bleibt. Dabei wird sowohl für die abstrakten wie auch für die atomaren Prozesse ein Endlicher Automat definiert, der die sprachspezifischen Zustände der Datenprozesse während der Ausführung beschreibt (s. Abb. 1). Schließlich müssen auch für die Kontrollprozesse ihre externen Zustände (incl. der Transitionen) festgelegt werden. Also kann man auch hier mit Hilfe eines Endlichen Automat beschreiben, wie die Ausführungssemantik aussehen soll.

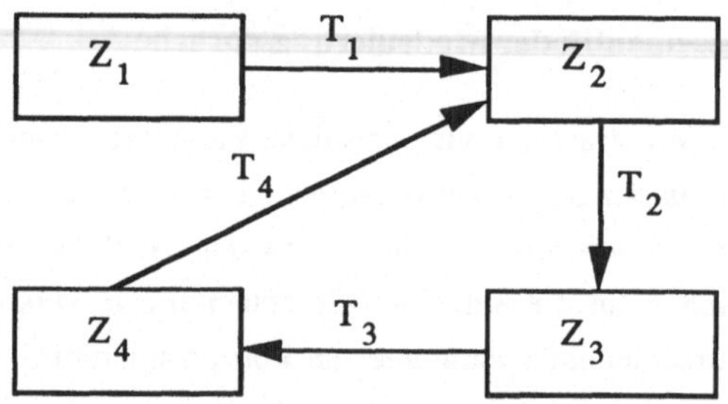

Abb. 1: Endlicher Automat zur Beschreibung der Prozeßzustände während der Ausführung

Bei der Definition der Transitionsmengen fällt folgendes auf: Einerseits werden hier die in der Sprache zur Verfügung stehenden Kontrollsignale referenziert, andererseits werden Ereignisse formuliert wie "alle Eingangsdatenflüsse tragen einen Wert", "mindestens ein Eingangsdatenfluß trägt einen Wert" oder "PSPEC Ausführung wurde soeben beendet". Da sich diese Zustandsübergangsdiagramme natürlich von Dialekt zu Dialekt unterscheiden, sie aber andererseits immer von den gleichen Dingen abhängen, kann man folgende Beispiele von Obermengen für die Zustands- sowie die Transitionsmengen angeben:

- $Z_{\text{Abstract DP}} = \{\text{active, inactive, suspended, interrupted, ...}\}$

- $T_{\text{Abstract DP}} = \{\text{activate, deactivate, suspend, resume, interrupt, ...}\}$

- $Z_{\text{Atomic DP}} = \{\text{executing, data\_awaiting, blocked , inactive, suspended, interrupted,}\qquad \text{....}\}$

- $T_{Atomic\,DP}$ = {activate, deactivate, suspend, resume, interrupt, data_existent, end_of_minispec, ...}

- Z_{CP} = {active, inactive, suspended, interrupted, ...}

- T_{CP} = {activate, deactivate, suspend, resume, interrupt, ...}

2.2   Instrumentierungsparameter

Um das dynamische Verhalten des Systems in sinnvoller Weise nachbilden zu können, insbesondere im Hinblick auf eine parallele Ausführung, ist es notwendig, die zeitlichen Abläufe während der Ausführung konkret steuern zu können. Hierzu haben wir die folgenden Parameter vorgesehen: Einerseits muß das Werkzeug auf irgendeine Weise Informationen über die Dauer der Ausführung von atomaren Datenprozessen bekommen. Eine Möglichkeit, Einfluß auf die Laufzeit von Prozessen zu nehmen, besteht nun darin, daß jeder einzelne Anweisungstyp der PSPEC-Sprache einen Wert zugeordnet bekommt, wielange er für seine Ausführung braucht. Diese zeitliche Angabe ist als Basiswert zu verstehen, welche je nach Prozessorleistung unterschiedlich gewichtet werden kann.

Um eine quasi uneingeschränkt parallele Ausführung des Modells erreichen zu können, gibt es die Möglichkeit, eine beliebig große Anzahl an Prozessoren zu simulieren (z.B. für jeden atomaren Datenprozeß ein eigener Prozessor). Das andere Extrem wäre die Benutzung eines einzigen Prozessors für die Modell-Simulation. Falls mehr als ein Prozessor simuliert werden soll, muß der Benutzer vor Beginn der Ausführung des Modells jedem atomaren Prozeß einen konkreten Prozessor zuweisen. Jeder Prozeß wird dann während der gesamten Interpretation des Modells auf dem ihm zugewiesenen Prozessor ausgeführt. Zusätzlich zur Festlegung der Anzahl an simulierten Prozessoren können auch verschiedene Leistungsniveaus der Prozessoren definiert werden. Dies geschieht jeweils relativ bezogen auf einen Standardwert. Die vom Benutzer spezifizierten Ausführungszeiten der Anweisungen in den PSPECs werden dann anhand der verschiedenen Leistungsniveaus der Prozessoren gewichtet.

Eine weitere Maßnahme der Instrumentierung besteht in der Beeinflussung des Schedulings. Aus einer vorgegebenen Menge von Schedulingalgorithmen kann für jeden simulierten Prozessor ein konkretes Planungsverfahren ausgewählt werden. Um eine möglichst realistische Ausführung des Modells hinsichtlich des zeitlichen Verhaltens zu erzielen, darf der Benutzter Prioritäten für die atomaren Prozesse festlegen. Durch die Angabe von Prozeßprioritäten wird wiederum Einfluß auf die Arbeit der

Schedulingalgorithmen ausgeübt, sofern diese auch die Einbeziehung von Prioritäten vorsehen. Die unterschiedlichen Schedulingalgorithmen wurden so ausgewählt, daß je nachdem, ob viel oder wenig Information bzgl. der zeitlichen Anforderungen zur Verfügung steht, das Planungsverfahren entsprechend darauf reagieren kann.

Ein weiterer Parameter bezieht sich direkt auf die Abläufe des Werkzeugs während eines Interpretationsvorgangs. Durch die Angabe der Länge eines Basis-Interpretationszyklus wird festgelegt, wielange die aktiven Datenprozesse ausgeführt werden, ohne daß von außen neue Information verarbeitet wird. Dadurch wird festgelegt, in welchen Zeitabständen die Kontrollprozesse Einfluß auf die Verarbeitung ausüben können. In diesem Zusammenhang ist auch die Zeitspanne zwischen zwei Visualisierungsschritten interessant. Der Zeitpunkt, zu welchem eine neue Repräsentation erzeugt wird, kann ebenfalls vom Benutzer angegeben werden. Ein Beispiel für eine sinnvolle Angabe lautet etwa, nach jeder Veränderung in einem bestimmten Teil des Modells eine neue Darstellung zu erzeugen. Mit diesem Parameter werden also die Bedingungen für die Neuberechnung der Modellanimation formuliert.

Nach dieser kurzen Einführung einiger Instrumentierungsmöglichkeiten wollen wir im folgenden eine Liste aller Instrumentierungsparameter angeben, die vor Beginn der Interpretation festgelegt werden können:

- Ausführungszeiten für die verschiedenen Anweisungstypen, die in der PSPEC-Sprache verwendet werden
- Anzahl der simulierten Prozessoren (Simulation ist erforderlich, da das Werkzeug auf Mono-Prozessor-Workstations arbeiten soll)
- relative Performance der simulierten Prozessoren
- Prioritäten für atomare Datenprozesse
- Art des Scheduling-Algorithmus auf jedem simulierten Prozessor
- Zeitdauer eines Basis-Interpretationszyklus, d.h. wie lange wird ein atomarer Prozeß ohne Unterbrechung ausgeführt
- Zeitspanne zwischen zwei Visualisierungsschritten, d.h. wann muß die Modellanimation neu berechnet werden

3.   Interpreter-Werkzeug

Dieses Kapitel gibt zunächst einen Überblick über die Gesamtfunktionalität des Interpreters. Anhand eines Durchlaufs durch den Gesamtzyklus des Interpreters werden die einzelnen Werkzeug-Komponenten mit ihrer jeweiligen Funktionalität erläutert. Besondere Bedeutung kommt dabei der globalen Netzflußanalyse zu, da dies die zentrale Werkzeugkomponente ist. Dabei wird auch die Architektur des Werkzeugs bzw. der einzelnen Teilsysteme des Werkzeugs vorgestellt. Ein zentrales Anliegen bei seiner Entwicklung ist die Werkzeug-Flexibilität. Als wichtigstes Kriterium der Architektur ist daher eine klare Aufteilung des Gesamtsystems auf sinnvoll gebildete Teilsysteme bzw. Module zu nennen.

3.1   Allgemeine Funktionalität (Globaler Zyklus)

Wir sprechen hier von einem globalen Zyklus, da das Werkzeug während der gesamten Ausführung eine bestimmte Folge von Operationen jeweils zyklisch wiederholt. Die Arbeitsweise des Interpreters läßt sich in vereinfachter Form durch den Ablauf zweier ineinander geschachtelter Zyklen beschreiben (s. Abb. 2).

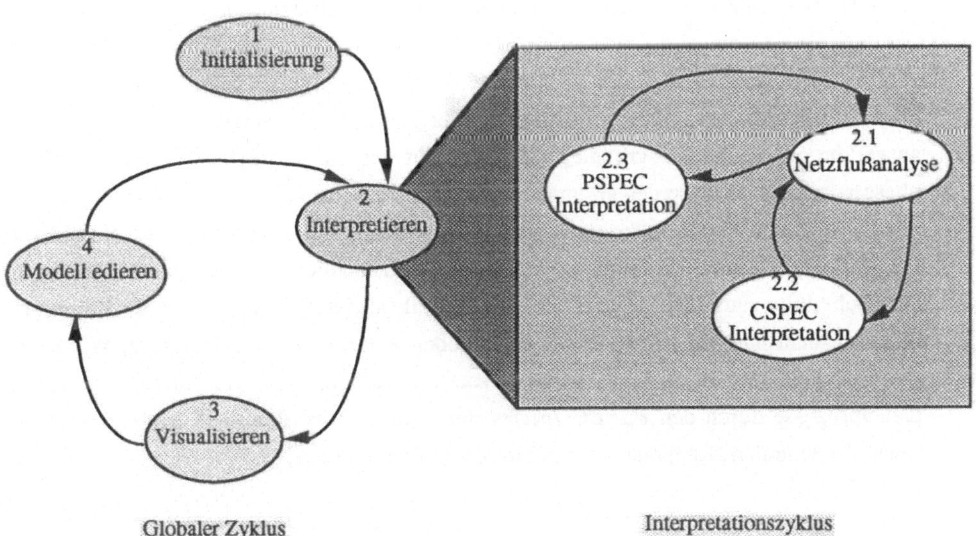

Abb. 2: Gesamtzyklus des Interpreters

Der globale Zyklus besteht dabei aus den Phasen Interpretieren - Visualisieren - (optionales) Edieren. Die eigentliche Phase der Modellinterpretation läßt sich dann wiederum als Zyklus von folgenden Schritten auffassen: Analyse des Netzflusses -

Interpretieren der Kontrollprozesse - Interpretieren der (atomaren) Datenprozesse. Zu Anfang der Werkzeugaktivität muß eine Phase der Modellinitialisierung durchgeführt werden, in welcher die von den Terminatoren einlaufenden Daten- und Kontrollflüsse mit aktuellen Werten belegt werden müssen. Darüber hinaus muß der Spezifikator des Modells Angaben zu den gewünschten Modell- und Werkzeugparametern machen. Hierzu zählen insbesondere die in Abschnitt 2.2 vorgestellten Instrumentierungsparameter. Die Festlegung der Ausführungssemantik erfolgt natürlich gemeinsam mit der Festlegung eines konkreten Dialektes einer SA/RT-Sprache durch den Konfigurator von Editor- und Interpreterwerkzeug.

Innerhalb des globalen Zyklus gibt es dann den Interpretationszyklus, in welchem die eigentlichen Schritte der Modellinterpretation durchgeführt werden. Dieser Interpretationszyklus wird erst dann verlassen, wenn eine neue Darstellung des Modellzustands erzeugt werden muß. Schließlich gibt es noch die ditte Phase, in welcher - optional - aktuelle Werte des Modells, z.B. Werte von Daten- oder Kontrollflüssen, verändert werden können. Hierdurch wird ein Debug-Mechanismus nachempfunden.

Im folgenden wird nur noch die Phase der eigentlichen Interpretation, also der interne Interpretationszyklus, betrachtet, da hier die zentralen Funktionen des Werkzeugs ausgeführt oder zumindest grundlegend vorbereitet werden. Zu Beginn der Interpretationsphase wird eine Analyse des gesamten Netzflusses durchgeführt. Anschließend kann die Ausführung von Kontrollprozessen veranlaßt werden, wobei natürlich nur die aktiven Kontrollprozesse berücksichtigt werden, die auch tatsächlich schalten können. Nachdem der Scheduler aus der Menge der potentiell aktiven Datenprozesse diejenigen herausgesucht hat, die aufgrund der verschiedenen Kriterien (z.B. Priorität, Wartezeit, Dringlichkeit etc.) in diesem Zyklus bevorzugt werden, kann die Ausführung dieser Datenprozesse durch den *PSPEC Interpreter* veranlaßt werden. Auf Architekturebene sehen die zentralen Komponenten des Interpreter wie folgt aus:

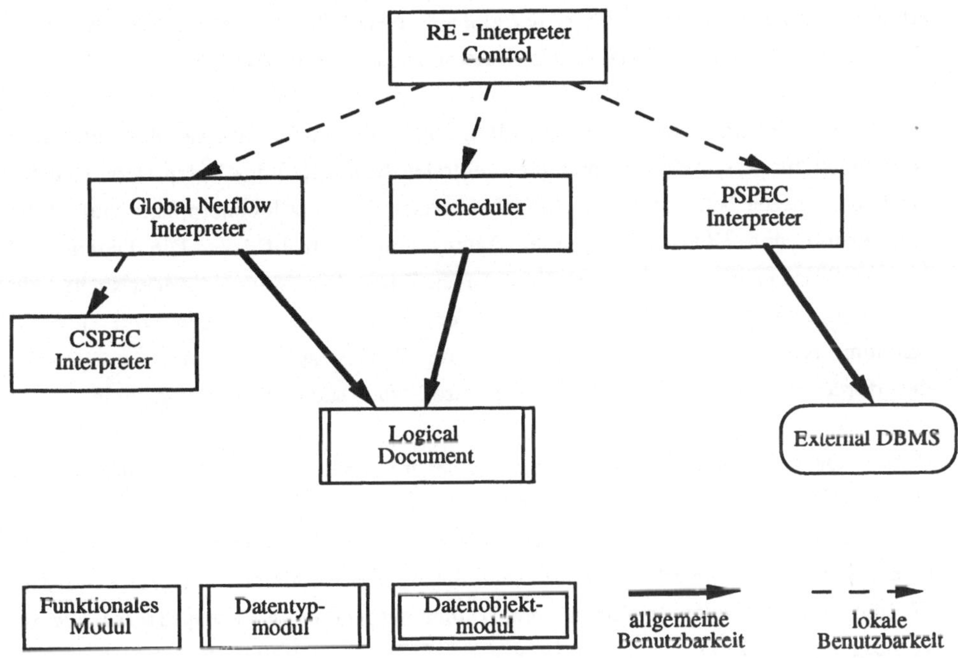

Abb. 3: Überblick über die Architektur des Interpreters

Bei den Datenstrukturen unterscheiden wir zwischen der statischen Modellbeschreibung und den dynamischen Laufzeitdaten. Beide Anteile sind in dem Modul *Logical Document* abgelegt. Während die Modellspezifikation nur durch das Editor-Werkzeug verändert werden kann, werden die Laufzeitdaten (später auch mit *Runtime Data* bezeichnet) nur vom Interpreter geschrieben. Zusätzlich ist der Anschluß an ein externes Datenbanksystem (s. External DBMS) vorgesehen, auf welches bei der Modellspezifikation und -ausführung zugegriffen werden kann. Im folgenden werden die zentralen Teilsysteme des Werkzeugs, d.h. *Global Netflow Interpreter, Scheduler* und *PSPEC-Interpreter* seperat vorgestellt.

3.2   Globale Netzflußanalyse

In der Phase der globalen Netzflußanalyse werden alle Datenflußdiagramme hierarchisch ausgewertet, so daß die aktuellen Zustände aller Kontroll- und Datenprozesse ermittelt werden können. Die Phase der globalen Netzflußanalyse ist beendet, wenn die Berechnung der aktuellen Zustände aller Datenprozesse abgeschlossen ist.

In diesem Paragraphen wollen wir die Arbeitsweise des globalen Netzflußinterpreters, welcher einen ganz zentralen Bestandteil des Interpreters darstellt, etwas detaillierter betrachten. Der Aufgabenbereich des Netzflußinterpreters umfaßt die Auswertung und Überwachung aller Daten- und Kontrollflüsse. Die Daten- und Kontrollflüsse nehmen genau dann einen neuen Zustand an, wenn entweder soeben ein Wert von dem Fluß entfernt wurde oder wenn der Fluß einen neuen Wert zugeteilt bekommt. Nachdem ein Kontrollfluß einen neuen Zustand angenommen hat, müssen wir die erforderlichen Zustandsänderungen in Kontroll- und Datenprozessen vornehmen.

Dazu ermittelt der *Global Netflow Interpreter* zunächst die Menge aller aktiven atomaren Datenprozesse, die im vorherigen Zyklus nicht aktiv waren. Ihre Ausführung kann jetzt gestartet werden. Ähnlich wird mit den aktiven Datenprozessen verfahren, die bereits vorher aktiv waren. Bei diesen kann die Ausführung einfach fortgesetzt werden. Für die unterbrochenen (interrupt-Signal) oder suspendierten Datenprozesse, die im vorhergehenden Zyklus noch aktiv waren, muß der Netzflußinterpreter natürlich veranlassen, daß diese Prozesse aus der Menge der aktiven Prozesse entfernt werden. Gegebenenfalls muß für die unterbrochenen Datenprozesse noch eine Ausnahmebehandlung angestoßen werden.

Allgemeiner formuliert läßt sich die Zielsetzung dieser Phase in zwei Teilziele zergliedern. Zum einen geht es um die Aktualisierung der externen Zustände aller Kontrollprozesse, sowie die Ermittlung der Datenprozeßzustände. Dies geschieht mit Hilfe der oben beschriebenen Zustandsübergangsdiagramme (für die Ausführungssemantik), in welchen festgelegt ist, welche Zustände die verschiedenen Prozeßtypen unter welchen Bedingungen annehmen. Dieses Teilziel läßt sich also als Ermittlung sämtlicher Veränderungen im Netzfluß zum vorangegangenen Zyklus auffassen.

Zum anderen müssen die vom Scheduler benötigten Informationen über die atomaren Datenprozesse, welche im nächsten Schritt vom Scheduler berücksichtigt werden müssen, berechnet werden. Im einzelnen bedeutet das, daß wir Mengen von atomaren Datenprozessen bilden müssen, und zwar eine Menge für alle unterbrochenen Prozesse, eine für alle deaktivierten und eine für alle aktiven Prozesse.

In Abb. 4 ist das Archtiekturdiagramm für den *Netflow Interpreter* aufgezeigt. Hier finden sich insbesondere Datentypmodule für die verschiedenen Tabellen mit den aktuellen Zuständen aller Prozesse (z.B. *Control Process State Table*). Darüber hinaus veranlaßt der Netflow Interpreter zu gegebener Zeit die Ausführung der Kontrollprozesse durch den CSPEC-Interpreter. Da in einem SA/RT-Modell alle Kontrollprozesse (also auch jene auf den höheren Ebenen der Datenflußdiagramme) eine seperate Spezifikation besitzen, müssen diese verzahnt mit der Netzflußanalyse interpretiert werden. Es genügt also nicht wie bei den Datenprozessen, nur die unterste Ebene auszuführen. Aus diesem Grund läuft die CSPEC-Interpretation jeweils abwechselnd mit der eigentlichen Netzflußanalyse für jede Ebene der Datenflußdiagramme seperat ab.

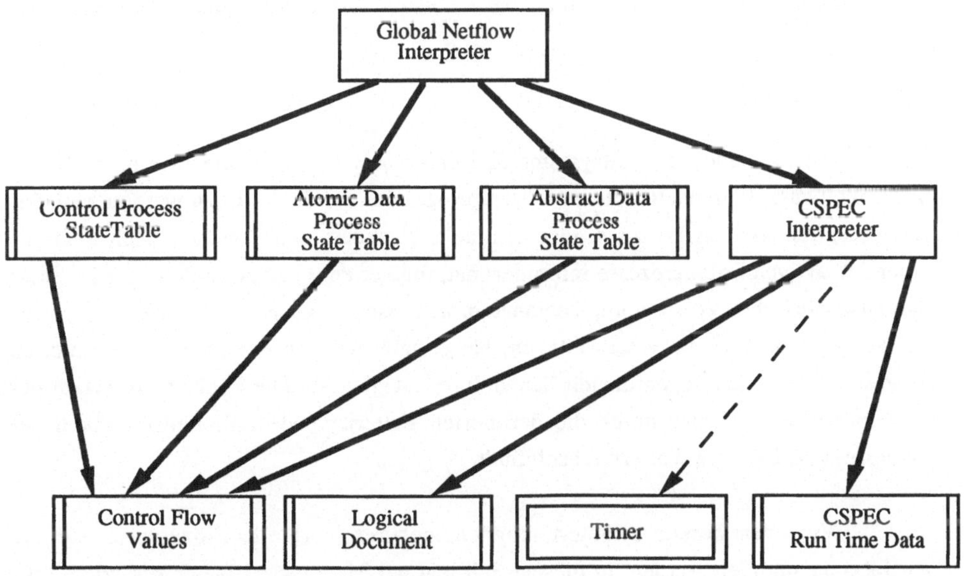

Abb. 4: Architektur des Teilsystems *Global Netflow Interpreter*

Die Vorgehensweise bei der globalen Netzflußanalyse erfolgt top-down, d.h. man beginnt auf der Ebene des Kontextdiagramms und geht in jedem Schritt auf die nächst tiefere Ebene bis man bei den atomaren Prozessen angekommen ist. Sie kann nun wie folgt skizziert werden:

1.   Ermittle den Zustand des Systemprozesses; (= Ebene des Kontextdiagramms)
2.   Gehe zur Ebene 0;

3. Ermittle den externen Zustand des Kontrollprozesses unter Berücksichtigung der Zustände aller einlaufenden Kontrollflüsse sowie gemäß des Endlichen Automaten für die Ausführungssemantik;

4. Ermittle den internen Zustand des Kontrollprozesses gemäß der CSPEC unter Berücksichtigung der Zustände aller einlaufenden Kontrollflüsse; dabei schreitet die virtuelle Systemuhr gemäß den zeitlichen Angaben an den CSPEC-Anweisungen voran;

5. Ermittle die Zustände aller Datenprozesse unter Berücksichtigung der Zustände aller einlaufenden Daten- und Kontrollflüsse sowie gemäß des Endlichen Automaten für die Ausführungssemantik;

6. Gehe zur nächsttieferen Ebene und wiederhole die Schritte 3 bis 5 für alle Datenflußdiagramme dieser Ebene solange bis keine tieferen Ebenen mehr vorhanden sind;

3.3 Scheduler

Die Aufgabe des Teilsystems *Scheduler* besteht darin, die in einem Zyklus tatsächlich auszuführenden atomaren Datenprozesse zu ermitteln. Dazu werden zunächst alle potentiell aktiven Prozesse aufgesammelt. Nachdem der Scheduler sich über die potentiell aktiven Datenprozesse informiert hat, muß er entscheiden, welche der Prozesse nun tatsächlich ihre Verarbeitung beginnen bzw. fortsetzen können. Wieviele und welche der Prozesse parallel aktiv sein können, hängt natürlich von der Zahl der simulierten Prozessoren und den zugeordneten Schedulingstrategien ab. Die konkrete Auswahl der Datenprozesse wird also durch die definierten Kriterien, wie z.B. Zeitschranken der Prozesse, Priorität oder Wartezeit, beeinflußt.

Wie oben bereits erläutert, können meherere virtuelle Prozessoren für die Ausführung simuliert werden. In diesem Fall legt der Modellspezifikator zusätzlich fest, auf welchem Prozessor die einzelnen atomaren Datenprozesse ausgeführt werden sollen. Diese Festlegung beeinflußt natürlich den Grad an Parallelität, der maximal erreicht werden kann. Außerdem muß für jeden simulierten Prozessor ein bestimmtes Schedulingverfahren definiert werden, ansonsten wird der Defaultwert (LIFO-Strategie) gewählt.

Diese Anordnung findet sich nun in der Architektur wieder (s. Abb. 5). Es gibt eine allgemeine Basisklasse *Scheduler*, welche auf eine Schedulingschlange (*Queue*) zugreift. In dieser befinden sich alle für den Schedulingvorgang relevanten Informationen über atomare Datenprozesse (*Atomic Data Process*). Oberhalb des allgemeinen Schedulers gibt es Spezialisierungen für jeden Typ von Scheduler (z.B. *LIFO-Scheduler*), also für jedes einzelne Schedulingverfahren, das von dem Werkzeug simuliert werden kann. Zur Laufzeit des Interpreters werden nun genau soviele Instanzen von diesen speziellen Schedulerklassen erzeugt, wie Prozessoren (*Processor*) simuliert werden sollen. Aus Gründen der Vollständigkeit sind auf Seiten der Prozessoren ebenfalls mehrere Spezialisierungen (z.B. *ABC-Processor*) vorgesehen. Diese entsprechen jeweils verschiedenen PSPEC-Sprachen. Die *Scheduler Control*-Komponente verteilt nun die einzelnen Prozesse an die Prozessor-lokalen Scheduler, so daß die vom Benutzer festgelegten Prozeß-zu-Prozessor Zuordnungen eingehalten werden. Die Zuordnung zwischen den Prozessor- und den Scheduler-Instanzen wird in der *Virtual Procesor to Scheduler Table* gespeichert.

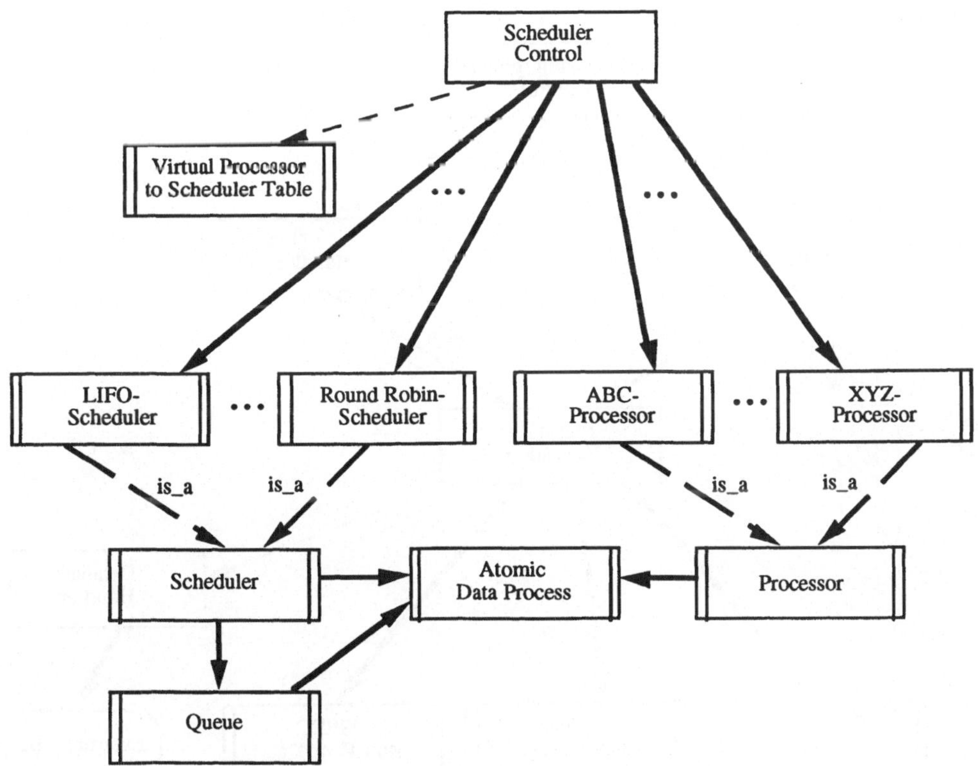

Abb. 5: Architektur des Teilsystems *Scheduler*

3.4   PSPEC-Interpreter

Der PSPEC-Interpreter hat die Aufgabe, sämtliche Anweisungen in den Spezifikationen der atomaren Datenprozesse zu interpretieren. Dazu zählen neben den "normalerweise" auszuführenden Anweisungen auch die Ausnahmebehandlungen im Falle eines Interrupts. Da die Ausführung von Mini-Spezifikationen und von Ausnahmebehandlungen sehr ähnlich ist, wurde der Basisbaustein *Stepwise Execution* eingeführt (s. Abb. 6). Mithilfe der Vererbung werden dann die konkreten Bausteine *Mini-Spec Interpreter* und *Exception Handler* aus dem Basismodul abgeleitet. Ähnlich wie bei den lokalen Schedulern, gibt es auch bei den *Mini-Spec Interpretern* für jeden simulierten Prozessor eine Instanz dieses Moduls. Somit wird ein simulierter Prozessor durch den *Mini-Spec Interpreter* in Verbindung mit dem *Exception Handler* repräsentiert.

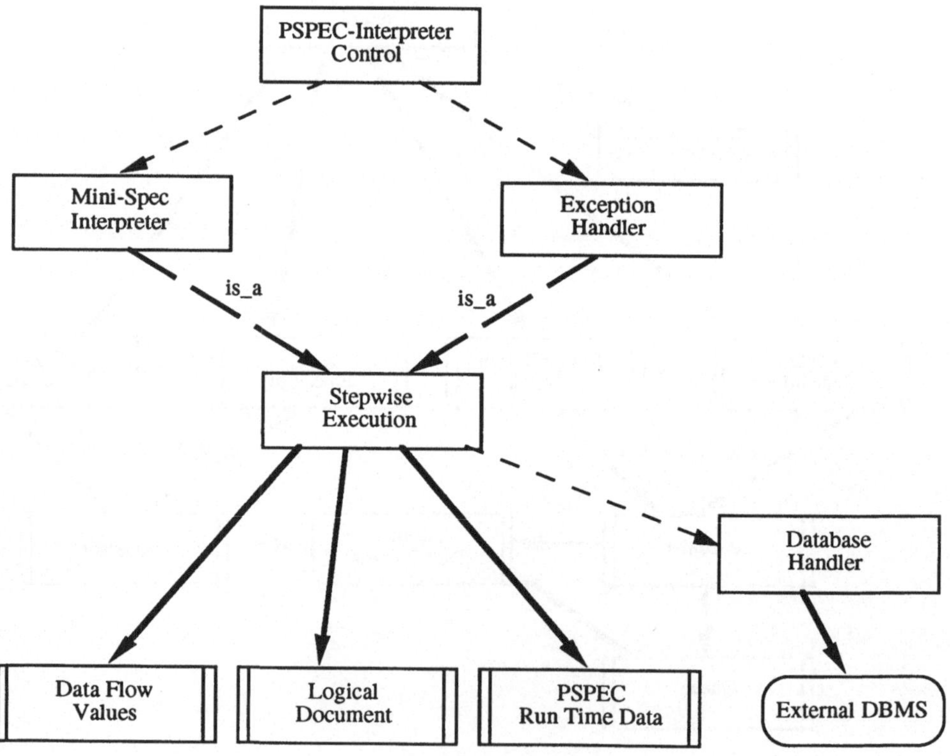

Abb. 6: Architektur des Teilsystems *PSPEC Interpreter*

Zu Beginn der PSPEC Ausführung müssen alle einlaufenden Datenflüsse (*Data Flow Values*) bestimmt werden, die einen Wert tragen. Anschließend kann der Interpretationsvorgang beginnen, wobei die Anweisungen der PSPEC sequentiell abgearbeitet werden. Hierbei werden in einem Basiszyklus der Interpretation genau soviele Anweisungen ausgeführt, wie es gemäß den zeitlichen Vorgaben möglich ist. Falls eine der auszuführenden Anweisungen eine Datenbankoperation ist, veranlaßt der *PSPEC Interpreter* die Weitergabe dieser Anweisung an den *Database Handler*. Falls ein zuvor aktiver Datenprozeß ein Interrupt-Signal erhält, wird zunächst untersucht, welche der im PSPEC-Rahmen angegebenen Ausnahmebehandlungsroutinen für den aufgetretenen Interrupt zuständig ist. Anschließend wird der Zustand dieses Datenprozesses von aktiv auf unterbrochen gesetzt und der *Exception Handler* wird aufgerufen, damit er seine Arbeit aufnehmen kann. Dieser Vorgang wird mit höchster Priorität durchgeführt, so daß er vor der weiteren Ausführung von anderen Datenprozessen stattfindet. Am Ende einer Zeitscheibe müssen die Laufzeitdaten der atomaren Prozesse, deren PSPEC nicht vollständig interpretiert wurde, in dem dafür vorgesehenen Dokument (*PSPEC Run Time Data*) abgespeichert werden, damit sie im nächsten Zyklus wieder zurückgeladen werden können. Bei den Prozessen, deren Anweisungsliste vollständig abgearbeitet wurde, müssen jetzt die aktuellen Werte auf die auslaufenden Datenflüsse (*Data Flow Values*) geschrieben werden.

Literatur

1. M. Nagl: A Chracterization of the IPSEN-Project, in N. H. Madhavji/W. Schafer/H. Weber (Eds.): SD&F1-Proc. 1st Int. Conf. on System Development Environments & Factories, Berlin 1989, London: Pitman, pp. 141-150 (1990)

2. M. Nagl: Softwaretechnik: Methodisches Programmieren im Großen, Berlin: Springer-Verlag (1990).

3. C. Ghezzi/M. Jazayeri/D. Mandrioli: Fundamentals of Software Engineering, Englewood Cliffs: Prentice Hall (1991).

4. T. DeMarco: Structured Analysis and System Specification, New York: Yourdon Press (1978).

5. P. T. Ward: The Transformation Schema: An Extension of the Data Flow Diagram to Represent Control and Timing, IEEE Transactions on Software Engineering vol. SE-12 no. 2, pp. 198-210 (1986).

6. P. T. Ward/S. J. Mellor: Structured Development for Real-Time Systems, New York: Yourdon Press (1985).

7. P.P. Chen: Entity Relationship Approach to Information Modelling and Analysis, Amsterdam: North Holland (1983).

8.   D. J. Hatley/I. A. Pirbhai: Strategies for Real-Time System Specification, New York: Dorset House (1987).

9.   K. Shumate/M. Keller: Software Specification and Design - A Disciplined Approach for Real-Time Systems, New York: J. Wiley (1992).

10.   J. Derissen/P. Hruschka/M. v.d.Beeck/Th. Janning/M. Nagl: Integrating Structured Analysis and Information Modelling, Technischer Bericht AIB 89-17 (1989).

11.   Th. Janning: Integration von Sprachen und Werkzeugen zum Requirements Engineering und Programmieren im Großen, Dissertation, RWTH Aachen (1992).

12.   M. v. d. Beeck: Improving Structured Analysis - Achieving Preciseness, Executability and Real-Time Specification, Tagungsband RE ´93 Prototyping, Bonn, Teubner Verlag (1993).

13.   R. K. Keller: Prototypingorientierte Systemspezifikation, Dissertation, Verlag Dr. Kovac, Hamburg (1989).

14.   G. Scheschonk: Design/CPN - ein Werkzeug zur Simulation von hierarchischen CP-Netzen, Technischer Beitrag CIT Communication and Information Technology GmbH (1989).

15.   W. Bruyn/R. Jensen/D. Keskar/P. T. Ward: ESML: An Extended Systems Modeling Language based on the Data Flow Diagram, Software Engineering Notes vol. 13 no. 1, pp. 58-67 (1988).

16.   D. Harel et al.: STATEMATE: A Working Environment for the Development of Complex Reactive Systems, IEEE Transactions on Software Engineering vol. 16 no. 4, pp. 403-414 (1990).

17.   Athena Systems, Inc.: Foresight: Modeling and Simulation Toolset for Real-Time System Development, Foresight Product Description (1989).

18.   Computer & Software Engineering: ShortCut User's Manual, CSE Salzburg (1990).

TOPOS: A Prototyping-Oriented Open CASE System

R. Plösch, H. Rumerstorfer, R. Weinreich

Abstract

We present the principles of an approach model for the prototyping-oriented development process of software systems. Because massive employment of tools is necessary for such a prototyping oriented-development, we describe the kind of toolsets which are suitable for prototyping and the requirements for prototyping-tools. The overall structure of our open CASE system, called *TOPOS* (an acronym for TOolset for Prototyping-Oriented Software development), and the tools for user interface prototyping and architecture and component prototyping are described in detail. By *openess* of a system we mean that it is easily possible to exchange tools or add new tools, i.e., expanding the toolset. We give a description of the basic concepts of the user interface prototyping-tools and architecture and component prototyping tool. The user interface and interesting parts of the implementation of these tools are presented so far it is of interest for the prototyping process.

1   Motivation

The human mind solves complex problems by systematically decomposing the process of problem solving [1]. An approach model in this sense regulates the chronological sequence of the solving process and thus decomposes the process into distinct steps that make stepwise planning, decision and implementation possible.

A family of approach models for software development was developed in the 1960s and is known as *Phase Model* or *Waterfall-Model* [2], [3], [4]. These approach models, commonly known as Software Life-Cycle Models (SLC), split the process of software development into the phases *Requirements Analysis, Requirements Definition, Design, Implementation, Test, Operation, and Maintenance*. The main characteristic of an SLC is the strict separation of the distinct phases; i.e., one activity of a phase may only be started when the previous phase is finished and thus the result of this phase (documents and/or products) is available as input for the next phase.

The software life cycle model is the most widespread software development methodology used today and has been shown to be useful although there are some essential drawbacks:

- *Lack of iterations*: The assumption of a completely linear software development process proved false. Software development is an iterative process.

- *Lack of customer/developer communication:* Due to the sequential nature of the process model, customer approvable results are available only very late in the project. Thus, changes in the requirements often can only be realized with substantial costs, as in many cases the architecture of the system has to be changed.

- *The assumption of completeness*: The result of a phase, i.e., documents and/or products, is in many cases not complete, as necessary information can only be obtained in later phases.

- *The separation of phases*: The strict separation of phases is not realistic, as the simple input/output model does not at all describe the complex interaction between the individual steps of the model.

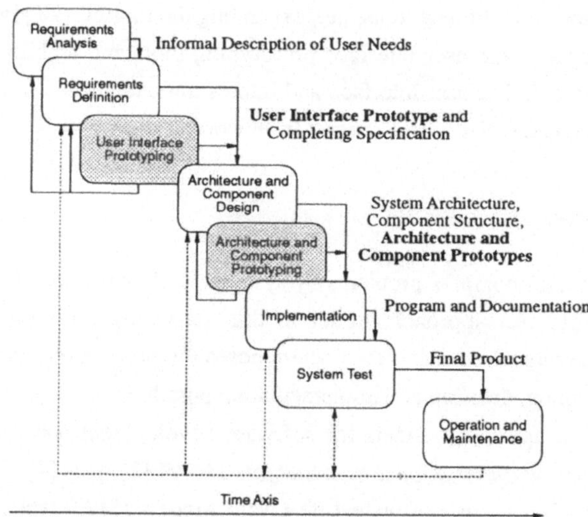

Figure 1: Prototyping-Oriented Life Cycle-Model [5]

The prototyping-oriented model (see Figure 1) tries to overcome the shortcomings of the classical life-cycle model by improving and extending the model. The following modifications and extensions result in the prototyping-oriented model:

- The life-cycle model is explicitly not a sequential but an iterative model, where it is clearly defined when and how iterations should take place (see Figure 1).

- The strict separation of phases is not part of the model anymore. Requirements analysis and requirements definition overlap in time. There is no clear separation between the design, implementation and test phases.

- One essential aspect of this life-cycle model is the prototyping support, especially *user interface prototyping* and *architecture and component prototyping* (Figure 1)

According to [6], "A prototype is an easily modifiable and extensible working model of a proposed system, not necessarily representative of a complete system, which provides later users of the application with a physical representation of key parts of the system before implementation".

The main advantages of the prototyping-oriented model are the overlapping of the single activities and the kinds of phase results (which also may be executable prototypes) that build the interface between these phases. The most important aspect is the support of the systems engineer by specialized tools to allow quick and cheap construction of prototypes.

2   The Prototyping-Oriented Development Process

The prototyping-oriented life-cycle model presented in the previous section is an approach model for the development of software. Nowadays parts of an application (e.g., the user interface) are developed at a high abstraction level by using prototyping tools, thus helping to speed up the development process. These high-level parts are afterwards connected to low-level parts (usually written in algorithmic programming languages using the conventional sequential paradigm). Usually there is no interaction between the high-level parts and the low-level parts. The construction of software systems according to this procedure proves to be successful where the conventionally developed parts are not too complex.

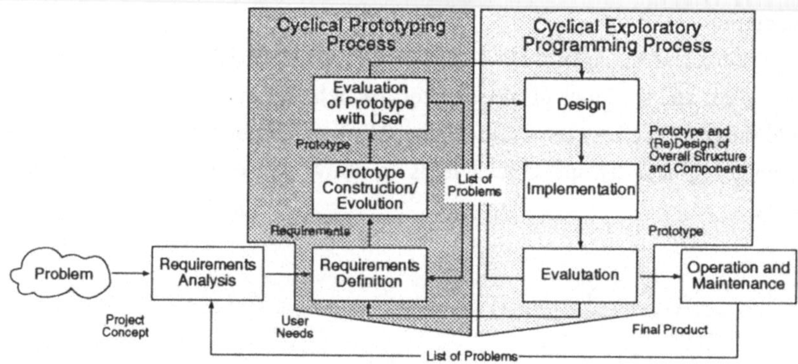

Figure 2: Prototyping-oriented incremental software development process

The conventional sequential paradigm for the construction of low-level parts does not work properly for more complex systems since it does not support the evolution of application parts written in an algorithmic language and reusable high-level prototypes. An evolutionary approach is necessary, as it is difficult to determine whether the architecture of a system consisting of high-level parts and low-level parts will work properly. In addition, it is expensive to change prototypes once they are integrated with the conventional parts, as the reintegration is time-consuming and error-prone. This leads to a prototyping-oriented incremental software development process, as suggested in [5], that tries to overcome these disadvantages (see Figure 2).

According to this model the software development process consists of three cyclical subprocesses. It is significant that two processes (prototyping and exploratory programming) are integrated as subprocesses into one cyclical prototyping-oriented incremental software development process, which is the third cyclical process. This development process is very flexible and is suited to describing almost every kind of software development process, where exploration of the application area is necessary. The idea of exploratory programming—which forms the basis of this model—proves to be essential

- when enhancing high-level prototypes with some algorithmic chunks of code,

- when algorithmically implementing core parts of the system in order to test the feasibility of the system and

- when exchanging existing code segments or even high-level parts, since these are just stubs in the prototyping phase or do not fit the requirements anymore.

3   Requirements for Tools

The idea of prototyping combined with the principles of exploratory programming—as described in the previous section—is important for the definition of requirements for tools supporting this paradigm. The prototyping-oriented incremental software development process (see Figure 2) is a general model that only distinguishes between a prototyping process and an exploratory programming process.The open CASE system we describe in this paper provides tools for the construction of user interfaces (user interface prototyping) and tools for the (re)design of the system architecture and the individual components (exploratory programming process).

In principle there are two possibilities to support the systems engineer with suitable tools. The first possibility is the provision of an integrated toolset. The major disadvantage of this approach is that it is possibly restricted to a specific application area and can hardly be adapted to evolving software-engineering needs (e.g., support for object-oriented programming [7], [8]). Our approach was to connecting various existing prototyping tools with a programming environment, thus the idea of an open CASE system. Generally such a tool has to support the prototyping-oriented incremental software development process and to provide features for the management of hybrid software systems. Furthermore, it has to support the concept of an open CASE system; i.e., it must be easily possible to exchange tools with other, more suitable tools, or to add new components to the system. On the basis of the life-cycle model depicted in Figure 1, we consider it important to support the prototyping of user interfaces, architecture, and components of a software system. It is suitable to define more specific requirements for these prototyping tools. For user interface prototyping (see Figure 1) the following requirements are crucial:

- support of the full range of user interface elements provided by the underlying window system

- support for different window systems, e.g., Sunview™, OpenWindows™

- possibility to add dynamics to a user interface prototype, e.g., to specify the action to be taken when e.g. a button is pressed

- easy and quick toggling between design and run mode

- efficient code generation to support incremental software development

For architecture and component prototyping (see Figure 1) the following requirements must be fulfilled:

- interpretation of the supported programming language for low-level parts instead of compilation to allow short tunaround times

- abstraction concepts permitting the construction of reusable and extensible

- simulation of the information flow between system components

- automatic logging of the simulation process

- automatic playback of already performed simulations

4   TOPOS

The considerations presented in the previous sections made it clear that we needed at least tools that support 1) the requirements analysis and specification phases by supporting the construction of user interface prototypes and 2) the design and implementation phase by supporting the construction of prototypes of the system architecture and enabling architecture verification. As can be seen from the model depicted in Figure 2, a combination of these tools has to be possible. That means it is also necessary to enable the execution of the architectural prototypes together with user interface prototypes.

This led to the implementation of TOPOS. As already mentioned above, TOPOS is not an integrated environment but an open CASE system. (TOPOS stands for a TOolset for Prototyping-Oriented Software development). The main emphasis is on tools supporting the use of prototyping in the different phases of the software development process. But other tools (e.g., for project management, documentation, and maintenance) are also part of the environment.

The current structure of TOPOS is depicted in Figure 3. The central part is the *System Construction Tool*, which supports the design, implementation and test phase and thus is also responsible for providing a mechanism for architecture verification. The other parts of TOPOS are grouped around this tool. Two tools are available that support user interface prototyping in different ways, the User Interface Construction Tool (UICT) and the Dynamic Interface Creation Environment (DICE). This has historical reasons and shows the openness of the system.

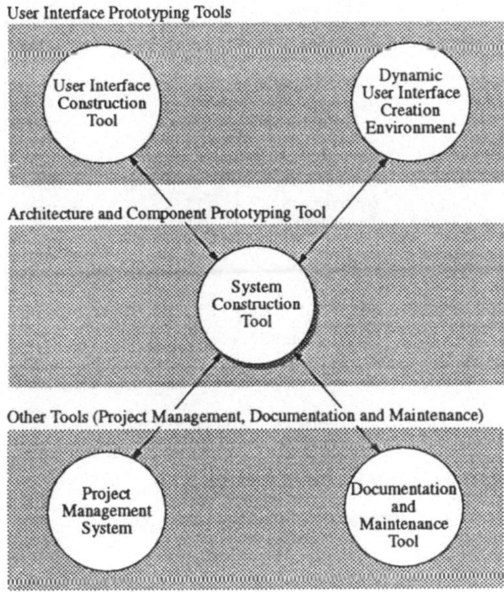

Figure 3: The structure of the TOPOS environment

In the following sections we will describe only components of the TOPOS environment that relate directly to prototyping. A description of the tools for the management of a project's components and for documentation and maintenance (depicted in Figure 3) can be found in [9] and in [10].

5   User Interface Prototyping

User interfaces play an important role during the specification process, as they have a great impact on establishing the functional requirements of a software system. So the user interface specification and its functional behavior can be presented best by means of an executable prototype. This executable model at the user interface level also provides an ideal basis for the communication between the client and the developer [5]. The main activities during the specification phase (definition, description and analysis of the requirements) are supported by the development of a user interface prototype.

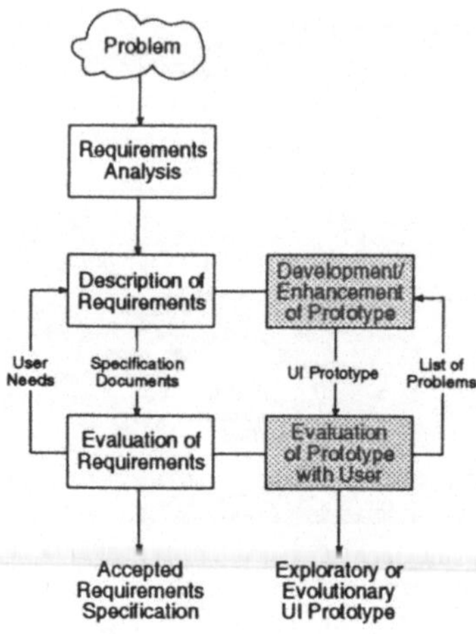

Figure 4: User interface prototyping

The description of requirements is accompanied by the development of the user interface prototype. Experiments with the prototype ease the requirements analysis. If further requirements or enhancements arise in this process, the prototype has to be extended. This cyclical development and evaluation process of the user interface prototype is done in dialog with the user by means of the feedback approach (see Figure 4). User interface prototyping only makes sense if the prototype can be developed rapidly and incrementally; i.e., appropriate tools to develop a "quick and clean" prototype have to be available.

5.1   Concepts

The main idea of our user interface prototyping tools is based on the fact that dialog-oriented software systems and their user interfaces can be captured by a set of states and possible state transitions of a finite automaton. From the user's point of view, these states are defined by the graphic representation on a communication medium (e.g., screen layouts). A state transition is triggered by a user's reaction to a particular state and/or by the software system itself. The static layouts for a user interface prototype are constructed by selecting user interface elements from a set of basic user interface building blocks (windows, subwindows, popup menus, dialog boxes, buttons, sliders, etc.) that already have a certain default functionality.

The most important aspect of the development of a prototype for exploring the user's requirements is the dynamic behavior of the user interface. Some parts of the dynamics are specified by the user interface elements themselves because each user interface element provides a predefined functionality depending on its type. But this is often insufficient to create a realistic prototype. To enhance the prototype to an accomplished application, predefined messages can be sent from any user-activated interface element to any other user interface element of the prototype. Another possibility to enhance a prototype's functionality can be achieved by object-oriented programming. If the functionality of the basic building blocks needs to be extended, it is possible to generate C++ classes that implement the user interface as specified. These classes can then be modified by deriving subclasses.

As mentioned in a previous section, our toolset for prototyping-oriented software development provides two interchangeable tools that can be applied for user interface prototyping. UICT [11] is a tool that provides a high-level language (UISL, User Interface Specification Language) for the specification of a user interface prototype. DICE (Dynamic Interface Creation Environment) [12] makes the specification process easy by providing directly manipulating window editors to specify a prototype. The tools can easily be interchanged in the TOPOS environment, which shows the usefulness and applicability of this open CASE system approach.

5.2   User Interface

To specify user interfaces with UICT, either a special-purpose graphic editor (UI-Editor) or a common text editor can be used. The text editor is used to write specifications in UISL, a simple high-level user interface specification language. Since graphic specifications are usually more convenient than textual specifications, UISL serves only as an auxiliary means of specification. Nevertheless, UISL has shown to be an excellent means of formalizing the applied user interface paradigm. (See [11] for a more detailed description of UICT.)

With DICE one can define a user interface by using solely graphical means, thus abandoning any textual input. DICE is able to manage an arbitrary number of prototypes, so that several prototypes can be viewed and compared at a time. Each prototype consists of a set of windows that are specified using a window editor. If a certain window of a prototype is selected, DICE displays a control panel with a palette of user interface elements.

The window editor allows the developer to edit the contents of the window, i.e., to select interface elements from the user interface elements palette (see Figure 5) and position them in the window. Afterwards for each of these user interface elements, attributes, like text or color of a button, can be specified. DICE's window editor together with the user interface elements palette represents a formalism for graphic-oriented specification of user interfaces. The specification of a prototype is transformed into an operational prototype simply by pressing the "Test Prototype" button in the control panel. There are three possibilities to support the prototyping-oriented incremental software development process using DICE:

- Each user interface element has a number of predefined messages assigned to it, e.g., a text field understands the messages *Enable, Disable* and *SetText(...)*. This allows the specification of simple dynamic behavior.

- Algorithmic components of a prototype can be implemented in any formalism and communicate with the user interface prototype specified with DICE by means of a simple protocol on the basis of UNIX interprocess communication facilities. This protocol allows the exchange of events and data between the user interface prototype and the algorithmic part. This integration of algorithmic components requires no code generation and thus no compile/link/go cycles.

- To enhance the prototypem in the sense of exploratory programming DICE creates subclasses of ET++ classes (see implementation description of DICE in the next section) when the "Generate Code" button is pressed. Additional functionality can be implemented in subclasses of the generated classes by overriding or extending the corresponding dynamically bound methods.

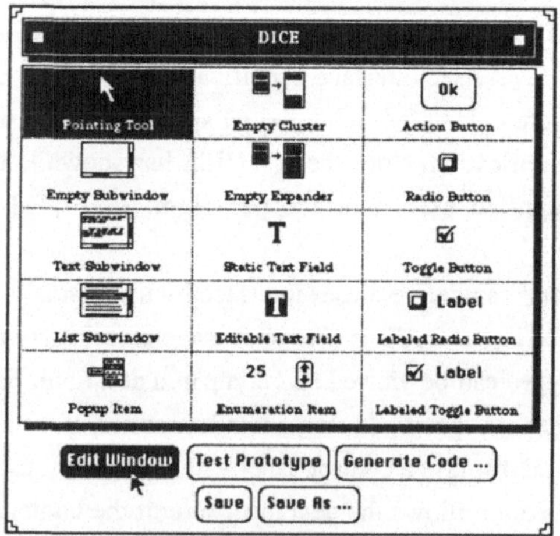

Figure 5: DICE's Control Panel

5.3   Implementation

UICT is a generator system and includes the tools UI-Editor, UI-Translator, UI-Interpreter and Modula-2/C Code Generator. The UI-Translator checks the syntactic correctness of a prototype specification formulated in UISL and transforms it into an interpretable formal language. To be able to experiment with the prototype, this language can be processed by the UI-Interpreter. If the functionality of the created user interface elements does not suffice, the prototype description can be augmented with procedure calls. Instead of the interpretable formal language, Modula-2 or C code can be generated with the Modula-2/C Code Generator.

UICT was developed on Sun workstations and ported to Siemens PC 16-20 machines. The implementation language is Modula-2. In order to be able to use program components that were already implemented in C (particularly the window management system), a Modula-2 layer was wrapped around each C component. For this purpose a Modula-2 environment that permitted the invocation of C functions was used.

DICE was implemented on a Sun SPARCstation with C++ using the application framework ET++. (See [12] for detailed description of the implementation of DICE.) ET++ is an application framework for highly interactive graphical applications and is implemented in C++. (For a description of ET++ see [13].) Due to the open architecture of TOPOS, both UICT and DICE may be used in the user interface prototyping process.

6   Architecture and Component Prototyping

6.1   Concepts

When we look at prototyping in the phases of the software life cycle that deal with system construction (design, implementation and test), we may distinguish between two kinds of prototyping.

- *Component prototyping* is the construction of prototypes for individual components (i.e., modules) of a system to test their feasibility.

- *Architecture prototyping* is the development of a prototype for the system architecture that can be used to simulate the control and data flow through the system's component interfaces. Architecture prototyping is used to test the interaction between the components of the system before they are implemented. The aim is to make sure that the interfaces of the individual components are complete and consistent, and that the architecture of the system is simple and transparent enough and fulfills the requirements concerning extensibility and ease of modification are fulfilled.

TOPOS supports both component prototyping and architecture prototyping with the *System Construction Tool* (SCT). SCT is not only a prototyping tool but also a comfortable programming environment for statically typed languages; it supports exploratory programming as described in [14]. It therefore provides mechanisms for editing, run-time debugging, simple configuration management, etc. We refer to [14], [15] for a description of these features and concentrate on how prototyping in the system construction process is supported by this tool.

SCT provides a hybrid execution mechanism for hybrid software systems. Hybrid execution of a software system means execution of different components of a software system in different ways. SCT allows the integration of different execution mechanisms, such as interpretive and direct execution. This is no new concept (there already exist Lisp and Prolog environments which allow this, too), but the *System Construction Tool* goes one step further and provides simulation as an additional execution mode. This execution mode is used for validating a system architecture before all components of the system are completely implemented. It is supported by a special tool that is described in the next section.

With its hybrid execution mechanism the *System Construction Tool* supports

- *component prototyping*, since it provides an interpretation mechanism that allows short turnaround times during implementation and tools (debugger, data-editor) to inspect components at run time, and

- *architecture prototyping* by providing simulation as an execution mode and a simulation tool that supports the inspection and verification of a system's architecture.

6.2   SCT's User Interface

The tools that are used for *component prototyping*, e.g., debugger, editor, workspace for data, etc., are not further described since they are known from most interpretative programming environments, e.g., Smalltalk and Lisp.

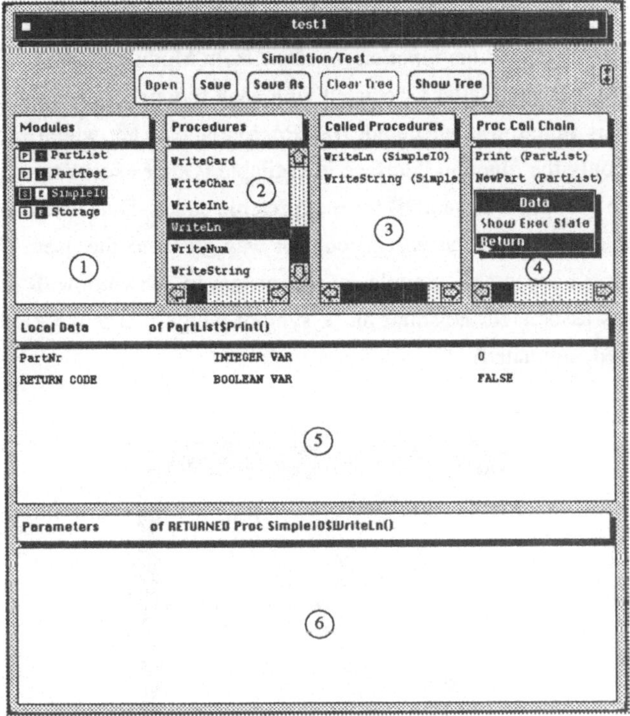

Figure 6: SCT-Simulator

The tool used for architecture prototyping is called *Simulator* and is depicted in Figure 6. To explain how this tool can be used for architecture prototyping, Figure 6 and Figure 7 display snapshots of a program run. To understand what happened, we will study the execution tree of this program run, which is depicted in Figure 7.

The execution of the program started in the main module *PartTest*. The code of this module was interpreted until the function *NewPart* from Module *PartList* was called. The black square with the white letter associated with each function call in the execution tree indicates how this function is executed. *NewPart* is labeled ■, which means that it is simulated since only the function interface is available (Other execution modes are ■ for direct executable machine code and ■ for interpretable code). Thus when *NewPart* was to execute, the *Simulator* was started and control was given to the user. The *Simulator* provides a list of all executable modules of the system in subwindow ① (see Figure 6). Each module has associated the small black symbol which marks the kind of execution (direct, interpreted, simulated).

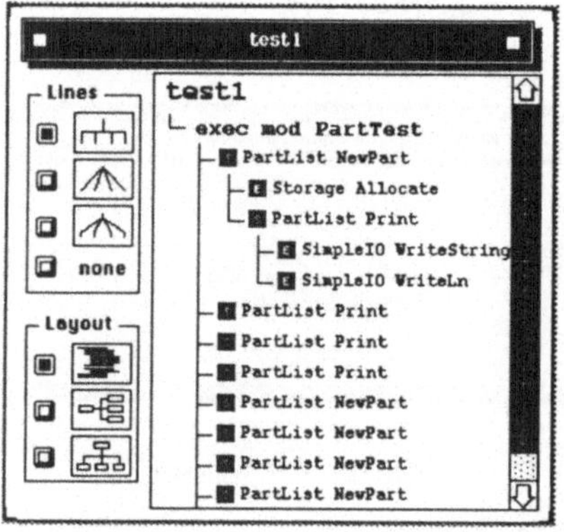

Figure 7: SCT-Execution Tree Window

According to Figure 7 the user selected the module *Storage* from this list, got a list of all procedures and functions exported from this module in subwindow ②, and selected the procedure *Allocate* from this list. The user then initiated the execution of this procedure after setting the parameters in subwindow ⑥. After this the user called also *Print* from *NewPart* and afterwards *WriteString* and *WriteLn* from *SimpleIO* (see Figure 6). Subwindow ④ shows that the current function is *Print* and subwindow ③ displays all functions that have been called from *Print* so far. Subwindow ⑤ is used for displaying and editing the values of local procedure data during execution.

After executing a complete scenario, the simulation run as depicted in Figure 7 can be saved. The whole simulation or only parts of it can be loaded and replayed later. During a replay the system detects whether the interfaces of components or the interaction between components have changed. This helps the user to verify the system architecture.

It is also important to note that meanwhile the execution-mode of a component may have changed. For example, a component that was simulated when saving the run could now have been implemented and becomes directly executable. The saved simulation runs increasingly gain the character of test runs and can replace a test bed for the application.

6.3   Implementation

The implementation of the programming environment itself is hybrid regarding the implementation languages used . But not only different programming languages (Modula-2, C, C++) but also different programming paradigms (module-oriented, object-oriented) were used. This has historical reasons as considerable parts of the system were already implemented before the shift towards object-orientation took place.

The hybrid execution mechanism, including an interpreter for Modula-2, and parts of the configuration management were implemented in Modula-2. An interprocess communication mechanism to integrate other tools was implemented in C. The user interface (i.e., editor, debugger, the user interface of the configuration manager, and simulator) were implemented in C++ based on the application framework ET++ [13].

The problems that occurred were mainly due to the use of two different programming paradigms and not due to the use of different programming languages. A description of the problems can be found in [15]. Summing up, it may be said that although a homogenous object-oriented approach would have improved the architecture even more, the use of object-oriented technology only for parts of the system was a major improvement when compared to a pure conventional implementation.

7   Experience and Further Work

Our goal was to support the prototyping-oriented development of an application during all phases of the software life cycle by providing a powerful, open development environment. First we developed UICT, a tool for user interface prototyping. UICT was used to build the first prototypes of SCT [15]. During the implementation of SCT, we changed the programming paradigm from procedural to object-oriented, as described in the previous section. The powerful concepts of object-oriented programming led to the implementation of DICE, a fully object-oriented implementation of a user interface prototyping tool. The prototype for the first version of DICE was also developed with UICT; prototypes for later versions of DICE were realized with DICE itself. Due to the openness of SCT, DICE could be integrated easily. The TOPOS environment has been applied in various pilot projects and by Siemens Munich AG and in other universities.

We are currently applying the prototyping-oriented software life cycle model to the area of distributed automation systems. A prototyping tool for process control systems for steel production is under development.

References

[1]   Zehnder C.A.: Informatik-Projektentwicklung, B.G. Teubner Stuttgart, 1991

[2]   Royce, W.: Managing the Development of Large Software Systems, IEEE Wescon, 1970

[3]   Budde R., Kautz K., Kuhlenkamp K., Züllighoven H.: Prototyping—An Approach to Evolutionary System Development, Springer Verlag, 1992

[4]   Pomberger G.: Software Engineering and Modula-2, Prentice Hall International, 1986

[5]   Bischofberger W.R., Pomberger G.: Prototyping-Oriented Software Development—Concepts and Tools, Springer-Verlag, 1992

[6]   Boar B.: Application Prototyping: A Requirements Definition Strategy for the 80s. John Wiley, 1983

[7]   Cox B.J.: Object-Oriented Programming—An Evolutionary Approach, Addison-Wesley, 1986

[8]   Meyer B.: Object-Oriented Software Construction, Prentice Hall, 1988

[9]   Schmidt D., Pomberger G., Bauknecht K.: The Topos Component Management System, Institutsbericht Nr. 89.08, Institut für Informatik der Universität Zürich, 1989

[10]   Sametiger J.: DOgMA: A Tool for the Documentation and Maintenance of Software Systems, Doctoral Dissertation, Johannes Kepler University of Linz, Austria, 1991

[11]   Keller R.K.: Prototypingorientierte Systemspezifikation, Dr. Kovac Verlag, Hamburg, 1989

[12]   Object-Oriented Versus Conventional Construction of User Interface Prototyping Tools, Doctoral Dissertation, Johannes Kepler University of Linz, Austria, 1991

[13]   Weinand A., Gamma E., Marty R.: Design and Implementation of ET++, a Seamless Object-Oriented Application Framework, in: Structured Programming, Vol. 10., No. 2, Springer-Verlag, 1989

[14]   Bischofberger W.R.: Prototyping-Oriented Incremental Software Development—Paradigms, Methods, Tools and Implications. Doctoral Dissertation, Johannes Kepler University of Linz, Austria, 1990

[15]   Weinreich R.: Prototypingorientierte Spezifikation eines Werkzeuges zur Unterstützung des Prototypingorientierten Softwarekonstruktionsprozesses, Master Thesis, University of Linz, Austria, 1989

Improving Structured Analysis - Achieving Preciseness, Executability, and Real-Time Specification

Michael von der Beeck[1]

Abstract

SA-RT-IM (Structured Analysis with Real-Time extensions and Information Modelling - is a graphical requirements analysis method, combining well-known techniques like data flow diagrams, state transition diagrams, and the entity relationship model. Despite being widespread, SA-RT-IM suffers from considerable drawbacks: It does not express concurrent control clearly, it lacks in specifying hard real-time constraints, it is not executable, and its syntax and semantics are defined incompletely and ambiguously. Our improvements shall remove these disadvantages: We use Timed Statecharts for the specification of concurrent and timed control processes, introduce additional data flow attributes and additional control flow types, use finite automata for defining precise semantics of data and control processes, develop a table specifying the activation condition of a data process, and present possibilities to make SA-RT-IM executable.

1   Introduction

Structured Analysis [1, 2] is a widespread graphical requirements analysis method. For the sake of preciseness we only denote the original version with Structured Analysis (SA) and the version additionally augmented with a control model [3, 4, 5] (based on finite automata) and an information model [6] (based on the entity relationship model) with SA-RT-IM.

Though SA-RT-IM is easy to learn, its application provides substantial difficulties:

- SA-RT-IM's control processes are defined by "conventional" finite automata with output (represented by state transition diagrams) which do not offer the optimal way for expressing concurrent control.

- SA-RT-IM insufficiently supports the specification of real-time aspects like preemption, delay, timeout, and interrupt.

---

1. Technical University of Aachen, Lehrstuhl für Informatik III, Ahornstr. 55, W-5100 Aachen
e-mail: beeck@rwthi3.informatik.rwth-aachen.de

SA-RT-IM is no formal requirements method, but belongs to the large group of "formatted methods" [7] which are characterized by - and suffer from - loosely defined syntax and semantics. In contrast to them, formal methods are characterized by a mathematical basis and the usage of formal notations - what results in precise requirements.

On the one hand it is necessary that a requirements analysis method is precisely defined. On the other hand formal methods such as e.g. LOTOS [8], CCS [9], CSP [10], and VDM [11] are difficult to use, since they require rigorous usage of their detailed and complex mathematical formalism. This results in low acceptance degree of the latter. In contrast, SA-RT-IM is widely used in practice.

One solution is to combine the aspects of easy usage and preciseness as far as possible. SA-RT-IM fulfils the first aspect very well, but for the sake of preciseness some incomplete or ambiguous definitions have to be improved.

The following is an overview of our SA-RT-IM enhancements:

- Definition of control processes using Timed Statecharts [12, 13] for the specification of complex (timed and concurrent) control providing a clear view of concurrently active states and transitions

- Additional prompts *suspend*, *resume*, and *interrupt* besides the usual ones *activate* and *deactivate*

- Introduction of data flow attributes *overwrite-property* (with values *blocking* and *non-blocking*) and *read-property* (with values *consuming* and *non-consuming*)

- Usage of (enhanced) finite automata for the semantics definition of data processes and control processes

- Definition of a *data-existent table* determining the necessary input data flows for the activation of a data process (a subset of all of its input data flows)

2   Control Modelling

2.1   Control Processes

Control processes can control data processes by activating, deactivating, suspending, resuming, or interrupting them (section 2.2). The control is performed by finite automata with output (Mealy-automata, [14]), reacting on incoming events.

In the following the usage of enhanced finite automata for the specification of control processes will be explained. There we examine sequential and concurrent control.

2.1.1   Sequential Control

Sometimes finite automata contain a set of transitions with identical labels starting from a set of states, but all ending in a common state. This amount of transitions can be reduced, if Statechart's hierarchical OR-states are used: An OR-state is active, if and only if exactly one of its substates is active. A transition leaving an OR-state replaces a set of transitions each of them leaving one of the substates. In figure 1 three transitions with label c leaving the states A, B, and C are represented by only one transition with label c leaving the OR-state E. Therefore we use OR-states for the definition of control processes.

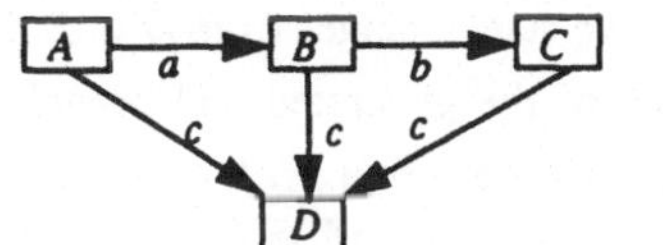
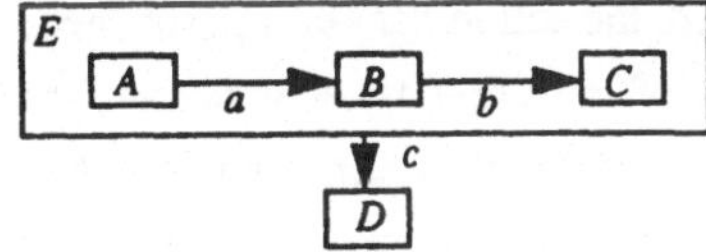

Figure 1: Sequential control without/with an OR-state

2.1.2   Concurrent Control

We compare three possibilities for the definition of control processes performing concurrent control:[2] N concurrent data processes of a common data flow diagram have to be controlled $(N>1)$:

1. N finite automata[3] communicating via event flows are used, so that each automaton controls one data process.

2.   Instead of N finite automata one equivalent product finite automaton is used, controlling all data processes. This is the common solution in SA-RT-IM.

3.   An enhancement of finite automata allowing simultaneously active states and transitions is used to control all data processes. Examples of such enhancements are Statecharts [12, 16, 17], Timed Statecharts [13, 18], Modechart [19], SpecCharts [20], Argos [21], and HMS-machines [22].

      From the enhancements listed above we have chosen Timed Statecharts - essentially an enhancement of Statecharts. This technique offers AND-states to express concurrency. Such an AND-state contains substates and is active (inactive), if and only if all of its substates are active (inactive).

---

2. Also [15] compares conventional state transition diagrams with Statecharts.

3. In this case usage of the term "Mealy automaton" instead of "finite automaton" would be more precise, since an output of events and actions has to be provided. But for the sake of simplicity we use the more customary term.

One result of a comparison of the three possibilities to specify control processes which have to control concurrent data processes is obvious: A product automaton (second possibility) leads to badly arranged state transition diagrams compared with both other possibilities, because it contains more states and more transitions and it does not reveal independent (concurrent) state change sequences.

Comparing the first possibility (several finite automata) with the third one (Statechart) is more subtle. Therefore we use the example of figure 2: Two data processes $D1$ and $D2$ are controlled by event flows a, b, c. If for example substate D of the (complex) OR-state G is active and the external event b occurs, then the internal event a is generated and broadcasted, the action $act\,D2$ is performed, and the active state changes from D to E. If the substate A of the OR-state F is active, the occurrence of the generated and broadcasted event a triggers the transition from state A to state C, so that the action $act\,D1$ is performed. The actions $act\,D1$ and $act\,D2$ activate the data processes $D1$ and $D2$.[4] The control processes $C1$, $C2$, and C in figure 2 are represented by hatched circles and the specification of each control process is given below the circle by a finite automaton (left side) or a Statechart (right side).

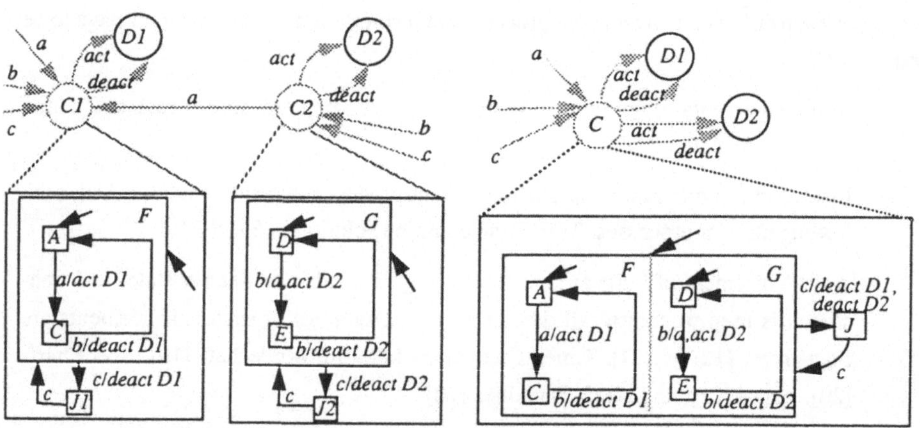

Figure 2: Two finite automata (left) and a Statechart (right) specifying two/one control process(es)

In the first possibility (several finite automata) two states $J1$ and $J2$ are necessary, while in the third one (Statechart) the state J suffices. Besides the larger state number it is a disadvantage that the first solution does not express that $J1$ and $J2$ are always simultaneously active. But also the third solution (Statechart) has a disadvantage compared with the first

---

4. As in [5, 6] - but in contrast to [3, 4] - we represent prompts like event flows graphically by arrows - starting at the control process and ending in the data process to be controlled.

one (several finite automata): The dependency between the communicating finite automata of control processes $C1$ and $C2$ is more obvious than the dependency between the AND-states F and G of the third solution due to the event flow a between the control processes.

Therefore we use AND-states according to the Statecharts notation. Additionally, we allow conventional (communicating) finite automata out of two reasons:

1.   This is a notation many analysts are familiar with [3, 4, 5, 6].

2.   This solution is needed anyway, if two control processes residing in different data flow diagrams have to communicate.

But we restrict data flow diagrams to have at most one control process symbol. This means that all finite automata which have to control data processes of the same data flow diagram are represented by the same control process. Since the finite automata of the common control process have to communicate, they are (graphically) connected by event-labelled arrows representing the sending of events from one automaton to another.

2.1.3   Timed Control Processes

Reactive systems [23] are characterized by being event-driven: They continuously have to react on external and internal events. Many models (e.g. Statecharts, Lustre [24]) specifying reactive systems follow Esterel's "synchrony hypothesis" [25] stating that the model immediately reacts on inputs without delay (i.e. time is not progressing in between).

If real-time systems have to be specified, an adequate notion of time has to be introduced in the modelling language being able to express timing constraints.

Therefore we adopt Esterel's synchrony hypothesis only partially: Besides the usual untimed transitions of "conventional" Statecharts we follow the proposal of Timed Statecharts additionally using timed transitions:[5] A timed transition is associated with a time interval specifying a lower and an upper bound of the period while the transition must be continuously enabled before it is executed. Hence, situations can be modelled in which the reaction on an incoming event takes place after a time delay. The formal syntax of a transition label is as follows:

-     *e[c]/a*   (untimed transition)

-     *([c] for I) /a*   (timed transition)

Hereby the trigger "e" is a conjunction of events or negated events, "c" is a condition, "a" is a sequence of actions and generated events, and "I" is a time interval $\{l, u\}$,

---

5. The combination of timed and untimed transitions for modelling real-time features is also used in timed automata [26].

specifying a lower bound l and an upper bound u on the duration for which the transition must be continuously enabled before it is taken. (If $l=u$, then an exact duration is given). All transition label components are optional.

Timed transitions work synchronously, i.e. they are executed simultaneously. Time can progress only by an amount on which all transitions agree, i.e. the amount must not cause any enabled transition T to be continuously enabled for more than u time units without being taken, if u is the upper bound of T's time interval. On the contrary, untimed transitions (taking zero time) are executed asynchronously: Concurrency is modelled by interleaving.

It is sometimes claimed that the interleaving model of computation is inappropriate for real-time specification and instead of this maximal parallelism [27] has to be used. But in [28] it is proven that the interleaving model of timed transition systems - used for Timed Statecharts' semantics definition - can express the following characteristic features of real-time systems: delay, timeout,[6] preemption, and interrupt.

Hence, Timed Statecharts' interleaved way of using timed and untimed transitions suffices for real-time applications and furthermore retains the advantage to define computation sequences (traces) which only contain one transition at any point.

In figure 3 a simple example for a timeout specification using both kinds of transitions is given. A process shall check, whether the external event e takes place within time t. When residing in state $S1$ for a shorter period than t time units, the process will immediately change to state $S2$, if the event e occurs. If e does not occur in the period of t time units, then the process will change to state $S3$.[7]

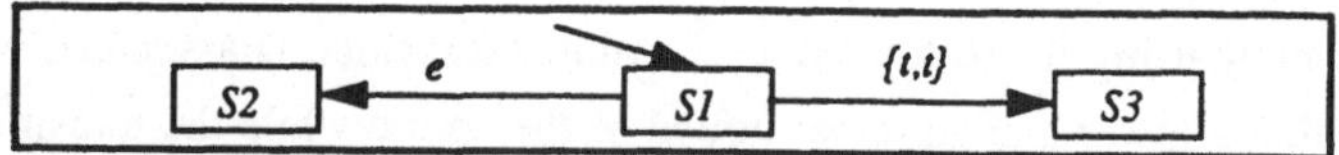

Figure 3: Specification of a timeout

2.1.4   Consumption of Events

We introduce a more flexible way of event consumption which is motivated as follows:

- In Timed Statecharts an event persists until time progresses i.e. until an (arbitrary) timed transition fires. This means that more than one transition can be triggered by the same event.

---

6. In "conventional" Statecharts [12] only timeout events can be formulated. In [29] it is shown, why "conventional" Statecharts are insufficient for expressing real-time aspects.

7. The transition label $\{t,t\}$ of figure 3 is an abbreviation for $([true]\ for\ \{t,t\})$.

- An alternative definition exists for (conventional) Statecharts: In every substate of an AND-state an event can be used at most once to trigger a transition, then it is consumed (i.e. no more available).

Since it establishes the most flexible solution, we introduce the following: One can decide for every transition, but fixed for it, whether its triggering events are consumed.[8]

2.2   Prompts

Prompts are control flows with predefined semantics to determine the effect of a control process on controlled data processes. We introduce additional prompt types:

- *activate, deactivate*

  In [3, 5, 6] only two prompt types to control data processes are provided: *activate* and *deactivate*. If an atomic data process is activated, its mini specification is executed from its very beginning, and if it is deactivated, it stops its execution at once.

- *suspend, resume*

  The ability to suspend an atomic data process, i.e. to stop the execution of its mini specification at the current statement, and to resume it later on, so that the execution continues at this statement, is necessary. Therefore we use further prompts *suspend* and *resume* [31] with the afore-mentioned semantics.

- *interrupt*

  We introduce a third possibility to stop the execution of the mini specification of a data process. Every atomic data process contains a set of interrupt handling routines with the appropriate one being selected when an interrupt occurs.[9] Such an interrupt handling routine cannot be stopped by any event, so once started it will be executed to its very end. If event flows and prompts ending in the data process become active while an interrupt handling routine is executing, they will be ignored. We have taken this decision due to easy modelling: If an analyst wants to specify non interruptible procedures, he simply can use the interrupt prompt.

Prompts may also end in nonatomic data processes. Their semantics are presented in section 4.

---

8. A distinction between transitions with/without event consumption is proposed in [30].

9. If the set of interrupt handling routines of an atomic data process is empty, an interrupt has the same effect as a deactivation.

3   Functional Modelling

We have enhanced data flows as well: They are additionally characterized by two attributes: *overwrite-property* and *read-property*. Their values are:

*   *blocking / non-blocking*   (overwrite-property)

*   *consuming / non-consuming*   (read-property)

A data flow is

*   *blocking* if the precondition for writing new data on it is that the old one is already read,

*   *non-blocking* if the actual data may be overwritten by new data in any case,

*   *consuming* if its data are read destructively, i.e. data disappear from the data flow if they are read,

*   *non-consuming* if its data are read non-destructively.

read-property \ overwrite-property	*blocking*	*nonblocking*
nonconsuming	*	*
consuming		

Table 1: Data flow representation

In contrast to [32] we do not differentiate between synchronous and asynchronous data flows, since loose coupling - asynchronous communication - of data processes is a characteristic property of SA which should be maintained.

4   Semantics

One considerable lack of SA-RT-IM is its imprecise and incomplete semantics definition. Among other things this concerns data processes and control processes.

4.1   Semantics of Data Processes and Control Processes

Up to now the semantics of data and control processes has not been dealt with in a formal manner. Although the usage of SA-RT-IM is very widespread, the behaviour of its processes is not defined precisely. Especially the interrelations between a parent data process and its child (control and data) processes have been neglected up to now. Therefore we developed an unambiguous semantics for these processes and furthermore enhanced the syntax of data processes - by defining data-existent tables - in order to provide the possibility that the behaviour of each individual data process can be specified more precisely.

4.1.1   Usage of Enhanced Finite Automata for Semantics Specification

We additionally use enhanced finite automata for the description of the semantics of data processes and control processes. To avoid potential misunderstanding: This usage must not be mixed up with the specification of individual control processes by finite automata (section 2.1.2) or with the specification of individual atomic data processes by mini specifications in the application of SA-RT-IM.

To describe the semantics of processes formally, we specify three finite automata: the nonatomic data processes automaton (NDPA) for nonatomic data processes, the atomic data process automaton (ADPA) for atomic data processes, and the control process automaton (CPA) for control processes. Their representations essentially using the Statecharts notation[10] are given in figures 4, 5, and 6.

In order to determine interactions between processes, we need a communication mechanism between NDPAs, ADPAs, and CPAs. For this purpose Statechart's broadcasting is inappropriate, since in our case the receiving automata have to be mentioned explicitly when information is sent. Therefore we have defined the transition labels of the enhanced finite automata accordingly. (Each *effect* in an *action* is associated with a *targetlist*):

transition_label	::= *condition* l *condition* '/' *actionlist*
condition	::= *prompt* l *event* l *comparison*
prompt	::= '*act*' l '*deact*' l '*suspend*' l '*resume*' l '*interrupt*'
event	::= '*data_existent*' l '*end_of_minispec*' l '*block*' l '*unblock*' l '*end_of_interrupt*' l '*interrupt_ended*'
comparison	::= '*n=0*'
actionlist	::= *action* l *action* ';' *actionlist*
action	::= *targetlist* ':' *effect* l *assignment*
targetlist	::= *target* l *target* ',' *targetlist*
target	::= '*parent*' l '*child*' l '*control*'
effect	::= *prompt* l '*interrupt_ended*'
assignment	::= '*n := # child processes*' l '*n := # data processes*' l '*n := n-1*'

---

10. Here we use OR-states and the history-mechanism of this notation. The history-mechanism provides the following facility: The execution of a transition represented by an arrow ending in the history symbol H (see figure 5) lying in an OR-state S causes a change to that substate of S which has been the last one active.

The terminal symbols have the following meaning:

- *act = activate*

- *deact = deactivate*

- *data_existent* = all necessary input data flows of the data process are active, i.e. the data process is provided with sufficient data; the data-existent table (section 4.1.2) of the process determines the necessary input data flows

- *end_of_minispec* = execution of the mini specification is finished

- *end_of_interrupt* = execution of an interrupt handling routine is finished

- *interrupt_ended* = the process has left the state *interrupted*

- *block* = execution of the mini specification is stopped, because an output on a blocking data flow could not be done

- *unblock* = the reason for disabling an output on a data flow does not exist any more

- *parent* = the parent data process

- *child* = each child data process and the child control process

- *control* = the control process in the same data flow diagram

- $n := \#\ data\ processes$ or $n := \#\ child\ processes$

  After the execution of one of these two assignments, the (integer) variable n contains the number of data processes in the same data flow diagram or the number of all child processes (incl. control process), respectively.

The state transition diagrams show the initial states as usual with arrows having no source.

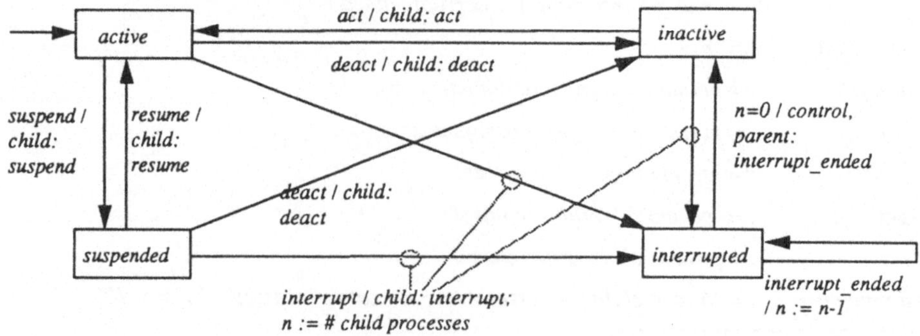

Figure 4: Nonatomic data process automaton (NDPA)

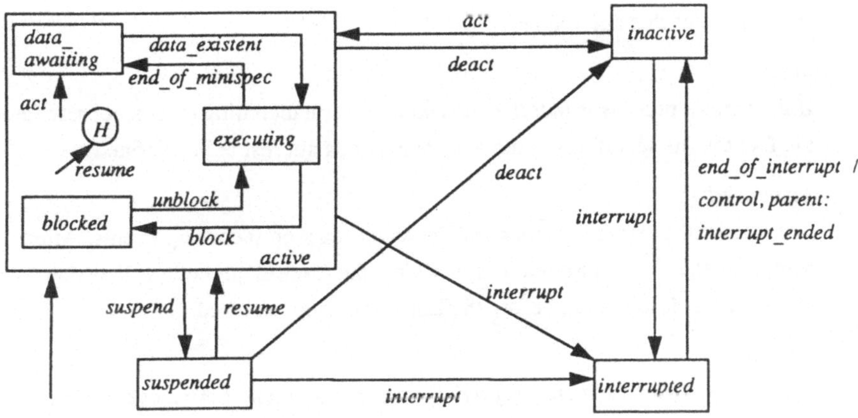

Figure 5: Atomic data process automaton (ADPA)

Figures 4 and 5 are quite similar: The state *active* of the NDPA is refined into the three substates *data_awaiting*, *executing*, and *blocked* of the ADPA.

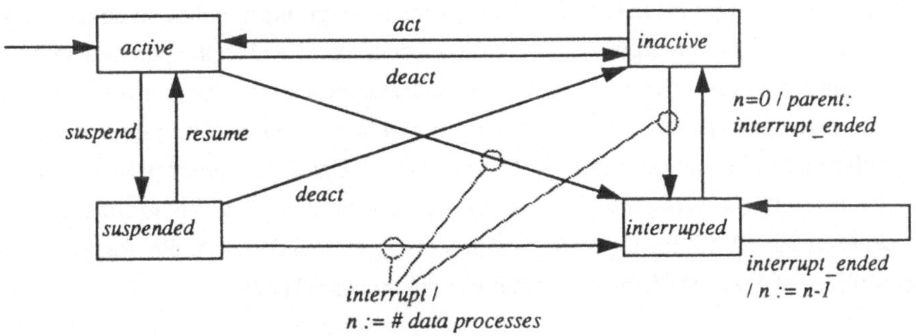

Figure 6: Control process automaton (CPA)

To explain the CPA, its states are described in more detail:[11]

- *active*

  The "usual" state of a control process is *active*. In this state the control process can react on incoming events, i.e. its finite automaton can perform state changes. This means - assuming zero time state changes - that there is always at least one active state in the control process specification, if the control process is *active*. If a control

---

11. For the sake of simplicity we only take one finite automaton as a control process specification into account. As described in section 2.1 there might exist several communicating finite automata specifying one control process.

process gets *active* by an activation, its specifying finite automaton resides in the initial state of this automaton.

- *inactive*

  If the control process is *inactive*, it cannot react on incoming events, represented by the fact that its specifying finite automaton does not reside in a defined state.

- *suspended*

  If the control process is *suspended*, it cannot react on incoming events. After a resumption the finite automaton specifying the control process will reside in the same state as it has been, before the last suspension occurred.

- *interrupted*

  If the control process is *interrupted*, it cannot react on incoming events. In contrast to the states *inactive* and *suspended*, the state *interrupted* can only be left by the event *interrupt_ended* sent by the last data process which resides in the same data flow diagram as the control process and which changes its state from *interrupted* to *inactive*. (This is represented by the condition $n=0$ in the transition label.)

State changes in the CPA occur, when activations, deactivations, suspensions, resumptions, or interruptions occur. Since we do not allow prompts ending in control processes, the corresponding prompts signalling these occurrences end in the parent data process of the control process or even in one of its ancestor processes. Though these effects of prompts - ending in a parent data process - on its child processes are formally defined by the three enhanced finite automata ADPA, NDPA, and CPA and their interactions, we want to describe these effects more clearly: Therefore we show in figure 7 which information can be sent between the NDPA for a parent data process P, the NDPA or ADPA for a child data process P_{child} of P and the CPA for a child control process C of P.

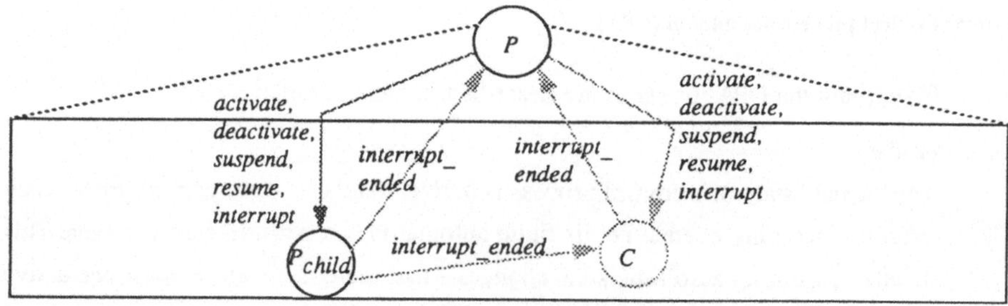

Figure 7: Information sent between NDPAs, ADPAs, and CPAs

4.1.2   Data-Existent Table

We still have to define, when the *data_existent* condition is fulfilled. [33] uses AND- and OR-processes: All input data flows of an AND-process have to be active[12] and at least one input data flow of an OR-process has to be active, so that the AND/OR-process starts executing. But this solution is too inflexible. Therefore we introduce *data-existent tables* one of which has to be filled for every atomic data process *P*. This table determines exactly, but in a very flexible manner, which input data flows have to be active, so that the data_existent condition is fulfilled and *P's* mini specification begins to execute. To describe this with the ADPA (figure 5): If it resides in the state *data_awaiting* and the *data_existent* condition is fulfilled according to *P's* table, then a state change to *executing* is performed.

A data-existent table of a data process *P* contains a set of conditions $\{c_1, ..., c_m\}$ with $c_i = \{d_1, d_2, ..., d_n\}$, $1 \leq i \leq m$ and d_j = input data flow of *P*, $1 \leq j \leq n$, (*m* depends on *P*, *n* depends on *i*). If there exists at least one c_i, $1 \leq i \leq m$, so that all $d_j \in c_i$, $1 \leq j \leq n$, are active, then the *data_existent* condition is fulfilled for *P*.

4.2   Dependencies between Processes on Different Refinement Levels

4.2.1   Effects of Prompts on Subsequent Data Processes and Control Processes

Prompts need not end in atomic data processes. The semantics of a prompt ending in a nonatomic data process *P* is defined by the semantics of the same type of prompts ending in each of *P's* child processes.

The effect of prompt *pr* (figure 8, left DFD) - ending in the nonatomic data process *P* - on *P's* child processes *C* and P_{child} is equivalent with the entirety of the effects of the prompts *pr1* and *pr2* (figure 8, right DFD) ending in these child processes for all prompt types *pr=pr1=pr2* ∈ {*activate, deactivate, suspend, resume, interrupt*}. This means e.g. that an *activate* prompt *pr* ending in *P* has the same effect on *C* and P_{child} as two *activate* prompts *pr1* and *pr2* ending in *C* and P_{child}, respectively.

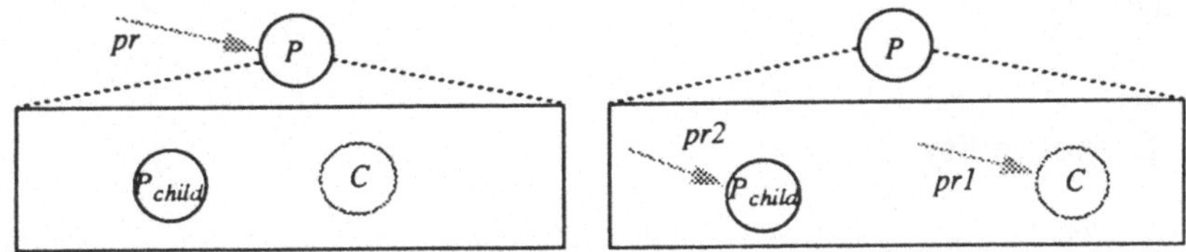

Figure 8: Effects of prompts on child processes

---

12. A data flow is active if there are data on the flow.

4.2.2   Relationships between a Parent Data Process and its Child Processes

The afore-mentioned effects imply relationships between a parent data process P and its child processes. These are valid for the whole period in which P remains in the corresponding state, and not only for the moment P is prompted. The relationships are shown in table 2. Each table row states an implication between the state of a parent data process and the states of its child processes.

parent data process	child data processes	child control process
*active**	*active, inactive, suspended* or *interrupted*	*active*
inactive	*inactive* or *interrupted*	*inactive*
suspended	*suspended, interrupted* or *inactive*	*suspended*
interrupted[+]	*inactive* or *interrupted*, but at least one is *interrupted*	*interrupted*

Table 2: Relationships between parent and child process states

* The situation can arise in which the control process is the only active child process of the active parent data process.

[+] The actual state *interrupted* of a parent data process P does not imply that all child data processes are interrupted. According to section 4.2.1 each child data process P_{child} of P will get an *interrupt* signal, when P becomes *interrupted*. Depending on its current state, P_{child} therefore can become *interrupted,* but after some time it will become *inactive,*

1.   if P_{child} is atomic and its interrupt handling routine has been finished, so that the event *end_of_interrupt* is generated (cf. figure 5), or

2.   if P_{child} is nonatomic and (recursively) each of its child processes will have changed its state from *interrupted* to *inactive.*

P remains *interrupted* until its last child process becomes *inactive,* then P becomes *inactive,* too (cf. figure 4).

5   Executability

SA-RT-IM (only) provides a static requirements specification. But an executable specification [34, 35] would be easier to understand, because execution offers a more concrete view of a system under development - an executable requirements specification method can be used for rapid prototyping, since it can serve as a first prototype of the system.

Essentially the following parts for the development of a formal semantics for executable SA-RT-IM have to be performed:

- The interaction of data processes, control processes, data stores and terminators in and between data flow diagrams:
  One could use extended Petri nets, Abstract Petri Nets (APN) [36], for this task. Their usage seems to be appropriate, because they combine concepts of coloured [37] and timed [38] Petri nets.

  By the usage of APNs one can model the (timed) processes as APN transitions and the conditions - determining when processes/transitions may execute/fire - as predicates associated with the transitions.

- The description of the semantics of executable control processes:
  The amount of work for this part is relatively small, because Timed Statecharts - which we are using as control process specifications - already have a precisely defined (operational) semantics and are executable.

- The development of syntax and semantics of an executable mini specification language for atomic data processes:

  - We are developing an imperative high level language especially for the purpose of mini specifications.

  - Furthermore we will examine the usage of Prolog as an existing high level language (hereby avoiding the laborious development of the mini specification language's semantics and its interpreter), which additionally is promising for specification, because of its declarative style [39, 40].

6   Related Work

In contrast to the graphical language Timed Statecharts many very abstract textual languages for real-time systems exist. They belong to the classes of real-time temporal logics (e.g. MTL [41], TCTL [42]) or timed process algebras (e.g. TCSP [43], ATP [44]). They all provide formally defined semantics, but they do not offer easy usage. Furthermore, they are much more appropriate for verifying properties than for pure specification purposes.

Modechart, an enhancement of Statecharts, is presented in [19] as a mean of expressing timing constraints by a first order logic language called RTL (Real Time Logic) introduced by [45]. The usage of RTL for timing purposes seems to be more difficult than the usage of Timed Statecharts' timed transitions.

For a more extensive discussion the reader is advised to consult reference [46].

7 Conclusion and Further Work

We have proposed several changes and enhancements for the requirements analysis method SA-RT-IM. They were motivated from SA-RT-IM's lack of expressing concurrent control and real-time constraints clearly. Moreover, the method's loosely defined semantics gave rise to several semantic considerations.

In detail we enhanced the RT-part of SA-RT-IM by Statecharts' refineable states and transitions which may be simultaneously active, so that concurrent control can be specified clearly.

Furthermore, we provided SA-RT-IM with the ability to specify time information in control processes, so that the method is applicable for real-time systems as well.

Moreover, we introduced

- data flow attributes specifying the flows' operational behaviour,

- new prompt types offering more possibilities of data process control, and

- data-existent tables specifying the activation condition of data processes.

Additionally, we developed a precise semantics for control and data processes.

Data-existent tables should also be introduced for nonatomic data processes. This has to be done in a way that the table of a nonatomic data process P is consistent with the data-existent tables of $P's$ child data processes.

Since executable specifications are very appropriate for describing requirements - especially for non-experts - we work on an executable version of SA-RT-IM.

A graphical syntax-oriented editor and an interpreter executing our method are under development at our institute [47].

8 References

1.   T. DeMarco: *Structured Analysis and System Specification*, Yourdon Press, (1979)

2.   S. McMenamin, J. Palmer: *Essential Systems Analysis*, Englewood Cliffs, Prentice Hall, (1984)

3.   D. Hatley, I. Pirbhai: *Strategies for Real-Time System Specification*, New York: Dorset House, (1987)

4. M. Keller, K. Shumate: *Software Specification and Design: A Disciplined Approach for Real-Time Systems*, John Wiley & Sons, Inc., (1992)

5. P. Ward, S. Mellor: *Structured Development for Real-Time Systems*, New York, Yourdon Press, (1985)

6. E. Yourdon: *Modern Structured Analysis*, Prentice-Hall, (1989)

7. A. Finkelstein, S. Goldsack: *Requirements engineering for real-time systems*, IEE Software Engineering Journal, May, (1991)

8. E. Brinksma: *Information Processing Systems - Open Systems Interconnection - LOTOS - A Formal Description Technique based upon the Temporal Ordering of Observational Behaviour*, Draft International Standard ISO 8807, (1988)

9. R. Milner: *A Calculus of Communicating Systems*, LNCS 92, Springer-Verlag, (1980)

10. C. Hoare: *Communicating Sequential Processes*, Prentice Hall, (1985)

11. C. Jones: *Systematic Software Development Using VDM*, Series in Computer Science, Prentice Hall, 2. edition, (1990)

12. D. Harel: *Statecharts: A visual formalism for complex systems*, Sci. Comput. Program., vol. 8, pp. 231-274, (1987)

13. Y. Kesten, A. Pnueli: *Timed and Hybrid Statecharts and their Textual Representation*, LNCS 571, Springer-Verlag, pp. 591-620, (1992)

14. A. Salomaa: *Formal Languages*, ACM Monograph Series, Academic Press, (1973)

15. P. Ward: *Embedded Behaviour Pattern Languages: A Contribution to a Taxonomy of Case Languages*, The Journal of Systems and Software, vol. 9, pp. 109-128, (1989)

16. D. Harel, H. Lachover, A. Naamad, A. Pnueli, M. Politi, R. Sherman, A. Shtull-Trauring, M. Trakhtenbrot: *STATEMATE: A Working Environment for the Development of Complex Reactive Systems*, IEEE Trans. on Software Eng., vol. 16, pp. 403-414, (1990)

17. A. Pnueli, M. Shalev: *What is in a Step: On the Semantics of Statecharts*, LNCS 526, Springer-Verlag, pp. 244-264, (1991)

18. O. Maler, Z. Manna, A. Pnueli: *From Timed to Hybrid Systems*, LNCS 600, Springer-Verlag, pp. 447-484, (1992)

19.   F. Jahanian, R. Lee, A. Mok: *Semantics of Modechart in Real Time Logic*, Proc. 21st Hawaii Int. Conf. on System Sciences, pp. 479-489, (1988)

20.   F. Vahid, S. Narayan, D. Gajski: *SpecCharts: A Language for System Level Specification and Synthesis*, Technical Report #90-19, Univ. of California, Irvine, (1990)

21.   F. Maraninchi: *Operational and Compositional Semantics of Synchronous Automaton Compositions*, LNCS 630, Springer-Verlag, pp. 550-564, (1992)

22.   M. Franklin, A. Gabrielian: *Multi-Level Specification and Verification of Real-Time Software*, Proc.12th Int. Conf. on Software Engineering, pp. 52-62, (1990)

23.   D. Harel, A. Pnueli: *On the development of reactive systems* in: Logics and Models of Concurrent Systems, ed. by K. Apt, Springer-Verlag, pp. 477-498, (1985)

24.   J. Bergerand, P. Caspi, N. Halbwachs: *Outline of a real-time data flow language*, Proc. IEEE-CS Real-Time Systems Symposium, San Diego, (1985)

25.   G. Berry, L. Cosserat: *The ESTEREL Synchronous Programming Language and its Mathematical Semantics*, ENSMP, Centre de Mathématiques Appliquées, Sophia-Antipolis, 06565 Valbonne, France, (1985)

26.   R. Alur, D. Dill: *Automata for modeling real-time systems*, Proc. 17th ICALP, LNCS 443, pp. 322-335, Springer-Verlag, (1990)

27.   R. Koymanns, R. Shyamasundar, W. de Roever, R. Gerth, S. Arun-Kumar: *Compositional semantics for real-time distributed computing*, Proc. of Logics of Programs, LNCS 193, Springer-Verlag, pp. 167-190, (1985)

28.   T. Henzinger, Z. Manna, A. Pnueli: *Timed Transition Systems*, LNCS 600, Springer-Verlag, pp. 226-251, (1992)

29.   B. Melhart, N. Leveson, M. Jaffe: *Analysis Capabilities for Requirements Specified in Statecharts*, Technical Report, University of California, Irvine, (1988)

30.   A. Classen: *Modulare Statecharts: Ein formaler Rahmen zur hierarchischen Prozeßspezifikation*, Master Thesis, Lehrstuhl für Informatik II, Technical University of Aachen, (1993)

31.   W. Bruyn, R. Jensen, D. Keskar, P. Ward: *ESML: An Extended Systems Modelling Language based on the Data Flow Diagram*, Software Engineering Notes, vol.13, no.1, pp. 58-67, (1988)

32.   R. France: *Semantically Extended Data Flow Diagrams: A Formal Specification Tool*, IEEE Transact. on SE, vol. 18, no. 4, pp. 329-346, (1992)

33.   M. Woodman: *Yourdon dataflow diagrams: a tool for disciplined requirements analysis*, Information and Software Technology, vol. 30, no. 9, pp. 515-533, (1988)

34.   G. Bruno, G. Manchetto: *Process-Translatable Petri Nets for the Rapid Prototyping of Process Control Systems*, IEEE Transact. on SE, vol. 12, no. 2, pp. 346-357, (1986)

35.   M. Hallmann: *Prototyping komplexer Softwaresysteme*, pp. 28-32, Teubner, (1990)

36.   F. Etessami, G. Hura: *Rule-based Design Methodology for Solving Control Problems*, IEEE Trans. on Software Eng., vol. 17, no. 3, pp. 274-282, (1991)

37.   G. Genrich, K. Lautenbach: *System modeling with high level Petri nets*, Theoret. Comput. Sci., vol. 13, pp. 109-136, (1981)

38.   W. Zuberek: *Timed Petri nets and preliminary performance evaluation*, IEEE Proc. 17th Annu. Symp. Computer Architecture, pp. 89-96, (1980)

39.   R. Venken, M. Bruynooghe: *Prolog as a Language of Prototyping of Information Systems*, in: Approaches to Prototyping, ed. by R. Budde, K. Kuhlenkamp, L. Matthiassen, H. Züllighoven, Springer-Verlag, (1984)

40.   T. Goble: *Structured systems analysis through Prolog*, Prentice-Hall, (1989)

41.   R. Koymans: *Specifying real-time properties with metric temporal logic*, The Journal of Real-Time Systems, vol. 2, pp. 255-299, (1990)

42.   R. Alur: *Techniques for Automatic Verification of Real-Time Systems*, Ph.D. Thesis, Stanford University, Stanford, California, USA, (1991)

43.   S. Schneider, J. Davies, D. Jackson, G. Reed, J. Reed, A. Roscoe: *Timed CSP: Theory and Practice*, LNCS 600, Springer-Verlag, pp. 640-675, (1992)

44.   X. Nicollin, J. Sifakis: *The algebra of timed processes ATP: theory and application*, Technical Report RT-C26, LGI-IMAG, Grenoble, France, (1990)

45.   F. Jahanian, A. Mok: *Safety Analysis of Timing Properties in Real-Time Systems*, IEEE Transactions on Software Engineering, vol. 12, no.9, pp. 890-904, (1986)

46.   M. von der Beeck: *Integration of Structured Analysis and Timed Statecharts for Real-Time and Concurrency Specification*, Aachener Informatik-Berichte, Technical University of Aachen, No. 92-26, Technical Report, (1992)

47.   C. Kohring: *Ein flexibler Interpreter für ausführbare Anforderungsdokumente*, Proc. Requirements Engineering '93 - Prototyping, Bonn, Teubner, (1993)

Beschreibungsmodell für ein Werkzeug zur wissensbasierten Dialoggestaltung in Softwareprodukten[1]

G. Benzien, P. Forbrig, E. Schlungbaum

Zusammenfassung

Ausgehend von der Methode zur Gestaltung von Benutzungsoberflächen MUSE werden im Rahmen eines Drittmittelvorhabens Grundlagen für ein Werkzeug zu ihrer Umsetzung entwickelt. Ziel des Werkzeuges ist die Integration von Erkenntnissen der Software-Ergonomie in das Software-Engineering. Als ein zentrales Problem bei der Entwicklung des Werkzeuges kristallisierte sich die dem Entwicklungsstand der zu entwickelnden Benutzungsoberfläche angepaßte Beschreibungsform heraus. Sie muß als Schnittstelle zwischen Software-Engineering und Software-Ergonomie die für diese beiden Gebiete notwendigen Informationen umfassen. Der Vortrag charakterisiert bekannte Methoden und stellt eine Möglichkeit für eine derartige Beschreibungsform vor.

1.   Einleitung

Eine humanorientierte Mensch-Rechner-Funktionsteilung und Dialogstrukturierung in Softwareprodukten erfordert von den Entwicklern ein umfangreiches software-ergonomisches Wissen. Dieses Wissen besteht aus einer Vielzahl von Richtliniensammlungen, Standards und Normen, das bereits in den frühen Phasen der Softwareentwicklung in den Analyse- und Gestaltungsprozeß einbezogen werden muß. Existierende Werkzeuge unterstützen den Entwickler dadurch, daß sie ihm Beschreibungsmittel zur Verfügung stellen, mit denen einerseits die Struktur eines Softwareproduktes und andererseits die Benutzungsoberfläche gestaltet werden kann. Diese Werkzeuge geben bisher kaum Hinweise zur sinnvollen Nutzung ihrer Mittel. Auch das Zusammenspiel zwischen Softwarestruktur und Benutzungsoberfläche wird noch unzureichend beachtet.

---

1 Dieser Beitrag entstand im Rahmen des Projektes EXPOSE (Expertensystem zur phasenorientierten Software-Ergonomie-Beratung bei der Benutzungsschnittstellen-Gestaltung), welches vom Bundesministerium für Forschung und Technologie unter FKZ 01 HK 291/2 gefördert wird.

Dieser Nachholebedarf kann durch ein wissensbasiertes Werkzeug verringert wer-
den. Mit EXPOSE wird der Versuch unternommen, ein solches Werkzeug zu konzipieren.
Seit Mitte 1991 wird dieses vom BMFT geförderte Verbundprojekt an den Universitäten
Oldenburg und Rostock bearbeitet. Ausgangspunkt für diese Arbeiten war die Methode
MUSE (Method for Usage Surface Engineering, vgl. [1], [2]), welche ein Vier-Phasen-
Modell für den Gestaltungsprozeß von Benutzungsoberflächen vorschlägt. Die Phasen sind
in Abbildung 1 dargestellt, welche aus [3] entnommen wurde.

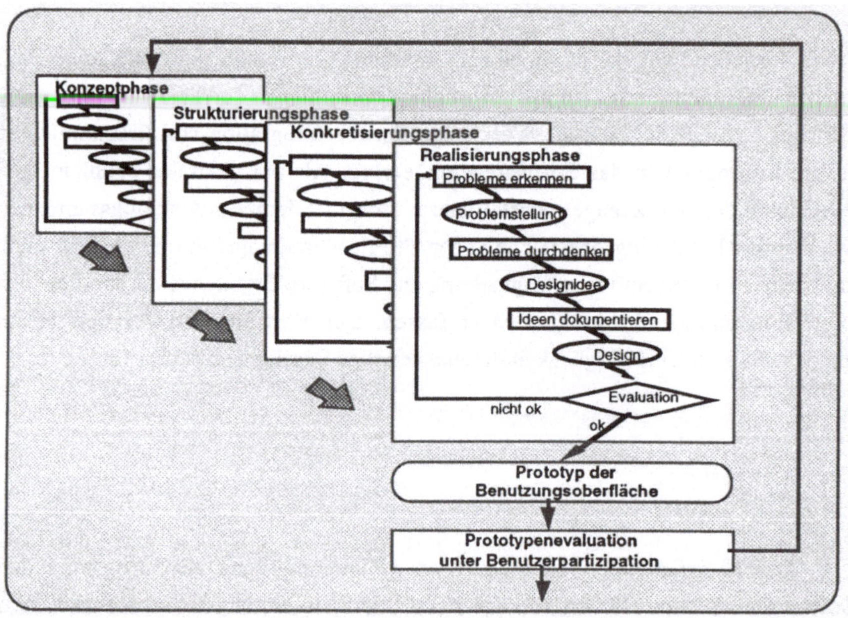

Abb. 1   MUSE als Methode für den Gestaltungsprozeß

In der Konzeptphase gilt es, zunächst unter software-ergonomischen Gesichtspunkten den Ist-Zustand des organisatorischen Umfeldes zu erfassen, zu beschreiben und zu
analysieren. Als Ergebnis entsteht das Konzept-Design, das Festlegungen zu den Arbeitsabläufen, Arbeitsinhalten, Arbeitsobjekten und Kommunikationsstrukturen enthält. In Bezug
auf die Funktionalität werden Anwendungsfunktionen, Steuerfunktionen zur Handhabung
des Werkzeuges, Adaptierfunktionen zur Regelung des Dialogverhaltens und Metafunktionen zur Unterstützung des Benutzers bei der Anwendung des Systems unterschieden. In
der Strukturierungsphase wird das Struktur-Design erarbeitet, das die abstrakten Dialogformen (Datenabfrage, Auswahlangebot, Kommando, Direktmanipulation) zur Benutzung der

Systemfunktionalität beschreibt. Dieses Struktur-Design wird in der Konkretisierungsphase zu einem konkretem Design entwickelt, in dem festgelegt wird, in welcher Art die Informationen (visuell-bildhaft, visuell-textuell, audio-schematisch oder audio-textuell) im Dialog repräsentiert werden. Damit sind die Form und der Inhalt von Dialogen exakt beschrieben. Die fehlenden Zuordnungen von Ein- und Ausgabegeräten zu den beschriebenen Strukturen und die entsprechenden Layoutfestlegungen erfolgen in der Realisierungsphase. Im Ergebnis dieser Phase wird ein Prototyp der zu entwickelnden Benutzungsoberfläche erzeugt.

2. Struktur des Werkzeuges EXPOSE

Bei der Konzipierung der Struktur eines prototypischen EXPOSE-Systems soll eine möglichst breite Abstützung auf bereits existierende Werkzeuge, wie CASE-Tools, User Interface Management Systeme oder Expertensystem-Tools erfolgen. Eine vollständige Nutzung eines kommerziellen CASE-Systems scheidet aus, weil die verfügbaren Werkzeuge keine Integration von zusätzlichen Komponenten unterstützen. Als wichtige Bestandteile von EXPOSE werden deshalb ein User Interface Management System und eine Expertensystem-Shell genutzt. Unter diesen Voraussetzungen wurde eine Architektur des Systems EXPOSE entworfen, welche in Abbildung 2 dargestellt ist (vgl. [4]).

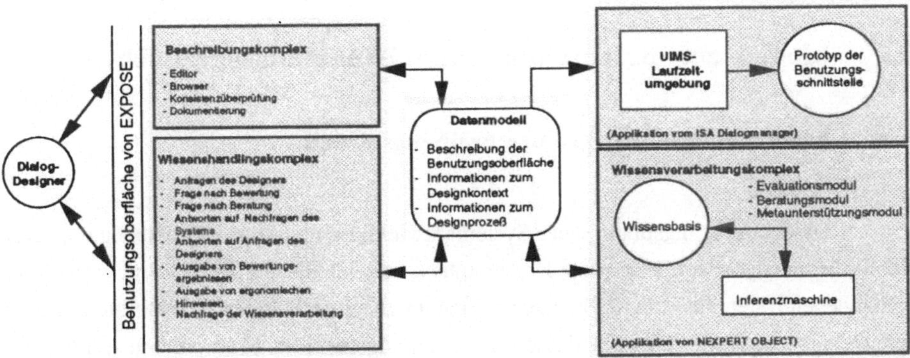

Abb. 2   Systemarchitektur des Werkzeugs EXPOSE

Der Beschreibungskomplex verwaltet den jeweiligen Entwicklungsstand der Benutzungsoberfläche. Er stellt Editoren bereit, die deren Manipulation ermöglichen. Der dargestellte Arbeitsstand ist für die einzelnen Phasen verschiedenartig und reicht von arbeits- und organisationswissenschaftlichen Aspekten in der Konzeptphase bis hin zur konkreten

Visualisierung der Interaktionsobjekte der gestalteten Oberfläche in der Realisierungsphase. Der Wissenshandlingskomplex ist das Bindeglied zwischen der Benutzungsoberfläche von EXPOSE und dem Wissensverarbeitungskomplex. Im Werkzeug EXPOSE stellt der Wissenshandlingskomplex in allen Phasen der Gestaltung der Benutzungsoberfläche des zu entwickelnden Dialogsystems Hilfsmittel für eine komfortable Kommunikation des Dialogdesigners mit dem Wissensverarbeitungskomplex bereit. Der Dialogdesigner wird einerseits unterstützt, Anfragen an die Wissensbasis von EXPOSE zu formulieren. Andererseits ist es notwendig, die durch den Wissensverarbeitungskomplex auf die Anfragen des Dialogdesigners ermittelten Ergebnisse in geeigneter Form an der Benutzungsoberfläche von EXPOSE darzustellen. Die Wissensbasis im Wissensverarbeitungskomplex enthält das Software-Ergonomie-Wissen, welches zur Beratung des Dialogdesigners und zur Bewertung des aktuellen Entwicklungsstandes der zu gestaltenden Benutzungsoberfläche eingesetzt wird. Grundlage dafür ist ein Datenmodell, welches die aktuelle Benutzungsoberflächenbeschreibung und weitere für die wissensbasierte Beratung und Bewertung notwendige Informationen verwaltet. Dabei wird das Wissen aus der Wissensbasis (z.B. Regeln zur Auswahl von konkreten Dialogformen für Dialogzustände) auf die Informationen aus dem Datenmodell angewendet. Dieses Datenmodell ist Anliegen des Artikels und wird im folgenden ausführlich erläutert. Für die Integration der Ergebnisse von EXPOSE in die Software-Entwicklung wird aus dem Datenmodell eine Dialogbeschreibung für ein UIMS generiert.

3.   Modell zur Beschreibung von Benutzungsoberflächen

3.1   Anforderungen an das Beschreibungsmodell

Da der Ausgangspunkt einer Systementwicklung nicht das Dialogdesign sondern eine Projektanalyse ist [5], setzt die Konzeptphase von MUSE das Sollkonzept voraus. Die vorhandenen Daten aus dem Sollkonzept sollten im zu entwickelnden Beschreibungsmodell genutzt werden. Weiterhin sollte dessen Beschreibungsmethode übernommen werden. Bei der Entwicklung von Benutzungsoberflächen für Softwareprodukte müssen aber unbedingt die Erkenntnisse der Software-Ergonomie berücksichtigt werden und somit in das Beschreibungsmodell einfließen.

Allgemein gesagt, muß das Modell Methoden und Verfahren des Software-Engineering und der Software-Ergonomie integrieren. Eine wichtige zu lösende Aufgabe bei der Entwicklung des Modells war somit, geeignete Methoden beider Richtungen zu finden. Dazu können folgende Anforderungen formuliert werden:

- Klassenhierarchien sind zusammen mit ihren Methoden festzustellen.

- Aufgaben sind zu analysieren und software-ergonomische Informationen sind zu erheben.

- Objekte und Anwendungsfunktionen sind mit den Aufgaben in Beziehung zu setzen.

- Steuer-, Meta- und Adaptierfunktionen sind zu spezifizieren. Sie können beispielsweise parallel oder sequentiell abarbeitbar sein und von Bedingungen abhängen.

Die hier genannten Anforderungen stellen wesentliche Ergebnisse der Analyse dar, die bei der Gestaltung von Benutzungsoberflächen zu berücksichtigen sind. Für die Entwicklung des Werkzeugs EXPOSE ist es daher wichtig, hier eine ausreichend formale Methodik zu entwickeln, damit diese Anforderungen und die software-ergonomische Gestaltung von Benutzungsoberflächen maschinell unterstützbar werden.

Aus der Sicht verschiedener Autoren (vgl. [4], [6]) werden für eine software-ergonomisch begründbare Benutzungsoberflächen-Gestaltung Informationen zum Aufgabenmodell, Objektmodell und zum Dialogmodell benötigt oder im Designprozeß entwickelt.

Das Sollkonzept als Ergebnis einer software-technischen Analyse weist, unabhängig davon, ob strukturierte oder objektorientierte Analyse, jedoch nur noch einen geringen Bezug zum Aufgabenmodell auf. Es stellt eine Umsetzung der Analyseergebnisse (des Aufgabenmodells) dar, aber die Informationen zu wesentlichen Eigenschaften des Aufgabenmodells liegen nicht mehr explizit vor. Weiterhin enthält das Sollkonzept keine Informationen zum Benutzungsmodell und zu den Benutzungscharakteristika, welche bei einer software-ergonomischen Kriterien genügenden Gestaltung von Benutzungsoberflächen unbedingt berücksichtigt werden müssen (vgl. [4]). Neben den bisher genannten Schwachpunkten ist die Spezifikation der Dynamik von Dialogen, insbesondere die Handhabung der Komplexität von graphischen Dialogen sehr problematisch.

In [4] wurden verschiedene CASE-Methoden zur Darstellung von Sollkonzepten untersucht. Im Ergebnis mußte festgestellt werden, daß keine der Methoden die oben formulierten Anforderungen erfüllt. Prinzipiell sind sicher alle geeignet, so erweitert zu werden, daß eine Verknüpfung mit MUSE möglich wird (vgl. [7]). Einige Vor- und Nachteile der untersuchten Methoden sollen im folgenden kurz zusammengefaßt werden.

Die objektorientierte Vorgehensweise schien zunächst als am erfolgversprechendsten. Da die Erkenntnisse auf dem Gebiet der Arbeitswissenschaften zur Zeit im wesentlichen aufgabenbezogen vorliegen, bestehen bei dieser Methode Schwierigkeiten der Zuordnung software-ergonomischer Merkmale zu den Methoden der Objekte. Es muß eine Verweisstruktur aufgebaut werden, die die Zuordnung von Methoden zu Aufgaben realisiert. Dies ist methodisch nicht einfach zu realisieren. Ein Problem bei der objektorientierten Vorgehensweise ist auch die Spezifikation der Dynamik des Dialoges. Hier gibt es bisher keine ausreichenden Darstellungen der Interaktionen.

Die dargestellten Nachteile treffen in noch stärkerem Maße für das Entity-Relationship-Modell zu, da das Objektmodell der objektorientierten Analyse diesen Ansatz umfaßt.

Die Strukturierte Analyse hat den Vorteil einer großen Verbreitung. In ihrer Grundform ist sie aber nicht für die Darstellung von Steuerflüssen geeignet. Die ursprünglich für die Steuerspezifikation eingeführten Erweiterungen sind für eine Steuerspezifikation zwar geeignet, führen aber zu sehr unübersichtlichen Darstellungen.

Petrinetze und ihre Spezialform der RFA-Netze haben sich zur Beschreibung von Dialogabläufen bereits gut bewährt und werden in verschiedenen Forschungsgruppen weiter untersucht. Da für den Anwendungsbereich von EXPOSE im Bürobereich Übergänge von fast jedem Interaktionspunkt zu jedem anderen gewünscht werden, ergibt sich für die Petrinetze ein sehr starkes, schwer überschaubares Geflecht von Verbindungen. Ebenfalls fehlt der Bezug zur Objektorientierung.

3.2   Komponenten des Beschreibungsmodells

In Auswertung der Methoden haben wir uns für die Arbeit mit EXPOSE dazu entschlossen, die Methode von Rumbaugh [8] aufzugreifen. Die einzelnen Beschreibungsmethoden seiner Herangehensweise werden so genutzt, daß die Notation und ihre Bedeutung übernommen, der gesamtheitliche Aufbau der Modelle aber modifiziert wurde. Das Objektmodell wird in seiner Bedeutung nicht geändert. Im Funktionsmodell existieren nicht nur die voneinander unabhängigen Datenflußdiagramme der Methoden, sondern auch eine Hierarchie von Diagrammen für das gesamte System. Somit sind beide Modelle in EXPOSE gleichberechtigt, d.h. keines ist Voraussetzung für das andere. Die Konsistenz ist in beiden Richtungen zu erreichen. Das Dynamikmodell besteht aus einer Darstellung für das Gesamtsystem, dem Zustandsgraphen. Ausgangspunkt für den Graphen sind nicht die Klassen des Objektmodells, sondern die Datenflußdiagramme des Funktionsmodells. Wie noch beschrieben wird, wurde das Dynamikmodell um sogenannte Erreichbarkeitsmarken erweitert, um durch Einsparung von Zustandsübergängen dessen komplexen Aufbau zu reduzieren.

Zusammengefaßt kann gesagt werden: Es wird der Umfang der Konzepte von Rumbaugh genutzt. Die Notation besitzt die gleiche Semantik. Die Modelle werden auf die Ebene des gesamten Systems gehoben. Damit ergibt sich aber, daß der primäre Charakter des Objektmodells abgeschwächt wird, für das Dynamikmodell diese Eigenschaft sogar ganz verloren geht. In der Abbildung 3 werden die für das Benutzungsoberflächen-Design notwendigen Informationen, die Ausdrucksmittel nach Rumbaugh und das vorzustellende Beschreibungsmodell in Beziehung gesetzt.

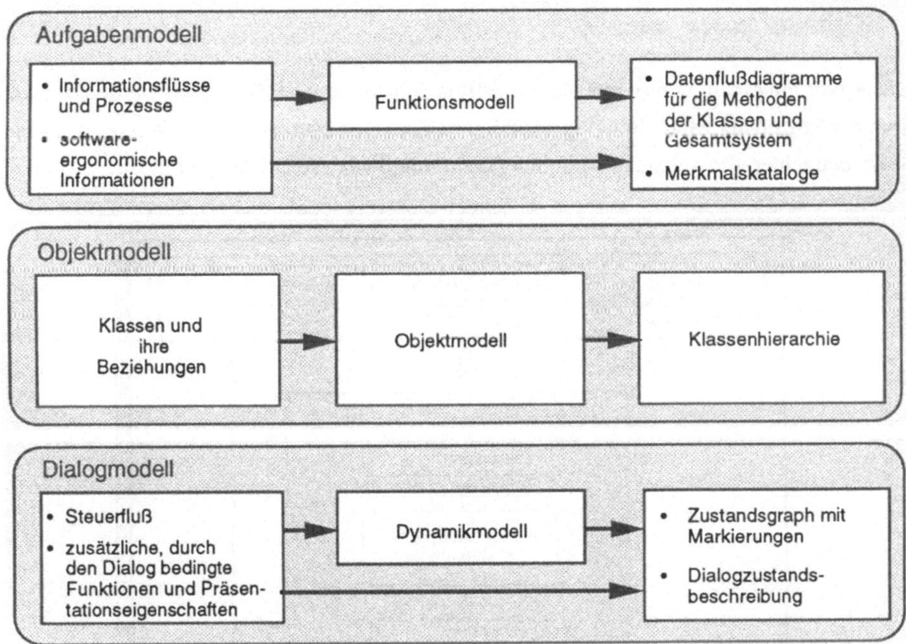

Abb. 3   Informationen und ihre Darstellung im Beschreibungsmodell

Dabei können die Anforderungen wie folgt erfüllt werden:

• Merkmalskataloge beinhalten software-ergonomische Informationen und sind Aufgaben zuzuordnen.

• Aufgaben werden durch die Prozesse der Datenflußdiagramme abgebildet.

• Anwendungsfunktionen im Zustandsgraphen werden über die Prozesse mit Aufgaben identifiziert.

- Steuer-, Meta- und Adaptierfunktionen werden in den Zustandsgraphen aufgenommen.

- Beziehungen zwischen den Anwendungsfunktionen werden im Zustandsgraphen und seinen Erweiterungen modelliert.

- Die Datenspeicher und Datenflüsse im Funktionsmodell entsprechen einem Teil der Objekte, die von den Funktionen des Anwendungssystems genutzt werden. Durch die Analyse der Beziehung Prozeß - Datenspeicher wird die Klassenhierarchie überprüft bzw. erweitert.

Die Arbeit mit einem derartigen Modell soll im folgenden kurz dargestellt werden. Es wird grob der Prozeß der Modellbildung geschildert. Zunächst werden die Arbeiten der Konzeptphase betrachtet, für welche in Abbildung 4 ein möglicher Ablauf dargestellt ist.

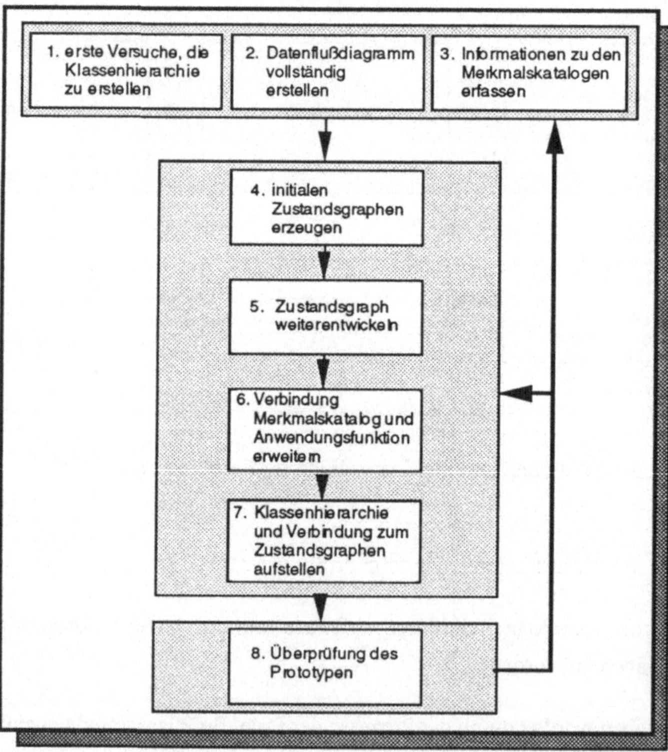

Abb. 4   Prozeß der Modellbildung beim Benutzungsoberflächen-Design

Die Punkte 1 bis 3 repräsentieren das Sollkonzept als Ergebnis der software-technischen Analyse und sind Voraussetzung für das Benutzungsoberflächen-Design mit EXPOSE. Es bildet die Eingabedaten für die Arbeiten in der Konzeptphase. Das Aufstellen einer Klassenhierarchie ist optional. Da sie möglicherweise bei der Analyse schon entwickelt wurde, sollten diese Ergebnisse auch in EXPOSE zur Entwicklung der Benutzungs-oberfläche weiter genutzt werden können. Mit den Datenflußdiagrammen wird eine hierar-chische Struktur des zukünftigen Softwareproduktes beschrieben, wobei die Anwendungs- und Steuerfunktionen aus dem Sollkonzept durch Prozesse repräsentiert werden. Die software-ergonomischen Informationen sind das Ergebnis der arbeitswissenschaftlichen Analyse. Sie können in einer beliebigen Form existieren, müssen aber auf der Basis hinreichender Formalisierung (vgl. [4]) in Fakten der Wissensbasis überführbar sein. Für die Abspeicherung von software-ergonomischen Informationen wurde die Form von Merkmalskatalogen mit einer frameartigen Struktur gewählt.

Für das Benutzungsoberflächen-Design mit EXPOSE sind die Beziehungen zwischen den Komponenten der Eingabedaten von wesentlicher Bedeutung. Der Zusammen-hang zwischen der Klassenhierarchie und den Datenflußdiagrammen besteht darin, daß sich die Datenspeicher und Datenflüsse der Datenflußdiagramme in den elementaren Klassen der Hierarchie widerspiegeln. Zwischen ihnen existiert eine eindeutige Abbildung. Die Zuordnung von Prozessen der Datenflußdiagramme zu Methoden von Klassen kann als Verbindung zwischen Aufgaben, die durch die Prozesse dargestellt werden und den von ihnen "benutzten" Objekte betrachtet werden. Folgende Prozesse sind als Methode einer Klasse aufzufassen:

- Der Prozeß ist mit einem Datenspeicher durch einen Datenfluß verbunden, wobei es keine Rolle spielt, wie dieser gerichtet ist.

- Der Prozeß besitzt einen Datenfluß mit einem anderen Prozeß, der auf ihn selbst gerichtet ist.

Da die Prozesse der Datenflußdiagramme Aufgaben repräsentieren und die Merkmals-kataloge Aufgabenbeschreibungen beinhalten, können die Merkmalskataloge Prozessen zugeordnet werden. Vorläufig sind nur die vorhandenen Merkmalskataloge ihren ent-sprechenden Prozessen ohne Beachtung von Beziehungen zwischen Merkmalskatalogen zugeordnet. In Abbildung 5 werden die Komponenten der Eingabedaten und ihre Beziehungen verdeutlicht.

Durch die Punkte 4 bis 7 des Prozeßmodells werden das Dialogmodell entwickelt und die Komponenten des Sollkonzepts verfeinert. Diese Schritte werden im folgenden

ausführlich erläutert. Ausgangspunkt der Darstellung sei die Erarbeitung des globalen
Steuerflusses aus der Hierarchie der Datenflußdiagramme des Funktionsmodells.

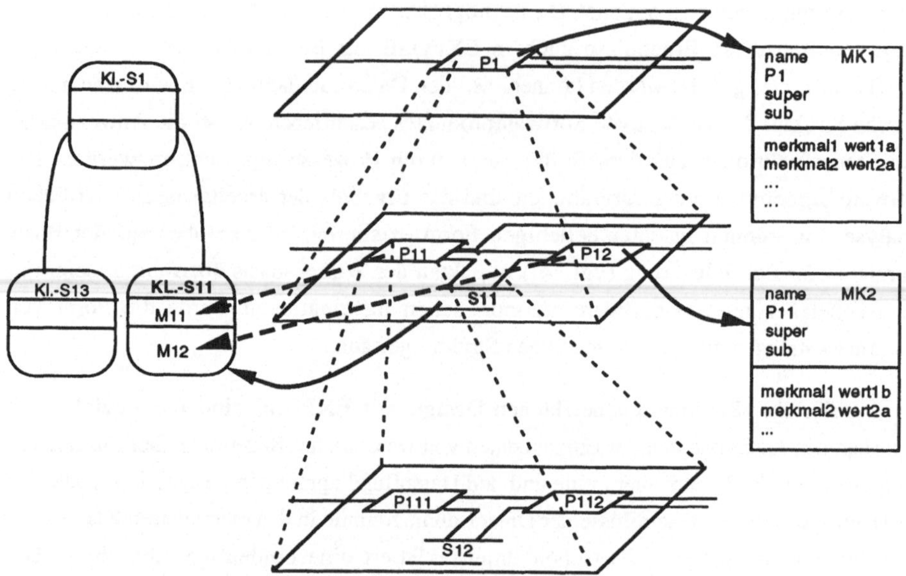

Abb. 5   Komponenten der Eingabedaten und ihre Beziehungen

3.3   Entwicklung des Dialogmodells

Für die Repräsentation des Dialogmodells wurde die Form von Zustandsgraphen
gewählt. Bei der Entwicklung des Dialogmodells werden folgende Arbeitsschritte des
Dialogdesigners unterschieden:

- Erzeugung des initialen Zustandsgraphen

- Integration von logischen Reihenfolgen

- Einfügen von Erreichbarkeitsmarken

- Umstrukturierung und Beschreibung von Dialogzuständen

Bei der Gestaltung von Benutzungsoberflächen mit EXPOSE kann es sich erweisen, daß das Aufgabenmodell und das Objektmodell noch nicht mit der notwendigen Sorgfalt definiert wurden. Deshalb hat der Dialogdesigner folgende zusätzliche Möglichkeiten:

- Erweiterung der Klassenhierarchie

- Erweiterung der Verbindungen zwischen Merkmalskatalogen und Dialogmodell

Das Erzeugen des initialen Zustandsgraphen

Der initiale Zustandsgraph enthält Knoten und Kanten mit folgender Bedeutung: Ein Knoten verkörpert einen Zustand des zu entwickelnden Dialoges. Ein Zustand in dem Graphen ist durch die Funktionen gekennzeichnet, welche von ihm aus aufrufbar sind. Er beschreibt nicht den Zustand eines gesamten Systems. Eine Kante stellt einen Zustandsübergang dar. Die Kanten des Graphen sind gerichtet. Sie repräsentieren Anwendungs-, Steuer-, Adaptier- und Metafunktionen. Die Kanten werden in zwei Typen eingeteilt:

1. Der Zustandübergang löst den Beginn der Abarbeitung einer Funktion aus, d.h., ihre Abarbeitung beginnt, ist aber noch nicht beendet.

2. Der Zustandsübergang kennzeichnet die Beendigung der Abarbeitung einer Funktion.

Im ersten Schritt beim Aufbau des Zustandsgraphen wird ein initialer Graph erzeugt, der eine Baumstruktur besitzt. Alle Kanten, die von einem Knoten zu einem Sohnknoten verlaufen, sind vom ersten Typ und die anderen, die vom Sohnknoten zum Vaterknoten gerichtet sind, entsprechen dem zweiten Typ. Dieser Graph kann automatisch erzeugt werden. In der Abbildung 6 sind eine Hierarchie von Datenflußdiagrammen und der daraus generierte initiale Zustandsgraph abgebildet.

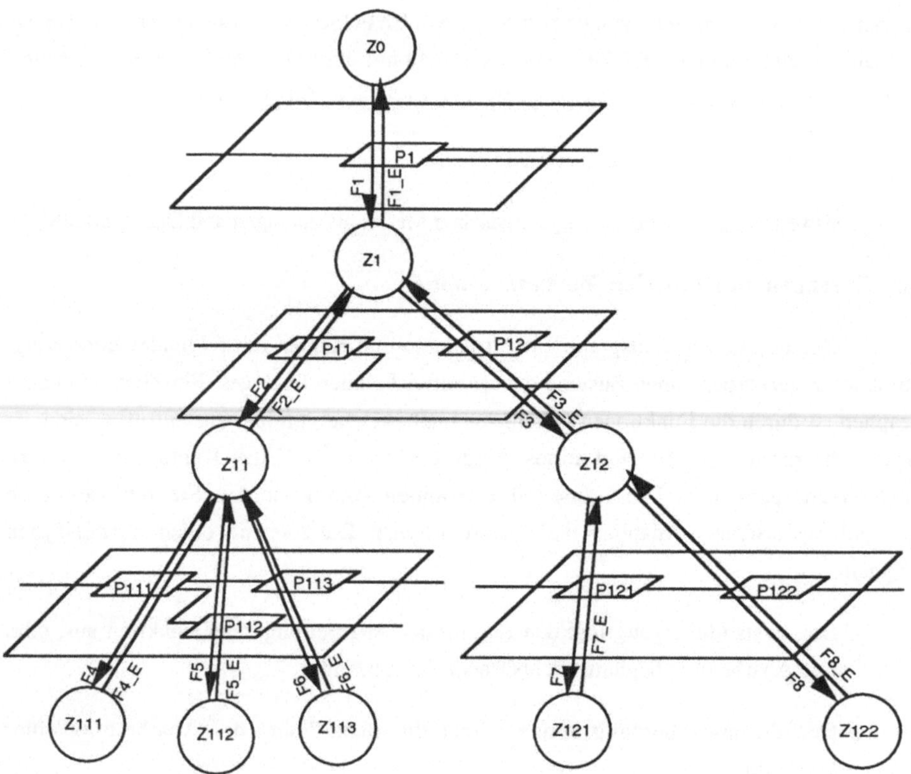

Abb. 6   Initialer Zustandsgraph

Integration von logischen Reihenfolgen

Aus den Ergebnissen der Aufgabenanalyse können Schlußfolgerungen auf zeitliche Abhängigkeiten der Abarbeitung von Funktionen gezogen werden, die als logische Reihenfolgen bezeichnet werden. Hierbei geht es um die Frage, ob verschiedene Funktionen nur sequentiell oder parallel (in Hinsicht auf den Dialog) zu bearbeiten sind, d.h. der Beginn der Abarbeitung einer Funktion ausgelöst werden kann, bevor eine bestimmte andere Funktion beendet wurde bzw. einen bestimmten Bearbeitungszustand erreicht hat. Im Zustandsgraphen werden logische Reihenfolgen durch Entfernen und Hinzufügen von Kanten dargestellt. Diese Kanten bezeichnen dann entweder Steuer- oder Anwendungsfunktionen mit dem Charakter von Beendigung bzw. Auslösung der Abarbeitung einer Anwendungsfunktion. Übergänge können mit Bedingungen versehen werden, die vor der Ausführung der entsprechenden Aktion erfüllt sein müssen, wie das vorherige Ausführen anderer Funktionen, ein bestimmter Zustand einer festgelegten Zustandsvariable u.s.w. Diese Bedingungen sind Bestandteil eines Zustandes und werden in einem zugehörigen Feld abgelegt. In der Abbildung 7 ist ein aus der Abbildung 6 erweiterter Graph dargestellt. Die Anwendungsfunktion $F8$ wurde neu eingefügt. Die Steuerfunktion $F7\_E$ besitzt eine geänderte Richtung.

Die Gestaltung einer Benutzungsoberfläche als Endziel fordert aber, daß neben diesen Funktionen weitere in die Anforderungsdefinition aufzunehmen sind. Es werden neue Funktionen eingeführt. Dadurch kann die Einführung neuer Zustände notwendig sein. Somit sind neue Funktionen in den Zustandsgraphen aufzunehmen, indem er durch neue Knoten und Kanten erweitert wird. Das Einfügen weiterer Anwendungsfunktionen bedeutet, daß diese im Graphen schon existieren. Es wird nur ein anderer, evtl. zusätzlicher Zustand bestimmt, von dem aus die Anwendungsfunktion ausgelöst werden kann.

Einfügen von Erreichbarkeitsmarken

Das Anwendungssystem soll in einer fensterorientierten Umgebung realisiert werden. Charakteristisch für solche Systeme ist, daß verschiedene Funktionen nebeneinander schrittweise abgearbeitet werden. Für den Zustandsgraphen bedeutet diese Tatsache, daß neben den bisher dargestellten Zustandsübergängen viele weitere, zu beliebigen Zuständen, existieren. Die statische Darstellung solcher Übergänge im Graphen ist aus Gründen der Übersichtlichkeit nicht möglich. Deshalb wird eine dynamische Markierung von Zuständen eingeführt. In der Abbildung 7 wird der Zustandsgraph mit Markierungen einiger Zustände gezeigt.

Zunächst wird in EXPOSE ein ganz einfacher Mechanismus zur Markenvergabe vorgesehen. Jeder aktuelle Zustand kann beim Verlassen mit einer Marke versehen werden, so daß er dann von jedem beliebigen Zustand wieder erreichbar ist. Für diese Markierung sind aber durchaus auch kompliziertere Mechanismen denkbar, die noch untersucht werden sollen. Es ist beispielsweise denkbar, die Markenvergabe mit Hilfe von Methoden zur Synchronisation nebenläufiger Prozesse zu vollziehen.

Durch dieses Markenmodell wird ein übersichtlicher Aufbau des Zustandsgraphen unterstützt. Die Markenvergabe spiegelt schon eine gewisse Dynamik des Nutzerdialoges mit dem zu entwickelnden System wider. Die durch die Marken gegebenen Zustandsübergänge und damit Sprünge im Dialog sind primär durch das Fenstersystem gegeben. Für den Fall, daß solche Übergänge nicht erwünscht sind, können die Marken gesperrt werden. Ein Beispiel dafür sind Dialogboxen, in denen eine Nutzereingabe unbedingt erfolgen muß, bevor der Dialog an einer beliebigen Stelle weitergeführt werden kann.

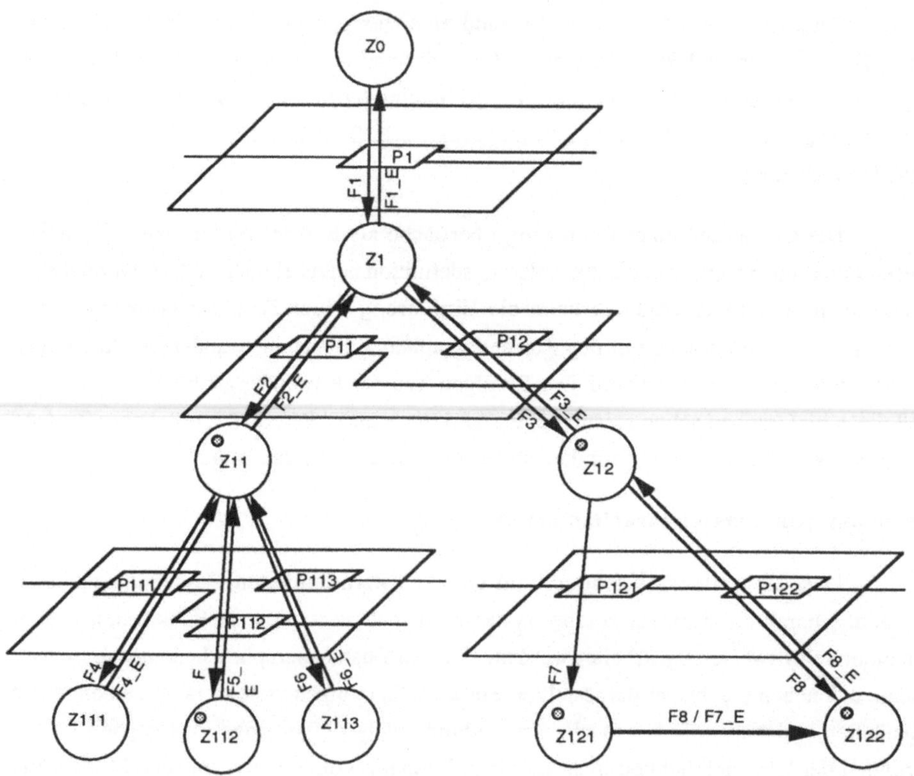

Abb. 7   Zustandsgraph mit logischen Reihenfolgen und Erreichbarkeitsmarken

Umstrukturierung und Beschreibung von Dialogzuständen

Nachdem in der Konzeptphase von MUSE bisher die konzeptuelle Sicht auf das zu entwickelnde Softwareprodukt beschrieben wurde, wird in der Strukturierungsphase die Dialogstruktur aufgebaut. Dazu werden die Zustände aus dem Zustandsgraphen als Dialogzustände festgelegt, wobei eine Umstrukturierung des Zustandsgraphen notwendig ist, um eine aufgabenangemessene und benutzerangepaßte Dialogstruktur zu erzeugen. Für jeden Dialogzustand wird eine Dialogzustandsbeschreibung mit einer frameartigen Struktur eingeführt (vgl. Abbildung 8). Zunächst wird für jeden Dialogzustand eine abstrakte Dialogform eingetragen. In den Konkretisierungs- und Realisierungsphasen werden weitere Attribute für die abstrakten Dialogformen festgelegt, um letztendlich einen Prototypen der Benutzungsoberfläche generieren zu können.

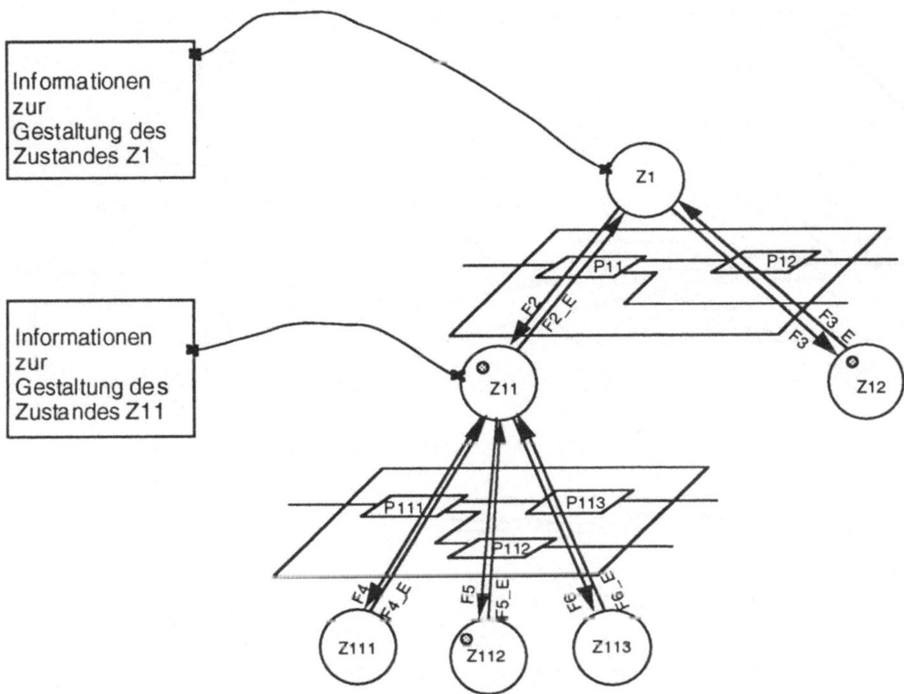

Abb. 8   Einführung von Dialogzustandsbeschreibungen

Erweiterung der Klassenhierarchie

Die Klassenhierarchie kann erweitert werden. Neue Klassen können entworfen und in die Hierarchie eingebettet werden. Entspricht die Klasse einem Datenspeicher bzw. -fluß, können eventuell Methoden der Klasse daraus abgeleitet werden. Ansonsten wird es sich um Oberklassen von bestehenden handeln. Diese Klassen besitzen dann keinen direkten Bezug mehr zum Datenflußdiagramm. Die Abbildung 9 zeigt ein Beispiel für die Erweiterung der Klassenhierarchie.

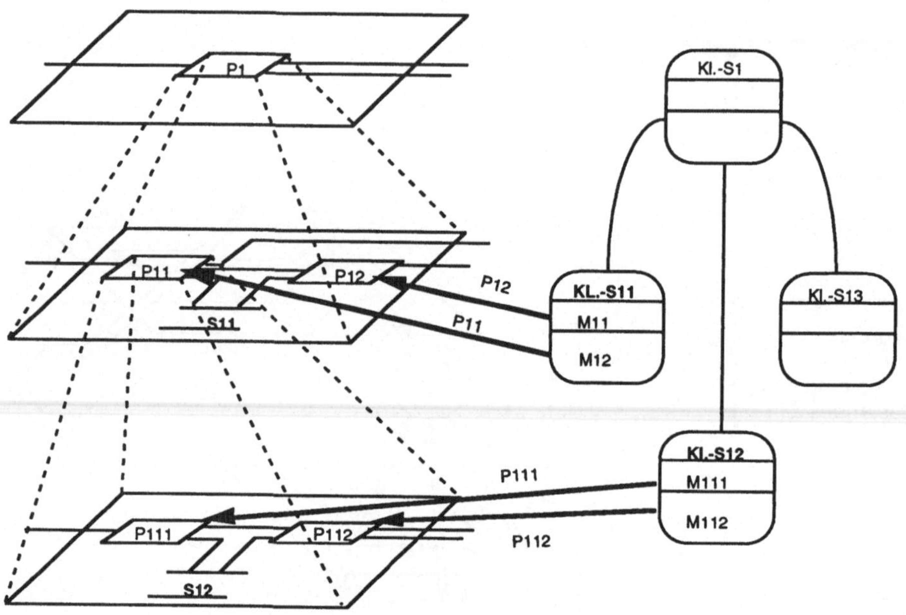

Abb. 9   Erweiterte Klassenhierarchie

Verbindungen zwischen Merkmalskatalogen und Dialogmodell

In den Arbeitsschritten der Problemanalyse, welche vor der Erstellung des Sollkonzepts für das zu entwickelnde Dialogsystem ausgeführt wurden, ist die Problemstellung
unter Berücksichtigung des arbeitsorganisatorischen und technischen Umfeldes beschrieben
und strukturiert worden. Das führte zu einer Festlegung von Aufgaben, die durch das zu entwickelnde Dialogsystem unterstützt werden sollen. Die Aufgaben tragen Aufgaben-,
Benutzer- und Benutzungsmerkmale, die im Design-Kontext zusammengefaßt werden. Zu
jedem Merkmal gehört eine arbeitswissenschaftlich begründete Wertemenge.

Im Zustandsgraphen repräsentieren die Kanten vom Typ 1 die Ausführung von
Funktionen des zukünftigen Dialogsystems. Diese Funktionen wiederum wurden zur Realisierung der einzelnen Aufgaben definiert. Zu jeder Funktion im Zustandsgraphen muß angegeben werden, welcher Aufgabe sie zugeordnet ist. Diese Verbindung kann über die Prozesse der Datenflußdiagramme aufgebaut werden. Für jede Aufgabe existiert ein Merkmalskatalog zum Design-Kontext. Der Dialog-Designer hat die Aufgabe, für die entsprechenden
Aufgaben durch Wertebelegungen den Merkmalskatalog auszufüllen. Dazu verwendet er die
Ergebnisse der Aufgabenanalyse und überträgt diese in eine maschinenlesbare Form.

In Abbildung 10 wird anhand eines Ausschnittes aus einem Zustandsgraphen die Verbindung zu den Merkmalskatalogen prinzipiell verdeutlicht. Die Verbindungen zwischen einzelnen Merkmalskatalogen leiten sich aus dem Zustandsgraphen ab und können automatisch erzeugt werden. Jeder Merkmalskatalog erhält einen Namen, welcher aus der Bezeichnung der entsprechenden Kante hervorgeht. Das bedeutet, wenn Kanten den gleichen Namen haben, weil sie die gleiche Funktion repräsentieren, wird nur ein Merkmalskatalog mit diesem Namen verwendet. Zur Kennzeichnung der Vererbungswege werden in jedem Merkmalskatalog die Väter (super) und die Söhne (sub) eingetragen. Die dazu notwendigen Informationen werden aus dem Zustandsgraphen automatisch abgeleitet. In Abhängigkeit von den Ergebnissen der Aufgabenanalyse kann der Dialog-Designer beim Erzeugen der Merkmalskataloge (MK) festlegen, ob ein Sohn-MK die Wertebelegung für die einzelnen Merkmale vom Vater-MK erbt oder ob sie überschrieben werden müssen.

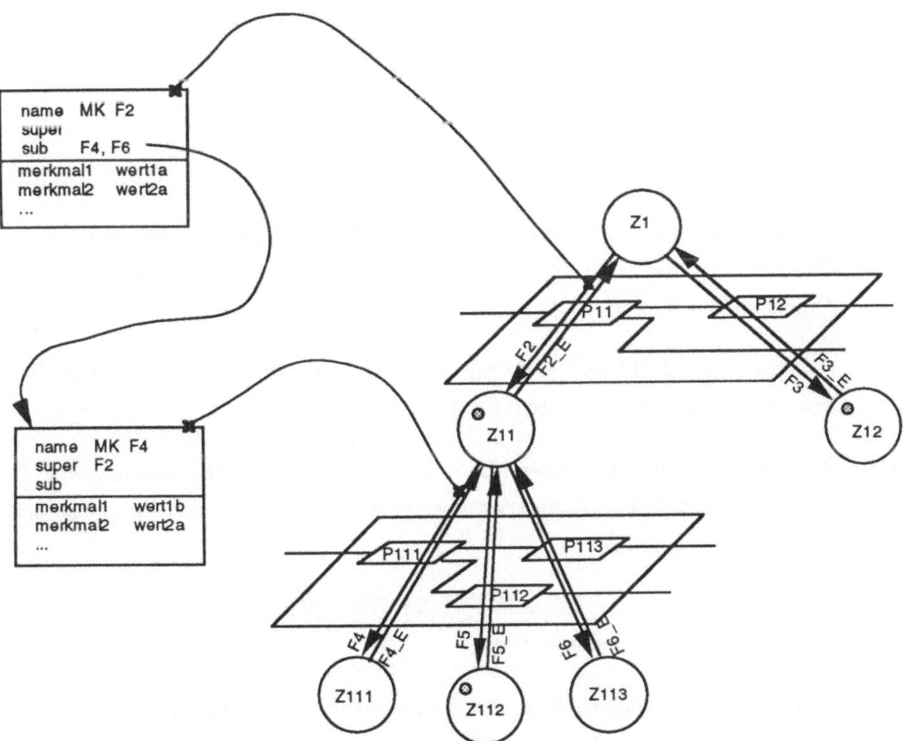

Abb. 10   Verbindung von Funktionen und Merkmalskatalogen

4. Schlußbemerkungen

In dem Artikel wurde eine Möglichkeit der Zusammenführung von software-ergonomischen Informationen mit software-technischen Beschreibungsformen dargestellt. Damit können die Ergebnisse von Projektanalysen in formalisierter Form bereitgestellt werden und stehen für die Anwendung von software-ergonomischen Wissen bei der Gestaltung von Benutzungsoberflächen zur Verfügung. Im Ergebnis der Anwendung von EXPOSE durch den Dialogdesigner wird ein Prototyp einer software-ergonomischen Kriterien genügenden Benutzungsoberfläche erzeugt, wobei aus dem Datenmodell eine Dialogbeschreibung für ein UIMS generiert wird (vgl. [9]).

Die dargestellte Vorgehensweise zur Entwicklung des Beschreibungsmodells wurde in einer Fallstudie "Automatisierung der Verwaltung eines Fahrradhauses" experimentell untersucht (vgl. [10]). Zur Zeit werden die theoretischen Ansätze der Beschreibungsmethodik als Prototyp umgesetzt und implementiert.

Literatur

[1]	P. Gorny, A. Viereck: *Eine Vorgehensweise zur Entwicklung interaktiver Programme*. In: K.-P. Fähnrich: State of the Art 5: Software-Ergonomie. Oldenbourg, 1987.

[2]	P. Gorny: *Slow and Principled Prototyping of User Interfaces: a Method for User Interface Engineering*. in diesem Band.

[3]	A. Viereck: *Computer-unterstützte Benutzungsoberflächen-Gestaltung*. In: Konradt, Drisis (eds.): Benutzungsoberflächen in teilautonomer Gruppenarbeit. Leske&Budrich, 1992.

[4]	P. Gorny, P. Forbrig, et.al.: *Konzepte für EXPOSE*. Projektinterner Zwischenbericht. Oldenburg, Rostock, 1993.

[5]	H. Balzert: *Aufgabenanalyse und Softwareentwurf*. 7. Software-Ergonomie-Herbstschule, Bonn, 1992.

[6]	C. Görner, C. Janssen: *Objektorientiertes Design graphischer Benutzungs-schnittstellen*. IAO-Seminar, Stuttgart, 1992.

[7] G. Benzien, A. Dittmar, P. Forbrig, E. Schlungbaum: *Erweiterung von Software-Engineering Methoden zur Beschreibung von Benutzungsoberflächen.* In: Rostocker Informatik Berichte, 14(1992), S. 25-37.

[8] J. Rumbaugh, M. Blaha, W. Permerlani, F. Eddy, W. Lorensen: *Objectoriented Modelling and Design.* Prentice Hall 1991.

[9] M. Käding: *Generierung einer Dialogbeschreibungsdatei aus einer Nexpert Object Datenbasis.* Interner Bericht, Rostock, 1992.

[10] G. Benzien, A. Dittmar: *Demonstration des Beschreibungsmodells für die Konzeptphase von EXPOSE.* Interner Bericht, Rostock 1992.

```
Adresse der Autoren
Dipl.-Inform. Gerry Benzien
Doz.Dr.-Ing.habil. Peter Forbrig
Dr.-Ing. Egbert Schlungbaum
Universität Rostock
Fachbereich Informatik
Postfach 999
O-2500 Rostock 1
eMail: expose@informatik.uni-rostock.de
```

Giving Structured Analysis Techniques a Formal and Operational Semantics with KARL

D. Fensel, J. Angele, D. Landes, and R. Studer

Abstract

The "Knowledge Acquisition and Representation Language" (KARL) (cf. [12, 6]) is a formal and operational knowledge specification language developed in the domain of expert systems. It offers language primitives to describe static data as well as the functional and the dynamic behavior of processes. Because these different language primitives are connected by a powerful and flexible mechanism, KARL allows the integrated representation of requirements within one formal and executable language and therefore the integration of prototyping into a life-cycle oriented software development process. KARL has been developed in order to formalize and operationalize specifications of knowledge-based systems. As software engineering and knowledge engineering have many features in common, which is often hidden because similar things are expressed using quite different terminologies, we investigate in this paper how KARL can be used in the framework of methods developed in the software engineering domain. We show how KARL can be used to define a formal and executable semantics for data dictionaries, dataflow diagrams, process specifications, and control flow specifications which are well-known means of Structured Analysis (cf. [35]).

1. The Knowledge Acquisition and Representation Language KARL

KADS (cf. [34]) is a methodology for constructing knowledge-based systems and seems to have become standard in Europe.[1] One of its main principles is the separation of specification and design/implementation of a knowledge-based system. The result of the specification step is the model of expertise and it describes the knowledge-based system independent of aspects dealing with design and implementation. In addition to their advantages, life-cycle oriented process models still suffer from a significant problem. They require a fully elaborated document as the result of each phase. These documents should be correct, complete, consistent, and unequivocal. But the document of the first phase, the model of expertise, is normally only informal or semiformal. It is neither possible to analyse it automatically, nor to execute it. Therefore this important document generally contains a lot of inconsistencies and ambiguities. Threeways of overcoming these shortcoming are possible without losing the advantages of a life-cycle oriented development process:

---

1. Cf. [32] for a comparison of KADS and Structured Analysis.

The shortcomings of life-cycle oriented development processes arise because they neglect the cyclic manner of the system development process. More adequate process models therefore try to integrate the separation of different phases and steps into a cyclic process model. Examples in software engineering are the *spiral model* (cf. [9]) or *evolutionary prototyping* (cf. [14]).

Formal specification languages are developed to improve the result of the specification phase. In [1] some advantages of a formal description of the model of expertise are summarized. A formal description reduces the vagueness and ambiguity of natural language descriptions. It can help to obtain a clearer understanding of individual problem-solving steps and entire systems. It can be mapped to an operational description which allows prototyping to support knowledge evaluation and a formalized specification allows symbolic execution to evaluate the modelled expertise and enables checks for consistency and completeness.

Operational specification languages are developed to improve the result of the specification phase. A prototype can be used to evaluate the specified knowledge. In [14] this kind of prototyping is called *explorative prototyping*.

The development of a process model and means for the knowledge engineering process are the rationale for the MIKE approach (Model-based and Incremental Knowledge Engineering) (cf. [5]). It aims at integrating the advantages of life cycle models, prototyping, and formal specification techniques into a coherent framework for the knowledge engineering process. The main characteristics of MIKE are a spiral model as process model, an activity model which is embedded in a hypermedia environment, and formalization and operationalization of models of expertise with KARL.

The "Knowledge Acquisition and Representation Language (KARL)" (cf. [12, 6]), which has been developed within the MIKE approach, is a language designed to formalize and operationalize models of expertise according to KADS (cf. [34]). A formal description of the expertise is mapped automatically to an operational one. KARL relies on results of software engineering and information system design. Both disciplines have a long tradition of developing and applying formal and executable specification languages (cf. [2, 11, 30, 33, 36]). KARL has the following features:

- It offers *epistemologically* adequate modelling primitives allowing knowledge specifications at the so-called "knowledge level". KARL offers language primitives to represent knowledge according to the layers of a KADS oriented *model of expertise* (cf. [34]). The *domain layer* contains domain specific knowledge about concepts, their features and their relationships. At this layer the objects and terminology of the domain are described. The *inference layer* contains knowledge about the problem-solving method used. This layer indicates which inferences are necessary within the problem-solving method. This knowledge describes the application of the domain knowledge for inferencing. It describes the logical inferences and their data dependencies. No causal dependencies between or causal orderings of these logical implications are given. The *task layer* contains knowledge about the control flow of a problem-solving method for solving a specific task. This layer specifies the sequence of the inferences.

- It is a *formal* knowledge specification language, i.e. it has a denotational semantics. KARL consists of the two sub-languages L-KARL and P-KARL. The logical language L-KARL, which is used to describe the domain layer, the inference layer, and their connection, has a model-theoretic semantics (cf. [28]) similar to other first-order languages. Because we allow negation, we work with the closed-world assumption and use the least (i.e. perfect) Herbrand model as the semantics for a set of stratified clauses (cf. [31]). The procedural knowledge at the task layer is represented by P-KARL, which also has a model-theoretic semantics. It is a variant of dynamic logic (cf. [22]) which can be used to declaratively describe procedural programs. The perfect models of L-KARL are used to define an interpretation for a P-KARL language, i.e. the perfect Herbrand model of a set of clauses is used to interpret a function symbol which is used in value assignments in P-KARL.

- It is an *operational* knowledge specification language which allows an evaluation of the specified expertise by prototyping. An earlier version of KARL was mapped to Prolog to make it executable. The mapping was also implemented in Prolog (cf. [10]). The running prototype has proved to be very useful for the evaluation of the model of expertise. This evaluation process is additionally supported by a debugger which allows the single inference steps to be traced and the contents of the stores to be examined and thus makes the problem solving process with all its intermediate data transparent for the knowledge engineer. For the creation of the model a hypertext based tool has been implemented which allows verbal protocols to be structured in a so-called Hyper model. These structured informal or semiformal descriptions serve as input for the formalization process (cf. [18]). Additionally, the corresponding parts of the formal model and the structured informal Hyper model are linked explicitly and thus provide documentation facilities for the formal model.
Because of the additional features of the new KARL version, a new interpreter for KARL is under development which should also be more efficient than the Prolog based interpreter.

- Specifications of realistically sized systems soon become difficult to understand due to their complexity. Therefore, *hierarchical refinement* and *structuring primitives* are given.

- Most of KARL´s modelling primitives have a *graphic* representation to allow KARL specifications as a medium of communication. Normally, formal descriptions like first-order logic are difficult to understand. Formal specifications are therefore not an adequate tool for communicating with experts or system users (cf. [15, 16, 29]). KARL offers graphical representations for most modelling primitives to improve their understandability. Each graphical symbol has a defined meaning given by the semantics of the corresponding language primitive.

KARL has already been applied to the following problems: The Sisyphus sample problem has been posed recently to compare different modelling approaches and languages. The problem in Sisyphus consists of finding a consistent assignment of a set of employees to appropriate office rooms (cf. [4]). In [25] KARL is applied for specifying a solution for a simple design task, namely scheduling a set of activities to a set of time periods with respect to some given requirements. In [26], a KARL model for a problem in the context of air pollution control is described. This application is concerned with the configuration of an optimal emission control measure, i.e. a combination of individual emission control technologies, for a given plant. The selection of scheduling algorithms for project management has also been modelled in KARL (cf. [19]). In addition to these applications, which resulted in complete models of expertise, i.e. which also encompassed a domain layer, KARL has also been used in [7] to remodel the generic problem-solving method "Cover-and-Differentiate". This problem-solving method is suitable for problems where a solution has to be identified in a given set of potential solutions, such as diagnosis problems.

2. Defining a Formal and Executable Semantics for Structured System Analysis Techniques with KARL

[15] proposes the combination of informal, formal, and executable specification languages in order to integrate the different advantages and avoid well-known disadvantages if only one of these techniques is used. Structured Analysis (cf. [35]) is used as a framework for composing such an integrated specification formalism. We take the same point of view but use KARL as means for this integration. According to [35] a system specification using Structured Analysis consists of the following components:

- A *data dictionary* and *entity-relationship diagrams* are used to describe the static system aspects, i.e. the structure and domains of the data used.

- ***Dataflow diagrams*** describe the functional behavior of a system. The whole system is decomposed into single processes and their interaction is represented by sharing data. Dataflow diagrams consist mainly of processes, stores, and dataflows between them. They can be hierarchically refined in order to allow the representation at different levels of granularity.

- ***Process specification*** techniques allow the description of the behavior of elementary processes which are not refined further by other dataflow diagrams.

- Because dataflow diagrams should not be used to define control flow between processes, a separate means for representing ***control flow*** between the processes is added.

In the following, we discuss how KARL can be used to model these different system aspects. We do not discuss all features of KARL but only those necessary to model the techniques of Structured Analysis. In the next chapter we give a small example which should illustrate our proposal.

2.1   Data Model

A ***data model*** describes the structure of the data which are used by a system. In Structured Analysis this aspect is covered by a data dictionary and entity-relationship diagrams. In KARL we offer the following means to describe these issues.

An alphabet defines element denotations, class names, attribute names, variables and their types, and predicate symbols.

A class is represented by a class name "c ". The structure which is used to describe a class and its elements is defined by a class definition. A class definition defines the attributes which can be used for these descriptions. Four kinds of attributes exists: Functional attributes which can be used to describe the class, set-valued attributes which can be used to describe the class, functional attributes which can be used to describe elements of the class, and set-valued attributes which can be used to describe elements of the class. A functional attribute implies that a class or element can have at most one value. A set-valued attribute implies that a class or element can have a set of values. The definition of an attribute also includes a range restriction. Every value of an attribute must be a member or subclass of all classes which are used to define the range restriction for the attribute. KARL provides the basic types Boolean, Integer, Real, and Strings as built-in types. In addition, user-defined classes can be used as range restrictions.

An ISA relationship between two classes c and c_i (also written as $c \leq c_i$) has two consequences: First, every element of the class c is also an element of the class c_i, i.e. the extension of c is a subset of the extension of c_i, and second, c inherits all attributes which are defined by a class definition of c_i. Multiple inheritance is allowed. A part-of relationship can be defined between elements of the classes c and c_1 or c_2 using the following given class terms:

```
CLASS c
    ELEMENT_ATT
        part1 : {c1};
        part2 :: {c2};
END
```

For the attribute $part_1$, an element of c can have one element of c_1 as a part whereas for the second attribute, $part_2$, an element of c can have an arbitrary number of elements of c_2 as parts, i.e. the value of the attribute is a set. Arbitrary relationships between classes and their extensions can be represented by class definitions containing a class as a range restriction of an attribute or by predicate definitions which define predicates and types and names for their arguments.

An alphabet and a set of class and predicate definitions can be used to describe a data model. In addition, KARL offers the logical language L-KARL (cf. below) which can be used to describe sufficient and necessary features for classes and predicates.

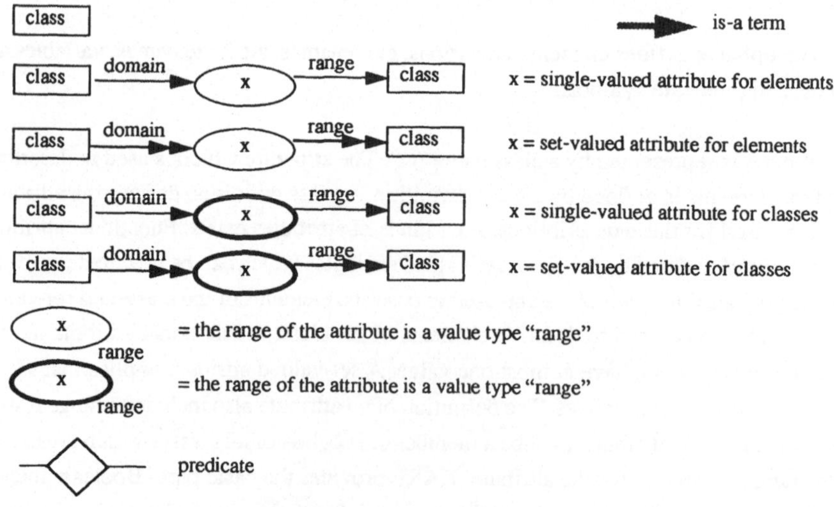

Figure 1. Graphical primitives for a data model

2.2 Dataflow Diagrams

2.2.1 Stores

Stores serve as containers. Stores can serve as input stores or output stores of a process. Input stores provide input to a process whereas results produced by a process are collected in an output store. Stores serve as passive elements which are filled with data. Class definitions define the structure of the data which are stored in it. The description of a store is as follows:

```
STORE store_i
    list of class definitions
END
```

2.2.2 Terminators

We distinguish two kinds of *terminators* in KARL. *Views* supply input to the system and *terminators* receive output from the system. External data can be supplied by a user or a database, for example. If the structure of these external data does not fit the data structure used by the system, a mapping can be defined. The mapping transforms the data structure from the external to the internal format and vice versa.[2] This is especially necessary when several systems with different internal data structures work with the same database (cf. the discussion of view definition in the database community (cf. [8]). The definition of such a mapping can be specified using the same logical language as is used to specify a process (see below). The descriptions of a terminator or a view are as follows:

```
TERMINATOR terminator_i              VIEW view_i
    DEFINITIONS                          DEFINITIONS
        list of class and                   list of class and
        predicate definitions;              predicate definitions;
    DOWNWARD MAPPING                     UPWARD MAPPING
        list of rules;                       list of rules;
END                                  END
```

2.2.3 Processes

A *process* is a system activity which transforms given input to output. Its *external behaviour* is described by its input stores, views, output stores, and terminators. The execution

---

2. In KARL, the views also allow a process to read knowledge which is defined at the domain layer. The mapping rules of the upward mapping define a view from the inference layer to the domain layer of KARL. Processes can use the knowledge which is defined at the domain layer by these mappings. In the example in section three these mappings are empty because we do not specify a knowledge-based system, i.e. the processes do not use a domain layer (cf. section 2.4).

of a process rewrites the contents of its output stores and terminators. The description of a process is as follows:

```
ELEMENTARY INFERENCE ACTION process_j
    PREMISES
        list of input stores and views
    CONCLUSIONS
        list of output stores and terminators
    DEFINITIONS
        list of auxiliary class and predicate definitions
    RULES
        list of rules
    CONSTRAINTS
        list of constraints
END
```

The *internal behaviour* of a process is described declaratively using rules and constraints. These rules and constraints can be formulated using the logical language Logical-KARL (L-KARL) which is a syntactically extended first-order language (i.e., it has a first-order semantics). The application of logic as a programming language was first discussed in [23] and has two main advantages:

- First-order predicate logic has a well-defined model-theoretical semantics. Its application therefore offers a precise meaning of a specification.

- The procedural interpretation of Horn logic by SLD-resolution and minimal model semantics allows the computation of results to be simulated, as in procedural languages. This allows the use of L-KARL for operationalization and prototyping. The use of logic as a programming language with minimal model semantics is discussed in [28, 31].

When using L-KARL to specify a process it is possible to express declaratively *what* a process should do without referring to *how* it is done.

We extend first-order logic by using modelling primitives to improve the epistemological adequacy of the language, especially for the explicit modelling of the data structures. The logical language L-KARL is a customization of the so-called O-logic (cf. [20]) and of Frame-logic (F-logic, cf. [21]). O- and F-logic extend normal first-order logic by using object-orientation and set-valued attributes but preserve first-order semantics. We have chosen this kind of formalism for the following reasons:

- ***Object-orientation***: Real-world entities are denoted by objects and sets of real-world entities are described by classes, which appears to be a "natural" way of expressing things.

- ***Multiple inheritance and well-typing***: To describe objects and classes, attributes can be defined by using class terms. Class terms define domain and range restrictions for attributes. These are checked by a so-called well-typing condition. A model of a set of rules and class terms of a L-KARL language must be well-typed. Attributes are inherited according to is-a and is-element-of terms. Multiple inheritance is possible.

- ***Functional and set-valued attributes***: The value of an attribute is either functionally dependent on a object or it can be a set of values. The value of an attribute can be either an object, a class, or a value.

- ***Horn logic extended by stratified negation*** (cf. [31]): Rules in L-KARL can express the derivation of new facts from given ones. Because we allow negation in rule bodies, L-KARL can express the derivation of new information dependent on negative information.

2.2.4   Dataflow

The dataflow between the processes, stores, and terminators is specified by defining the premises and conclusions of processes. For the solution to most problems, it is necessary to use several cooperation processes. This ***process cooperation*** is established via stores, e.g. the output store of one process is used as input store by another one. The combination of several processes and stores is called a dataflow diagram, which can be designed and represented graphically. The ***structure of the data involved in a dataflow*** between a process and a store, a terminator, or a view is specified by the class definitions of the store, terminator, or view. The definitions specify the structure of the data which can be stored in the store, delivered by a view, or delivered to a terminator.

For easier handling of the complexity of a dataflow diagram for complex problems we allow ***levelled dataflow diagrams*** as it is proposed in [35].

2.3   The Control Flow

By means of Procedural-KARL (P-KARL) the software engineer can specify the control flow of a system with notions which are well-known from procedural languages, such as, e.g., Pascal or Modula-2. One goal of KARL is its declarative character. We achieved this by applying dynamic logic (cf. [22]) and its semantics for P-KARL.

A set of functions $F = \{f_1, f_2, ..., f_r\}$, a set of stores $S = \{s_1, ..., s_n\}$, and a set of boolean variables $B = \{b_1, b_2, ..., b_m\}$ are available. The *functions* correspond to the processes of the dataflow diagram and the *stores* are the counterpart of the stores of the dataflow diagram. The actual parameters of a function are the input stores of the process, and the result of the function is mapped to the output stores of the corresponding process. Boolean *formulae* can be used to express conditions for the control flow of a program. A boolean formula can be used to check the content of a store. An atomic formula ψ has the form $\emptyset$(store name, class name) and is true if the store "store name" does not contain an element of the class "class name". In addition, True(b) is an atomic formula which is true if the actual value of b is TRUE. Composed formulae are defined by mutual induction, as follows. If ψ and ϕ are formulae, then $\neg\psi$, $\psi \vee \phi$, $\psi \wedge \phi$ are formulae.

A primitive program is an assignment $(y_1, ..., y_h) := f_i(x_1, ..., x_j)$ where f_i corresponds to a process f_i defined by the dataflow diagram. The "y_k" denote its output stores and the "x_k" denote its input stores. An extended syntax for calls of processes is:

$(\text{STORES}:y_1, ..., y_h; \text{TERMINATORS}:t_1, ..., t_t) :=$

$f_i(\text{STORES}:x_1, ..., x_j; \text{VIEWS}:v_1, ..., v_v)$

if a process f_i also has the terminators $t_1, ..., t_t$ as conclusions and the views $v_1, ..., v_v$ as premises. In addition, a primitive program can be an assignment to a boolean variable

$b_j := \text{TRUE or } b_j := \text{FALSE}.$

These are all primitive programs.

A composed program is a sequence: "p;q", a loop: "WHILE ψ DO p ENDDO" or "REPEAT p UNTIL ψ", or an alternative: "IF ψ THEN p ELSE q ENDIF". p and q are programs and ψ is a boolean formula. Programs may be combined to labelled sub-programs, as in procedures in programming languages. They correspond to composed processes of the dataflow diagram.

2.4 How are the different layers of KARL related to the different techniques of the Structured Analysis.

KARL consists of three layers. The domain layer specifies the domain-specific knowledge which is used by the problem-solving method. The dataflows and the elementary steps of a problem-solving method are specified at the inference layer and the task layer is used to define the sequence of these steps. The domain layer does not have a direct counterpart in Structured Analysis. The domain layer is used to model the domain-specific knowledge which is necessary to solve the task which the expert system is carry out.[3] Because Structured Analysis is not designed to specify knowledge-based systems there is no direct correspondence. Therefore, in the example of chapter three it is empty.[4] One the other hand, if several processes of a system should use a common database and if this database is not regarded as an external entity it can be modelled at the domain layer using L-KARL as the description language. The mapping rules of terminators and views can be used to define a view for every process on the common database.

The inference layer models the main parts of Structured Analysis. The stores, terminators (i.e., terminators and views), processes, dataflows, and structure of the data, i.e. the data model, are defined at the inference layer.[5] The data model is defined by an alphabet[6] and by the class and predicate definitions of the stores, views, terminators, and processes. It is not defined by a separate instrument as in Structured Analysis. The task layer specifies the sequence of these processes and corresponds to state-transition diagrams in Structured Analysis.

3.   A small example

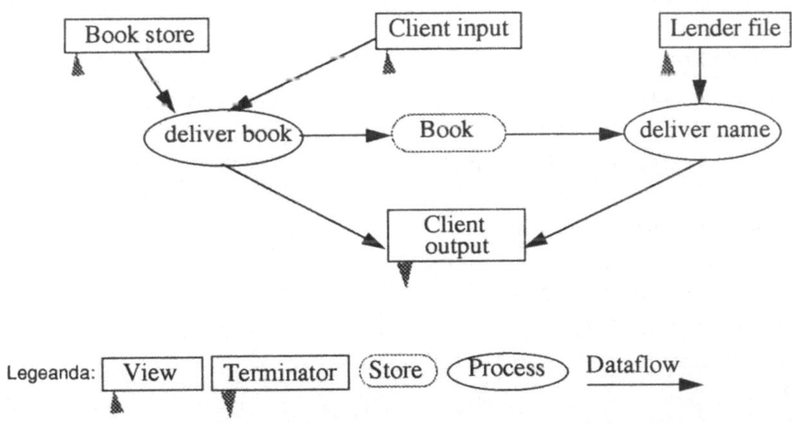

Figure 2.   The dataflow diagram of the lending library system

We model a lending library in KARL. A client can ask for some books. If a book is in the store, the user gets the location. If a book is lent out to another person, he gets the name of that person. If a book is unknown to the system he gets nothing. The dataflow diagram is

---

3. "Domain knowledge can be viewed as a declarative theory of the domain. In fact, adding a simple deductive capability would enable a system in theory (but, given the limitations of theorem-proving techniques, not in practive) to solve all problems solvalbe by the theory." [34] The inference and task layers contain additional knowledge which enables an efficient solution of a specific task.

4. Due to technical reasons it must contain the definition of the data structure for the input and output data of the system, but we will omit this detail.

5. In KARL, the inference layer uses generic terminology independent from the domain terminology, which is represented at the domain layer. The mapping of these different terminologies is again done by applying the mapping rules of terminators and views. The reason for this is that the description of a problem-solving method at the inference and task layer should be domain-independent so as to support its reuse.

6. Due to limited space we will not define an alphabet in the example.

pictured in figure two.

```
STORE Book
    /* The store "Book" contains the desired books which cannot
    be found in the view "Book store". */
    CLASS not_found_book
        ELEMENT_ATT
            title:{String};
            author:{String};
    END
END

TERMINATOR Client output
    /* The terminator "Client output" contains every book
    desired which can be found in the views "Book store" or
    "Lender file". */
    CLASS available_book
        ELEMENT_ATT
            title:{String};
            author:{String};
            location :: {String};
    END
    CLASS not_available_book
        ELEMENT_ATT
            title:{String};
            author:{String};
            lender :: {lender};[7]
    END
    CLASS lender
        ELEMENT_ATT
            name:{String};
    END
END

VIEW Book store
    /* The view "Book store" contains every book which is
    currently available in the lender library. */
    CLASS bookstore
        ELEMENT_ATT
            title:{String};
            author:{String};
```

---

7. A book can have several places and lenders, i.e. there exist several copies of the same book.

```
            location :: {String};
    END
END

VIEW Client input
    /* The view "Client input" delivers the books desired. */
    CLASS desired_book
        ELEMENT_ATT
            title:{String};
            author:{String};
    END
END

VIEW lender file
    /* The view "lender" contains all books which are lent out
    together with information about the lender. */
    CLASS lent_book
        ELEMENT_ATT
            title:{String};
            author:{String};
            lender :: {lender};
    END
    CLASS lender
        ELEMENT_ATT
            name:{String};
    END
END

ELEMENTARY INFERENCE ACTION deliver book
    /* "deliver book" matches the input of the client with the
    content of the book store. The location of the books which
    can be found are written into the terminator "Client output"
    (together with the title and author of the book). The
    desired books which cannot be found are put in the store
    "Book". */
    PREMISES
        Book store, Client input;
    CONCLUSIONS
        Book, Client output;
    DEFINITIONS
        PREDICATE found_book
            book : {desired_book};
        END
```

```
RULES
    /* Books which can be found are placed in the
    terminator Client output and their location is
    indicated. */
    ∀xₐ, ∀x_B, ∀x_t, ∀y_B (x_B ε available_book ←
        x_B[title:x_t,author:xₐ] ε bookstore ∧
        y_B[title:x_t,author:xₐ] ε desired_book).
    /* Books which cannot be found are placed in the store
    Book. */
    ∀xₐ, ∀x_B, ∀x_t, ∀y_B (found_book(book : y_B) ←
        x_B[title:x_t,author:xₐ] ε bookstore ∧
        y_B[title:x_t,author:xₐ] ε desired_book).
    ∀y_B (y_B ε not_found_book ←
        y_B ε desired_book ∧
        ¬found_book(book : y_B)).
END


ELEMENTARY INFERENCE ACTION deliver name
    /* "deliver name" matches the books of the store "Book" with
    the content of the view "lender file". Books which are
    lent out are written to the terminator "Client output"
    (together with title and author of the book). */
PREMISES
    Book, Lender file;
CONCLUSIONS
    Client output;
RULES
    /* Books which are lent out are placed in Client output
    together with the names of the persons who have borrowed
    a copy of them.*/
    ∀xₐ, ∀x_B, ∀x_t, ∀y_B (x_B ε not_available_book ←
        x_B[title:x_t,author:xₐ] ε lent_book ∧
        y_B[title:x_t,author:xₐ] ε not_found_book).
END
```

After defining the data structure, the dataflow, and the processes the ***control flow*** between the processes must be defined:

```
(STORES: Book; TERMINATORS: Client output) :=
    deliver book(VIEWS: Book store, Client input);
IF ¬∅(Book,not_found_book)
THEN
    (TERMINATORS: Client output) :=
        deliver name(STORES: Book; TERMINATORS: Lender file)
ENDIF
```

4.   Related Work

A comparison of KARL with the knowledge specification languages OMOS [27] and $(ML)^2$ [17] is given in [13]. Besides all the technical details the main difference between KARL and these languages is that KARL is designed to be a *formal and operational* knowledge specification language, whereas on the one hand $(ML)^2$ stresses the formalization and on the other hand OMOS only aims at operationalization.

A language which is similar to KARL is proposed in [24]. The author proposes an executable specification language using the Extended Entity-Relationship (EER) model to describe the static aspects and predicate transition nets to describe the dynamic aspects. The expressive power of the static modelling primitives is quite similar to that of KARL, but *no* intensional descriptions are included. To determine the dynamic aspects the process interface and the process behaviour are distinguished. The former is used to describe the interaction of a process with other ones, the latter specifies their internal logic. The method INCOME [30], which includes an executable specification language, supports the development process of information systems. Similar to [24] it uses the semantic data model SHM to describe static system aspects and predicate transition nets to describe the dynamical system behavior. A detailed comparison of INCOME and KARL can be found in [3]. When comparing KARL with these languages coming out of the information system domain two main distinctions arise. First, these languages model data and control flow using the same formalism, i.e. Petri nets. KARL strictly separates these two aspects and offers two different sub-languages (L-KARL and P-KARL). Second, KARL offers more powerful modelling primitives to model static data by offering intensional descriptions (i.e., rules) to describe the data similar to deductive databases.[8]

The proposal of [15] is similar in spirit to our approach. They define a formal and executable specification language for structured analysis techniques. The main difference between [15] and KARL is the chosen formalization paradigm. Whereas KARL is a logic-based

---

8. A set of rules must be a set of stratified clauses (cf. [31]). Constraints have more expressive power.

approach standing in the tradition of logic programming, [15] is based on algebraic specification techniques.

Conclusion

KARL allows the description of objects and static relationships between the objects, dynamic dataflow, process specification, and control flow as it is proposed by Structured Analysis. It integrates these descriptions into one formal and executable specification language. The executability of system specifications is obtained by evaluating the logical descriptions of what a process should do.

Acknowledgement

We thank Jeffrey Butler for correcting our manuscript.

Referencees

1.   H. Akkermans, F. van Harmelen, G. Schreiber, and B. Wielinga: *A formalisation of knowledge-level models for knowledge acquisition*. In International Journal of Intelligent Systems, 1993, Forthcoming.

2.   M. Alford: *SREM at the age of eight; the distributed computing design system*. In R. H. Thayer et.al. (eds.), System and Software Requirements Engineering, IEEE Computer Society Press, Washington, pp. 392-402, 1990.

3.   J. Angele, D. Fensel, and D. Landes: *Two Languages to Do the Same?* In Proceedings of the 2nd Workshop Informationssysteme und Künstliche Intelligenz, February 24-26, 1992, Ulm, Informatik Fachberichte, no 303, pp. 23-39, 1992.

4.   J. Angele, D. Fensel and D. Landes: *An executable model at the knowledge level for the office-assignment task*. In M. Linster (ed.), Sisyphus '92: Models of problem solving, Arbeitspapiere der GMD, no 630, March 1992.

5.   J. Angele, D. Fensel, D. Landes, S. Neubert, and R. Studer: *Model-based and Incremental Knowledge Engineering: The MIKE Approach*. In J. Cuena (ed.), Proceedings of the IFIP TC12 Workshop on Artificial Intelligence from the Information Procesing Perspective - AIFIPP'92, Madrid, Spain, 14-15 September, 1992, Elsevier, Science Publisher B.V., Amsterdam, 1993.

6.   J. Angele, D. Fensel, and R. Studer: *Formalizing and Operationalizing Models of Expertise with KARL*, Institut für Angewandte Informatik und Formale Beschreibungsverfahren, University of Karlsruhe, research report, March 1993.

7.   J. Angele: *Cover and Differentiate remodeled in KARL*. In Proceedings of the 2nd KADS User Meeting, München, February 17-18, 1992.

8.   C. Batini, M. Lenzerini, and S. B. Navathe: *A comparative analysis of methodologies for database schema integration*. In ACM Computing Surveys, vol 18, no 4, pp. 323-364, December 1986.

9.   B.W. Boehm: *A Spiral Model of Software Development and Enhancement*. In ACM SIGSOFT, vol 11, no 4, pp. 21-42, August 1988.

10.   I. Böhme: *Operationalisierung von KARL*. Master's thesis, Institut für Angewandte Informatik und Formale Beschreibungsverfahren, University of Karlsruhe, 1992.

11.   E. Dubois: *A logic of action for supporting goal-oriented elaborations of requirements*. In Proceedings of the 5th International Workshop on Software Specification & Design, pp. 160-168, 1989.

12.   D. Fensel, J. Angele, and D. Landes: KARL: *A Knowledge Acquisition and Representation Language*. In Proceedings of Expert Systems and their Applications, 11th International Workshop, Conference "Tools, Techniques & Methods", 27-31 May, Avignon, pp. 513-528, 1991.

13.   D. Fensel and R. Studer: *An Analysis of Languages Operationalizing and Formalizing KADS Models of Expertise*. In Proceedings of the 7th Banff Knowledge Acquisition for Knowledge-Based System Workshop (KAW´92), Banff, Canada, October 11-16, 1992.

14.   C. Floyd: *A systematic look at prototyping*. In R. Budde et.al. (eds.), Approaches to Prototyping, Springer-Verlag, Berlin, pp. 1-18, 1984.

15.   R. B. France and T. W. G. Docker: *Formal Specifications using Structured System Analysis*. In Proceedings of the 2nd European Software Engineering Conference, Warwick, September 11-15, Lecture Notes in Computer Science, no 387, Springer Verlag, Berlin, pp. 293-310, 1989.

16.   N. Gehani and A. D. Mc Gettrick (eds.): *Software Specification Techniques*, Addison-Wesley, Wokingham, 1986.

17.   F. v. Harmelen and J. Balder: (ML)2: *A formal language for KADS conceptual models*. In Knowledge Acquisition, vol 4, no 1, pp. 127-161, March 1992.

18.   U. Hoppe and S. Neubert: *Using Hypermedia for Integrating Mediating Representations in the Model-based Knowledge Engineering*. In Proceedings of the Workshop Knowledge Acquisition at the 9th National Conference on Artificial Intelligence AAAI'92, San Jose, California, July 12-17, 1992.

19.   R. Köppen, D. Fensel, J. Geidel: *Modelling the Selection of Scheduling Algorithms with KARL*. In Proceedings of the 2nd KADS User Meeting, München, February 17-18, 1992.

20.   M. Kifer and J. Wu: *A Logic for Programming with Complex Objects*. To appear in Journal of Computer and Systems Science, 1993.

21.   M. Kifer and G. Lausen: F-Logic: *A Higher-Order Language for Reasoning about Objects, Inheritance, and Scheme*. In ACM SIGMOD Proceedings of the 18th International Conference on Management of Data, Portland, Oregon, pp. 134-146, June 1989.

22.   D. Kozen: *Logics of Programs*. In J. v. Leeuwen (ed.), Handbook of Theoretical Computer Science, Elsevier, Amsterdam, pp. 789-840, 1990.

23.   R. A. Kowalski: *Predicate Logic as a Programming Language*. In Proceedings of the IFIP'74, North-Holland, Amsterdam, pp. 569-574, 1974.

24.   C. H. Kung: *Conceptual Modeling in the Context of Software Development*. In IEEE Transaction on Software Engineering, vol 15, no 10, pp. 1176-1187, 1989.

25.   D. Landes, D. Fensel, and J. Angele: *Formalizing and Operationalizing a Design Task with KARL*. In J. Treur et. al. (eds.), Formal Specification of Complex Reasoning Systems, (Proceedings of the ECAI-92 Workshop Formal Specification Methods for Complex Reasoning Systems, European Conference on Artificial Intelligence (ECAI-92), Wien, Austria, August 3-7, 1992), Ellis Horwood, Chichester, 1993.

26.   D. Landes, D. Hackenberg, and T. Schweier: *An Inference Structure for a Configuration Problem*. In Proceedings of the 2nd KADS User Meeting, München, February 17-18th, 1992.

27.   M. Linster: *Knowledge Acquisition Based on Explicit Methods of Problem Solving*, PhD thesis, University of Kaiserslautern, February 1992.

28.   J.W. Lloyd: *Foundations of Logic Programming*, 2nd Editon, Springer-Verlag, Berlin, 1987.

29.   P. Naur: *Formalization in Program Development*, BIT, vol 22, pp. 437-453, 1982.

30.   T. Nemeth, A. Oberweis, F. Schönthaler, and W. Stucky: *INCOME: Arbeitsplatz für Programmentwurf interaktiver betrieblicher Systeme,* Institut für Angewandte Informatik und Formale Beschreibungsverfahren, University of Karlsruhe, research report, no 251, August 1992.

31.   T. C. Przymusinski: *On the Declarative Semantics of Deductive Databases and Logic Programs*. In J. Minker (ed.), Foundations of Deductive Databases and Logic Programming, Morgan Kaufmann, Los Altos, CA, pp. 192-216, 1988.

32.   G. Schreiber: *Pragmatics of the Knowledge Level*, PhD Thesis, University of Amsterdam, 1992.

33.   H. H. Sayani: *PSL/PSA at the Age of Fifteen*. In R. H. Thayer et.al. (eds.), System and Software Requirements Engineering, IEEE Computer Society Press, Washington, pp. 403-417, 1990.

34.   B.J. Wielinga, A.Th. Schreiber, and J.A. Breuker: *KADS: A Modelling Approach to Knowledge Engineering*. In Knowledge Acquisition, vol 4, no 1, pp. 127-161, March 1992.

35.   E. Yourdon: *Modern Structured Analysis*, Prentice Hall, Englewood Cliffs, 1989.

36.   P. Zave: *An insider's evaluation of PAISLey*. In IEEE Transactions on Software Engineering, vol 17, no 3, pp. 212-225, 1991.

PRONTO - ein durchgängiges Verfahren
zur prototyping-orientierten Software-Entwicklung

Brigitte Glas, Fridtjof Zocholl
Siemens AG
Zentralabteilung Forschung und Entwicklung
Basistechnologien Software und Engineering
Otto-Hahn-Ring 6
8000 München 83
e-mail: glas@km21.zfe.siemens.de, zocholl@zfe.siemens.de

Zusammenfassung

PRONTO ist ein neues, durchgängiges Verfahren zur prototyping-orientierten Software-Entwicklung. Während der gesamten Entwicklung - von der Analysephase bis zum Ende der Implementierungsphase - werden durch PRONTO ausführbare Prototypen bereitgestellt, die den jeweils aktuellen Stand der Entwicklung widerspiegeln und zur Evaluierung und zur Abstimmung mit dem Auftraggeber genutzt werden können. In der Analysephase unterstützt PRONTO die interaktive Erfassung der Requirements. In der Implementierungsphase ermöglicht PRONTO die inkrementelle Weiterentwicklung der Prototypen durch die Ausführung noch unvollständiger Programme und das experimentelle Programmieren. Durch PRONTO wird die Qualität der erstellten Software verbessert und der Entwicklungsaufwand reduziert.

1.   Einleitung

In der industriellen Software-Entwicklung wächst die Nachfrage nach einer wirkungsvollen Unterstützung des Entwicklungsprozesses durch Prototyping-Verfahren. Prototyping ist insbesondere dann gefragt, wenn es darum geht, die Anforderungen an ein System herauszufinden oder sie mit dem Auftraggeber abzustimmen.

Während Prototyping für einzelne Teile einer Software bzw. einzelne Phasen der Software-Entwicklung schon durch am Markt vorhandene Werkzeuge unterstützt wird, fehlt es noch an einer durchgängigen Unterstützung des gesamten Software-Entwicklungsprozesses. Ein Bedarf nach solchen Verfahren und Tools ist in der Industrie deutlich erkennbar. Deswegen haben wir ein neues, durchgängiges Verfahren PRONTO zur prototyping-orientierten Software-Entwicklung entwickelt und ein Werkzeug dafür realisiert. Das Verfahren ist aus einer Hochschulkooperation mit der Universität Linz, Prof. Pomberger, zum Thema "Prototyping-orientierte Software-Entwicklung, theoretische, technische und organisatorische Grundlagen" [1, 9, 11] hervorgegangen. Von PRONTO werden die Phasen Requirements Analyse, Design und Implementierung unterstützt.

Die Ziele von PRONTO sind:

- In der Phase der Requirements Analyse Prototypen bereitzustellen, welche die Ermittlung der Requirements an das Gesamtsystem und die Abstimmung mit dem Auftraggeber unterstützen.
- In der Designphase die frühzeitige Ausführung von Designmodellen zu erlauben und die Integration bereits vorhandener Codeteile zur Unterstützung der Wiederverwendung zu ermöglichen.
- Während der Implementierung jederzeit einen ausführbaren Prototypen zur Verfügung zu haben, der den aktuellen Stand der Entwicklung widerspiegelt und zur Evaluierung und zur Abstimmung mit dem Auftraggeber genutzt werden kann.
- Einzelne Entwicklungsschritte immer unmittelbar am Gesamtsystem überprüfen zu können.
- Prototyping in den gesamten Software-Entwicklungs-Prozeß zu integrieren.
- Die iterative Vorgehensweise durch die einzelnen Phasen zu unterstützen.

2.   PRONTO - ein durchgängiges Verfahren zur prototyping-orientierten Software-Entwicklung

Die prototyping-orientierte Software-Entwicklung unterscheidet sich nicht grundsätzlich von der klassisch phasenorientierten Software-Entwicklung nach dem Wasserfall-Modell [2]. Sie hat das Ziel, Prototyping in die herkömmliche Software-Entwicklung zu integrieren. Dazu wird das Phasenmodell nicht mehr linear durchlaufen, sondern *iterativ,* wobei die Iterationen nicht nur als möglich sondern als notwendig erachtet werden. Die Phasen des Wasserfall-Modells bleiben in ihren Inhalten erhalten, werden aber mehrmals und in Zyklen durchgeführt. So laufen die Problemanalyse und die Spezifikation zeitlich nebeneinander ab und die Phasen Entwurf, Implementierung und Test verschmelzen stark miteinander. [10]

Desweiteren werden in der prototyping-orientierten Software-Entwicklung während der *gesamten* Entwicklungszeit Prototypen zur Evaluierung und zur Abstimmung mit dem Auftraggeber genutzt. In den Anfangsphasen eines Projektes werden Prototypen zur Ermittlung und zur Abstimmung der Anforderungen an das geplante System verwendet und auch während der Realisierungsphasen werden Prototypen bereitgestellt, die den jeweils aktuellen Stand der Entwicklung widerspiegeln und zur weiteren Abstimmung mit dem Auftraggeber genutzt werden können. So können frühzeitig Fehler entdeckt und neue Anforderungen erkannt und eingearbeitet werden.

Durch die ständige Verfügbarkeit von Prototypen in der gesamten Software-Entwicklung kann die Kommunikation zwischen Entwickler und Auftraggeber während der gesamten Laufzeit des Projektes stattfinden, so daß ein permanenter Lernprozeß auf beiden Seiten gefördert und ein besseres Verständnis für die Probleme des anderen ermöglicht wird.

Die Ziele der prototyping-orientierten Software-Entwicklungsstrategie sind damit Risikominderung, eine erfolgreiche Qualitätssicherung und die Ausnutzung der Erkenntnisse bei dem Experimentieren mit Prototypen unter realen Bedingungen [10].

Auf der Grundlage dieser Entwicklungsstrategie haben wir das Verfahren PRONTO entwickelt und ein Werkzeug dafür realisiert. Bei der Entwicklung des Verfahrens und des Werkzeuges wurde den industriellen Belangen in folgenden Punkten Rechnung getragen:

- Im Hinblick auf die Rationalisierung des teueren Herstellungsprozesses von Software, sollen bei dem Verfahren PRONTO keine Wegwerfprototypen entstehen.

- Die Phasen der Software-Entwicklung sollen durchgängig unterstützt werden.

- Zur Kostenminimierung sollen bei der Realisierung des Werkzeuges vorhandene Tools soweit als möglich verwendet werden.

Im folgenden werden die grundlegenden Konzepte von PRONTO erläutert. Das Werkzeug PRONTO wird in Kapitel 3 beschrieben.

2.1   Requirement Acquisition by Prototyping (RAP)

Am Anfang eines Projektes zur Entwicklung eines Softwaresystems werden im allgemeinen die Anforderungen an das zu erstellende System erfaßt. Dieser Vorgang wird im folgenden als "Requirement Acquisition" bezeichnet.

Die klassische Vorgehensweise beim Requirement Acquisition besteht darin, daß sich ein oder mehrere Software-Entwickler mit den zukünftigen Benutzern zusammensetzen und in wiederholten Gesprächen mit diesen versuchen, die Anforderungen zu ermitteln, zusammenzutragen und in einem Dokument niederzulegen.

Eines der Grundprobleme dabei ist die Kommunikation zwischen Software-Entwickler und zukünftigem Benutzer. Es hat seine Ursachen in der Vielzahl und

Verschiedenheit der am Anforderungs-Erfassungs-Prozeß beteiligten Personen [7]. Die Schwierigkeiten dabei resultieren unter anderem aus:

- der Verwendung von "Codewörtern" mit unterschiedlicher Semantik,

- dem Gebrauch von Schlagwörtern und Jargonausdrücken,

- der unterschiedlichen Referenzterminologie sowie

- dem Fehlen einer gemeinsamen Verständigungsgrundlage, eines gemeinsamen Hintergrundes oder von gemeinsamer Erfahrung.

Dieses Kommunikationsproblem läßt sich in Bezug auf das Finden von rein funktionalen Anforderungen erheblich verringern, wenn man den Vorgang durch den Einsatz von Prototypen unterstützt. Funktionale Anforderungen sind nach Partsch [7] diejenigen, die Antwort auf die Frage geben: "Was tut das System, was soll es aufgrund der Aufgabenstellung können?" Wenn im folgenden von Anforderungen die Rede ist, so sind immer die funktionalen Anforderungen gemeint.

Wir unterscheiden bei diesen außerdem zwischen Anforderungen an das Außenverhalten des Systems, gegeben z.B. in Form einer Spezifikation der Bedienoberfläche, und den "Anforderungen an die Funktionalität des Systems". Letztere beschreiben die Funktionalität des System, unabhängig von der Form der Ein- und Ausgabe.

Die Unterstützung der Erfassung funktionaler Anforderungen durch Prototyping geschieht wie folgt: Ausgehend von den ersten Vorstellungen über das zukünftige System erstellt der Entwickler einen ersten Prototypen. Dieser dient als Grundlage für die Erfassung von weiteren Anforderungen. Die Erfassung geschieht in der Weise, daß der Prototyp ausgeführt wird, und daß dabei an den Stellen, an denen er noch Lücken hat, weitere Anforderungen ergänzt werden.

Diese neuen Anforderungen können bei der Erfassung durch eine Modifikation des Prototypen ausgedrückt werden. Der damit entstandene neue Prototyp dient wiederum als Grundlage für die weitere Entwicklung.

Ein solches Vorgehen ist bei der Erstellung von User Interfaces schon sehr verbreitet und wird von vielen am Markt vorhandenen Werkzeugen unterstützt.

Es hat sich aber gezeigt, daß reines Bedienoberflächen-Prototyping Aussagen über die Verwendbarkeit des Anwendungssystems nur begrenzt ermöglicht, [5]. Deswegen beinhaltet PRONTO zusätzlich zu diesem ein neues Verfahren zur Erfassung der *Anforderungen an die Funktionalität*.

Das Bedienoberflächen-Prototyping wird bei PRONTO mit einem User Interface Management System (UIMS) durchgeführt. Die Anforderungen an die Funktionalität des Systems werden danach bei der Ausführung des Bedienoberflächen-Prototypen textuell oder formal spezifiziert. Wir bezeichnen letzteres als *RAP* (Requirement Acquisition by Prototyping).

Mit dem von uns entwickelten Verfahren unterstützen wir also den Übergang von einem Prototypen, der rein die Bedienoberfläche beschreibt, zu einem solchen, der zusätzlich eine informelle textuelle Spezifikation der Anforderungen an die Funktionalität beinhaltet.

Beim RAP hat der Entwickler die Möglichkeit, die noch nicht realisierte Funktionalität der Applikation interaktiv zu simulieren. Während des Ablaufs der Simulation gibt er die fehlenden Anforderungen für den Teil der Funktionalität genau an der Stelle ein, wo dieser Teil in der fertigen Applikation ausgeführt werden würde.

Zusätzlich können die einzelnen Simulationsschritte mitprotokolliert und zu einem späteren Zeitpunkt automatisch wiederholt werden. So gelangt man schrittweise zu einem Prototypen, der sich für ganz bestimmte Eingabedaten schon genau so wie das fertige System verhält. Der Prototyp wird mit dem Auftraggeber abgestimmt und solange modifiziert, bis er die Erwartungen des Auftraggebers erfüllt.

Bei der Erprobung des Prototypen ist es besonders wichtig, ihn unter möglichst realen Bedingungen zu erproben. Nur so lassen sich die funktionalen Anforderungen weitestgehend erfassen.

Der Vorteil des RAP ist, daß durch diese Art der Erfassung die Anforderungen an die Funktionalität für den Auftraggeber leichter nachvollziehbar sind, da sie überprüft und spezifiziert werden können, indem man mit dem Prototypen "spielt", anstatt ein technisches Papier zu lesen. Die textuelle Spezifikation ermöglicht es sogar, daß der Auftraggeber selbst die Anforderungen in seinen Worten angeben kann. Dadurch können bekannte Anforderungen präzisiert und neue herausgefunden werden.

2.2   Inkrementelle Weiterentwicklung des Prototypen

In den Phasen Entwurf und Implementierung wird der Prototyp, der beim RAP entstanden ist, Schritt für Schritt zum Produkt *weiterentwickelt*. Er wird dabei inkrementell mit Designinformationen und mit Programmcode angereichert. Damit entstehen bei PRONTO keine Wegwerfprototypen, die unserer Ansicht nach den Software-Entwicklungsprozeß verteuern und verlangsamen würden. Die Prototypen von PRONTO repräsentieren "Vorversionen" des späteren Software-Systems, die den aktuellen Stand der Entwicklung widerspiegeln.

Bei PRONTO kann ein Prototyp aus verschiedenen Komponenten bestehen, die unterschiedliche Reifegrade erreicht haben. So können für einzelne Komponenten nur Designinformationen vorliegen, während für andere Komponenten bereits Programmcode als Quellcode oder in compilierter Form verwendet wird. Das Werkzeug PRONTO erlaubt die Erstellung und Ausführung eines derartig *hybriden* Systems (s. Abschnitt 3.2). Durch die Unterstützung von hybriden Systemen wird die iterative Durchführung der Phasen Entwurf und Implementierung und die inkrementelle Weiterentwicklung des Prototypen durch die schrittweise Verfeinerung und Anreicherung ermöglicht.

Der Vorteil der iterativen Durchführung der Phasen Entwurf und Implementierung liegt darin, daß wichtige oder bzgl. der Machbarkeit fragliche Entwurfsteile sofort implementiert und überprüft werden können. Bei der herkömmlichen Entwicklungsstrategie wird erst nach dem kompletten Durchlauf der Entwurfsphase mit der Implementierung begonnen. Dadurch kann relativ spät entschieden werden, ob die Komponenten auch in der Weise realisierbar sind, wie sie in der Entwurfsphase spezifiziert wurden. Daher ist eine rigorose Trennung von Entwurfs- und Implementierungsphase nicht empfehlenswert.

Der Vorteil der inkrementellen Weiterentwicklung des Prototypen liegt darin, daß die Kommunikation zwischen Entwickler und Auftraggeber während der gesamten Entwicklungszeit - also auch nach der Requirement Analyse - anhand der ständig verfügbaren Prototypen stattfinden kann. Desweiteren können einzelne Design-Entscheidungen und Entwicklungsschritte durch die frühzeitige Integration in den Prototypen immer sofort im Gesamtzusammenhang überprüft werden. Aufwendige Testrahmen für verschiedene Arbeitspakete entfallen.

2.3   Systemarchitektur- und Komponentenprototyping in der Entwurfsphase

Ziel der Entwurfsphase ist es, festzulegen, durch welche "Objekte" die durch die Systemspezifikation vorgegebenen Anforderungen abgedeckt werden sollen [8]. Eine solche Festlegung gliedert sich im wesentlichen in zwei Teile:

1.   eine Beschreibung der Systemarchitektur,
2.   eine Beschreibung der algorithmischen Struktur der Systemkomponenten.

Die Systemarchitektur wird dabei angegeben durch die Definition der Systemkomponenten. Sie stellen die o.g. "Objekte" dar. Die Systemkomponenten selbst werden durch ihre Schnittstellen zu anderen Komponenten und Wechselwirkungen definiert, s.a. [8]. Systemkomponenten können zum Beispiel sein: Module, Datenstrukturen, File-Strukturen, Klassen oder Spezifikationen von Abstrakten Datentypen.

Eine Beschreibung der algorithmischen Struktur einer Systemkomponente kann beispielsweise durch ein SDL-Prozeßdiagramm (Specification and Description Language nach [3]), durch ein Nassi-Schneidermann-Diagramm oder ähnliches spezifiziert werden. Hat man eine objektorientierte Design-Methode gewählt, so erfolgt die Beschreibung der Systemarchitektur durch die Spezifikation von Klassen, Methoden und Funktionen.

In dem Verfahren PRONTO wird die Entwurfsphase ebenso wie die Phase des RAP durch eine möglichst frühzeitige Ausführung der erstellten Prototypen, d.h. der Modelle der zukünftigen Software, unterstützt. Ziel ist es hier, wie beim RAP, durch die Ausführung von Prototypen die Entwicklungsarbeit und dabei insbesondere die Kommunikation mit dem Auftraggeber zu unterstützen. Konkret bedeutet das, fehlende Systemkomponenten zu erkennen und unzureichende Spezifikationen von Schnittstellen zu verbessern.

Die *Ausführung einer Systemarchitektur* erfolgt in der Weise, daß das Zusammenspiel der Systemkomponenten so simuliert wird, wie es durch die Definition ihrer Schnittstellen definiert wurde. Bei der Ausführung der Systemkomponenten werden zwei Fälle unterschieden:

- Es liegt nur die Schnittstelle, aber keine Beschreibung der algorithmischen Struktur der Komponente vor. In diesem Fall wird die Implementierung der Systemkomponente bei der Ausführung durch einen interaktiven Simulator vertreten.

- Die algorithmische Struktur einer Komponente ist durch einen bestimmten Formalismus näher beschrieben. In diesem Fall richtet sich die Ausführung nach dem zu ihrer Spezifikation verwendeten Formalismus: Ist dies z.B. ein SDL-Prozeßdiagramm oder ein Nassi-Schneidermann-Diagramm, so wird jeweils ein spezieller Simulator für die Ausführung dieser Diagramme aktiv.

Hat man eine objektorientierte Design-Methode gewählt, so werden analog die spezifizierten Schnittstellen der Klassen bzw. Funktionen ausgeführt und an die Stelle der Implementierung tritt ein geeigneter Simulator.

Durch die Unterstützung der Ausführung hybrider Systeme erlaubt unser Verfahren, daß man vorhandenen Code bereits in der Entwurfsphase wiederverwenden kann. Steht für eine bestimmte Teilaufgabe schon eine fertig implementierte Komponente (z.B. aus einer Bibliothek) zur Verfügung, so kann man diese direkt in die Ausführung des ganzen Entwurfs mit einbinden.

Der Nutzen, der sich durch dieses Entwurfs-Prototyping ergibt, besteht darin, daß man durch die Verfolgung des dynamischen Ablaufs Stellen findet, an denen der Entwurf noch unvollständig oder fehlerhaft ist. Hat man eine Komponente vergessen oder, bei der Spezifikation einer Schnittstelle einer Komponente, eine Funktion, so kann dies durch die Ausführung des Entwurfs aufgedeckt werden.

Durch die Möglichkeit, schon vorhandene Komponenten in die Ausführung des Entwurfs miteinzubinden, wird die Wiederverwendung unterstützt, die Zeit für die Entwicklung von Prototypen verkürzt und damit der Gesamtaufwand für die Entwicklung eines Software-Systems verringert.

2.4   Ausführung unvollständiger Programme und experimentelles Programmieren in der Implementierungsphase

In der prototyping-orientierten Software-Entwicklung wird der Prototyp auch in der Implementierungsphase inkrementell weiterentwickelt. Durch die Möglichkeit, innerhalb eines Prototypen, Komponenten zu simulieren, Sourcecode zu interpretieren oder compilierten Code auszuführen, wird es möglich, *unvollständige* Programme auszuführen und so den Prototypen inkrementell weiterzuentwickeln. Die Teile des Softwaresystems, die noch nicht implementiert wurden, werden interaktiv oder - sofern vorhanden - entsprechend ihrer Entwurfsspezifikation simuliert, während die Programmteile, die gerade in Arbeit sind, interpretiert werden und die fertigen Programmteile compiliert ablaufen. Der Entwickler kann so Schritt für Schritt Teile der Software implementieren und diese sofort in den Prototypen integrieren und im Gesamtzusammenhang überprüfen.

Durch die Verbindung von Simulator und Interpreter wird zusätzlich das *experimentelle Programmieren* ermöglicht. Der Entwickler kann dabei während der interaktiven Simulation einer Komponente des Prototypen bereits vorhandenen Code erproben oder einen Algorithmus dafür prototypisch implementieren und durch die interpretative Ausführung testen. Außerdem unterstützt das experimentelles Programmieren die Wiederverwendung von Programmcode - ein zentrales Thema der objektorientierten Programmierung. Der Entwickler kann die in Frage kommenden Programmteile innerhalb einer Simulation ausprobieren und entscheiden, ob sie seinen Wünschen entsprechen, ohne dafür aufwendige Testrahmen zu erstellen.

3.   Das Werkzeug PRONTO

Das im vorangegangenen Kapitel definierte Verfahren läßt sich auf verschiedene Arten von Software anwenden. Es ist allerdings nur dann mit vertretbarem Aufwand durchzuführen, wenn es geeignete Werkzeuge gibt, die die erwähnten Prototypen erstellen helfen und zur Ausführung bringen können. Ein solches Werkzeug wurde im Rahmen unseres Projekts entwickelt. Es ist speziell auf die Entwicklung von Software mit graphischer Bedienoberfläche zugeschnitten. Wir unterstützen die Erstellung von C und

C++-Programmen mit einer graphischen Bedienoberfläche, die nach dem OSF/Motif-Standard in UIL (User Interface Language) oder in der von dem User Interface Management System (UIMS) DialogBuilder [4] erweiterten UIL gegeben ist.

Heutzutage wird Software mit graphischer Bedienoberfläche in der Regel in zwei Teile unterteilt: die Bedienoberfläche und die Verarbeitungsfunktionalität. Dabei wird der Kontrollfluß des Programms auf oberster Ebene schon durch die Bedienoberfläche vorgegeben. Neben der Bedienoberfläche muß die eigentliche Funktionalität realisiert werden. Wie unser Werkzeug die Realisierung der eigentlichen Funktionalität nach dem oben angegebenen Verfahren im Einzelnen unterstützt, wird in den folgenden Abschnitten erläutert.

3.1   Requirement Acquisition by Prototyping (RAP)

Wie in Abschnitt 2.1 erläutert, liegt der Schwerpunkt des von uns entwickelten Verfahrens auf dem Übergang von einer Spezifikation, die rein die Bedienoberfläche beschreibt, zu einer solchen, die zusätzlich eine verbale Spezifikation der Anforderungen an die Funktionalität beinhaltet. Deswegen unterstützen wir mit dem von uns entwickelten Werkzeug speziell diesen Schritt.

Für die Erstellung eines Protoypen der Bedienoberfläche wird ein UIMS verwendet. Für unser Werkzeug eignet sich idealerweise der DialogBuilder [4]. Es läßt sich aber auch jedes andere Werkzeug einsetzen, daß UIL nach dem OSF/Motif-Standard zur Beschreibung der Bedienoberfläche erzeugt.

Nach der Entwicklung des Bedienoberflächen-Prototypen fängt man an, mit unserem Werkzeug die Anforderungen an die Funktionalität zu erfassen. Dabei muß die Entwicklung der Bedienoberfläche keineswegs abgeschlossen sein, sondern es ist durchaus möglich, die Bedienoberfläche parallel zur Spezifikation der Anforderungen an die Funktionalität weiter zu entwickeln.

Die Erfassung der Anforderungen an die Funktionalität erfolgt bei der Ausführung des Prototypen. Dabei unterstützt unser Werkzeug den Entwickler, in dem es zur Bedienoberfläche ein ausführbares Programm generiert. Dieses Programm realisiert die gesamte Schnittstelle, die auf Seiten der Funktionalität für die Anbindung der Bedienoberfläche notwendig ist.

Wenn bei der Ausführung des Prototypen ein Aufruf an die Funktionalität erfolgt, so wird an dieser Stelle unser interaktiver Funktions-Simulator aufgeblendet. Er zeigt den Namen der gerufenen Funktion mit den Werten ihrer Parameter (soweit es sich um Input-

Parameter für diese Funktion handelt) an und eine möglicherweise schon vorhandene textuelle Spezifikation. Dies mag folgendes Beispiel illustrieren:

Abbildung 1 zeigt ein Fenster, das Teil des Prototypen ist, der nur aus der Bedienoberfläche besteht. Die eingetragen Daten wurden vom Benutzer während der Ausführung dieses Prototypen eingegeben.

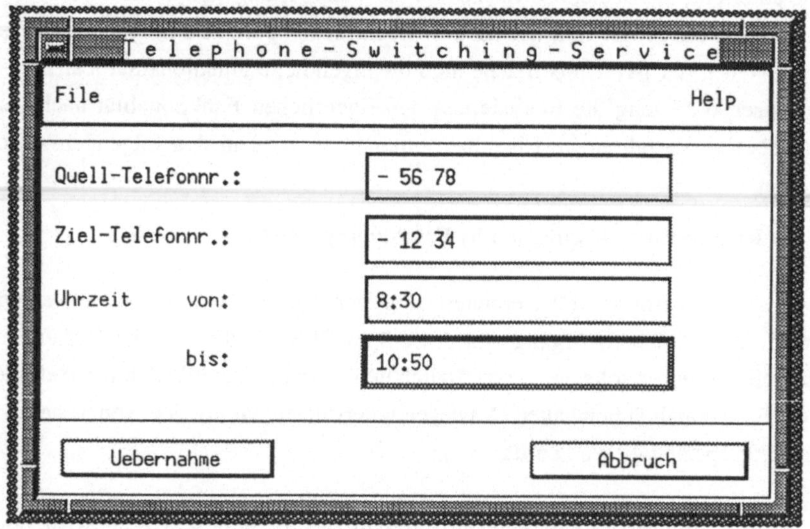

Abb. 1: Bedienoberflächen-Prototyp bei der Ausführung

Abbildung 2 zeigt nun unseren interaktiven Funktions-Simulator, wie er, nachdem der Benutzer den "Uebername"-Button betätigt hat, erscheint.

Der Benutzer hat jetzt die Möglichkeit, die Spezifikation zu editieren, bzw. neu einzugeben, falls noch keine vorhanden ist. Außerdem kann er Werte für mögliche Ausgabeparameter der Funktion eingeben, die dann bei der weiteren Ausführung mitverarbeitet werden.

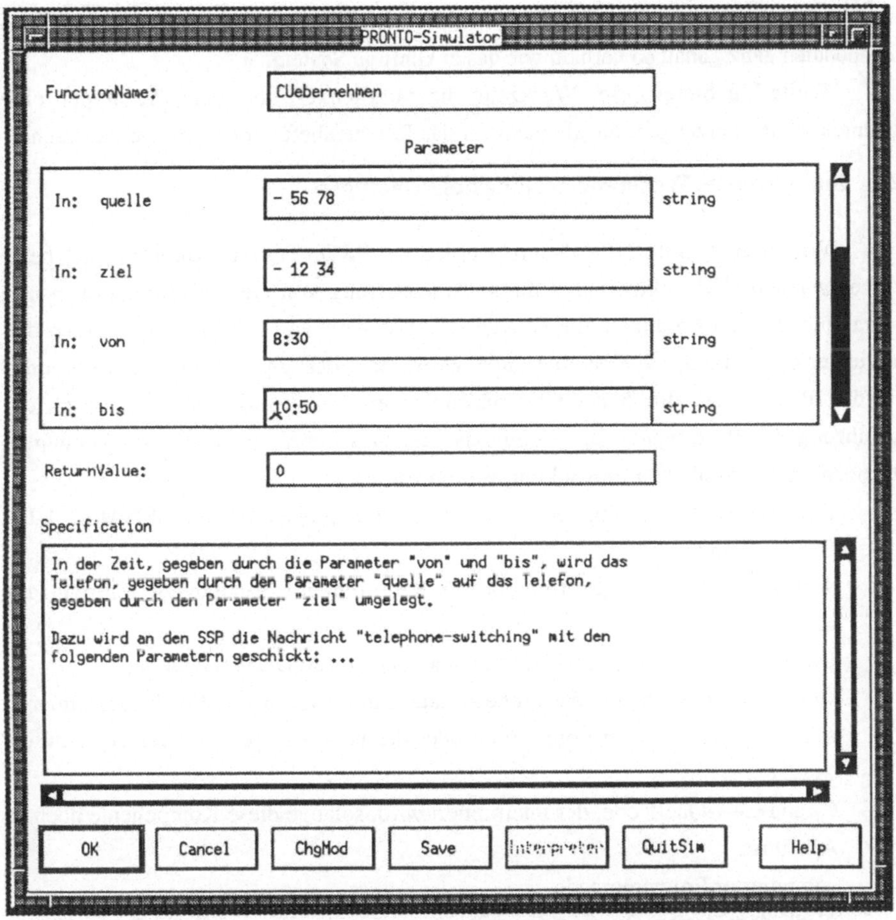

Abb. 2: PRONTO-Simulator

Ein wichtiges Feature ist noch die Möglichkeit des in Abschnitt 2.1 erwähnten Mitprotokollierens der Simulation. Das sieht konkret so aus, daß die interaktiven Simulationsschritte gespeichert und bei einer späteren Ausführung des Prototypen nochmals durchlaufen werden können. Dadurch ist es möglich, Funktionen automatisch zu simulieren. Dabei wird nicht mehr unser Simulator aufgeblendet, sondern die Ausführung des Prototypen automatisch mit den gespeicherten Werten fortgesetzt. Der Entwickler hat so die Möglichkeit, sich auf einzelne Komponenten des Prototypen zu konzentrieren.

Hat der Entwickler für alle Aufrufe an die Funktionalität jeweils einmal die Simulation mitprotokolliert, und läßt er alle Aufrufe an die Funktionalität automatisch simulieren, so erhält er einen Prototypen, der sich für einen bestimmten Satz von Eingabedaten ganz genau so verhält, wie das zukünftige System.

Weiterhin bietet unser Werkzeug die Möglichkeit, aus dem Prototypen eine Dokumentation zu erzeugen, die als Basis für das Pflichtenheft verwendet werden kann.

3.2   Inkrementelle Weiterentwicklung des Prototypen

Wie in Abschnitt 2.2 erläutert, werden bei PRONTO die Prototypen die beim RAP entstanden sind, inkrementell durch Anreicherung von Designinformationen und Programmcode zum Produkt weiterentwickelt. Das Werkzeug PRONTO unterstützt den Entwickler dabei durch die Erstellung und Verwaltung der einzelnen Komponenten des hybriden Prototypen, durch die Generierung einer Ablaufumgebung und durch die Ausführung des Prototypen. Die Komponenten eines hybriden Prototypen können in folgenden unterschiedlichen Entwicklungsstufen vorliegen:

a)   Bedienoberflächenteile, spezifiziert durch die entsprechenden OSF/Motif-UIL-Beschreibungen,

b)   verbale Beschreibungen funktionaler Requirements, entstanden während des RAP,

c)   Designinformationen, spezifiziert in einer geeigneten Designmethode,

d)   simulierte Teile, für die der grobe Ablauf durch experimentelles Programmieren schon exemplarisch erprobt wurde oder die noch komplett interaktiv simuliert werden,

e)   C- und C++-Quellcode, der interpretiert wird, solange diese Komponente noch in Arbeit ist,

f)   compilierter Programmcode.

Nach dem ersten Durchlauf der Requirement Analyse wird der Prototyp aus Komponenten der Kategorie a) und b) bestehen. Sobald danach erste Designentscheidungen getroffen und ggfs. wiederverwendbare Programmteile hinzugefügt wurden, besteht der Prototyp aus Komponenten der Kategorie a) bis d) und f). Während der Implementierungsphase kommen schließlich noch Komponenten der Kategorie d) und e) hinzu. Am Ende der Entwicklung besteht der Prototyp nur mehr aus Komponenten der Kategorie a) und f) und ist dann das fertige Produkt. Die Ergebnisse entsprechend Kategorie b) und c) werden archiviert.

Für die Ausführung eines hybriden Prototypen, bestehend aus Komponenten dieser Kategorien, generiert PRONTO eine entsprechende Ablaufumgebung und initiiert die Ausführung. Durch die Unterstützung von hybriden Systemen können mit PRONTO unvollständige Programme ausgeführt werden und die einzelnen Entwicklungsschritte immer sofort in das Gesamtsystem integriert und getestet werden.

In der heutigen Version von PRONTO wird die Kategorie d) (Designinformation) noch nicht unterstützt.

3.4   Unterstützung der Implementierungsphase

Zur Unterstützung der Implementierung ermöglicht das Werkzeug PRONTO die Ausführung unvollständiger Programme und das experimentelle Programmieren.

Die Ausführung unvollständiger Programme wird von PRONTO durch die Bereitstellung eines interaktiven Simulators für C- und C++-Funktionen und der Integration mit dem am Markt vorhandenen C- und C++-Interpreter der Programmierumgebung ObjectCenter^{TM} der Firma CenterLine [6] ermöglicht. Durch die Integration von PRONTO und ObjectCenter^{TM} stehen dem Entwickler außerdem die Möglichkeiten dieser Programmierumgebung, wie beispielsweise komfortable Browsing-Mechanismen, zur Verfügung. Der inkrementelle Linker von ObjectCenter^{TM} gewährleistet kurze Turn-around-Zeiten, die für eine Implementierung nach der prototyping-orientierten Software-Entwicklungsstrategie unerläßlich sind.

Das experimentelle Programmieren, wie in Abschnitt 2.4 erläutert, wird ebenfalls durch die Integration des PRONTO-Simulators und des ObjectCenter^{TM}-Interpreters ermöglicht. Hierbei kann der Entwickler während der interaktiven Simulation einer C- oder C++-Funktion Programmteile oder Algorithmen schnell und komfortabel ausprobieren. Bei der späteren Implementierung dieser Funktion können die mitprotokollierten Simulationsschritte von PRONTO angezeigt und als Basis für die Implementierung verwendet werden.

Bei der Implementierung einer Funktion kann sich der Entwickler zusätzlich die zugehörige verbale Spezifikation anzeigen lassen, die während des RAP entstanden ist. Der Entwickler kann dadurch leichter entsprechend dieser Spezifikation vorgehen bzw. den Programmcode besser mit den Anforderungen vergleichen.

PRONTO verwaltet alle Schnittstellen zwischen der Bedienoberfläche des Systems und der Funktionalität. Außerdem kennt PRONTO alle Schnittstellen innerhalb des funktionalen Teils zu noch nicht implementierten Komponenten. Der Entwickler erhält stets Informationen über die offenen Schnittstellen und hat die Möglichkeit, an diese Schnittstellen bereits implementierte Komponenten anzubinden. Außerdem unterstützt PRONTO die Erstellung neuer Komponenten durch Erzeugung von Code-Rahmen, die der vorgegebenen Schnittstelle genügen, und die Anbindung der neuen Komponenten an diese Schnittstelle. Die verschiedenen Komponenten eines hybriden Prototypen werden von PRONTO entsprechend ihrer Entwicklungsstufen verwaltet. Zu guter Letzt kann PRONTO eine vollständige Dokumentation zu dem jeweils vorliegenden Prototypen generieren, in der beispielsweise die Entwicklungsstufen der einzelnen Komponenten, die beim RAP erfaßte, verbale Spezifikation an die Funktionalität und die Schnittstellen der einzelnen Funktionen enthalten sind.

4.   Fazit

Somit stellt das von uns entwickelte Verfahren der prototyping-orientierten Vorgehensweise eine wesentliche Verbesserung der klassischen Software-Entwicklungs-Technik dar. Dieses Verfahren zeichnet sich durch folgende Merkmale aus:

- Requirement Acquisition by Prototyping (RAP) zur Unterstützung der Requirements-Analyse-Phase,

- Systemarchitektur- und Komponenten-Prototyping in der Designphase,

- Ausführung unvollständiger Programme und experimentelles Programmieren in der Implementierungsphase,

- inkrementelle Weiterentwicklung des Prototypen zum Produkt sowie

- die Bereitstellung von ausführbaren Prototypen, die während der gesamten Entwicklung den jeweiligen Stand widerspiegeln, .

Durch dieses Verfahren und seine werkzeugmäßige Unterstützung wird der Software-Entwicklungs-Prozeß deutlich verbessert:

Durch das RAP werden die Anforderungen des Auftraggebers besser getroffen und mögliche Abweichungen von seinen Vorstellungen frühzeitig erkannt. Das Experimentieren mit dem Prototypen erleichtert die Klärung unpräziser Aufgabenstellungen wesentlich. Dadurch wird die Qualität der erstellten Software erheblich verbessert.

Das interpretative Arbeiten während der Implementierungsphase verkürzt die Turn-around-Zeiten entscheidend, da das sonst nach jeder Änderung zum Testen erforderliche Übersetzen und Binden entfällt. Der PRONTO-Simulator bildet im Zusammenspiel mit dem Interpreter einen Testrahmen für die einzelnen Komponenten. Durch die Möglichkeit, compilierten Code direkt auszuführen, können bereits ausgetestete Komponenten performant ablaufen. Durch die Integration dieser drei Ansätze – Simulation von noch nicht vorhandenem Code, Interpretation von in der Entwicklung befindlichem Code und direkte Ausführung von ausgetestem, compiliertem Code – in hybriden Prototypen wird der Entwicklungsaufwand gegenüber dem bei der Verwendung herkömmlicher Techniken deutlich gesenkt.

Mit der derzeitigen Version von PRONTO sind wir der durchgängigen Unterstützung der Software-Entwicklung durch Prototyping bereits einen wesentlichen Schritt näher gekommen. Durch die Erweiterung des reinen Bedienoberflächen-Prototypings mit Hilfe des RAP können die Requirements an ein Software-System vollständiger erfaßt werden. RAP wurde in einer ersten Version von PRONTO bereits in einem Pilotprojekt eingesetzt und hat dort positive Resonanz bei Entwickler und Auftraggeber gefunden. Dabei hat sich gezeigt, daß das Verfahren des RAP neben der rein textuellen Spezifikation der Anforderungen eine zusätzliche, formalisierte Spezifikation erlauben sollte.

Für den industriellen Einsatz muß das Werkzeug PRONTO noch zur Produktreife weiterentwickelt werden. Hierfür wäre es wichtig, eine Anbindung an weitere Software-Entwicklungswerkzeuge zu ermöglichen, wie z.B. an ein Werkzeug zur Datenmodellierung (ER-Diagramm) oder an ein Konfigurations- und Versionsmanagementsystem. Letzteres ist gerade bei der prototyping-orientierten Software-Entwicklung sehr wichtig, da jeder Prototyp als eine Version des zukünftigen Systems gesehen werden kann.

Diverse Präsentationen des Werkzeugs in der Industrie haben gezeigt, daß für diese Art der Unterstützung der Software-Entwicklung ein echter Bedarf besteht.

Literaturverzeichnis:

[1]   W. Bischofberger, R. Keller: "Enhancing the Software Life Cycle by Prototyping", Structured Programming (1989) 10, No 1

[2]   Boehm B.W.: "Software Engineering Economics", Englewood Cliffs, Prentice-Hall, 1981

[3]   "Annex F.2 to Recommendation Z.100: SDL Formal Definition, Static Semantics", CCITT, Blue Book, Volume X, Fascicle X4, 1989

[4]   "DialogBuilder Benutzerhandbuch" Siemens Nixdorf Informationssysteme 1990

[5]   A. Kieback, H. Lichter, M. Schneider-Hufschmidt, H. Züllighoven: "Prototyping in industriellen Software-Projekten Erfahrungen und Analysen" Informatik-Spektrum (1992) 15, pp 65-77

[6]   "Using ObjectCenter", CenterLine Software(Vertrieb in Deutschland: IQProducts, München), 1991

[7]   H. Partsch: "Requirements Engineering", Olderbourg Verlag München 1991

[8]   G. Pomberger: "Prototypingoriente Software Entwicklung", Seminarunterlagen, 1990

[9]   G. Pomberger, W. Bischofberger, D. Kolb, W.Pree, H. Schlemm: "Prototyping-Oriented Software Development - Concepts and Tools", Structured Programming (1991) 12, pp 43-6

[10]   Pomberger G., Blaschek G.: "Software Engineering - Prototyping und objektorientierte Software-Entwicklung", Carl-Hanser-Verlag, 1993

[11]   W. Pree: "Object-Oriented Software Development Based on Clusters: Concepts, Consequences and Examples" Proceedings of the TOOLS PACIFIC '91, Sydne

Model-driven prototyping – prototype-driven modeling for knowledge-based systems

Angi Voß, Hans Voß, Jürgen Walther

German National Research Center for Computer-Science (GMD)
Artificial Intelligence Research Division
PO Box 1316
D-W-5205 Sankt Augustin, FRG

e-mail: [angi.voss | hans.voss | juergen.walther]@gmd.de

Abstract

The language MoMo combines modeling and prototyping in the development of knowledge-based systems. It strictly separates application-specific domain knowledge from the generic problem solving method. Hence both parts of a MoMo description are reusable. In MoMo, a prototype is obtained by building an executable KADS-like model of the expertise. The model provides the structure and a high level vocabulary for generating the prototype. Thus, prototype development is model-driven. Vice versa, with growing complexity it is increasingly difficult to validate one's model. Here, executable models of expertise are as helpful as executable specifications in conventional software engineering. Insofar, modeling is prototype-driven in MoMo.

1 Historical perspective

The language MoMo [21] combines modeling and prototyping in the development of knowledge-based systems. It can be used for exploratory and experimental prototyping and then plays the role of an executable specification language, and for evolutionary prototyping and then serves as the implementation language.

Although being developed in the context of knowledge engineering, MoMo might be interesting in the broader context of software engineering. Its central ideas stem from mutual influences between both areas: rapid prototyping, shells, life cycles, models of expertise, libraries of models, a modeling framework, and its formal and operational refinements. Let us have a glance at them in turn.

Rapid prototyping So far, rapid prototyping has been the technique most often employed in building expert systems. Its unquestioned advantage is that you get an operational portion of the system very early in the development process. By executing the partial system, expert and knowledge engineer can directly check the consequences of the knowledge they represented and correct any misconceptions. Moreover, it is well known that requirements on a system may change in later phases of the development and while it is being used [15]. Thus, having the system operational early during development allows to check requirements in time.

The idea of prototyping has been adopted in software engineering for different purposes: Prototypes are used exploratorily to arrive at a feasible specification, experimentally to check different approaches, and evolutionarily to build a system incrementally [11].

Shells A shell is a knowledge-based system deprived of its domain knowledge. Any application-specific knowledge is removed and any particularities are abstracted away so that the system can be applied for similar tasks in different applications. As a precondition for reuse, the types of knowledge assumed by the shell must be available in the new domain. The most famous example is the MYCIN system for diagnosing infectious blood diseases that was abstracted to the EMYCIN shell [17]. Heuristic classification, the major problem solving method of (E)MYCIN, has been reused in a number of systems. Other famous shells are CSRL [5], SALT [13], or D3/CLASSIKA [8].

There is always a danger that shells are used although they do not sufficiently fit the task. This can happen because one wants to reuse a shell as often as possible in order to refund the cost of investment. Additionally, a shell might be attractive because it provides convenient editing and tracing facilities, which would be very expensive to build anew. But let us keep in mind that shells are so successful because there obviously are problem solving methods that recur in many different applications and that can be implemented in a suitable, generic way.

Life cycles in knowledge engineering Before you can use a shell you need to know whether it is applicable. This decision should be based on an initial knowledge elicitation phase and a requirements analysis, and it should be documented carefully. The problem with most projects using rapid prototyping was that the (un)finished prototype often was the only description of the system. Furthermore, rule-based knowledge representations typically used for prototyping turned out to be inadequate for more complex systems. People recognized that the rules were – and had to be – used for very different purposes, e.g. data representation, data transformation, and control. Hence the need for a separate, implementation-independent description of the system's function and applied knowledge arose.

In software engineering various life cycle models with various intermediate descriptions have been suggested (e.g. waterfall [16] or spiral models [3]). Despite all differences in detail, it is consensus among researchers and many practitioners that, in a phase most often called analysis, the system to be built should first be described in an abstract, implementation independent way.

Conceptual models Corresponding abstract descriptions are often called "conceptual models" in the knowledge engineering community. They were inspired by analysis models in software engineering [22] and were promoted by Newell's hypothesis that knowledge should first be described at the "knowledge level", which is independent from a particular implementation ("symbol level") [14]. First conceptual models were described in natural language or in a structured semi-formal language. Conceptual models are used as a means of communication not only between knowledge engineer and programmer, but also between knowledge engineer and expert or user. Given an explicit conceptual model of a shell, its adequacy can be assessed more easily.

Modeling languages Different kinds of knowledge have been identified and their roles in problem solving were investigated. Widely accepted is the distinction between application-specific knowledge and generic problem solving methods, as for example realized by shells. The application-specific domain knowledge may be further subdivided into case-specific and static knowledge, or into terminological and assertional knowledge. Generic problem solving methods may be subdivided into potential inference steps and their control or goal-oriented invocation. Advanced expert systems might even incorporate additional strategic knowledge that dynamically plans the execution.

Models are much easier to understand if their description fits that frame. They are easier to compare, and (parts of) different models can be combined or exchanged in a straightforward way. For example, a model for surveillance of a technical system might consist of submodels for subtasks like monitoring, diagnosis, risk analysis, or repair. The components of expertise approach [18] and KADS models of expertise [4] are the most elaborated frameworks of this kind. The Esprit project KADS-II has been launched to combine the best of both frameworks and promote it as a quasi-standard in Europe. KADS models of expertise distinguish domain, inference, task (or control), and strategic knowledge. Domain knowledge is described in terms of concepts and relations, inferences transform data, and tasks control their execution. Strategies may select or (re-)configure tasks.

Inference, task, and strategic knowledge are defined in a generic way, independent of a particular application and implementation. A model consisting only of these types of knowledge is therefore called a generic model (or interpretation model in KADS terminology). A generic model is thus an abstract description of a problem solving method for a class of applications. Generic models are very good candidates to be stored for reuse in a repository. For example, a generic model for heuristic classification can be reused in a medical application, for machine diagnosis, in pattern recognition, and many other domains.

Inference knowledge is usually described with diagrams that are similar to data flow diagrams used in the analyis phase of software life cycles. However, software engineers usually do not develop them independently from a particular application so that they cannot be reused.

Regarding application-specific domain knowledge, entity-relationship models allow to define knowledge extensionally, and non-standard data bases and object-oriented programming languages support both extensional and intensional descriptions. Classical modeling languages more or less focus on static domain descriptions. Although object oriented languages encapsulate data and (local) behavior of objects, it is an open problem how global behavior of a system is best represented. In our approach, modeling domain descriptions and problem solving activities are of equal importance. Compared with data base design, conceptual models correspond most closely to a combined data and function driven approach resulting in conceptual and functional schemas [1].

Libraries of models Since models described in a common framework are easy to compare and exchange, the idea of collecting them in libraries emerged. We explicitly want to build reusable descriptions of generic problem solving methods. Of course, when being reused, such descriptions have to be customized for the current application. In many cases, such a customization should only consist of changing or specializing names of actions and generic data types. Again it is the KADS methodology that so far has produced the most comprehensive, hierarchically organized library. For analytic tasks, it contains e.g. models for heuristic classification or causal tracing, for synthetic tasks e.g. models for hierarchical or transformational design.

Formal modeling languages Trying to use the KADS modeling framework or reusing models from their library, researchers and knowledge engineers soon began to complain about the informal nature of these models. Their grain size was often too coarse, and the modeling languages had neither a formal syntax nor semantics. To improve this situation, various researchers started to formalize the KADS modeling framework. The evolving languages have a formal [20] [7] or an operational semantics [10] [12]. The former are all based on some kind of logic and/or abstract data types, often coupled with a procedural control language. Their advantages and disadvantages are well known from formal specification languages in software engineering [2]. Logical and algebraic specifications require a considerable amount of theoretical knowledge to be understood, and they tend to grow rather complex, soon. As the formal modeling languages currently stand, they do not yet have a complete proof theory, nor a theorem prover.

Executable modeling languages For compensation some of the formally defined languages provide an executable subset so that formal verification can be replaced by testing. This idea has been borrowed from the executable formal specification languages in software engineering (rewrite rules or executable algebraic specifications). Both, executable formal modeling languages and operationally defined modeling languages support prototyping. The models can be tested while being developed. Whereas direct implementation with existing knowledge representation languages resulted in "quick and dirty" prototypes, executable models are carefully engineered according to a broadly accepted, conceptually more adequate framework and vocabulary.

MoMo Having convinced oneself that prototyping and modeling should be combined, one has to decide which (type of) language would be more easy to understand and communicate. With a glance at software engineering we conclude that formal specification languages with logical or algebraic semantics actually suffer from low acceptance. More successful are operational languages with graphical representations, like entity relationship diagrams, data flow diagrams, Petri-nets, or Nassi-Shneiderman diagrams. Such are the ingredients we sought for MoMo.

2 Survey of MoMo

The outstanding characteristic of MoMo, as compared to conventional specification languages, programming languages, and even knowledge representation languages, is its layered structure (c.f. fig. 1). Of upmost importance is the strict separation of generic knowledge (upper two layers) and the application-specific domain knowledge (lowest layer). The latter is linked to higher level constructs by means of so-called views.

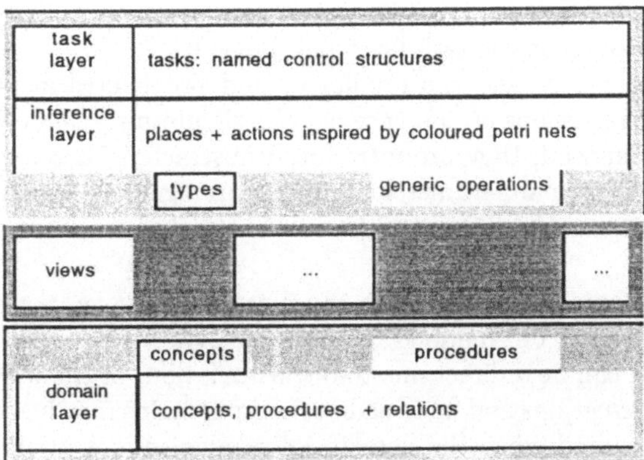

Figure 1: The structure of MoMo models

Domain layer Here all application-specific knowledge and data is located. Most often it will be specified extensionally, but intensional definitions might be supplied, too. So far, many different languages have been proposed to describe such

information, like e.g. entity-relationship models, algebraic and logical specifications, knowledge representation formalisms (like rules, frames, prolog, or KL-ONE),
non-standard data bases, object-oriented languages, non-standard logics, etc. The
languages are suited to different purposes, and none of them is universally recom-
mendable. Consequently, MoMo does not prescribe a particular domain language.
Everyone is free to choose her favorite language as long as she provides the protocol
required at the next layer, and as long as the language is accessible from MoMo's
run time environment (Lisp). Nevertheless, we have a default language for domain
knowledge providing concepts, instances, relations, and rules. A description of that
language would be outside the scope of this paper.

Inference layer   Here the potential inference actions are described independently
of their flow of control and independently of the domain layer. The inference layer defines a kind of data flow diagram called the inference structure. It contains inference
actions that filter and transform data stored in so-called places. A place is typed
and contains a multiset of elements of the specified type. An action may impose on
its input places further type restrictions and a predicate called a guard. An action
can fire only if a suitable tuple of elements can be retrieved from its input places.
The input elements can occur in expressions that are evaluated, and the results are
passed to the output places. MoMo's inference diagrams lend themselves to visualization and graphical manipulations. As can be seen from figure 4, MoMo's inference
structures look like colored Petri-nets [9]. In fact, they are strongly inspired by these
nets. Like a Petri-net, an inference structure only defines the potential data flow.
However, unlike Petri-nets, the actual flow of control between the inference actions
can be explicitly specified at the task layer (see below).

The types of the places and the predicates and procedures mentioned in the
guards and output expressions of inference actions should not reference any specific
domain knowledge. Instead, they are introduced abstractly. To some extent, they
are comparable to the formal parameter signatures in algebraic specifications. As a
result, the inference layer and its control layer are domain-independent.

Views   To connect an inference layer to a concrete domain layer, the basic abstract
types and procedures must be "mapped". This is achieved via so-called views. In the
simplest case, a view can be a direct one-to-one association. In the worst case, com-
plicated data transformations and intermediate computations may be necessary. The
latter is typically required when the domain knowledge resides in already existing
data or knowledge bases that were constructed for different purposes. The former
typically is the case, when there is no previously stored domain knowledge. Then
the knowledge engineer should first determine the generic problem solving method.
The abstract types and procedures declared at the inference layer then completely
specify the kind of domain knowledge that need to be acquired. In most cases, the
structure of the domain layer will then turn out to be a refinement of the abstract
types and procedures.

Having established these structural views, data transfer between the two layers must be defined. Certain places will have to be initialized with domain knowledge and some may have to be written back after problem solving. For this purpose, MoMo provides powerful mechanisms. A place may contain either independent data objects, or pointers to data at the domain layer, or the place as a whole may point to a "container" situated at the domain layer.

Task layer   Control is specified at the task layer. Tasks may be organized in a so-called task hierarchy. In its body, a task defines when to call a subtask or an inference action (to be regarded as a bottom-level subtask) by using standard procedural control constructs such as sequences, loops, and conditionals. The invocation of an inference action returns a boolean value telling whether the action has fired. Loops and conditionals can be made dependent on such return values as well as on predicates on the current cardinality of places. Recursion has not been supported so far.

An obvious choice would have been to complete the inference structures so as to obtain the analogon to a full-fledged Petri-net without the need for explicit control structures. However, such nets tend to be very complex and difficult to understand. In contrast, standard procedural control constructs such as sequences, loops, and conditionals are easy to grasp. For their visualization control flow diagrams or Nassi-Shneiderman diagrams are established techniques.

Strategy layer   In most cases, these means are sufficient to define the flow of control. In case of more advanced applications, it may be necessary to select among alternative tasks, or even to (re-)construct tasks dynamically. For such purposes a strategic layer is planned, but not yet elaborated. So far, the strategy layer essentially allows to define the task to be invoked first in order to start problem solving, which typically would be the top-level task in the task hierarchy.

3   MoMo example: a scheduling problem

The problem   To provide a more concrete impression of MoMo, we will quickly step through a scheduling application that served to compare knowledge formalization languages at a workshop of the European AI conference ECAI 1992 [19]. The example is not yet completely elaborated in MoMo, we present it as it currently stands. Anyhow, this should convey to you an idea of how models can be developed with MoMo.

The problem is that a set of activities must be scheduled to a set of time periods so as to satisfy a set of requirements while minimizing overall processing time. Requirements may constrain the temporal ordering of different actions (before, after, simultaneously, ...).

Inspecting the library In our library we store reusable components of MoMo models. For instance, there is a very abstract model for design problems. Though it is not operational, it guided us in devising a model for scheduling, which is a kind of design. As shown in figure 2, the inference structure for design distinguishes design objects, which are used to propose a design state, which in turn is evaluated wrt. certain requirements possibly yielding some violations. They are used to revise the design objects and the design state. The latter may also be manipulated by a backup step that performs some kind of backtracking.

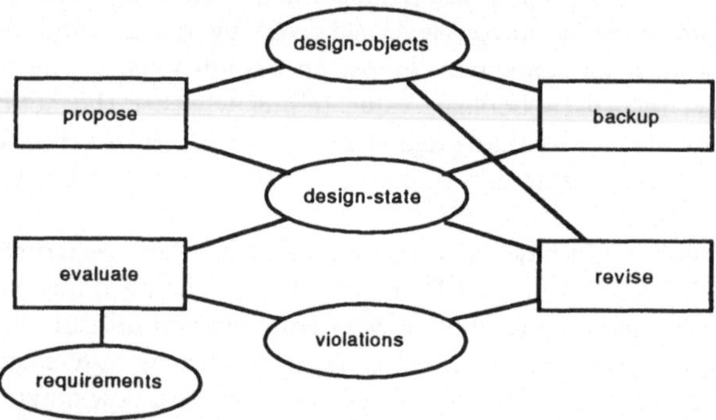

Figure 2: An abstract inference structure for design (ovals represent places, boxes inference actions, edges undirected data flows)

A sketch of the inferences In our scheduling application, the design objects are the (remaining) activities to be assigned and the time periods (still) available for assignment. The design state consists of the current assignments and a description of the inconsistent assignments detected so far. The *propose* and *backup* actions have to be refined correspondingly. Figure 3 shows the resulting picture.

Inferences, types and procedures The generic inference structure for scheduling shown in figure 3 is but a mere picture. To make it operational, we define abstract types for all places. We classify the edges into destructive inputs (single-headed arrows), conservative inputs (double-headed arrows), and outputs (always destructive and single-headed arrows). We label the input arrows with variables either binding a single element of the place or the entire multiset (one or two question-marks) contained in the place. We label the output arrows with expressions (not always completely shown in the figure). The resulting inference structure is given in figure 4. The output of inference action *backup* could not be defined using sufficiently primitive procedures. Hence this inference structure still needs some refinement.

The abstract types like *activity, requirement, time-period, assignment,* and *forbidden,* and the abstract procedures operating on them, like *assume,* are supplied

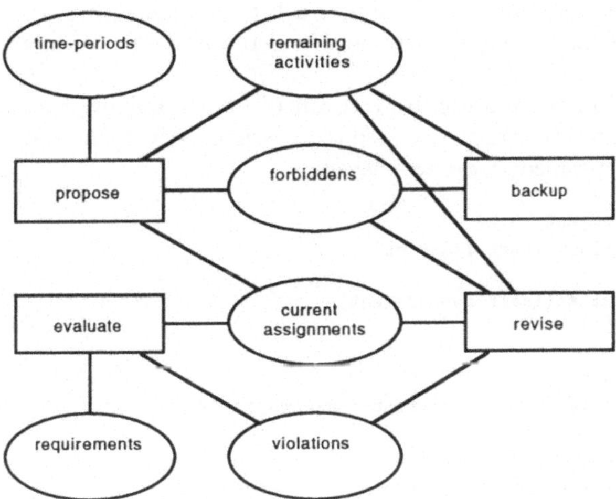

Figure 3: Sketch of the inference structure for scheduling

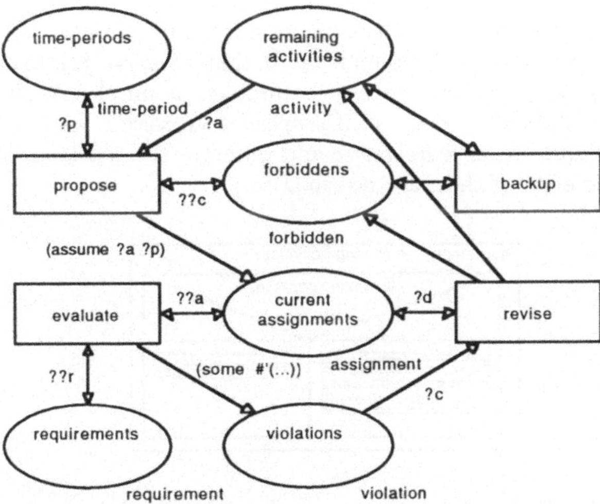

Figure 4: The inference structure for scheduling (types are attached at the right bottom of the places, arrows are labeled and indicate the directed flow of control)

separately. The same is true of the guards of the actions. Below are examples introducing a type requirement with *args* as a list of arguments and a test function, a procedure *fails* for testing requirements, and the *evaluate* action as visualized in figure 4.

This generic inference structure can already be tested by invoking individual procedures. As a result, you are enabled to experimentally define and check the flow of control to be specified at the task layer.

```
(def-type requirement
  :slots ((args list) (test function)))

(def-procedure fails ((self requirement))
  (not (holds self)))

(def-action evaluate
  :input ((requirements ??r) (current-assignments ??a))
  :output ((requirements ??r)
           (current-assignments ??a)
           (violations (some #'(lambda (requirement)
                                 (if (fails requirement) (culprit requirement)))
                         ??r)))
  :guard t)
```

Tasks The overall flow of control is organized so as to achieve in our example the following informal description:

> The problem is solved when there are no *remaining activities*. Otherwise we try to *propose* a next assignment. If that fails, we try to *back up*. If that fails, too, we stop because the problem is unsolvable. If we can back up, we start all over again. If *propose* is successful, we *evaluate* the current assignment, execute *revise* and reiterate the top loop. Revision will have no effect if there are no violations.

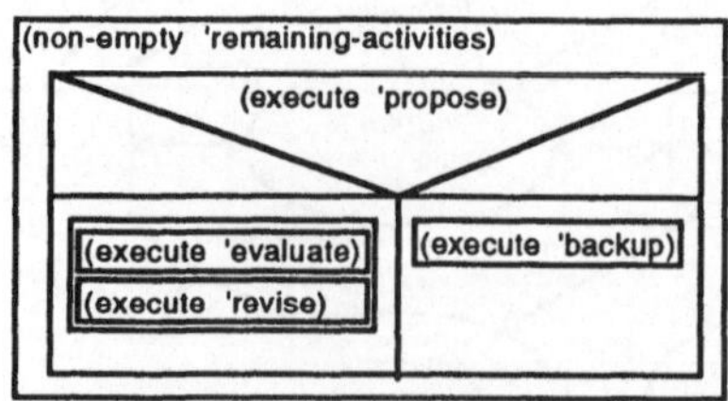

Figure 5: The structure of the top-level *schedule* task as a Nassi-Sheiderman diagram

As you see, MoMo directly provides constructs for sequencing, conditionals, and while and do loops. Principally, you can import additional constructs and procedures from the lisp environment into the MoMo module. Apparent candidates are I/O functions, followed by side-effect free functions. However, one should make use of this opportunity as seldom as possible. The special *execute* construct belongs to the MoMo language. It tries to fire an inference action once.

Views   As described so far, our model defines a generic application-independent problem solving method, which nevertheless is already executable at this abstract level. To use it for a particular application, concrete types and procedures must be connected to the basic abstract types and procedures. Of course, the accessors and procedures must have compatible argument types. Table 1 supplies the scheme that would have to be filled in order to define such a direct correspondence. The then complete model can be tested for validation.

abstract construct	*is mapped to domain construct*	*kind of construct*
activity	?	concept
time-period	?	concept
requirement	?	concept
assume (activity time-period)	?	procedure
...	...	...

Table 1: Schema for defining a direct view

The procedure just described is called model-directed (domain) knowledge acquisition, because the generic model imposes its structure onto the domain. If the domain knowledge or data are already stored in a data base or knowledge base constructed for a different purpose, it will probably be structured somewhat differently. For this case, MoMo supplies special view constructs to define arbitrary data transformations in the Lisp environment.

Besides connecting the types and generic procedures, we have to initialize the places representing the input data and knowledge. In our case, the *remaining actions*, the (remaining) *time periods*, and the *requirements* have to be initialized.

4   Outlook

This is not yet the final word on MoMo. Apart from consolidating the language, building graphical tools, and setting up a library of standard problem solving methods, we pursue two research goals for MoMo.

- A recurring question in KADS is the granularity of the inference actions. In the guards and output expressions associated with MoMo's inference actions abstract procedures may be combined with functions defined in the Lisp run time environment. These Lisp functions define the base granularity. Of course it is up to you how much reasoning you move to Lisp and how much you make explicit in terms of inference actions. Much more flexibility could be achieved with hierarchical models, where an inference action may be refined by another couple of task, inference, and domain layers. This facility would even better support top-down refinement of models. A more abstract model would contain inference actions that are not executable because they refer to undefined procedures. (In fact, the inference structure in figure 4 would be part of such an abstract model, since the *backup* action is not yet operational). Instead of defining the procedures, you would replace the entire actions by another model. To go one step further, we would like to support alternative refinements.

- The problem solving methods employed in shells, or supported by KADS and MoMo, represent compiled knowledge that is abstracted from countless practical problems encountered by human experts. Human experts are so flexible because they can rely on compiled knowledge, but also on the concrete cases encountered so far. Based on concrete cases, they distil more general methods and heuristics. If the latter fail in a concrete situation, they fall back on their case knowledge and use the result to differentiate or correct their more general knowledge. They use cases to shortcut more profound general reasoning, etc. Thus we observe a very flexible switching between general and episodic knowledge, both in learning and in problem solving. To achieve at least part of this flexibility, we want to combine model construction and problem solving in MoMo with case-based knowledge acquisition and case-based reasoning. As a side-effect, the cases stored in such a system could be used for communication with the expert, validation, and explanations, too.

Answers to the MoMo puzzle　While reading this article you may have wondered what the name MoMo stands for. Originally, it reminded us of the little girl in Michael Ende's story "MoMo" that fought against an army of grey smoking men stealing all the time from mankind ([6]). She saved us from a death in stress. With the help of MoMo, we hope that our future projects will be out of danger of running out of time. Later on, further meanings were reported to us. For instance, MoMo is a Tibetan cooky, too, and in Japanese it means plum. A more serious interpretation relates the two Mo's to its predecessor languages Model-K and OMOS, which have one "Mo" each.

Acknowledgment　Many of our colleagues at GMD participate or have participated in developing MoMo. It certainly would not exist without its predecessors OMOS, developed by Marc Linster, and MODEL-K, developed by Werner Karbach and Angi Voß. Directly involved in the work on MoMo are, beside the authors, Marc Linster, Thomas Hemmann and Ralph Hensel. We gratefully acknowledge their work. Friedrich Gebhardt carefully read a draft version of this paper.

References

[1] C. Batini, S. Ceri, and S. Navathe. *Conceptual Database Design.* Benjamin/Cummings Publishing Company, Redwood City, CA, 1992.

[2] C. Beierle, W. Olthoff, and A. Voß. Towards a formalization of the software development process. In *Software engineering 86*, IEE Computing Series 6, London, 1986. PeterPeregrinus Ltd.

[3] B.W. Boehm. A spiral model of software development and enhancement. *ACM SIGSOFT Software Engineering Notes*, 11(4):14 – 24, 1986.

[4] J. A. Breuker and B. J. Wielinga. Model Driven Knowledge Acquisition. In P. Guida and G. Tasso, editors, *Topics in the Design of Expert Systems*, pages 265–296, Amsterdam, 1989. North Holland.

[5] T. Bylander, S. Mittal, and B. Chandrasekaran. Csrl: A language for expert systems for diagnosis. In *IJCAI-83*, pages 218–221, 1983.

[6] Michael Ende. *Momo.* K. Thienemanns Verlag, Stuttgart, 1973.

[7] D. Fensel, J. Angele, and D. Landes. KARL:: A knowledge acquisition and representation language. In J.C. Rault, editor, *Proceedings of the 11th International Conference Expert systems and their applications*, volume 1 (Tools, Techniques & Methods), pages 513 – 528, Avignon, 1991. EC2.

[8] Ute Gappa. CLASSIKA: A knowledge acquisition tool for use by experts. In John H. Boose and Brian R. Gaines, editors, *Proceedings of KAW89*, pages 14/1–14/15. University of Calgary, 1989.

[9] K. Jensen. Coloured petri nets. In W. Brauer, W. Reisig, and G. Rozenberg, editors, *Applications and Relationships to Other Models of Concurrency, Advances in Petri Nets 1986 Part I*, volume 254 of *Lecture Notes of Computer Science*, pages 248 – 299. Springer, Berlin, 1987.

[10] W. Karbach, A. Voß, R. Schukey, and U. Drouven. MODEL-K: Prototyping at the knowledge level. In J.C. Rault, editor, *Proceedings of the 11th International Conference Expert systems and their applications*, volume 1 (Tools, Techniques & Methods), pages 501 – 511, Avignon, 1991. EC2.

[11] A. Kieback, H. Lichter, M. Schneider-Hufschmidt, and H. Züllighoven. Prototyping in industriellen Software-Projekten: Erfahrungen und Analysen. *Informatik Spektrum*, 15(2):65 – 77, 1992.

[12] Marc Linster. *Knowledge acquisition based on explicit methods of problemsolving.* PhD thesis, University of Kaiserslautern, Kaiserslautern, February 1992.

[13] S. Marcus and J. McDermott. SALT: A knowledge acquisition language for propose-and-revise systems. *Artificial Intelligence*, 39(1):1–38, 1989.

[14] Alan Newell. The knowledge level. *Artificial Intelligence*, 18:87 – 127, 1982.

[15] P. Rademakers and R. Pfeifer. The role of knowledge level models in situated adaptive design. In B. Neumann, editor, *Proceedings ECAI-92*, pages 601 – 602. John Wiley & Sons, 1992.

[16] W.W. Royce. Managing the development of large software systems: Concepts and techniques. In *WESCON*, 1970.

[17] E. Shortliffe and Bruce Buchanan. *Rule-Based Expert Systems: The MYCIN Experiments of the Stanford Heuristic Programming Project*. Addison Wesley, Reading MA, 1984.

[18] Luc Steels. Components of expertise. *AI Magazine*, 11(2):28 – 49, 1990.

[19] Jan Treur. *Formal specification methods for complex reasoning systems*. ECAI'92 Workshop Proceedings, Vienna, 1992.

[20] F. van Harmelen and J. Balder. $(ML)^2$: A formal language for kads models of expertise. ESPRIT Project P5248 KADS-II KADS-II/T1.2/PP/UvA/17/1.0, University of Amsterdam, November 1991.

[21] Jürgen Walther, Angi Voß, Marc Linster, Thomas Hemmann, Hans Voß, and Werner Karbach. Momo. Technical report, Gesellschaft für Mathematik und Datenverarbeitung (GMD), 1992.

[22] E. Yourdon. *Modern Structured Analysis*. Prentice-Hill International Editions, Englewood Cliffs, 1989.

Prototyping of Graphing Tools by Direct GUI Composition - an Experience Report

Daniel G. Aliaga[1]
Matthias Schneider-Hufschmidt[2]

Abstract

Direct Manipulation has been advocated as a promising technique for user interface development and prototyping. The combination of a direct manipulation design technique with a compositional approach for the definition of new user interface objects (widgets) results in an open and extensible user interface design environment, which allows the creation of new objects and user interfaces without conventional programming. Using this approach we designed a powerful set of graphing tools for user interfaces requiring static or dynamically updated graphical representations of data.

This paper describes the prototypical implementation of the SX graph tools and reports the experiences gained using a compositional approach for user interface prototyping.

1 Introduction

1.1 Direct Composition

One of the most powerful strategies used by various user interface management systems (UIMS) is direct composition [5]. In essence, an interface designer is given an initial set of widgets with which the user interface is to be built. Once the layout is determined, the application designer or programmer links the user interface to the application. The outcome is a fully functional system with a pleasing, though not perfect, user interface. In most cases, the user interface can be modified without having to change the back-end application.

1. University of North Carolina at Chapel Hill, Computer Science Department
   CB# 3175 Chapel Hill, NC 27599
   Phone: (+1) 919 962-1722; Email: aliaga@cs.unc.edu

2. Siemens Corporate Research and Development
   Otto-Hahn-Ring 6, D-W8000 München 83
   Phone: (+49) 89 636-2411; Fax: (+49) 89 636-48000; Email: msch@zfe.siemens.de

The term "direct composition" stands for the thorough application of the principle of direct manipulation [9] to the design and development of graphical user interfaces. It characterizes a fully object-oriented approach to the creation and specification of a user interface without using specialized tools. Direct composition is based on an elementary conceptual model of user interface objects [4]. This object model contains both a model of the object's interactive design and a model of its interactive behavior when used in the appropriate applicational context (cf. Figure 1). For this reason, each user interface composed of such objects contains a model of its own design and use.

The static appearance and interactive behavior of objects described by the conceptual model based on the direct composition philosophy can be designed by using purely interactive techniques. New objects can be copied or derived from existing ones and both new interface objects and entire user interfaces can be composed directly by using existing objects.

As a consequence, each object has exactly one set of elementary interaction techniques, of which one part is used for the dialog with the end-user of a user interface and the other part for the dialog with the designer. These parts are not necessarily disjoint. The user interface design environment contains no longer tools for dialog design, because all objects of the interface of the design environment and of arbitrary interfaces to be designed contain the means for their own modification and design. Just some browsing facilities are needed to support an easy access to all, even invisible interface objects. The user interface designer can communicate directly with the objects of interest, i.e., with the elements and objects he combines to form a user interface.

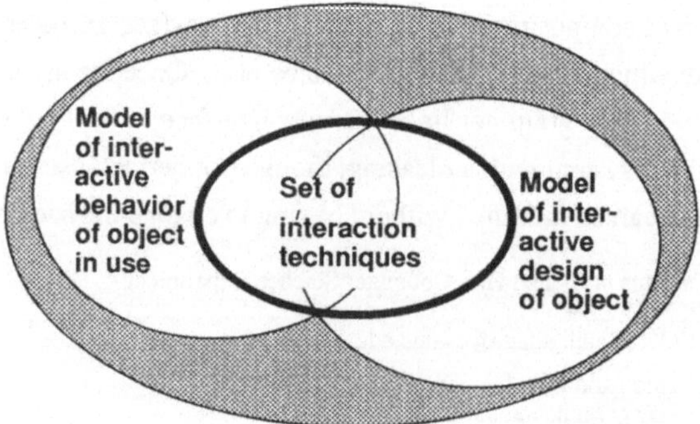

Figure 1:   The object model of direct composition

Interface objects define different roles and describe the semantics of the dialog depending on the chosen role. One and the same interaction can cause very different effects on an object depending on the role the object takes. The set of interaction techniques of an object includes aspects of manipulation and visualization (interactive behavior of objects in use) as well as aspects of construction (interactive design of objects). An object always encapsulates the union of all interaction techniques needed in any of its roles. The role "design of the object itself", e. g., mainly uses construction techniques, while in the role "dialog with the user of the application" manipulation and visualization usually predominate.

Objects can change their roles. Therefore the behavior of objects can be simulated and widgets may be used in the design environment as well as in the run-time environment. Interactive design and testing is no longer restricted to a specialized design or test environment but can be activated also at run-time by simply changing the object's role from design to use. The conventional strict separation between design and run-time environments of user interface management systems is no longer mandatory with the direct composition approach.

To conclude, direct composition of user interfaces offers, among others, the following advantages: Interface objects offer consistent interaction techniques for both the design and the usage of user interfaces, end-user adaptability is an inherent feature of direct composition interfaces due to the availability of design features at run-time, and, finally, the openness and extensibility of user interface design systems can easily be achieved by using the compositional approach.

1.2   Platforms

For computer systems running Unix and the X Windowing System, many widget packages exist (X Toolkit, Athena Toolkit, MOTIF, etc.). Since programming on the basis of these toolkits can be a very tedious task, various interface builders have been developed to support interface designers, among these for instance UIMX (MOTIF) [11], DevGuide (OpenLook) [10] and the NeXT Interface Builder [6]. A number of these interface builders use the direct composition approach as their design paradigm.

We implemented our graphing tools using SX/Tools [5], a platform developed at Siemens Corporate R&D laboratories. SX/Tools follows the principle of direct composition.

1.3 Graphing Tools

Graphs in General

It is well known that humans understand facts better when they are presented to them in a visual or graphical manner. From financial activities to scientific explanations, pictures and graphs are a powerful medium to express ideas and to present facts.

We limited our graphs to two-dimensional non-photorealism graphs and wanted to display information (e.g. from a database) or the evolution of parameters over time. We grouped these graphs into three categories:

- *Static Presentation Graphs*: The graphs in this category are very elaborate and are especially tailored to the specific data or the concept to be expressed.

- *Partially Dynamic Presentation Graphs*: These graphs may be elaborate, but also have some degree of variability; for example, predictions of the number of company shares sold in the next trimester given a set of initial conditions.

- *Fully Dynamic Graphs*: This category contains the graphs which are constantly undergoing real-time changes. Such dynamic qualities may be used for example to display the current weather conditions, for engine tuning purposes or to display the status of a complex experiment.

1.4 Our Goal

We wanted to design and implement a powerful set of graphing tools using only direct composition. Our tools should be able to generate graphs for each of the previous categories. We put more emphasis on the second and third category, since graphs can always be embellished afterwards. The graphs should also not be limited to one or a few specific application areas and should easily be incorporable into more complex visualizations limited, in fact, only by the imagination of the designer.

Furthermore, we wanted to design the tools in such a way as to minimize the amount of work for the application designer; though, if we were to follow strictly the minimum-work paradigm, it would lead us to constructing graphs with a very rigid layout despite being totally automated. Hence, we pursued a design in between both extremes.

Another issue to consider was extensibility. We did not claim our graphing tools (nor the platform on which they were built) as being capable of performing all the tasks we might ever imagine. As you will read later, our direct composition platform allows for communication with external partners (or clients). We wanted to design our graphs in such a fashion as to allow for easy interaction with such partners; thus, applications can easily access resources external to the platform on which the graphs are built. At the same time, we would like to maintain a clear separation between the partner and the graph configuration, so editing of the graph configuration (i.e. change the graph type) should not require modification of the partner.

Finally, we did not want to duplicate the functionality already available with the underlying platform. If the direct composition platform already provides extensive modifiable properties for ellipses, providing a method to alter each property of the ellipses of a pie graph would be an instance of unnecessary duplication of functionality. Additionally, if the platform ever was to provide new editable ellipse properties, the graphs would not be able to take advantage of them.

Graph Types

We determined the following three types of graphs to be a good base set:

- Pie Graph
- Bar Graph
- Line Graph.

## 2	The ideas behind SX/Tools

In this section we will give a short overview on our design environment SX/Tools. This is not intended to be an exhaustive list of features but rather concentrates on some important properties of the system.

SX/Tools has been developed to support the development of interactive graphical user interfaces used in areas like production automation (CIM) or traffic control. SX/Tools is a user interface design and runtime environment as well as a large class library for defining graphical interfaces. It has been implemented strictly object-oriented with C++ and currently can be used on Suns, SGIs and HP 7xx machines.

SX/Tools handles standard widgets (windows, buttons etc.) and arbitrary graphics (lines, polygons, raster images) in a homogeneous manner. These objects can be arbitrarily combined in a user interface. New widgets can be created using purely interactive techniques by composing aggregated objects from simpler widgets either predefined or defined by the designer. These widgets can be collected in so-called toolboxes and be reused in future interface designs. This aggregation is one aspect of the principle of direct composition described in section 1.

Both the appearance (static properties) and the behavior (dynamic properties) of SX/Tools objects can be designed on the interface level. As far as the interaction dynamics are purely in the interface no system programming at the application level is necessary. The so-called scripts which define the behavior of interface objects are precompiled and later executed by a stack machine. Therefore, changes at the interface level do not require recompilation and relinking of either interface runtime environment or application system.

There is no need for separate tools in the design environment since every SX/Tools object contains the functionality for both its design and usage. The only tools necessary in the design environment which are not object specific are browsers enabling the user to access each object used in an interface, even objects which are currently invisible. In SX/Tools, there is no separation between runtime and design environment. This gives the possibility of interface adaptation by the end-user or by the system [3]. A second important advantage of the uniformity of design and runtime environment is the ability to switch between design and simulation "on the fly". This allows for very rapid repetitions of "design - implement - test" - cycles.

SX/Tools is both an extensible and an open environment. It can be extended by using the aggregation process described above to create and reuse new widgets. It is open towards new media like audio in- and output or video display. For example, a video controller can be integrated in an SX environment using the application interface described below.

SX-interfaces usually are a set of so-called "scenes", each scene containing all the objects necessary for one window. SX-applications communicate with the interface by sending messages to and receiving messages from interface objects.

SX/Tools has been designed with a client-server structure. Each SX server can interact with an arbitrary number of application systems and an application system can cooperate with many SX servers. This allows for both applications being controlled from several workstations and a workstation controlling many applications.

A large part of the design environment of SX/Tools has been designed using SX/Tools itself. This part of the environment can be extended and modified by interface designers using its own design methods. For example, the interfaces of property managers are SX/Tools windows. Using this technique it is very simple to create object-specific tool interfaces to change appearance or behavior of newly designed interface widgets in a convenient way (see the property editors in section 3 as an example of how to use this technique).

3   Implementation

3.1   Usage of SX/Tools

As mentioned before, the graphing tools are implemented using the SX/Tools direct composition platform developed in our lab. The first author of this paper was able to construct on his second day using SX/Tools a functional pie graph with a variable number of slices. Soon afterwards, it became clear that a full implementation of a set of graphing tools was possible. After a few weeks, the initial version was complete as well as a set of interesting applications.

SX/Tools provides the user with a *workarea* (initially a blank window) and a selection of initial graphical objects (in a toolbox). The workarea, once filled with objects, can be saved into a *scene*. All objects possess a list of methods which can be called from a C++-like scripting language provided by the platform. Furthermore, event-triggered and user-defined methods can be added to any object. With a click of the mouse, a configurable pop-up menu appears for the currently selected object. Using this menu the object's methods and properties[3] can be altered as well as by other standard editing techniques.

3.2   Toolboxes

What are Toolboxes?

In SX/Tools, any part of a scene can be combined into a single object (called a *compound* object). The details of how the compound object is constructed can be hidden. A collection of such objects is put into a *toolbox* and essentially added to the set of initial objects available. Thus, through the toolbox mechanism, any number of tools can be added to the platform. In our case, we added graphing tools, but there is no reason why not to add audio and video tools, for example. With a direct composition platform, like SX/Tools, the effort for the realization of such expansions becomes acceptable.

Graph Toolbox

Figure 2 is how the graph toolbox appears to the designer. Each graph tool has a symbolic icon. The designer selects the desired tool and drags it onto a workarea. This creates a new instance of the corresponding graph tool.

The tools were constructed by composing objects from the initial set provided by SX/Tools. The diagram in Figure 3 outlines the general structure of each graph tool.

---

3. See Section 2.3 and 2.4 for more information on methods and properties.

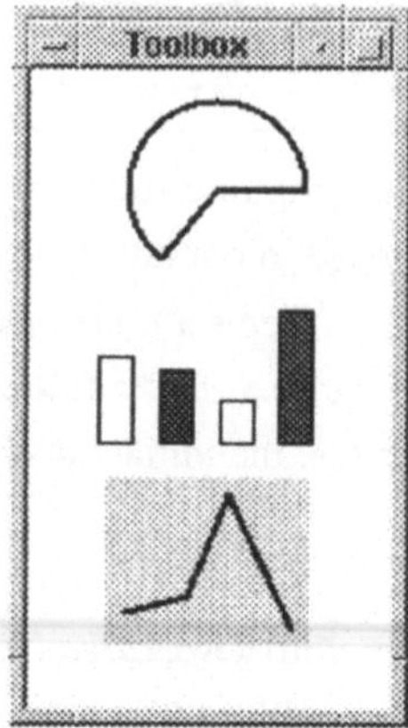

Figure 2:   The Graph Toolbox

The container object in Figure 3 encapsulates and sends messages to the section objects. For pie graphs the section object is an ellipse; for bar graphs it is a rectangle and for line graphs it is a polyline.

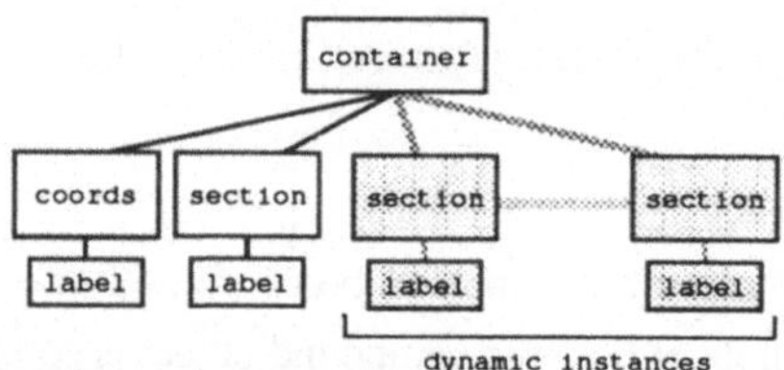

Figure 3:   Outline of a graph tool object hierarchy

3.3   Methods

Once the tool object hierarchies had been constructed (a process which was accomplished by a sequence of dragging operations), it was necessary to overload and expand the functionality of each section object. For example, in the case of the bar graphs, rather than having a method for setting rectangle width and height by specifying the number of pixels, a method was needed to set the width according to the number of bars and the height according to the section value, in other words, according to the percentage the bar is to represent. Similarly, when a rectangle belonging to a bar graph is selected with the mouse, the container object should be informed in order to permit operations on the currently selected section to function properly.

The script interface to the graphs, namely the methods, is consistent among the three graph types. With a few minor exceptions, the actual type of a graph does not matter. The number of methods is also not as large as one would expect, namely because many of the esthetical qualities of the graphs can be altered using already existing accessors. The function *getSection* is provided to obtain the section object whose properties can be directly accessed using standard SX/Tools features. In order to make editing of the most commonly changed properties (color and fill style) even simpler, shortcut methods are provided.

Table 1 contains the most important methods common to all graph types. Applications using these methods can interchange graph types at will. Table 2 contains the essential methods for features relevant only to specific graph types[4].

Method Name	Description
setNumberSections	Create the desired number of sections.
getSection	Accessor for a section object.
getSelectedSection	Accessor for the currently selected object.
getType	Return the graph type.
setSectionValue	Set the value of a specified section.
setSectionLabel	Set the label of a specified section.
setSectionColor	Set the color of a specified section.
setSectionStyle	Set the fill style of a specified section.
setShowValues	Select if section value should be displayed in a text object.
setShowLabels	Select if section label should be displayed in a text object.
setMinMax	Set range of values for each section (a floating point range).

Table 1:   Essential Common Graph Methods

Method Name	Description
For bar and line graphs:	
setCoordinateStyle	Select type of coordinate axes to use.
setCoordinateDivs	Select the number of divisions per axis.
For pie graphs:	
setFullGraph	Automatically complete the pie circle.
For bar graphs:	
setOrientation	Select the orientation of the bars.
For line graphs:	
setSectionLWidth:	Specify the line width.
setSectionLStyle:	Specify the line style (solid or dashed).

Table 2:   Essential Graph-specific Methods

---

4. See [1] for a complete listing of methods.

3.4   Links & Property Sheets

The next problem encountered was how the designer would interactively modify the characteristics of a graph. All objects in SX/Tools have a list of properties which can be edited through a generic property editor. Some example properties are: foreground color, linewidth, fillstyle, width, height, etc. Some objects may also have more specific properties. The slider object has a minimal value, a maximum value and an actual value property; a radio button column object has a number of items and a value property, etc. The following sections outline the two approaches we pursued.

Link Mechanism

Our first solution was to have additional tools for altering graph properties. The tools were created in a generic fashion such that they could be linked to any graph in order to edit a predetermined property.

For example, to edit the number of sections, we constructed a tool which had a slider linked to the *setNumberSections* method of the graph being edited. Thus, when an instance of a graph is created, an instance of a section number tool can also be created and interactively linked to the graph. Similarly, if the designer wishes to change a section color, an instance of a section color tool can be created and interactively linked to the graph. We implemented three such tools: number of sections tool, color tool and value tool.

Graph Specific Property Editors

After gaining experience and designing a few sample applications, the idea to create an object dependent property editor arose. Furthermore, the property editor itself could be designed with SX/Tools thus giving the object creator total freedom in the design of the property editor and allowing a truly object specific design.

This was the implementation we decided to follow for our final version. We currently have a property editor for each graph type. The three editors are similar in style, but each one is specially tailored for the graph type it corresponds to. The property editor may be used at any time, either during the design phase or, if so desired, during the execution phase[5].

The property editors provide an intuitive mechanism to create and modify graph properties. The general structure of the property editors is as follows: the upper portion of the property editors is used to specify the number of sections in the graph (the number can change at any time). The middle portion is for editing of section properties. A slider is given to easily switch between sections. The values displayed are automatically updated accord-

---

5. See Section 2 for more information on design and execution phase.

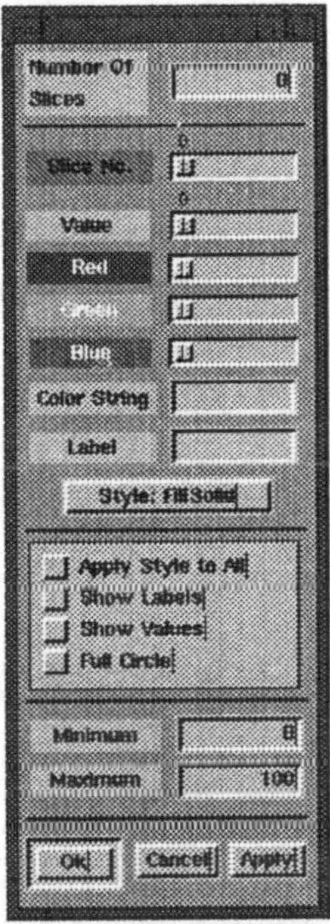

Figure 4:   Pie property editor

ing to the current section number. Additionally, by clicking with the mouse into the appropriate section the designer can graphically select the section to edit and the property editor will be notified. The lower portion of the property editors is for global properties; for example, coordinate systems, minimum and maximum section values, etc.

3.5   Dynamic Usage

SX/Tools provides a mechanism by which events can be sent to an external partner (or client) and vice versa. Consequently, the graph methods can also be invoked from a separate client. This allows for applications requiring external resources or for already existing applications to easily use graph configurations designed under SX/Tools. Hence, with a combination of the graph specific property editors and the remote invocation of graph methods a dynamically changing graph can easily be constructed.

The general process by which a dynamic graph can be created, starts with the specification of the interface to use. The designer, through the SX/Tools direct composition mechanism, constructs the user interface. Graphs can be instantiated and placed anywhere in the interface, as well as any other additional tools. Through the property editors, the designer configures the graph according to the application's needs. If the configuration of the graph is to change dynamically, the application needs only to invoke the graph methods.

4   Example Applications

In this section, we will briefly describe some of the applications we have built using SX/Tools and the graph tools addition.

Business Applications

The construction of a static pie graph, bar graph or line graph is a very easy process. The designer only has to create a new workarea, drag in the desired graph object, then pop-up the property editor and simply edit the properties.No programming, no compiling, all interactive!

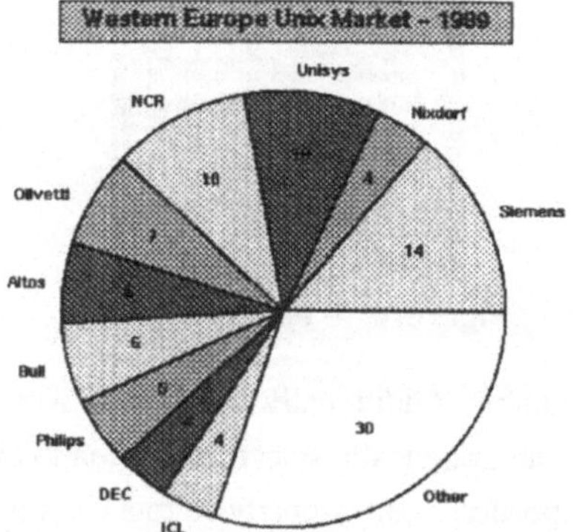

Figure 5   Pie graph created using the property editor

Dynamic Applications

The X Windowing System comes with a set of utility programs. *xload* is one of these utility programs which displays in a window the CPU load over time. We found it very easy to design a similar application with our package. First we designed the graph configuration, then we wrote a small partner to obtain the CPU load (which requires a series of system calls) and we had our version of xload (see Figure 8). Furthermore, with minimal effort we could change the graph type (Figure 9)

Interactive Applications

Another program we implemented was a two dimensional function plotting program. The user inputs an expression (of one variable, using basic arithmetic operations, trigonometric functions and a variety of other standard functions). The parser, implemented as

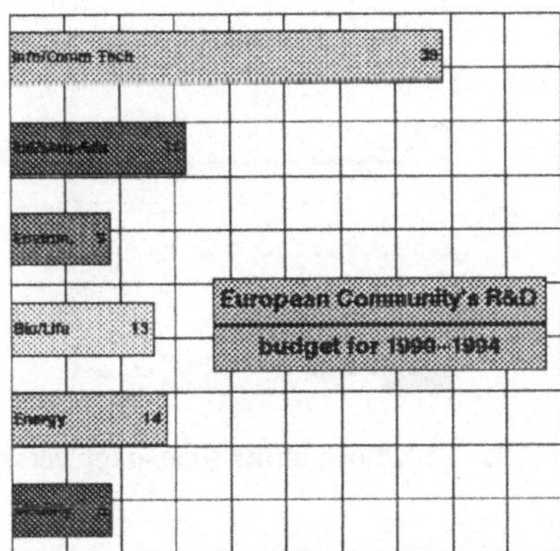

Figure 6:   Bar graph created using the property editor

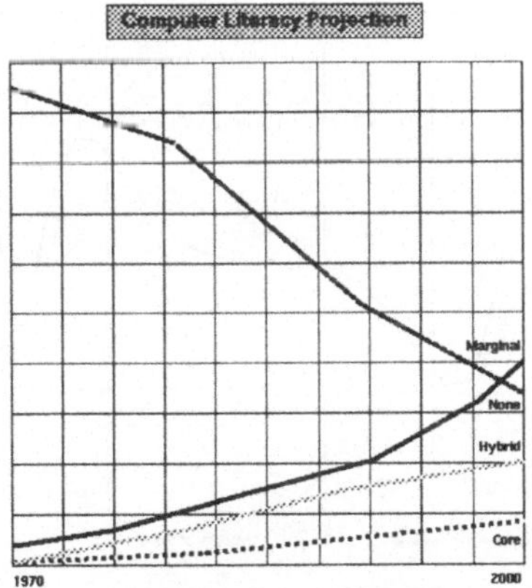

Figure 7:   Line graph created using the property editor

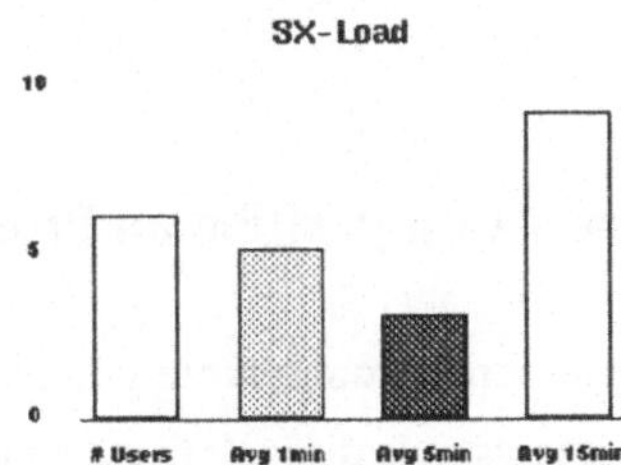

Figure 8:   SX/Load utility (bar graph version)

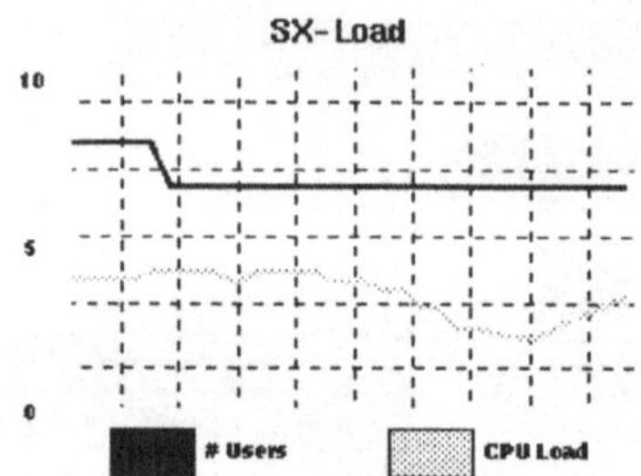

Figure 9:   SX/Load utility (line graph version)

a partner, evaluates the expression and returns the points to plot. Again, the graph configuration and the functionality of the interface was constructed using interactive direct composition (see Figure 10).

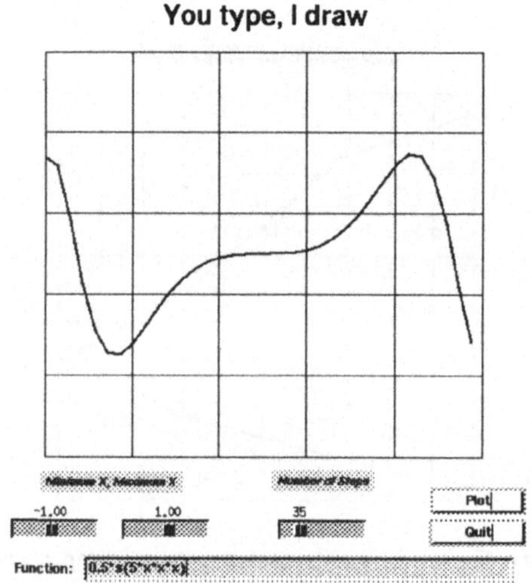

Figure 10:   2D Plotting Program

5   The Impact of Direct Composition on Prototyping

Since we did not implement a comparable graphics package with conventional tools and programming environments, it is difficult to assess the advantages gained by using the direct composition approach. We estimate the overall effort in terms of manpower and time to be at about 10% of a comparable implementation with a standard programming environment using C++ and the X Window system. A number of properties of the direct composition approach make it especially suitable for the prototyping of user interface components.

Short turnaround cycles

The standard design process with SX/Tools consists of extremely short cycles of design and simulation activities. Since there is no necessity to compile and/or link program code during the development of the user interface, the user doesn't get interrupted in his work flow.

Direct manipulation and instant visual control

Whatever the designer modifies during the design process becomes instantly visible at the user interface. This means that unexpected effects of changes or unpleasing design can be reverted without too much effort.

The direct manipulation approach has been advocated for computer users who do not necessarily know how to program [9]. It is our experience that this aspect of direct manipulation is also important for many user interface designers who are application experts but often have only rudimentary programming skills. For the design of complex user interfaces programming abilities are necessary, however, for the design of the appearance of the interface, no programming skills are required. This implies, that even end-users are able to design part of the interface after a very short learning phase.

Basic functionality in the interface

The possibility to define the basic behavior of the user interface at the user interface level seems to be an important factor for the prototyping approach. On one hand, this allows to define user interface behavior on the user interface level and application behavior in the application modules. On the other hand, this is a necessary feature if the designer is to simulate the interface behavior without having access to the application system. Together with the strict separation of user interface management and application system this is a prerequisite for the parallel prototyping of user interface and application.

It should be noted that the extensive usage of this feature may also have adverse effects. In many cases it is possible to define large amounts of the application system code on the user interface level thereby blurring the necessary distinction between these two system components. A certain discipline of programming is therefore necessary to clearly separate application and user interface.

Evolutionary prototyping

The object model of direct composition seems to be especially suited to an evolutionary prototyping approach. Since the interface objects contain the functionality for both their design and their usage it is straightforward to use the designed interface not only as a specification of a subsequent implementation but as the final interface itself.

As illustrated in Figure 11, the direct composition approach implies a uniform interface development process, which covers tool development, interface design and "on-usage" interface adaptation. The entire process is performed within one and the same environment following the same basic principles. This is in contrast to the conventional approach of separated design and runtime environments [2] found in most state-of-the-art UIMSs.

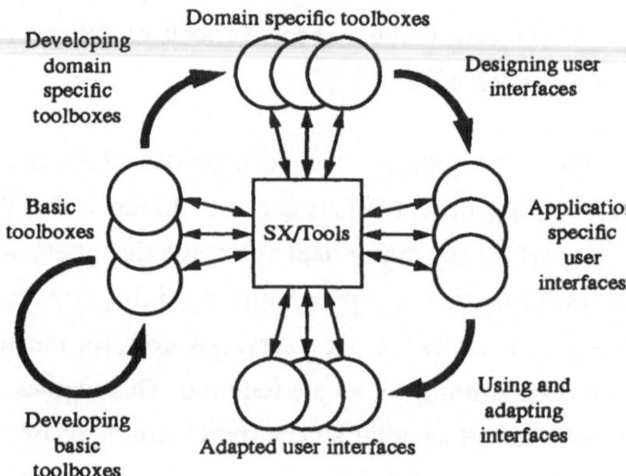

Figure 11:   The SX/Tools interface development process

6   Conclusions

Although it is difficult to give a reliable estimate for the amount of time and work saved by using the direct composition approach, we are sure that the overall effect has been extremely positive. There are properties in this realization of graph tools that would be impossible to build using conventional interface builders. Even if such a possibility exists, the amount of effort that has to be spent with conventional toolsets is a multiple of the effort spent with SX/Tools.

We accomplished a successful implementation of a powerful set of graphing tools using only direct composition, no additional system programming, thus proving the effectivity of a direct composition platform. The graphs operate interactively, have a flexible interface and are easily expandable.

Several ways of improving the graph tools can be envisaged. In a first step their representation may be embellished by the addition of more methods and parameters to meet users' requirements.

A more interesting improvement is to provide mechanisms by which the designer can quickly compose his own graphs. Namely, rather than only having a toolbox containing three finished graphs, also offer a toolbox of graph components. This improvement is not only a change of the granularity of the end-user's tools, but rather a totally different concept whereby the designer, in fact, can "compose" the actual graph.

There are surely variations of graphs that our tools cannot currently handle, but with a system like SX/Tools the adaptation of our graphs to the specific needs would require minimal effort. Furthermore, providing a low-level (in our case object oriented) scripting language within the platform has shown to be very useful. It allows for programmers to create whatever additional functionality is needed. Parallely, for the average non-programmer property editors and dragging and clicking is also available. Thus, programmers can compound objects that have specific functions and the non-programmers or designers need merely to click and drag in order to add the compounded objects to their application's user interface.

Interface designers using SX/Tools need no knowledge about the implementation of the underlying user interface management system. Furthermore, they need only little programming skills for the design and implementation of the interface scripts dealing with the input to be displayed. For users of our graph tools there is no need to have any programming knowledge. They build their interfaces by direct manipulation techniques. This has proven to be an important property for supporting interface prototyping processes.

Acknowledgments

Many people have participated in the development of SX/Tools. Although we cannot list all their names, we are aware that their efforts have laid the foundations for the work reported here. The final version of this paper has benefited greatly from intensive discussion with and careful proofreading by Martin Brenner.

References

[1]   D. Aliaga: *SX/Graphs: Implementation Overview*, internal paper, Siemens, ZFE ST SN 7, July 1992.

[2]   M. Green: *Report on Dialogue Specification Techniques.* In: [7], pp. 9-20.

[3]   T. Kühme, H. Dieterich, U. Malinowski, M. Schneider-Hufschmidt: *Approaches to Adaptivity in User Interface Technology: Survey and Taxonomy,* Proceedings of the IFIP TC2/WG2.7 Working Conference on Engineering for Human-Computer Interaction, Ellivuori, Finland, 10-14 August 1992.

[4]   Kühme, Th., Hornung, G. and Witschital, P. *Conceptual models in the design process of direct manipulation user interfaces.* In: H.-J. Bullinger (ed.): *Human Aspects in Computing: Design and Use of Interactive Systems and Work with Terminals.* Proceedings of the HCI International '91, Stuttgart, F.R.G., Elsevier, 1991, pp. 722-727.

[5]   T. Kühme, M. Schneider-Hufschmidt: *SX/Tools - An Open Design Environment for Adaptable Multimedia User Interfaces,* Proceedings of Eurographics '92, Cambridge, UK, 7-11 September 1992.

[6]   NeXT Inc., 900 Chesapeake Drive, Redwood City, CA 94063: *NeXTStep and the NeXT Interface Builder,* 1991.

[7]   G. E. Pfaff (ed.). *User Interface Management Systems.* Proceedings of the Workshop on User Interface Management Systems held in Seeheim, FRG, November 1-3, 1983, Springer, Berlin, 1985.

[8]   Pergamon Infotech Limited, Maidenhead Berkshire, England: *Designing end-user interfaces,* 1988.

[9]   B. Shneiderman: *Designing the User Interface,* Addison-Wesley Publishing Company, 1987.

[10]   SunSoft: *Open Windows Developer's Guide* 3.0 *User's Guide,* 1991

[11]   Visual Edge Software Ltd., 3870 Cote Vertu, Montreal, Quebec H4R 1V4: *UIMX,* 1990.

Generierung graphischer Benutzungsschnittstellen aus Datenmodellen und Dialognetz-Spezifikationen

Christian Janssen, Anette Weisbecker, Jürgen Ziegler
Fraunhofer-Institut für Arbeitswirtschaft und Organisation/
Institut für Arbeitswissenschaft und Technologiemanagement, Stuttgart

Zusammenfassung

Vorgestellt wird eine Methode zur Integration von Benutzungsschnittstellenentwicklung und Software-Engineering-Techniken zusammen mit Werkzeugen zu deren rechnergestützten Umsetzung. Auf der Grundlage des Datenmodells werden automatisch Fenster für eine graphische Benutzungsoberfläche generiert. Als Zwischenschritt wird in sogenannten Sichten vom Entwickler festgelegt, welcher Ausschnitt des Datenmodells in bestimmten Dialogsituationen sichtbar und bearbeitbar ist. Die Dialogabläufe werden mit Dialognetzen, einer petri-netz-basierten Technik zur Dialogbeschreibung spezifiziert. Auf diese Weise lassen sich unter Verwendung von Modellen, die im Software-Engineering traditionell eingesetzt werden, erste ausführbarere Prototypen von interaktiven Informationssystemen frühzeitig generieren, um Rückkopplung im Entwicklungsprozeß zu erhalten.

1 Einleitung

Bei der Software-Erstellung werden vermehrt traditionelle Entwicklungsmethoden z. B. Strukturierte Methoden [36], die in der Regel ein phasenorientiertes Vorgehen unterstützen, in Kombination mit Prototyping verwendet. Dies wurde bereits von Floyd [8] vorgeschlagen und findet jetzt auch Anwendung in industriellen Projekten [16]. Zusätzlich zur Spezifikation werden Prototypen der Benutzungsschnittstelle erstellt, die Aussehen und Funktionalität der Anwendung zeigen. Rudd und Isensee [24] sprechen in diesem Zusammenhang auch von einer "lebenden Spezifikation". Für die Benutzer steht somit nicht nur eine abstrakte Beschreibung der Anwendung in Form von Diagrammen z. B. Datenmodellen und Datenflußdiagrammen zur Verfügung, sondern ein bereits ausführbares System. Sie können so anhand von Prototypen bereits vor Beginn des Designs und der eigentlichen Implementierung prüfen, ob das System ihre Anforderungen erfüllt. Die Spezifikation wird auf diese Weise iterativ erweitert und an die Benutzeranforderungen angepaßt. Die Einbeziehung des Benutzers verbessert den Entwicklungsprozeß und das resultierende Softwareprodukt (vgl. [28]).

Diese prototyp-orientierte Vorgehensweise [22] erfordert die zeit- und kostengünstige Erstellung von frühzeitig ablauffähigen Version des Systems. Dazu stehen verschiedene Werkzeuge zur Verfügung [4] unter anderem Maskengeneratoren oder auch User Interface Management Systeme. Diese Werkzeuge bieten zwar hinreichende Möglichkeiten zur Erstellung von Benutzungsschnittstellen, aber sie haben keinen direkten Bezug zu der bereits erstellten Spezifikation. Diese fehlende Verbindung zwischen Prototyp und Spezifikation kann zu Inkonsistenzen führen.

Aber auch mit heutigen, fortschrittlichen Werkzeugen — wie z.B. User Interface Management Systemen [31] — ist die Entwicklung graphischer Benutzungsschnittstellen relativ aufwendig, da jedes Oberflächenobjekt explizit erzeugt werden muß. Für die Ablaufsteuerung müssen in einer speziellen Sprache Regeln spezifiziert werden. Für die Gestaltung der Benutzungsschnittstelle nach vorliegenden Richtlinien und Style Guides [12, 20, 26, 29] ist spezielles Wissen erforderlich. Ebenso ist es nicht einfach, über die gesamte Anwendung bzw. mehrere Anwendungen hinweg ein konsistentes Layout und Verhalten der Benutzungsschnittstelle zu erreichen. Hierbei fehlt es auch an Unterstützung für die Auswahl aufgabenangemessener Interaktionsobjekte.

Im Rahmen des vom BMFT im Programm "Arbeit und Technik" geförderten Projekts "Unterstützungswerkzeuge zur benutzergerechten Gestaltung der Mensch-Computer-Schnittstelle" (Förderkennzeichen 01 HK 409 0) wurde eine neue Vorgehensweise entwickelt, um software-ergonomisch gestaltete Benutzungsschnittstellen direkt aus dem Datenmodell und einer auf Petri-Netzen basierenden Dialogbeschreibung zu generieren. Diese Benutzungsschnittstellen dienen zu Beginn der Entwicklung als Prototypen zur Darstellung der Spezifikation. Nach Abschluß der Spezifikation bilden sie die Grundlage für die endgültige Benutzungsschnittstelle. Für die Umsetzung dieser Vorgehensweise wurde das rechnergestützte Werkzeug GENIUS (GENerator for user Interfaces Using Software ergonomic rules) (Abb. 1) erstellt [33].

2 Bestehende Arbeiten zur automatischen Generierung von Benutzungsschnittstellen

Im Forschungsbereich gibt es eine Anzahl von Arbeiten, die sich mit der Generierung von Benutzungsschnittstellen aus Spezifikationen auf hoher Abstraktionsebene beschäftigen. Jade [38] und ITS [35] generieren statische Oberflächen aus frame-artigen Dialogbeschreibungen. UofA* [25] und Mickey [19] verwenden für die Generierung der Oberfläche und des Dialogs die Spezifikation der Anwendungskommandos. Innerhalb von UIDE [9] wird in Kombination mit DON [17] eine Spezifikation bestehend aus Objekten, Attributen, Attributtypen, Aktionen, Parametern sowie Vor- und Nachbedingungen ver-

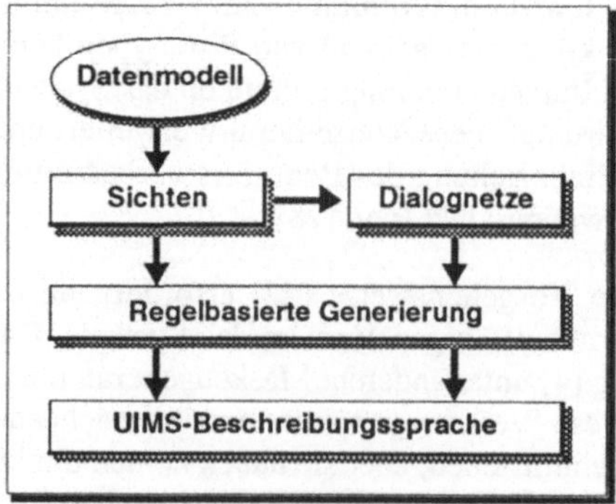

Abb. 1: Struktur von GENIUS (GENerator for user Interfaces
Using Software ergonomic rules).

wendet. Jedes dieser Systeme führt eine eigene Notation für die Spezifikation der Benutzungsschnittstelle ein.

Eines der ersten Systeme, das vom Datenmodell ausgeht ist HIGGENS [10]. Hierbei werden jedoch keine Regeln für die Ableitung der Benutzungsschnittstelle verwendet. Im System von de Baar et al. [1] werden Dialogboxen und Menüs aus erweiterten Datenmodellen generiert. Es fehlt aber die Einbeziehung eines graphisches Dialogmodells, der Dialogablauf wird durch Vor- und Nachbedingungen spezifiziert.

In dem Ansatz von Petoud und Pigneur [21] werden Entity-Relationship-Modelle für die Oberflächengenerierung benutzt. Die Dynamik kann graphisch visualisiert werden, aber der Graph kann nicht verändert werden, und es gibt keine Möglichkeit der Strukturierung des Graphen. Ferner werden keine explizite Regeln für die software-ergonomische Gestaltung im Generierungsprozeß berücksichtigt.

Den existierenden Systemen zur automatischen Generierung von Benutzungschnittstellen fehlt also im allgemeinen die Einbeziehung in Software-Engineering-Methoden und/oder eine adequate Möglichkeit zur Definition der Dynamik der Dialogabläufe.

3   Bekannte Techniken zur graphischen Dialogspezifikation

In der Literatur sind zahlreiche Beschreibungstechniken für Dialogabläufe bekannt, denen Zustandsübergangsdiagrammen zugrunde liegen und die zum Teil auch in der betrieblichen Software-Entwicklung verwendet werden. Interaktionsdiagramme [6] und USE-Diagramme [32] sind als rein sequentielle Techniken nur für Masken- und Menü-Dialoge geeignet. Ausführbare Spezifikationen nach Jacob [14] beinhalten zwar nebenläufige Diagramme, zeigen aber nicht den Zusammenhang zwischen Teildialogen. Ähnliches gilt für Statecharts [34]. SUPERMAN-Diagramme [37] bieten die Möglichkeit der Aufspaltung des Steuerflusses, haben jedoch im Vergleich zu Petri-Netzen ein weniger klar definiertes Konzept für Parallelität.

Petri-Netze wurden bereits in verschiedenen Arbeiten zur Beschreibung von Dialogabläufen verwendet. Aktionsnetze [18] können unter anderem auch Abläufe in Dialogsystemen beschreiben. Sie wurden bisher aber nicht für graphische Benutzungsschnittstellen verwendet. Ereignisgraphen von Roudaud et al. [23] und Petri-Netz-Objekte nach Bastide und Palanque [2] sind speziell für die Spezifikation von graphischen Dialogen entwickelt worden. Für die in dieser Arbeit beschriebenen Dialognetze wurden Ereignisgraphen als Grundlage genommen, da sie gegenüber Petri-Netz-Objekten den einfacheren Formalismus aufweisen und daher für die frühen Phasen der Software-Entwicklung besser geeignet erscheinen. Es wurden aber wesentliche Erweiterungen von Ereignisgraphen in bezug auf modale Teildialoge, Vereinfachung der Netzstruktur und hierarchische Gliederung durchgeführt.

4 Automatische Generierung von Benutzungsschnittstellen aus Datenmodellen

Bei der hier beschriebenen Vorgehensweise und ihrer Umsetzung mit GENIUS bildet das in der Spezifikation erstellt Datenmodell in seiner graphischen Darstellung als Entity-Relationship-Diagramm [5] den Ausgangspunkt für die Generierung der Benutzungsschnittstelle. Das Datenmodell beinhaltet die Menge der Daten, die der Benutzer sehen und bearbeiten möchte.

4.1 Definition von Sichten

In dem Datenmodell wird jedoch nicht angegeben welche Daten vom Benutzer zur Bearbeitung einer speziellen Aufgabe benötigt werden. Deshalb werden in dem hier beschriebenen Konzept sogenannte Sichten definiert. Sie beinhalten die Information, die zur Bearbeitung einer bestimmten Aufgabe notwendig ist. Dabei können beliebige Entities, Relationen und Attribute zu einer Sicht zusammengefaßt werden. Sichten spezifizieren die logische Struktur der Information, jedoch nicht ihre Darstellung am Bildschirm. Trotzdem korrespondiert jede Sicht mit einem Bildschirm oder einem Fenster bzw. Unterfenster.

Die Definition der Sichten geschieht graphisch-interaktiv unter Verwendung des Entity-Relationship-Diagramms. Um eine einfache und mächtige Definition der Sichten zu ermöglichen, wurden einige Erweiterungen für die Entity-Relationship-Diagramme einge-

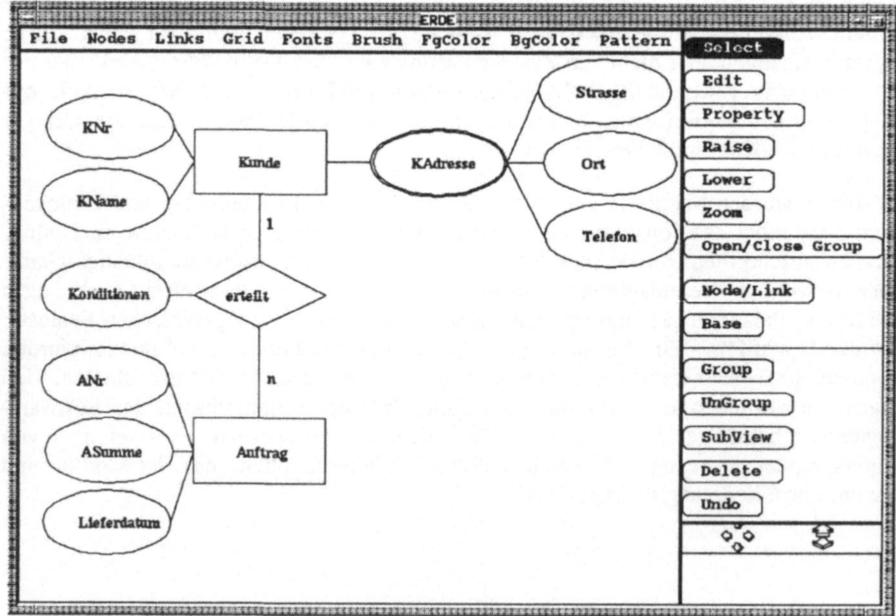

Abb. 2: Beispiel für eine Sichtendefinition im Entity-Relationship-Editor

führt. Die logische Zusammengehörigkeit von Attributen eines Entities wird durch komplexe Attribute dargestellt. Beliebige Elemente des Datenmodells, die im Rahmen einer Aufgabe eine logische Einheit bilden, können zu Gruppen zusammengefaßt werden. Diese Gruppierungsinformation wird bei der Generierung der Benutzungsschnittstelle zur Anordnung der Elemente herangezogen. Die Komplexität der graphischen Darstellung eines Datenmodells kann durch die Bildung von Hierarchien reduziert werden. Dabei wird eine Gruppe von Elementen des Datenmodells durch ein einzelnes Symbol ersetzt und kann separat weiter verarbeitet werden.

Da nicht die gesamte Information über eine Anwendung graphisch dargestellt werden kann, wird die Definition der Sichten durch zusätzliche Information in textueller Form vervollständigt. Zu jedem Element in der graphischen Darstellung wie Entity, Relation, Attribut und Sicht ist ein Schema spezifiziert, das angibt welche Eigenschaften dieser Elemente zu beschreiben sind. In dem Schemata werden drei Arten von Information spezifiziert:

- Beschreibende Information
  Die beschreibende Information enthält für jedes Element die eindeutige Identifikation, eine Bezeichnung und eine kurze Beschreibung. Für Attribute werden u.a. Datentyp, Länge, Format, Wertebereich und Vorbelegung gespeichert.

- Strukturelle Information
  Die strukturelle Information zeigt die Zusammenhänge zwischen den einzelnen Elementen auf. Bei einer Sicht wird hier angegeben, welche Elemente darin zusammengefaßt sind und die zugeordneten Funktionen werden spezifiziert. Bei den Funktionen wird dabei zwischen Bearbeitungs- und Navigationsfunktionen unterschieden. Die Bearbeitungsfunktionen beziehen sich auf die in der Sicht dargestellten Daten und deren Verarbeitung. Die Navigationsfunktionen definieren die Übergänge zwischen den einzelnen Sichten und beschreiben so den Dialogablauf. Diese textuelle Beschreibung ist eine Ergänzung zu der graphischen Darstellung und Definition des Dialogablaufs mit Hilfe von Dialognetzen.

- Information zu Aufgabenmerkmalen
  Ein Teil der Information, die in den Schemata gespeichert ist, wird aus Aufgabenmerkmalen [3] abgeleitet. Dazu gehören Beschreibungen von Häufigkeit, Priorität, Dauer und Zugriff. Diese Merkmale werden zur Auswahl der geeigneten Interaktionsobjekte und deren Anordnung herangezogen.

Die Speicherung der Schemata erfolgt getrennt von der Wissensbasis. Sie wird größtenteils schon in der Anforderungsanalyse festgelegt und ist bei Verwendung eines CASE-Werkzeugs bereits im Data Dictionary vorhanden. Die einzelnen Daten und ihre Definition stehen dann sowohl für die Anwendungsentwicklung als auch für das Design der Benutzungsschnittstelle zur Verfügung und werden konsistent in einer Datenbasis verwaltet.

4.2 Wissensbasis zur Generierung der Benutzungsschnittstelle

Aus den definierten Sichten und der zusätzlich in den Schemata enthaltenen Information
wird mittels des regelbasierten Systems von GENIUS die Beschreibung für eine Benutzungsschnittstelle generiert. Für diesen Generierungsprozeß wurde eine Wissensbasis aufgebaut, die folgende Arten von Wissen enthält:

- Interaktionsobjekte
- Auswahlregeln
- Layoutregeln
- Parameter.

Die zur Verfügung stehenden Interaktionsobjekte werden dabei nicht durch konkrete
Elemente eines Toolkits oder eines bestimmten User Interface Management Systems beschrieben, sondern nur durch ihre Eigenschaften. Ihr konkretes Aussehen und Verhalten,
z.B. nach einem speziellen Gestaltungsstil, werden erst bei der Implementierung festgelegt.

Auswahlkriterium	Interaktionsobjekt
Anwendung	
• Sicht	• Fenster
• Parametereingabe	• Dialogbox
Funktionen	
• Standardfunktion	• Menü
• anwendungsspezifische Funktion	
• in mehreren Sichten	• Menü
• häufig verwendet	• Operationsauswahl, Menü
• sonst	• Operationsauswahl
Präsentationsobjekte	
• exklusive Auswahl	
- alphanumerisch	
-- $2 \le$ Anzahl ≤ 6	• Einfachauswahl
-- Anzahl > 6	• Liste (Einfachauswahl)
• nicht exklusive Auswahl	
- alphanumerisch	
-- Anzahl ≤ 6	• Mehrfachauswahl
-- Anzahl > 6	• Liste (Mehrfachauswahl)
- numerisch	• Skala
Minimal-, Maximalwert,	
kontinuierliche Werte, Anzahl ≤ 60	
• sonst	
Ein-/Ausgabe nicht vorhersehbar	
- Zugriff lesend	• Ausgabefeld
- Zugriff schreibend	• Eingabefeld

Tabelle 1: Beispiele für Regeln zur Auswahl von Interaktionsobjekten

In Abhängigkeit von der gewünschten Benutzungsschnittstelle und den vorhandenen Ge-
räten erfolgt die Definition verschiedener abstrakter Interaktionsobjekte für die Wissens-

basis. Für maskenorientierte Benutzungsschnittstellen sind dies Menüs, Datenfelder, Konstantenfelder, Datenfelder mit Bezeichner, Listen, Gruppen und Maskenrahmen. Die Interaktionsobjekte für graphische Oberflächen sind Fenster, Dialogboxen, Menüs, Datenfelder, Konstantenfelder, Einfachauswahl, Mehrfachauswahl, Operationsauswahl, Listen, Skalen und Verschiebebalken.

Die Ermittlung der geeigneten Interaktionsobjekte geschieht mittels spezieller Auswahlregeln (Tabelle 1). Dabei werden die Auswahlkriterien durch die Eigenschaften der grundlegenden Dialogaufgaben, z.B. Aktivierung einer Funktion, Treffen einer Auswahl bestimmt. Die Auswahlregeln sind auf der Basis von vorhandenen Richtliniensammlungen und unter Berücksichtigung von nationalen und internationalen Standards z.B. ISO und DIN [13, 7] erstellt worden. Beispielsweise stammen die meisten Regeln für Format und Anordnung von Datenfeldern und Feldbezeichnern aus den Richtlinien von Smith und Mosier [26]. Die Richtlinienwerke für graphische Benutzungsschnittstellen wie OSF/Motif [20], Open Look [29, 30], CUA [11, 12] und der Style Guide von SNI [27] lieferten die Information für die Definition der Regeln zur Auswahl und Anordnung von Interaktionsobjekten.

4.3 Generierungsprozeß

Die Generierung der Benutzungsschnittstelle erfolgt mit Hilfe der Regeln in drei Schritten. Ergänzt werden die Regeln dabei durch die Verwendung von Standardwerten. Mit diesen Standardwerten werden zum einen Parameter der Interaktionsobjekte festgelegt wie z.B. Schriftart, Schriftgröße. Zum anderen werden darüber aber auch komplexe Festlegungen getroffen wie die Aufteilung eines Fensters oder die Beschreibung der standardmäßig zu verwendenden Menüleiste. Diese Standardwerte ermöglichen es, die Generierung an den Stil eines Unternehmens oder einer bestimmten Anwendung anzupassen. Da sie selbst nicht Bestandteil der Wissensbasis sind, sondern außerhalb verwaltet werden, können sie auf einfache Weise und ohne Kenntnis der Wissensbasis geändert werden.

Im ersten Schritt des Generierungsprozesses werden den Sichten, Datenelementen und Funktionen die passenden Interaktionsobjekte zugeordnet. Für jede Sicht wird dabei eine Bildschirmmaske oder ein Fenster generiert. Bei der Auswahl der Interaktionsobjekte für die Datenelemente einer Sicht wird die beschreibende Information aus den Schemata herangezogen.

Im zweiten Schritt werden die Parameterwerte für die Interaktionsobjekte festgelegt. Bei der Ermittlung der Parameterwerte lassen sich drei Arten unterscheiden. Zum einen werden Werte direkt von den Datenelementen übernommen z.B. Länge eines Datenfelds, zum anderen durch vordefinierte Standardwerte festgelegt. Im dritten Fall ergibt sich der Parameterwert in Abhängigkeit von anderen Interaktionsobjekten z.B. bei der Positionierung.

Der dritte und letzte Schritt der automatischen Generierung ist die Anordnung der Interaktionsobjekte auf dem Bildschirm bzw. in einem Fenster durch die Layoutregeln. Als Ergebnis liefert das regelbasierte System eine Beschreibung der Benutzungsschnittstelle, die in eine Spezifikation für ein User Interface Management System transformiert wird. Dieser

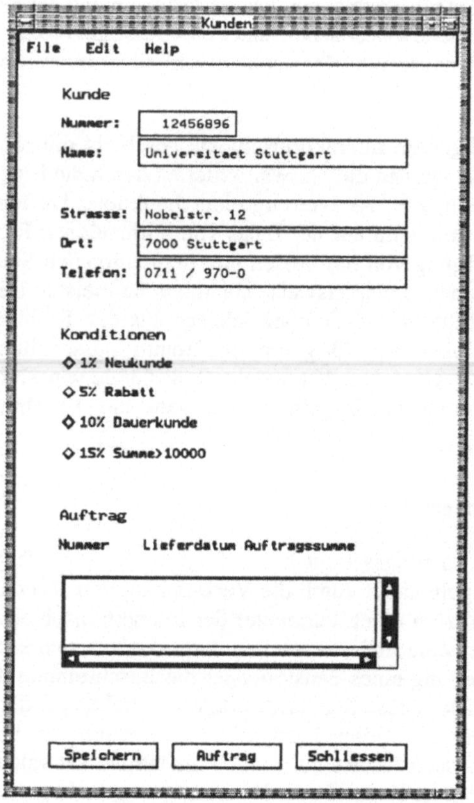

Abb. 3: Beispiel für ein generiertes Fenster

Transformationsschritt ermöglicht die flexible Verwendung von verschiedenen User Interface Management Systemen für unterschiedliche Umgebungen.

GENIUS bietet verschiedene Möglichkeiten, um den Generierungsprozeß zu beeinflussen. Der einfachste Weg besteht dabei in der Veränderung der Standardwerte für die Interaktionsobjekte. Weiterhin können die Interaktionsobjekte und die Regeln verändert werden. Es ist möglich, verschiedene Wissensbasen für die Generierung von unterschiedlichen Benutzungsschnittstellen zu haben, z.B. für alphanumerische und graphische Benutzungsoberflächen.

5   Spezifikation der Dialogabläufe mit Dialognetzen

Für die Festlegung der Dynamik der zu spezifizierenden Benutzungsschnittstelle werden im Rahmen unserer Methode Dialognetze [15] verwendet. Diese Technik dient vornehmlich zur Beschreibung grober Dialogabläufe auf Fenster- bzw. Sichtenebene. Feine

Dialogabläufe auf Objektebene (z.B. die Änderung der Selektierbarkeit von Oberflächen-objekten) werden normalerweise nicht graphisch beschreiben und sind im hier beschriebenen System bisher nicht integriert. Sie lassen sich aber mit den Mitteln des unterliegenden User Interface Management Systems spezifizieren.

5.1 Grundelemente von Dialognetzen

Wie alle Petri-Netze bestehen Dialognetze aus Stellen (in der Graphik Kreise oder Ovale), Transitionen (Rechtecke) und einer Flußrelation (Pfeile) zwischen Stellen und Transitionen. In der Grundversion sind Dialognetze elementare Netze, so daß jede Stelle maximal eine Marke enthalten kann.

Eine Stelle modelliert dabei den Dialogzustand einer Sicht bzw. eines Fensters. Diese ist geöffnet, wenn die Stelle markiert ist, anderenfalls ist sie geschlossen. Die Dialogschritte werden in Transitionen beschrieben. Es gibt zwei Arten von Transitionen:

- *Unspezifizierte Transitionen* haben nur eine sinnvolle Beschriftung und verhalten sich bezüglich des Schaltens wie gewöhnliche Petri-Netze.

- *Vollspezifizierte Transitionen* beinhalten eine Bedingung, z.B. ein Eingabeereignis und weitere Nebenbedingungen, die vor dem Schalten erfüllt werden muß. Ferner können sie eine oder mehrere Aktionen enthalten, die beim Schalten ausgeführt werden, z.B. den Aufruf von Anwendungsfunktionen.

Abb. 4 zeigt ein Dialognetz für einen Ausschnitt aus einer Auftragsbearbeitung. Zu Beginn des Dialoges wird die Sicht *Kunde* geöffnet, in der der Benutzer Kundendaten eingeben kann. Durch die Transition *Auftrag Öffnen* kann zu einer Sicht *Auftrag* verzweigt werden. Die zugehörige Stelle ist Ausgangsstelle (ausgehender Pfeil) der Transition. Die Sicht *Kunde* bleibt geöffnet, da die zugehörige Stelle als Nebenstelle (eingehender und ausgehender bzw. Doppelpfeil) dargestellt wurde. In dem unteren Teil der Abb. 4 ist die Transition voll spezifiziert, indem eine Bedingung (Drücken einer Schaltfläche *Auftrag*) und eine Aktion (holen von Daten für einen selekierten Auftrag) angegeben wurde.

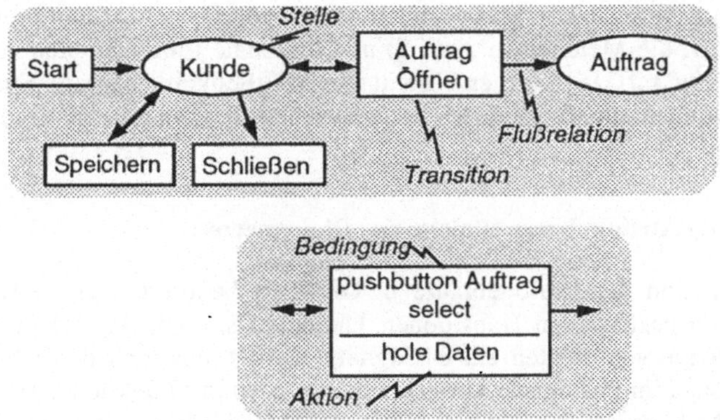

Abb. 4: Dialognetze mit unspezifizierter und voll spezifizierter Transition

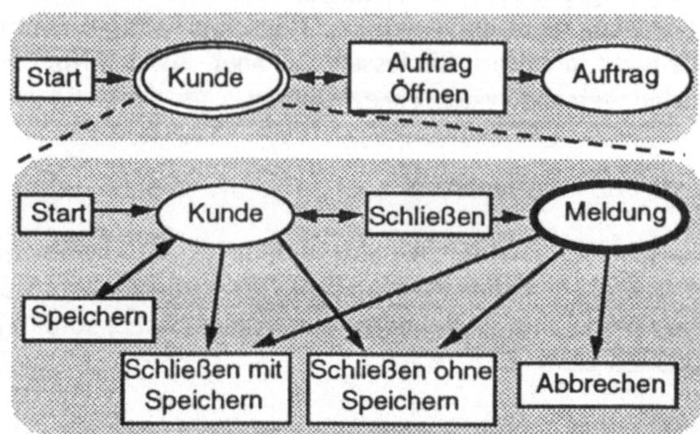

Abb. 5: Vergröberung und Verfeinerung einer Stelle in einem Dialognetz

5.2 Hierarchische Strukturierung von Dialognetzen

In der Praxis treten in den meisten Dialogen so viele Fenster und Dialogschritte auf, daß der gesamte Ablauf nicht mit einem einzigen Dialognetz beschrieben werden kann. Es ist also eine Unterteilung in mehrere Netze erforderlich. Hierzu dienen in Dialognetzen *komplexe Stellen* mit separaten Netzen für Teildialoge. Eine komplexe Stelle ist eine Vergröberung eines Teildialoges mit einem oder mehreren Fenstern und wird graphisch durch doppelte Umrandung dargestellt.

Wird eine komplexe Stelle markiert, so wird die Start-Transition im Netz für den Teildialog geschaltet. Teildialoge werden beendet, indem die Marke aus der komplexen Stelle abgezogen wird, oder wenn alle Marken aus dem Teildialognetz entfernt werden. In dem Beispiel in Abb. 5 wurde ein erweiterter Kundendialog zu einer komplexen Stelle vergröbert und in einem separaten Teildialognetz beschrieben. Die für das Kunden-Fenster lokalen Dialogschritte (Speichern usw.) werden ebenso wie der Dialogablauf beim Beenden des Kundendialoges in das Teildialognetz verlagert.

Weitere Elemente von Dialognetzen sind modale Stellen zur Beschreibung modaler Dialogfenster (z.B. die Meldung in Abb. 5) und optionale Flußrelationen zur Vereinfachung der Netzstruktur [15]. Ferner besteht die Möglichkeit, mehrere Einstiegs- und Ausstiegsbedingungen für Teildialoge zu haben und Teildialoge in Transitionen zu vergröbern.

5.3 Generierung Ausführbarer Dialoge aus Dialognetzen

Für die Spezifikation der Dialogabläufe in GENIUS benötigt man im wesentlichen Dialognetze mit unspezifizierten Transitionen. Hierbei existiert ein Generator, der zu einer ausgewählten Menge von Sichten ein Dialognetz erzeugt, das für jede Sicht eine Stelle enthält. Transitionen im Dialognetz korrespondieren dann mit Funktionen in der Sichtendefinition. Die Wirkung der Transitionen im Dialogablauf läßt sich in einem graphischen Editor für Dialognetze innerhalb von GENIUS einfach definieren.

Aus der Dialognetzspezifikation werden in zwei Schritten Regeln für ein User Interface Management System generiert. Im ersten Schritt werden die unspezifizierten Transitionen in voll spezifizierte umgesetzt, wobei Informationen aus dem Generierungsprozeß für die statische Oberfläche verwendet werden. Diese geben z.B. an, welche Oberflächenobjekte (Button oder Menü-Eintrag) für eine Funktion ausgewählt wurden. Im zweiten Schritt werden die voll spezifizierten Transitionen in Regeln für das unterliegende UIMS umgewandelt.

6   Schlußfolgerungen

Unser Ansatz stellt eine Verbindung von üblichen graphischen Modellen, die im Software-Engineering für die Analyse und fachliche Spezifikation verwendet werden, zur Benutzungsschnittstellenentwicklung her. Durch die beschriebene Generierung wird eine schnelle Erstellung von Prototypen direkt aus der Spezifikation möglich, die konsistente Verwendung der Daten zwischen Anwendung und Benutzungsschnittstelle erreicht und die Einbeziehung von software-ergonomischem Gestaltungswissen in die Entwicklung gewährleistet. Die Verwendung expliziter Regeln für den Generierungsprozeß bedeutet eine hilfreiche Unterstützung für die Einhaltung von Richtlinien und Style Guides und für die Konsistenz innerhalb und zwischen Systemen. Für erste Generierungen muß das verwendete Datenmodell noch nicht vollständig sein, sondern es kann im Laufe der Spezifikation noch geändert und erweitert werden. So ist es möglich, den zukünftigen Benutzern bereits vor der eigentlichen Implementierung ein konkretes Bild der Anwendung und ihrer Funktionalität zu vermitteln.

Zukünftig muß die Werkzeugunterstützung im Rahmen einer integrierten Methodik zur Entwicklung graphischer Benutzungsschnittstellen weiter verbessert werden. In der jetzigen Version fehlt noch eine volle Gewährleistung der Konsistenz der Modelle für die Sichten und den Dialog. Der Schwerpunkt liegt bisher auf der Generierung von Datensichten, für die Generierung von Einstiegsdialogen gibt es bisher keine vergleichbare Unterstützung.

Im Hinblick auf die Dialogspezifikation sollten Dialognetze um textuelle Spezifikationen erweitert werden, um die Beschreibung der feinen Dialogabläufe besser zu integrieren und gegenüber der Notation gängiger User Interface Management Systeme zu vereinfachen.

Insgesamt stellt unser Ansatz eine Lösung für die Integration traditioneller Ansätze des Software-Engineering mit prototyp-orientierten Vorgehensmodellen dar. Hierbei werden die Vorteile der Strukturierung und guten Dokumentation der traditionellen Ansätze mit den Vorteilen der schnellen Rückkopplung im Entwicklungsprozeß durch die Evalution von Prototypen verknüpft.

Literatur

1.	de Baar, D.J.M.J., Foley, J., Mullet, K.E. (1992): Coupling Application Design and User Interface Design. In: CHI'92 Conference on Computer and Human Interaction., 259-266.

2.	Bastide, R. und Palanque, P. (1991): Petri Net Objects for the Design, Validation and Prototyping of User-Driven Interfaces. In: Diaper et al. (Eds.) Human-Computer Interaction - INTERACT'90. Amsterdam: North-Holland, 625-631.

3. Beck, Astrid; Ilg, Rolf (1991): Aufgabenorientierte Analyse und Gestaltung mit TASK. In: Frese, M; Kasten, Chr., Skarpelis, C; Zang-Scheucher, B. (Hrsg.): Software für die Arbeit von morgen. Berlin: Springer Verlag, 95-106

4. Budde, R.; Kautz, K.; Kuhlenkamp, K.; Züllinghoven, H.(1992): Prototpying - An Approach to Evolutionary System Development. Berlin: Springer-Verlag

5. Chen, Peter (1976): The Entity-Relationship Model - Toward a Unified View of Data. In: ACM Transactions on Database Systems, Vol. 1, No. 1, 9-36

6. Denert, E. (1991): Software-Engineering. Berlin, Heidelberg: Springer.

7. DIN-Norm 66234 (1988): Teil 1-9, Bildschirmarbeitsplätze, Normenausschuß Informationsverarbeitungssysteme im DIN Deutsches Institut für Normung e.V. Berlin: Beuth Verlag

8. Floyd, C. (1984): A Systematic Look at Prototyping. In: Budde, R.; Kulenkamp, K.; Mathiassen, L.; Züllighoven, H. (Eds.): Approaches to Prototyping, Heidelberg: Springer Verlag

9. Foley, J., Gibbs, C., Kim, W. C., Kovacevic, S. (1988): A Knowledge-Based User Interface Management System. CHI´88 Conference Proceedings. New York, ACM, 67-72.

10. Hudson, S. E., King, R. (1986): A Generator of Direct Manipulation Office Systems. ACM Transactions on Office Information Systems 4 (2) April 1986, 132-163.

11. IBM (1991a): Systems Application Architecture Common User Access Guide to User Interface Design. International Business Machines Corporation, SC34-4289

12. IBM (1991b): Systems Application Architectur Common User Access, Advanced Interface Design Reference. International Business Machines Corporation, SC34-4290

13. ISO (1991): ISO/WD 9241-14 Ergonomic requirements for office word with visual display terminals (VDTs): Part 14: Menu dialogues

14. Jacob, R.J.K: (1986). A Specification Language for Direct-Manipulation User Interfaces. ACM Transactions on Graphics 5 (4), 283-317.

15. Janssen, C. (1993): Dialognetze vzur Beschreibung von Dialogabläfuen in graphisch-interaktiven Systemen. Erscheint in: Software-Ergonomie´93, Stuttgart: Teubner.

16. Kieback, A.; Lichter, H.; Schneider-Hufschmidt, M.; Züllinghoven, H. (1992): Prototyping in industriellen Software-Projekten. In: Informatik Spektrum Band 15, Nr. 2, April 1992, 65-77

17. Kim and Foley (1990): DON: User Interface Presentation Design Assistant. UIST´90. Proceedings of the ACM SIGGRAPH Symposium on User Interface Software and Technology. New York, ACM Press, 10-20.

18. Oberquelle, H. (1987): Sprachkonzepte für benutzergerechte Systeme. Berlin, Heidelberg: Springer.

19. Olsen, D. R. (1989): A Programming Language Basis for User Interface Management. CHI'89 Conference Proceedings. ACM, New York, 171-176.

20. OSF (Open Software Foundation) (1991): OSF/Motif Style Guide, Revision 1.1. Englewood Cliffs, N. J.: Prentice Hall

21. Petoud, I., Pigneur, Y. (1990): An Automatic and Visual Approach for User Interface Design. In: Cockton, G. (Ed.). Proceedings of the IFIP TC 2/WG 2.7 Working Conference on Engineering for Human-Computer Interaction. Amsterdam, North-Holland.

22. Pomberger, G.; Pree, W.; Stritzinger, A. (1992): Methoden und Werkzeuge für das Prototyping und ihre Integration. In: Informatik Forschung und Entwicklung, Nr. 7, 49-61

23. Roudaud, B., Lavigne, V., Lagneau, O., Minor, E. (1990): SCENARIOO: A New Generation UIMS. In: Diaper et al. (Eds.). Human-Computer Interaction - INTERACT´90. Amsterdam: North-Holland, 607-612.

24. Rudd, James; Isensee, Scott (1991): Twenty-two Tips for a Happier, Healthier Prototype. Proccedings of the Human Factors Society 35th Annual Meeting, September 2-6, 1991,Vol. 1, 328-331

25. Singh, G., Green, M. (1991): Automating the Lexical and Syntactic Design of Graphical User Interfaces: The UofA* UIMS. ACM Transactions on Graphics 10 (3), July 1991, 213-254.

26. Smith, S. L.; Mosier, J. N. (1986): Guidelines for Designing User Interface Software. Mitre Corporation

27. SNI (1990): Styleguide, Richtlinien zur Gestaltung von Benutzeroberflächen, Benutzerhandbuch; Ausgabe Oktober 1990 V1.0. Siemens Nixdorf Informationssysteme AG, Bestell-Nr. U6542-J-Z97-1

28. Strohm, Oliver (1991): Arbeitsorganisation, Methodik und Benutzerorientierung bei der Software-Entwicklung: Eine arbeitspsychologische Analyse und Bestandsaufnahme. In: Ackermann, D.; Ulich, E. (Hrsg): Software-Ergonomie'93. Stuttgart: Teubner, 46-58

29. Sun (Sun Microsystems, Inc.) (1990a): Open Look, Graphical User Interface Application Style Guidelines. Reading, Mass.: Addison-Wesley

30. Sun (Sun Microsystems, Inc.) (1990b): Open Look, Graphical User Interface Functional Specification. Reading, Mass.: Addison-Wesley

31. Trefz, B. Ziegler, J. (1989): DIAMANT - Ein User Interface Management System für graphische Benutzerschnittstellen. In: Maaß, S., Oberquelle, H. (1989). Software-Ergonomie'89. Stuttgart: Teubner, 264-273.

32. Wasserman, A.I. (1985): Extending Transition Diagrams for the Specification of Human-Computer Interaction. IEEE Trans. Software Engineering 11, 8, 699-713.

33. Weisbecker, A. (1993): Integration von software-ergonomischem Wissen in die Systementwicklung. Erscheint in: Software-Ergonomie'93, Stuttgart: Teubner.

34. Wellner, P.D. (1989): Statemaster: A UIMS based on Statecharts for Prototyping and Target Implementation. CHI'89 Conference Proceedings. New York, ACM, 177-182.

35. Wiecha, C., Bennett, W., Boises, S., Gould, J., Green, S. (1990): ITS: A Tool for Rapidly Developing Interactive Applications. ACM Transactions on Information Systems, Vol. 8, No. 3, July 1990, 204-236.

36. Yourdon, Edward (1989): Modern Structured Analysis. Englewood Cliffs, N. J.: Prentice-Hall

37. Yunten, T. und Hartson, H.R. (1985): A Supervisory Methodology and Notation (SUPERMAN) for Human-Computer System Development. In: Hartson, H.R. (ed.). Advances in Human-Computer Interaction. Norwood (NJ): Ablex Publishing, 243-281.

38. vander Zanden, B., Myers, B. (1990): Automatic, Look-and-Feel Independent Dialog Creation for Graphical User Interfaces. CHI'90 Conference Proceedings. New York, ACM, 27-34.

Adresse der Autoren:

Christian Janssen, Anette Weisbecker, Jürgen Ziegler
Fraunhofer-Institut für Arbeitswirtschaft und Organisation
Nobelstraße 12
D-7000 Stuttgart 80

Graphische Präsentationen von ausführbaren SA/RT-Modellen

Martin Meuser
CAP debis
SoftwareTools
Pascalstraße 14
D-5100 Aachen

Zusammenfassung

In diesem Papier wird eine graphische Endbenutzerpräsentation von ausführbaren SA/ RT-Modellen vorgestellt, die im Rahmen des Prototyping den Kommunikationsprozeß zwischen dem Systemanalytiker, der die Anforderungsdefinition erstellt und dem Endbenutzer, der die zu erfüllenden Anforderungen liefert, wesentlich verbessert. Ziel dieser Kommunikationsverbesserung ist eine Vereinfachung der Validierung eines zu erstellenden Systems. Dazu wird zunächst die Technik der Graphischen Präsentation, die eine benutzerfreundliche Sicht auf ein System darstellt, erläutert. Nach der Vorstellung von verschiedenen Verknüpfungsmöglichkeiten von SA/RT-Modellen und Graphischen Präsentationen wird das implementierte System beschrieben, das die beste Verknüpfungsalternative realisiert.

1. Einleitung

Die Anforderungsanalyse stellt eine der kritischsten und schwierigsten Aufgaben des Software Engineering dar. Nicht erkannte Fehler in diesem frühen Stadium des Entwicklungsprozesses haben weitreichende Auswirkungen auf die folgenden Phasen. Die Kosten für die Behebung solcher Fehler sind dementsprechend groß.

Daraus resultiert die Notwendigkeit, die Anforderungsanalyse durch geeignete Methoden und Werkzeuge insbesondere im Rahmen des Prototypings zu unterstützen.

Ein "Endbenutzer" eines Systems kann beispielsweise die Rollen Kunde, Benutzer, Operateur, etc. verkörpern. Die Anforderungsanalyse besteht aus drei in Wechselbeziehung zueinander stehenden Aktivitäten, und zwar der Analyse, der Spezifikation und der Validierung der Anforderungen des Systems. Die Analyse umfaßt die Informationsbeschaffung aller Fakten bezüglich des zu erstellenden Systems, die von den Endbenutzern geliefert werden. Diese Beschreibungen des Endbenutzers basieren auf dessen subjektiver Sicht der Anforderungen und können sowohl relevante als auch irrelevante Informationen enthalten. Darüberhinaus kann es im Rahmen der Modellierung vorkommen, daß andere relevante Informationen weggelassen werden. Der Systemanalytiker organisiert diese Informationen so, daß relevante und fehlende Anforderungen identifiziert werden können.

Da der Prozeß der Anforderungsanalyse, dessen Resultat eine Spezifikation ist, auch sehr komplex und fehleranfällig ist, wird eine Unterstützung durch irgendeine Form von Validierung notwendig. Bis zu einem gewissen Grad kann der Anforderungsanalytiker die oben angesprochene Validierung selbst vornehmen, um die Konsistenz und Vollständigkeit nachzuprüfen, aber im allgemeinen muß die Validierung den Endbenutzer miteinbeziehen, da er die originalen Anforderungen geliefert hat und über das Hintergrundwissen verfügt, das erst die Validierung ermöglicht. Somit ist die Kommunikation innerhalb des Prototypings ein wichtiger Bestandteil. Die Spezifikation muß deshalb klar und verständlich sein sowohl für den Endbenutzer als auch für denjenigen, der an der Systemkonstruktion beteiligt ist.

Für die Anforderungsanalyse hat die Methode "Structured Analysis with Real Time Extensions" (SA/RT) eine große Akzeptanz gefunden und bildet die Basis für eine Vielzahl von Werkzeugen zur Anforderungsanalyse, wie z.B. Promod-PLUS [1] und Teamwork [2]. Darüber hinaus wurde die Ausführbarkeit von SA/RT-Modellen, auf die ich später detailliert eingehen werde, in den letzten Jahren umfassend untersucht (z.B. Shortcut, Foresight) [3], [4]. In diesem Zusammenhang hat die Graphische Präsentation von ausführbaren SA/RT-Modellen zunehmend an Bedeutung gewonnen.

Diese Entwicklungssequenz ist durch die Verbesserung der Kommunikation zwischen dem Endbenutzer und dem Systemanalytiker gekennzeichnet. Es existieren einige Möglichkeiten der Validierung eines Systems. Eine bessere Möglichkeit hinsichtlich der Kommunikationsbasis liegt in dem Bau und der Validierung eines SA/RT-Modells statt der Pflichtenhefte. Beide Möglichkeiten haben allerdings den Nachteil, daß sie nur zu einer statischen Validierung führen. Um eine Validierung des logisch-zeitlichen Verhaltens einfacher zu erreichen, muß man Modelle ausführbar machen. Mit Hilfe ausführbarer SA/RT-Modelle kann das Verhalten des Systems simuliert werden, wodurch die Kommunikationsbasis zwischen Endbenutzer und Ersteller des

Systems noch mehr verbessert werden kann. Aber auch diese Modelle kann der Endbenutzer eventuell schlecht verstehen. Durch die Graphische Präsentation von ausführbaren Modellen soll eine Verbesserung der Kommunikation erreicht werden, indem die Sicht des Endbenutzers verstärkt unterstützt wird. Der Endbenutzer ist nicht mehr gezwungen, sich in die SA/RT-Notation einzuarbeiten, sondern kann in seiner Begriffswelt eine Validierung der Anforderungen vornehmen. Daß dies einen wesentlichen Vorteil, gerade bei komplexen Systemen, darstellt, liegt daran, daß der Endbenutzer sich ausschließlich auf ihm wohlbekannte Darstellungssymbole konzentrieren kann, wodurch der intuitive Übersetzungsprozeß, der normalerweise vom Endbenutzer durchgeführt werden muß, entfällt. In diesem Papier werden die Ergebnisse einer Arbeit beschrieben, die sich mit Prototypen von Systemen (Graphischen Präsentationen) beschäftigt, die auf ausführbaren SA/RT-Modellen basieren.

2. Structured Analysis with Real Time Extensions (SA/RT)

Die von T.DeMarco [5] entwickelte Methode "Structured Analysis" (SA) ist ein in der Praxis oft angewandtes Verfahren, das sich insbesondere zur Darstellung der funktionalen Zusammenhänge der Anforderungen eignet.

Ein wesentlicher Nachteil von SA liegt darin, daß man sich weitgehend auf die funktionale Sicht eines Systems beschränken muß. Da nun aber bei vielen Systemen auch die Ablaufsteuerung der Prozesse, dh. ein Mechanismus, der festlegt, zu welchem Zeitpunkt bestimmte Prozesse aktiviert bzw. deaktiviert werden, von großer Bedeutung ist, reicht die Methode nicht aus, um auch das dyamische Verhalten des Systems adäquat zu beschreiben.

Um diesen Nachteil zu eliminieren, entwickelten Hatley und Pirbhai [6] SA weiter zu der Methode "Structured Analysis with Real Time Extensions" (SA/RT), die auch eine Beschreibung der dynamischen Aspekte erlaubt.

Das Ziel der Methode SA/RT besteht darin, ein Anforderungsmodell zu erstellen, welches die Anforderungen an das System von zwei Sichten zeigt. Auf der einen Seite wird ein Datenflußmodell erstellt, das die Informationsverarbeitung des Systems widerspiegelt. Auf der anderen Seite wird das Kontrollverhalten des Systems in einem Kontrollmodell festgehalten. Das Kontrollmodell wird mit den RT-Techniken der Methode erstellt.

Die Methode SA/RT ist allerdings nicht ausführbar und somit können Systemreaktionen nicht gezeigt werden. Dieser Nachteil wird durch die Ergänzung eines Zustandsraumes und

einer Schrittfunktion überwunden. Der Zustandsraum beinhaltet dabei alle Werte (von Datenflüssen, Datenspeichern, etc.), die in dem Modell während des Ablaufs anfallen und die Schrittfunktion gibt an, wie man von einem Zustand in den nächsten kommt. Dadurch wird ein schritt-
weises Durchlaufen des SA/RT-Modells mit einer entsprechenden Visualisierung von Ereignissen ermöglicht. (Einem Teil der Elemente des SA/RT-Modells werden Werte in dem
Zustandsraum zugeordnet). Die Ausführbarkeit ist eine wertvolle Eigenschaft, um ein Modell,
das während der Anforderungsanalyse erstellt wurde, zu validieren [7], [8], [9], [10] . Ausführbares SA/RT besitzt gegenüber nicht ausführbarem SA/RT mehrere Vorteile.

- Die Kommunikation zwischen Systemanalytiker und Kunde wird verbessert. Der Kunde sieht, wie das Modell auf Ereignisse in seiner Umgebung reagiert und kann somit
  eine Validierung bezüglich seiner ursprünglichen Anforderungen vornehmen. Er kann
  weiterhin mit dem Systemanalytiker mögliche Modifikationen besprechen und ihre
  Auswirkungen betrachten.

- Das Modellieren selbst wird unterstützt, indem der Systemanalytiker ein Modell dahingehend überprüfen kann, ob es die gewünschte Verhaltensweise aufweist.

- Mittels der Ausführbarkeit können zusätzliche Testfälle abgeleitet werden, die dann in
  der Systemtestphase benutzt werden können.

- Durch einen Prototypen, der schon die Bedienoberfläche des späteren fertigen System-
  besitzt, kann sich der Kunde frühzeitig auf die Inbetriebnahme des Systems vorberei-
  ten.

Die hier beschriebene Arbeit basiert auf der ShortCut-Simulationsmaschine [3]. ShortCut ist die
Ausführungskomponente von Promod-PLUS [1], wobei sich die ShortCut-Methode zur Ausführbarkeit aus einer Erweiterung und Verfeinerung der SA/RT-Methode von Hatley und Pirbhai ergibt. Die SA/RT-Methode wurde um eine Sprache erweitert, mit der Prozeßspezifikationen
atomarer Prozesse spezifiziert werden können.

3. Graphische Präsentationen von ausführbaren SA/RT-Modellen

Trotz ausführbarer SA/RT-Modelle und der damit verbesserten Kommunikation zwischen Endbenutzer und Systemanalytiker verbleibt das Problem der eingeschränkten Verständlichkeit, da das ausgeführte Modell in einer speziellen Sprache, nämlich SA/RT, erstellt ist. Mit

Hilfe von Graphischen Präsentationen wird nun der Modellierungsprozeß um einen Schritt erweitert, indem das ausführbare Modell mit einer benutzerorientierten Darstellung des Systems verknüpft wird. Damit kann der Endbenutzer in seiner Begriffswelt eine Validierung der Anforderungen vornehmen. Dabei bedeutet der Begriff Validierung hier, daß der Benutzer die intuitive, benutzerfreundliche Sicht des Systems (erreicht durch die Graphische Präsentation des Systems) mit seinen nicht formalisierten Anforderungen, die er an das System stellt, vergleichen kann. Der Endbenutzer muß sich nicht mehr in die SA/RT-Begriffswelt hineindenken. Vielmehr kann er die Anforderungen des Systems kontrollieren, indem er z.B. für ihn wohlbekannte Eingabeelemente bedienen kann (wie z.B. Schalter). Auf der anderen Seite kann er Systemreaktionen an Ausgabeelementen beobachten, die ihm wiederum aus seinem spezifischen Anwendungsgebiet her bekannt sind (z.B. Voltmeter oder andere Anzeigeinstrumente). Graphische Präsentationen liefern somit eine benutzerfreundliche Sicht eines Systems.

In vielen Anwendungsgebieten gibt es spezifische graphische Symbole. Betrachtet man ein solches anwendungs- und benutzerorientiertes Symbol nur hinsichtlich seines Aufbaus, also losgelöst von seiner Bedeutung, so kann es als ein auf einer Zeichenfläche darstellbares, logisch zusammenhängendes Objekt definiert werden. Im folgenden wird dafür der Begriff des Icons verwendet.

Eine Graphische Präsentation besteht von ihrem graphischen Aufbau her (also ohne Reflexion ihrer Bedeutung in dem jeweiligen Anwendungsgebiet) lediglich aus Zeichnungen (Bilder), die sich aus Icons zusammensetzen (siehe Abb.1). Dabei bestehen Icons wiederum aus Icons und/oder aus sogenannten Primitives. Unter Primitives werden "primitive" geometrische Objekte wie z.B. Kreis, Rechteck, Linie, Text usw. verstanden. Damit ergibt sich folgendes Datenmodell für eine Graphische Präsentation:

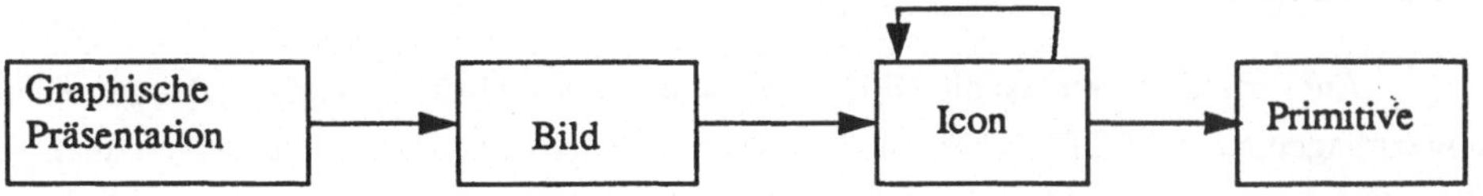

Abb.1: Datenmodell für eine Graphische Präsentation

4. Verknüpfungsmöglichkeiten von SA/RT-Modellen und GP'en

Ein offenes und technisch interessantes Thema sind die Verknüpfungsmöglichkeiten eines ausführbaren SA/RT-Modells mit einer Graphischen Präsentation. Eine Verknüpfung legt dabei fest, in welchem Bestandteil der Graphischen Präsentation eine Wertänderung wiederum eines ganz bestimmten Teils des ausführbaren SA/RT-Modells dargestellt wird. Im folgenden werden drei verschiedene Verknüpfungsmöglichkeiten vorgestellt.

4.1 Die Mindestverknüpfung

Bei der Mindestverknüpfung werden ausschließlich Komponenten der obersten Ebene eines SA/RT - Diagramms mit den Icons eines Bildes verknüpft. Genauer gesagt werden die Komponenten der Kontextdiagramme mit einem Bild verknüpft. In diesem Fall entspricht der Graphischen Präsentation des SA/RT - Modells also genau ein Bild.

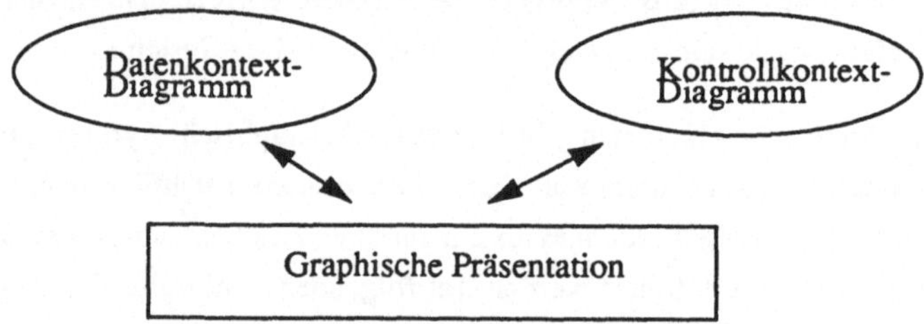

Abb.2: Kontextdiagramme <-> Graphische Präsentation

4.2 Die 1:1-Verknüpfung

Eine weitere Verknüpfungsmöglichkeit besteht in einer 1:1-Verknüpfung des SA/RT-Modells und einer dazugehörigen Graphischen Präsentation. Das bedeutet, daß zu jedem DFD ein Bild in der Graphischen Präsentation bereitgestellt wird. Das Beispiel in Abb.3 illustriert diesen Zusammenhang.

Auf der linken Seite ist die DFD-Hierarchie des SA-Modells skizziert, das aus einem Kontextdiagramm und 3 DFD's besteht. Auf der rechten Seite ist die zu diesen Diagrammen gehörige Graphische Präsentation abgebildet. Es gibt zwei charakteristische Merkmale einer 1:1-Verknüpfung:

1) Zu jedem DFD und dem dazugehörigen CFD des SA-Modells (auch für die Kontextdiagramme) gibt es genau ein Bild in der GP. In dem Beispiel gehört das Kontextbild zu den Kontextdiagrammen, Bild 0 zu DFD 0 (bzw. CFD 0), Bild 1 zu DFD 1 (bzw.CFD 1) und Bild 2 zu DFD 2 (bzw.CFD 2).

2) Jeder Prozeß des SA-Modells, der verfeinert wird, besitzt ein Pendant in der Graphischen
Präsentation in Form eines Icons, das wiederum eine detailliertere Sicht auf den entsprechen-
den Teil des Gesamtsystems bereithält. Im Beispiel gehört P1 zu I1, P2 zu I2 und VM zu I0.
Aus diesem Grund müßte die Graphische Präsentationsmaschine ein Navigationsinstrument
besitzen, um die Hierarchie der Icons zu durchwandern. Damit der Endbenutzer überhaupt
weiß, hinter welchen Icons sich noch detailliertere Sichten verbergen, wäre eine spezielle
Markierung dieser Icons sinnvoll. (Im Beispiel erfolgt diese Markierung durch eine doppelte
Umrandung dieser Icons). Zur Realisierung könnten Pushbuttons (refine, generalize) bereitgestellt werden. Bei Anwahl von " generalize" erfolgt dann das Aufblenden des darüberliegenden Iconbildes der Hierarchie. Bei der Wahl von " refine" und Selektion eines markierten
Icons würde das darunterliegende Bild aufgeblendet werden.

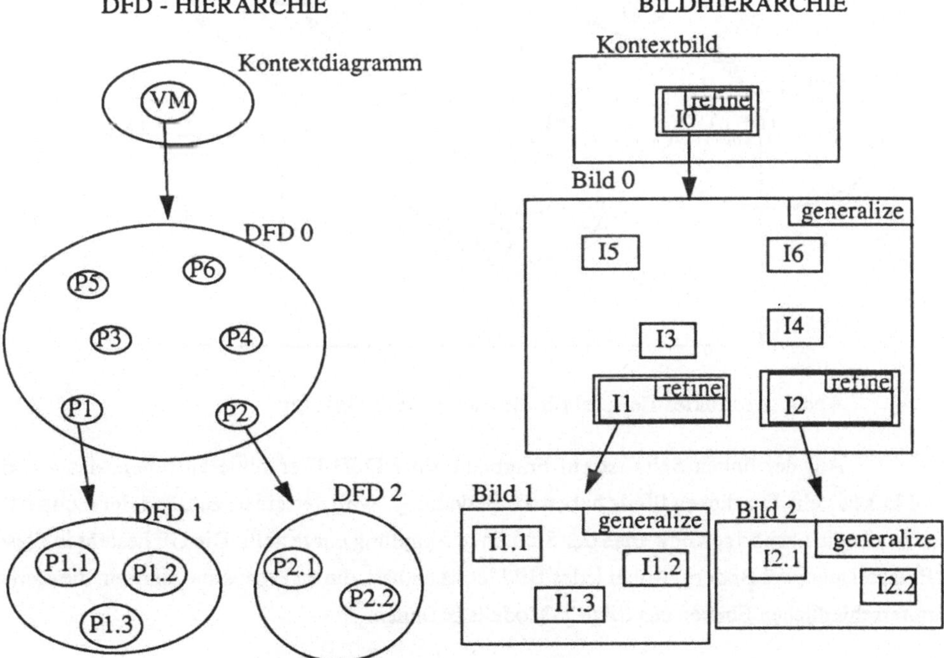

Abb.3: Ein abstraktes Beispiel für eine 1:1-Verknüpfung

4.3 Die Sichtenverknüpfung

Die Sichtenverknüpfung ist durch ihre weitgehende Unabhängigkeit in Bezug auf das zugrunde liegende SA/RT-Modell geprägt. Bei dieser Verknüpfungsmöglichkeit werden Komponenten aus unterschiedlichen Ebenen des SA/RT-Modells mit Icons verknüpft, die in einem Bild dargestellt werden. Mehrere solcher Bilder ergeben dann die Graphische Präsentation des Modells.

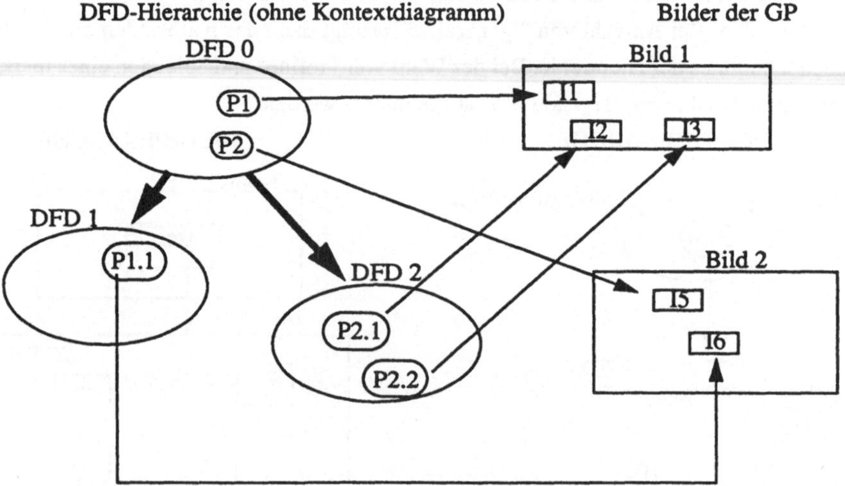

Abb.4: Abstraktes Beispiel für die Sichtenverknüpfung:

Auf der linken Seite ist ein Fragment einer DFD-Hierarchie zu sehen, das aus drei DFD's besteht. Die dicken Pfeile haben die Bedeutung "wird verfeinert zu". Auf der rechten Seite ist die dazugehörige GP gemäß der Sichtenverknüpfung dargestellt. Die GP besteht in diesem Beispiel aus zwei Bildern, wobei jedes Bild Icons enthält, die zu Prozessen gehören, die sich auf unterschiedlichen Ebenen des SA/RT-Modells befinden.

4.4 Wertung der verschiedenen Verknüpfungsmöglichkeiten

Das Einsatzgebiet der vorgestellten drei Verknüpfungsmöglichkeiten hängt von der jeweiligen Rolle des Endbenutzers ab.

a) Der Endbenutzer ist der Manager für ein zu erstellendes System:

In diesem Fall wird sich das Interesse des Managers (im Sinne eines marketingorientierten Managers, der entscheidet, ob ein Produkt erstellt wird oder nicht) in erster Linie auf die grobe Funktionsweise des Systems beschränken (" Er hält sich nicht an Details auf !"), so daß die Mindestverknüpfung hier die sinnvollste Alternative darstellt. Die Mindestverknüpfung zeichnet sich besonders durch den geringen Aufwand für die Erstellung der Graphischen Präsentation des zu visualisierenden Systems aus, da nur ein Bild für die Kontextdiagramme erstellt werden muß. Der Manager kann sich ganz auf die wenigen Informationen konzentrieren kann, die eine GP der Kontextdiagramme liefert. Die Mindestverknüpfung ermöglicht aber keine Darstellung detaillierterer Informationen des SA/RT-Modells, die nur in den unteren Ebenen des SA/RT- Modells zu finden sind. Der Benutzer bekommt noch nicht einmal einen Einblick in die Ablaufstruktur des Systems, weil auch die Ablaufsteuerung in einer tieferen Ebene des Modells verankert ist. Da die Ablaufsteuerung zum Verständnis der groben Funktionsweise eines Modells in vielen Fällen eine große Bedeutung einnimmt, wäre eine weitere Verknüpfungsmöglichkeit sinnvoll, die sogenannte "Erweiterte Mindestverknüpfung". Unter der Erweiterten Mindestverknüpfung eines SA/RT-Modells und einer GP versteht man die Mindestverknüpfung plus der Visualisierung der groben Ablaufsteuerung des Modells, die fast ausschließlich in einem STD auf der ersten Ebene modelliert wird (vgl. Beispiele von SA/RT-Modellen aus [6] oder [5]). Somit stellt die Erweiterte Mindestverknüpfung eine Mischform zwischen Mindestverknüpfung und Sichtenverknüpfung dar.

b) Der Endbenutzer ist Qualitätssicherungsspezialist:

In diesem Fall ist der Endbenutzer an der genauen Funktionsweise zur Validierung der Anforderungen interessiert, also an dem, was die 1:1-Verknüpfung liefert (da die Modellstruktur Basis der Systementwicklung ist). Der Benutzer kann die DFD-Hierarchie des SA/RT-Modells in seiner Welt in Form der korrespondierenden Bilder der GP vollständig durchwandern. Der dadurch unter Umständen resultierende Nachteil der Informationsüberladung - verursacht durch zu viele präsente Bilder - kann durch einen geschickten Auf- bzw. Abblendealgorithmus vermieden werden. Beispielsweise kann bei Aufblenden eines Bildes für ein tiefer gelegenes DFD das Bild des Vater-DFD's automatisch abgeblendet werden und umgekehrt. Da der Bezug zum Vaterfenster verloren gehen könnte, besteht die optimale Lösung darin, daß der Benutzer selber zur Laufzeit bestimmt, wie viele und welche Bilder sichtbar sind. Das Problem der Bildüberladung kann auch innerhalb eines Bildes auftreten. Deshalb wäre eine Möglichkeit sinnvoll, die dem Benutzer erlaubt, interaktiv während der Laufzeit Teile eines Bildes verschwinden zu lassen. Damit wäre es dann möglich, ganz spezielle Sichten (sozusagen "Sichten im Kleinen") auf jeweils ein DFD zu generieren. Ein negativer Aspekt dieses Ansatzes (gerade bei der totalen 1:1-Verknüpfung) ist der hohe Aufwand, da unter Umständen sehr viele Bilder erstellt werden müssen.

c) Die Endbenutzerrolle ist die eines technischen Entwicklers:

In diesem Fall ist er in erster Linie daran interessiert, die Dinge, an denen er arbeitet, in der Graphischen Präsentation wiederzufinden. Deshalb ist hier die Sichtenverknüpfung die sinnvollste Alternative.

Eine Einschränkung auf nur wenige Endbenutzerrollen kann für eine universelle technische Lösung nicht hingenommen werden. Daher haben wir uns für die Sichtenverknüpfung entschieden, da sie die Darstellung aller Rollen ermöglicht.

5. Animation von ausführbaren SA/RT-Modellen in Graphischen Präsentationen

In Kapitel 4 beschränkten sich die Betrachtungen weitgehend auf statische Verknüpfungsmöglichkeiten zwischen GP'en und SA/RT-Modellen. Da eine Verbesserung der Kommunikation gerade durch die Simulation des Verhaltens des jeweiligen Systems erreicht wird, und diese Simulation auf der animierten Darstellung von ausgeführten SA/RT-Modellen basiert, müssen die Betrachtungen in besonderem Maße dynamische Aspekte miteinschließen. In diesem Zusammenhang wird das ausführbare SA/RT-Modell auch als virtuelle Maschine betrachtet, für die ein Zustandsraum definiert ist. Die animierte GP hat die Aufgabe, Änderungen dieses Zustandsraumes geeignet darzustellen. Diesbezügliche Überlegungen für die verschiedenen SA/RT-Komponenten haben folgendes ergeben:

a)   Prozesse

Die Aktivierung und Deaktivierung eines Prozesses wird durch einen entsprechenden Farbumschlag des zum Prozeß gehörenden Icons visualisiert. Anstelle des Farbumschlags kann auch ein Schraffieren oder Blinken erfolgen, wobei die Auswahl des Darstellungsmittels auch von der Bedeutung des jeweiligen Prozesses abhängen könnte (z.B. Alarmprozeß blinkt, normaler Prozeß wird schraffiert).

b)   Datenflüsse

Falls ein Datum auf dem Datenfluß vorhanden ist, wird das Icon entsprechend markiert (z.B. durch ein kleines Dreieck, welches nur dann erscheint, wenn ein Datum vorliegt.).

Eine alternative Darstellung besteht darin, die Änderung eines Datenflusses, der zwei SA/RT-Komponenten verbindet, durch einen blinkenden Pfeil, der die korrespondierenden Icons der Komponenten verbindet, darzustellen. Der jeweilige Datenwert oder ein Teilaspekt eines Datenwertes kann in einem eigenen Icon visualisiert werden.

Sowohl eingehende als auch ausgehende Datenflüsse können in speziellen Eingabe- und Ausgabeicons visualisiert werden, wobei die jeweiligen Werte natürlich von dem Typ des jeweiligen Datenflusses abhängen. Hierbei sind folgende Eingabe- bzw. Ausgabeicons denkbar:

1) Die Eingabe mit Hilfe von Auswahlicons:

Beispiel:

Geldeingabe
0.1

Hier ist ein Icon dargestellt, welches die Eingabe eines numerischen Wertes (in diesem Fall 0.1) ermöglicht. Die Verwendung von Auswahlicons ist dann sinnvoll, wenn der Wertebereich (der Datenflußtyp) nur eine kleine Menge von Werten enthält (beispielsweise die Menge der Münzen, die der Benutzer in die Verkaufsmaschine eingeben kann).

2) Die Ein- bzw. Ausgabe über Ausschlaginstrumente oder Füllstandsanzeiger:

Beispiele:

Ausschlaginstrument   Füllstandsanzeiger

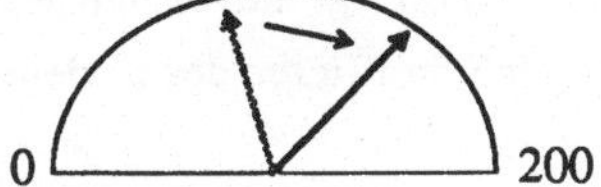

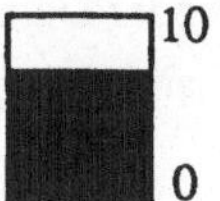

Abb.5: Beispiele für die Visualisierung von Datenflüssen:

Diese Instrumente eignen sich für die Darstellung von Datenflüssen. deren Wertebereiche eine große endliche oder unendliche Menge von Werten enthält.

c)   Datenspeicher

Falls ein Datenspeicher belegt ist, kann auch hier eine Markierung des Icons mit (einem Teil) des Datenspeicherinhaltes vorgenommen werden. Anhand des Beispiels in Abb.11 wird jetzt die Verknüpfung des Datenspeichers "Eing.Presse" mit zwei animierten Icons erläutert. Der Datenspeicher enthält eine Liste von Aufträgen, wobei jeder Auftrag aus einem Record besteht, in dem die Auftragsnummer, der Auftragsname, die Abrechnungsnummer und weitere Angaben festgehalten werden. In den beiden Icons, die mit dem Datenspeicher verknüpft sind, werden bestimmte Teile der relativ komplexen Datenstruktur wiedergegeben. Das "Pegelinstrument" stellt die Anzahl der in dem Datenspeicher befindlichen Aufträge in Abhängigkeit vom maximalen Datenspeichervolumen dar. In dem zweiten Icon wird wiederum nur ein ganz bestimmter Teilaspekt repräsentiert, nämlich die Auftragsnummern.

Durch das Extrahieren von Informationen können somit mehrere Sichten auf Teilbereiche des Systems generiert werden.

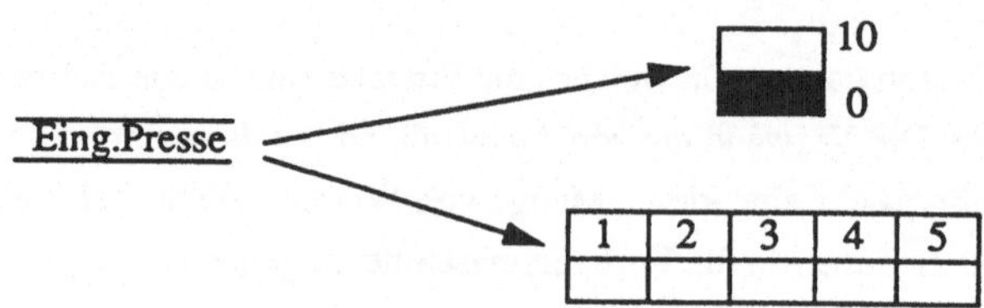

Abb.6: Beispiele für die Visualisierung eines Datenspeichers

d)   Terminatoren

Die Darstellung von Terminatoren ist dann sinnvoll, wenn sich ein von diesem Terminator ein bzw. ausgehender Datenfluß ändert. In diesem Fall erfolgt die Visualisierung ähnlich wie bei den Prozeßvisualisierungen durch ein Blinken oder Schraffieren des zu dem Terminator gehörenden Icon.

e)   Animationsmöglichkeiten von Zuständen:

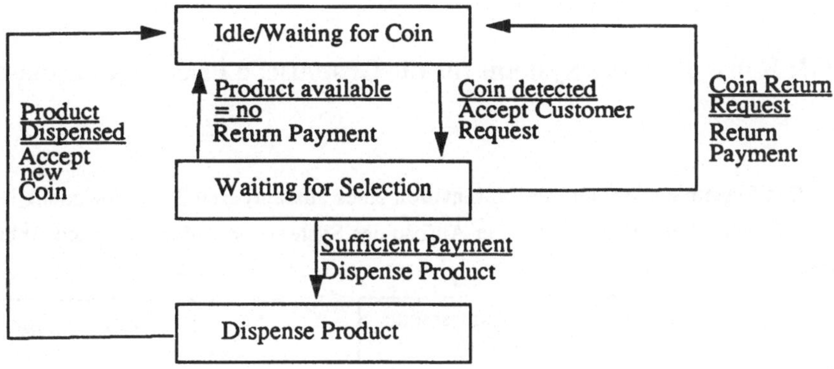

Abb.7: Beispiel für die Visualisierung von Zuständen

In dieser CSPEC sind die drei Zustände Idle/Waiting for Coin, Waiting for Selection und Dispense Product und die Signale, die zu einer Zustandsänderung führen, zu erkennen. In der Graphischen Präsentation wäre eine Orientierungshilfe sinnvoll, damit der Benutzer sehen könnte, in welchem Zustand sich das System zu einem bestimmten Zeitpunkt befände.

Eine Lösung, die z.B. in Shortcut realisiert wurde, besteht darin, in einem Statusfeld den Namen des aktuellen Zustands anzuzeigen. Bei einer Zustandsänderung wird der Name des Folgezustands angegeben.

Eine andere Möglichkeit der Visualisierung von Kontrollprozessen liegt in der Präsentation des STD's in einem eigenen Fenster. Dieses Fenster bleibt während des ganzen Animationsprozesses sichtbar. Bei einem Zustandswechsel, beispielsweise einem Wechsel von Idle/ Waiting for Coin nach Waiting for Selection (siehe STD oben), kann dies durch einen Wechsel der Schraffierung des zum Zustand gehörigen Rechtecks sichtbar gemacht werden. Damit kann der Benutzer zu jedem Zeitpunkt den aktuellen Zustand sehen, wodurch er einen guten Einblick in die Ablaufstruktur des Systems bekommt.

f)   Animationsmöglichkeiten von Kontrollflüssen:

Von einem Terminator in das System eingehende Kontrollflüsse können als Bedienknöpfe in der GP wiedergegeben werden. Die innerhalb des Systems generierten Kontrollflüsse werden durch Schraffieren oder Blinken des dazugehörigen Icons dargestellt.

6. GPM: Konzeption des Systems für die Graphische Präsentationsmaschine

Das System ermöglicht die Präsentation eines ausführbaren SA/RT-Modells in einer animierten Graphischen Präsentation. Der Aufbau des Systems ist in der folgenden Abbildung dargestellt:

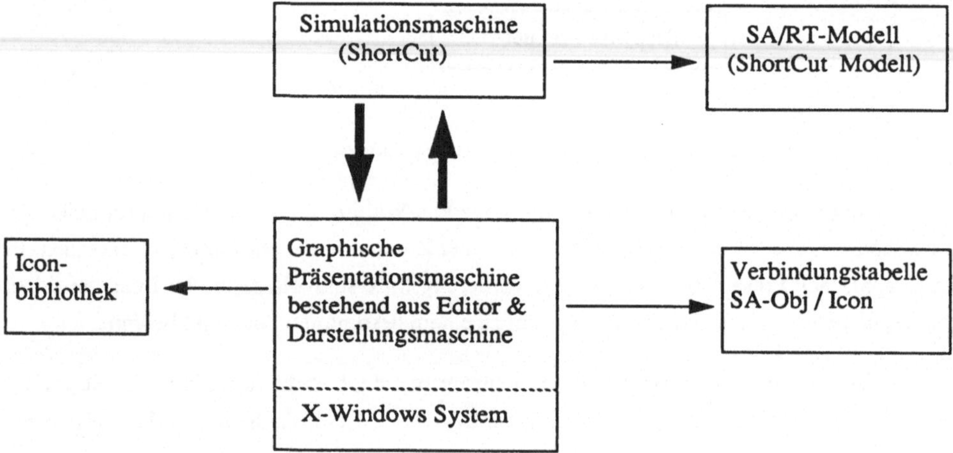

Abb.8: Die Architektur des Systems

In Abbildung 8 haben die Pfeile mit dünner Linienstärke die Bedeutung " benutzt" und die Pfeile mit dicker Linienstärke die Bedeutung " kommuniziert mit" .

Das System besteht aus sechs Hauptkomponenten, die im folgenden kurz beschrieben werden.

a) Die Graphische Präsentationsmaschine (GPM) besteht aus zwei Komponenten. Zur GPM gehört einerseits eine Komponente, die die Eingabe von Graphischen Präsentationen (Zeichnungen) in Form eines fenster- und menüorientierten graph. Editors, ihre Abspeicherung, Änderung, sowie die Zuordnung von Elementen der GP (Icons) zu SA-Objekten ermöglicht. Die Darstellungsmaschine als zweite Komponente der GPM erfüllt die dynamischen Anforderungen, die an das System gestellt werden.

b) Die Verbindungstabelle SA-Obj/Icon speichert die Beziehungen zwischen dem SA/RT-Modell und der GP als Beziehungen zwischen SA/RT-Objekten (Prozesse, Datenspeicher, etc) und Icons ab.

c) Die Iconbibliothek verwaltet erstellte GP'en unter besonderer Berücksichtigung der hierarchischen Struktur.

d) Die Simulationsmaschine ermöglicht die Ausführung des SA/RT-Modells.

e) Im SA/RT-Modell werden die Anforderungen des zu erstellenden Systems modelliert wobei wegen der fehlenden Präzision des SA/RT's von Hatley/Pirbhai ein modifiziertes SA/RT zur Modellierung verwendet wird, damit es überhaupt ausführbar ist.

f) Eingaben des Endbenutzers an dynamische Icons (Eingabeelemente) werden vom Keyboard des Rechners entgegengenommen. Auf dem Display werden alle relevanten Geschehnisse visualisiert. Die Grundlage für diese Aufgaben bildet das X-Windows System.

6.1 Arbeitsweise und Realisierung der Komponenten

Die Benutzerschnittstelle der Graphischen Präsentationsmaschine sieht folgendermaßen aus:

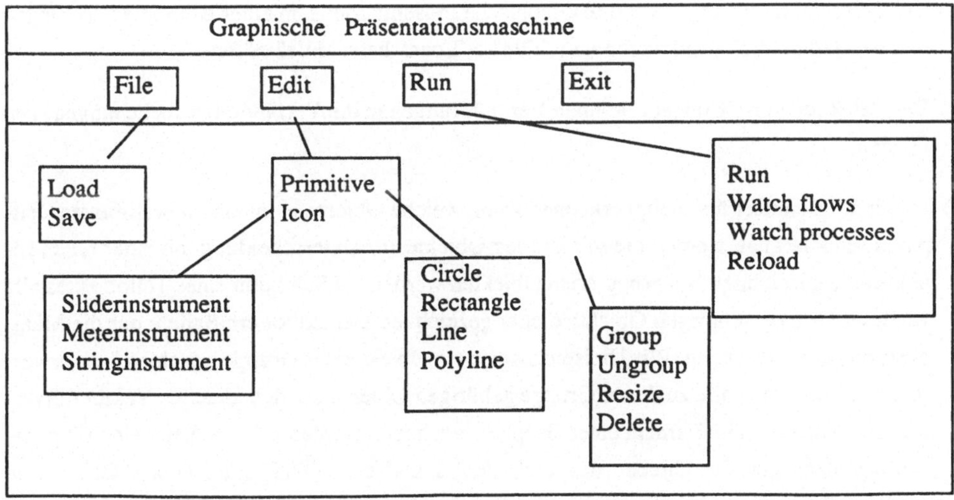

Abb.9: Die Benutzerschnittstelle der Graphischen Präsentationsmaschine

Die Graphische Präsentationsmaschine besteht aus dem für die Erstellung des statischen Userinterfaces notwendige Editor und aus der Darstellungsmaschine, welche die erforderlichen Anforderungen an die Dynamik erfüllt, die an das System gestellt werden.

Der Editor

Folgende Funktionen stellt der Editor über Buttons und Popup-Menüs zur Verfügung:

a) Funktionen zum Zeichnen sogenannter Primitives, wie Kreis, Rechteck, Linie, Polygonzug und Text, werden bereitgestellt, wenn die Sequenz "Edit"-> "Primitives" angeklickt wird.

b) Zur Manipulation der gezeichneten Primitives erscheint beim Drücken der rechten Maustaste ein Popup-Menu, welches das Gruppieren von Icons zu neuen Icons, das Entgruppieren eines Icons, die automatische Positionierung von Icons, die Veränderung der Größe eines Icons und das Löschen selektierter Icons ermöglicht.

c) Nach Anklicken der Sequenz "Edit"->"Icon" kann der Benutzer drei vordefinierte Icons (Sliderinstrument, Meterinstrument, Stringinstrument) aus einer Iconbibliothek entnehmen. Bei diesen Icons handelt es sich um Ausgabeinstrumente, die später mit dem SA/RT-Modell verknüpft und animiert werden.

d) Der Editor ist in der Lage, erstellte Graphische Präsentationen in einer Bibliothek abzulegen und bei Bedarf auch wiederzuholen ("File"->"Load" bzw. "File"->"Save").

e) Bei Selektion von "Connect" können Verknüpfungen in die Verbindungstabelle eingetragen werden.

f) Damit der Benutzer überhaupt erkennen kann, welche Objekte er zu einem bestimmten Zeitpunkt selektiert hat, werden die selektierten Objekte zur Unterscheidung mit einer fetten Linienstärke gezeichnet. Bei gruppierten Objekten werden bei Selektion eines Teilobjektes alle zu dieser Gruppe gehörigen Objekte dicker gezeichnet. Der Editor ermöglicht nur die Manipulation ganzer Gruppen. Wird beispielsweise ein Objekt einer Gruppe um einen Vektor verschoben, so werden alle zu dieser Gruppe gehörigen Objekte um den gleichen Vektor mitverschoben. Falls nur ein Element einer Gruppe verschoben werden soll, muß erst eine Entgruppierung, dann ein Verschieben des Zielobjektes und schließlich ein erneutes Gruppieren erfolgen. Entsprechendes gilt für das Löschen von Objekten.

Die Darstellungsmaschine

Die Darstellungsmaschine kommuniziert mit der Simulationsmaschine und sorgt einerseits dafür, daß Ausgabewerte des Simulators in Ausgabeicons visualisiert werden. Andererseits nimmt die Darstellungsmaschine Eingaben an den Simulator über Eingabeicons entgegen. Zusätzlich kann der Benutzer über Steuerkommandos die Arbeitsweise des Simulators beeinflussen. Damit wird dem Endbenutzer ein Werkzeug zur Verfügung gestellt, mit dem er interaktiv das System (und zwar in seiner Begriffswelt) steuern kann. Die Kommunikation zwischen Darstellungsmaschine und Simulationsmaschine, welche in Abbildung 8 nur durch Pfeile dargestellt ist, wird nun detaillierter beschrieben.

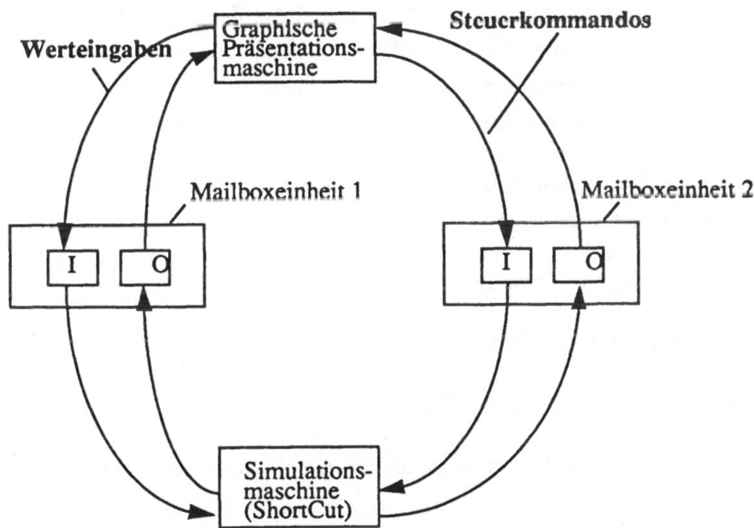

Abb.10: Die Kommunikation zwischen Simulationsmaschine und der Graphischen Präsentationsmaschine (GPM):

Bei der in der Abbildung 8 dargestellten Architektur handelt es sich um eine Client-Server-Architektur, wobei die Darstellungsmaschine als Client und die Simulationsmaschine als Server fungieren. Die Darstellungsmaschine ist dazu in der Lage, sowohl Benutzereingaben, die in Datenflußwerte umgewandelt werden, als auch Steuerkommandos, die die Arbeitsweise der Simulationsmaschine beeinflussen, entgegenzunehmen.

Die Kommunikation zwischen den Maschinen wird mit Hilfe von zwei Mailboxeinheiten realisiert, wobei die Mailbox-Struktur durch ShortCut festgelegt ist. Mailboxeinheit 1 besteht aus zwei Mailboxen. Die Inputmailbox wird dazu benutzt, um Werteingaben an die Simulationsmaschine zu senden. Genauer gesagt, können Datenflüsse mit Werten belegt werden. Sollten sich Datenflüsse ändern, so wird dies auf der Outputmailbox, der zweiten Mailbox von Mailboxeinheit 1, von der Simulationsmaschine festgehalten. Diese zweite Mailbox ist jedoch redundant, da dieselben Informationen auch aus der Mailboxeinheit 2 entnommen werden können. Diese Mailboxeinheit besteht auch aus zwei Mailboxen, nämlich aus der Debuginputmailbox und der Debugoutputmailbox.

Die Debuginputmailbox wird für die Entsendung von Steuerkommandos benutzt. Auf der Debugoutputmailbox werden alle Wertänderungen des Zustandsraumes des ausführbaren SA/RT-Modells, unter der Voraussetzung, daß dementsprechende Steuerkommandos verschickt wurden, festgehalten. Die Debuginputmailbox nimmt eine Schlüsselrolle des ganzen Systems ein. Daher wird im folgenden eine genauere Beschreibung deren Funktionalität gegeben.

Mittels der Debuginputmailbox kann eine Vielzahl von Steuerkommandos verarbeitet werden, beispielsweise für die folgenden Aufgaben:

1) Für die Initialisierung und Terminierung einer Sitzung.

2) Für die Ausgabe und/oder die Modifizierung von Datenflußwerten.

3) Für die Ausgabe von CSPECs und PSPECs.

4) Für die Eingabe von Steuerkommandos, die die Arbeitsweise der Simulationsmaschine beeinflussen.

Folgende Kommandos sind zunächst realisiert worden:

run   -   Starte Simulationsmaschine oder lasse sie weiterlaufen.

exit   -   Beende Sitzung.

reload   -   Bewirkt ein neues Laden des Modells und einen erneuten Start
                   der Ausführung mit der anfänglichen Konfiguration.

watch flows -   Setze "Watchpunkte" auf Datenflüsse.

watch processes   -   Setze "Watchpunkte" auf PSPECs.

Da die Simulationsmaschine auch Informationen auf die Debugoutputmailbox schreibt, die die Graphische Präsentationsmaschine nicht benötigt, müssen die relevanten Informationen extrahiert werden. Dabei stellen die in der Zuordnungstabelle gespeicherten Verknüpfungen die Basis für diese Extraktion dar. Das Extrahieren der relevanten Informationen geschieht wie folgt:

Die in der Verbindungstabelle eingetragenen Verknüpfungen werden nach funktionalen Gesichtspunkten sortiert und in linearen Listen verwaltet. Beispielsweise gibt es eine Liste für Icons, die mit Prozessen verknüpft wurden und blinken, falls ein Prozeß aktiviert wird. Eine weitere Liste enthält StringInstrumente, die Wertänderungen von Datenflüssen textuell ausgeben. Jedesmal, wenn die Simulationsmaschine Wertänderungen des Zustandsraumes des ausführbaren SA/RT-Modells anzeigt (indem sie diese Wertänderungen auf die Debugoutputmailbox schreibt), wird diese Information dahingehend untersucht, ob sie Wertänderungen enthält, die sich auf die in den Listen befindlichen Icons beziehen. Falls dies der Fall ist, wird die entsprechende Aktion (bei Prozessen blinken, bei Datenflüssen die Ausgabe des neuen Datenwertes) ausgeführt.

Weitere Bemerkungen zur Implementierung

Der Editor wurde auf einer SUN-Workstation (Betriebssystem UNIX) entwickelt und dann auf VMS portiert. Das System basiert, wie schon erwähnt, auf der ShortCut-Simulationsmaschine. Auf der SUN wurde die Benutzerschnittstelle mit Hilfe eines graphischen Werkzeugs (GUIDE) erstellt. Da ein solches Werkzeug unter DECWindows nicht existierte, mußte die Benutzerschnittstelle völlig neu codiert werden. Unter DecWindows gibt es dafür eine spezielle Sprache (User Interface Language (UIL)). Das implementierte Programm (die Graphische Präsentationsmaschine (GPM)) umfaßt ca. 6200 "Lines of Code" und ist in der Programmiersprache C++ geschrieben.

Literaturverzeichnis

1.   CAP debis, *"Promod-PLUS Reference Manual"*, Aachen 1992

2.   R. Blumofe, Alan Hecht, *"Executing Real-Time Structured Analysis Specifications"* ACM SIGSOFT, Software Engineering Notes vol 13 no 3, July 1988

3.   Computer & Software Engineering, *"Shortcut Users Manual"*, 1990

4.   Athena Systems Incorporated, *"Foresight User's Guide"*, Sunnyvale, USA 1989

5.   T. DeMarco, *"Structured Analysis and System Specification"*, Yourdon Press, New York 1978

6.   Derek J. Hatley, Imtiaz A. Pirbhai, *" Strategies for Real-Time System Specification"*, Dorset House Publishing 1988

7.   W. Bruyn, R. Jensen, D. Keskar, P. Ward, *"ESML : An Extended Systems Modeling Language Based on the Data Flow Diagram"*, ACM Software Engineering Notes, vol 13, no 1, Jan. 1988

8.   C. J. Coomber, R. E. Childs, *"A Graphical Tool for the Prototyping of Real Time Systems"*, ACM SIGSOFT, S70-82, April 1990

9.   Graham Tate, Thomas W. G. Decker, *"A Rapid Prototyping System Based on Data Flow Principles"*, ACM SIGSOFT, Software Engineering Notes vol 10 no 2, April 1985

10.   David Harel, *"Biting the Silver Bullet"*, Weizmann Institute of Science, Computer, Januar 1992

Ein Werkzeug für den Entwurf von Bedienoberflächen medizinischer Geräte

Stefan Sachs, Drägerwerk Lübeck

Zusammenfassung

Es wird ein Werkzeug zur Erstellung von Bedienoberflächen für medizinische Geräte vorgestellt. Ein objektorientiertes Zeichenwerkzeug ermöglicht mittels einer Palette von Bedien- und Anzeigeelementen die Beschreibung von Bedienpanels und Bildschirminhalten. Die Bedienabläufe können mittels eines weiteren Editors als Graphen festgelegt werden. Der so erstellte Prototyp ist auf dem Bildschirm mit der Maus bedienbar, wobei Meßwerte und externe Ereignisse simuliert werden. Für eine realistische Erprobung kann das Panel mit Bedienelementen und Anzeigen, die auf LEGO-Steinen montiert wurden, aufgebaut werden. Aus dem so entwickelten Modell wird dann automatisch C-Code für das im Zielsystem eingesetzte Frontend erzeugt. Das Entwicklungswerkzeug ist in Smalltalk/V PM erstellt. Als erste Anwendung wird die Bedienoberfläche eines Patientenmonitors vorgestellt.

Aufgabenstellung

Die zunehmende Komplexität und der stetig erweiterte Funktionsumfang medizinischer Geräte haben dazu geführt, daß die Qualität der Bedienoberfläche mitentscheidend für den Markterfolg eines Gerätes ist. Die Erfahrung zeigt, daß bei aller Sorgfalt beim Entwurf von Bedienerschnittstellen die Feinabstimmung auf die Bedürfnisse der Benutzer nur in Zusammenarbeit mit eben diesen Benutzern durchgeführt werden kann[1]. (Selbst im Rahmen einer so ausgereiften Benutzeroberfläche wie Microsoft Windows wurde ein Produkt wie Microsoft Word durch die Arbeit einer Entwicklergruppe, die sich ausschließlich mit der Art der tatsächlichen Benutzung befaßte, deutlich verbessert). Der übliche Ansatz, diese Aufgabe im Rahmen einer Neuentwicklung zu bearbeiten, ist der Einsatz eines Prototypen. Im Bereich der Medizingeräte ergeben sich hier nun zusätzliche Anforderungen. Für einen realistischen Einsatz muß ein Gerät zur Verfügung stehen, bei dem weitgehende Sicherheitsanforderungen erfüllt sind. Dies ist normalerweise erst gegen Ende der Entwicklungszeit gegeben. Es ist also unumgänglich, zur Abstimmung der Benutzeroberfläche Simulationen zu verwenden. Weiter sind inzwischen auch in diesem Bereich die Produktzyklen immer kürzer, so daß auch die Zeit, die zur Umsetzung der Erkenntnisse aus dem Prototypen in ein Produkt zur Verfügung steht, immer knapper wird. Das hier vorgestellte Werkzeug stellt einen Versuch dar, durch eine

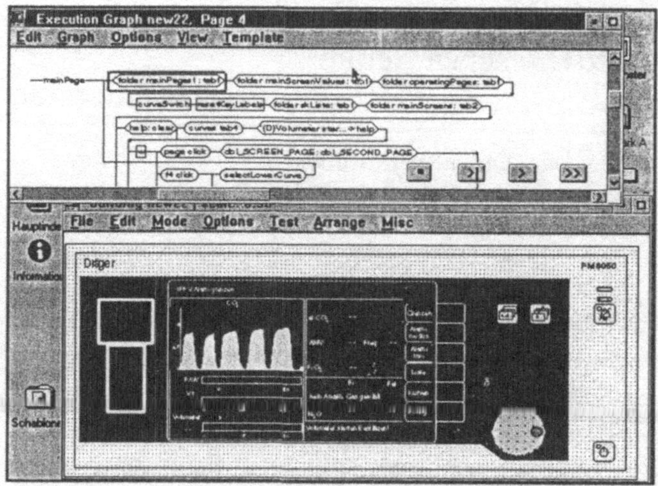

Abb. 1: Die Editoren für Ablaufdiagramme und Frontplatten

direkte Verknüpfung zwischen der Erstellung eines Prototypen und der Erzeugung von Code für das Zielsystem den Zeitaufwand für die Erprobung und Implementierung von Bedienoberflächen zu verringern. Die Entscheidung, die Codegenerierung in das Prototyping zu integrieren hatte hierbei weitreichende Folgen für die Gestaltung der Entwicklungsumgebung. Gängige Prototyping Werkzeuge sind auf eine graphische Oberfläche zugeschnitten und ermöglichen es, innerhalb dieser Oberfläche standardisierte Bedienelemente mit Funktionen zu hinterlegen. Der Zugriff auf die Darstellung der Bedienelemente und die Beschreibung der Funktionen ist mehr oder weniger beschränkt. Bei Hypercard[2] und den Derivaten (Plus, Toolbook) ist die Einbindung sehr heterogener Objekte möglich, dementsprechend ist es nahezu unmöglich, eine einheitliche Darstellung, geschweige denn eine Parameterisierung abzuleiten. Zusätze zu Sprachen (Visual Basic, Interface Builder[3], Window Builder, Whitewater Resource Toolkit, Zinc Interface Library, PARTS) leisten hier mehr, für den Preis einer Beschränkung auf die Bedienelemente der zugrundeliegenden Oberfläche und einer wesentlich komplexeren Definition der Funktionalität. Werkzeuge, die sich stärker an der Erstellung von Interfaces für Embedded Systems orientieren (VAPS, Rapid) generieren entweder nur Spezifikationen oder aber Code, der Systemresourcen voraussetzt, die weit über das hinausgehen, was in dem vorgegebenen finanziellen Rahmen machbar ist. Aus diesen Gründen wurde entschieden, ein eigenes Werkzeug zu erstellen, das auf die Rahmenbedingungen im Drägerwerk zugeschnitten ist.

Aufbau des Werkzeugs

Für die Erstellung des Prototypen sind grundsätzlich andere Anforderungen gegeben, als für die Implementierung im Zielsystem. Während der Prototyp vor allem leicht zu definieren und leicht zu ändern sein soll und Performance und Speicherbedarf eine eher untergeordnete Rolle spielen, ist im Zielsystem ökonomischer Umgang mit Resourcen genauso wichtig wie robuster, sicherer Code. In dem hier vorgestellten Werkzeug wurde versucht, diesen Anforderungen dadurch gerecht zu werden, daß der Prototyp in einer objektorientierten Entwicklungsumgebung (Smalltalk/V PM) erstellt wird, und der Code für das Zielsystem dann aus dem Prototypen abgeleitet wird. Dadurch kann man alle Vorteile der Entwicklungsumgebung (Speicherverwaltung, Fenstersystem, Graphikunterstützung) nutzen. Ist dann ein stabiler Stand des Prototypen erreicht, dann werden aus den Objekten statische Beschreibungen als C-Programm generiert, die

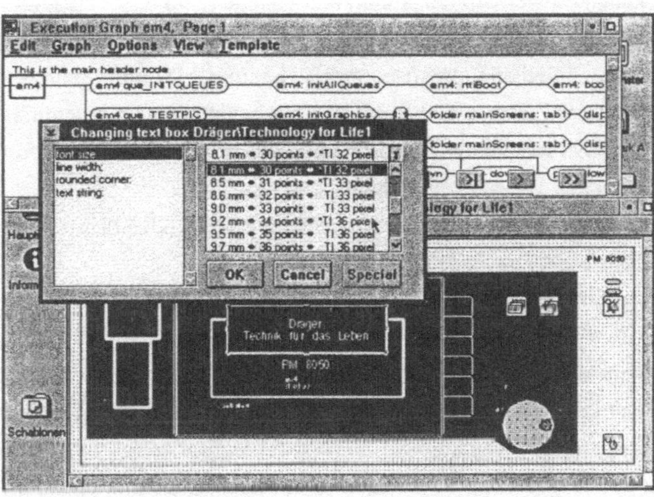

Abb. 2:Definition von Display Objekten im Dialog

dann auf dem Zielsystem ablaufen. Die Instanzen werden anhand ihrer Instanzvariablen als statische C-Variablen in den Zielcode übernommen, die benötigten Methoden werden je nach Kompexität entweder als inline C-Code in den Programmablauf eingefügt, als objektspezifische Function bereitgestellt oder bei sehr komplexen Funktionen auch als Call auf eine Library-Function realisiert, wobei dann die relevanten Instanzvariablen als Parameter übergeben werden. Da die Umgebung auf dem Zielsystem eine mächtige Graphikschnittstelle zur Verfügung stellt, die den graphischen Funktionen von Smalltalk/V und Presentation Manager in weitem Umfang entspricht, ist diese Umsetzung mit vertretbarem Aufwand möglich.

Darstellung des Prototypen

Die Bedienoberfläche soll aus einem Baukasten von vordefinierten Elementen zusammengesetzt werden. Dieser Katalog lag bereits zu einem erheblichen Teil in Form eines Gestaltungshandbuchs vor, der nur im Bereich der Bildschirminhalte mit Anzeigeelementen ergänzt werden mußte. Alle Elemente werden in einer Objekthierarchie zusammengefaßt, so daß neue Komponenten als Spezialisierungen hinzugefügt werden können. Jedes dieser Objekte besteht aus folgenden Komponenten:

- Einer Beschreibung der visuellen Erscheinung (Form, Position, Farbe, Texte ect.) und der internen Zustände (z.B. aus, an, blinkend für eine LED, gedrückt oder nicht gedrückt für eine Taste).

- Methoden um die Elemente innerhalb der Simulation erstellen und handhaben zu können. Hier definiert jedes Objekt ein Protokoll für den Dialog zur Spezifikation, das die Kriterien und ihre möglichen Werte festlegt (z.B. ist eine LED durch mehrere Standardgrößen und eine der Farben Gelb, Rot oder Grün vollständig zu beschreiben). Weiter muß jedes Objekt Methoden für das Verändern von Größe und Position oder für das Abspeichern und Laden zur Verfügung stellen.

- Methoden für die Darstellung der Funktionalität in der Simulation (z.B. Blinken einer LED, Reaktion einer Taste auf Drücken).

- Methoden für die Implementierung des Elements im Zielsystem. Hierfür muß die Beschreibung in C-Code wiederholt werden, d.h. es müssen Variable für die internen Zustände und Konstanten für die invarianten Teile der Beschreibung angelegt werden, es müssen Funktionen für die Darstellung des Elements und für den Zugriff auf die internen Zustände erstellt werden.

Da die Oberfläche in den vorgegebene Anwendungen primär dazu dient, Meßwerte darzustellen und Einstellwerte zu verändern, werden auch Objekte zur Verwaltung numerischer Werte zur Verfügung gestellt, die ebenfalls nach Art des Wertes (z.B. Einstellwert, Meßwert, Echtzeitwert) hierarchisch gegliedert sind. Bis auf die Methoden zur Manipulation der visuellen Darstellung stellen diese Objekte die gleiche Funktionalität zur Verfügung, wie oben beschrieben. Der Polymorphismus der objektorientierten Enwicklungsumgebung ermöglicht es sogar, alle Objekte mit denselben Werkzeugen zu manipulieren.

Diese statische Beschreibung der Bedienoberfläche muß nun ergänzt werden durch eine Darstellung der Bedienungsabläufe.

Bedienungsabläufe lassen sich wie Sprachen mit Grammatiken darstellen. Terminalen Symbolen entsprechen hier die elementaren Bedienungsvorgänge wie Tastendrücke, Drehen am Drehknopf. Nichtterminale Symbole beschreiben mehr oder weniger komplexe Teilabläufe innerhalb der Bedienung (z.B. Einstell- oder Auswahlvorgänge). Die Grammatik beschreibt die Gesamtheit der legalen Sequenzen von Benutzereingaben.

Von den gängigen Darstellungen für Grammatiken erschienen in diesem Zusammenhang die Eisenbahndiagramme [4] besonders interessant, da sie als ausgeprägt prozedurale Darstellung Abläufe sehr anschaulich wiedergeben und deshalb mit wenig Aufwand durch semantische Direktiven ergänzt werden können.

Während ein konventioneller Parser davon ausgehen kann, einen kontinuierlichen Eingabestrom zu analysieren, sind hier Zustände vorzusehen, an denen auf neue Eingaben gewartet wird. Deshalb mußte ein weiteres Element eingeführt werden, das das Warten auf

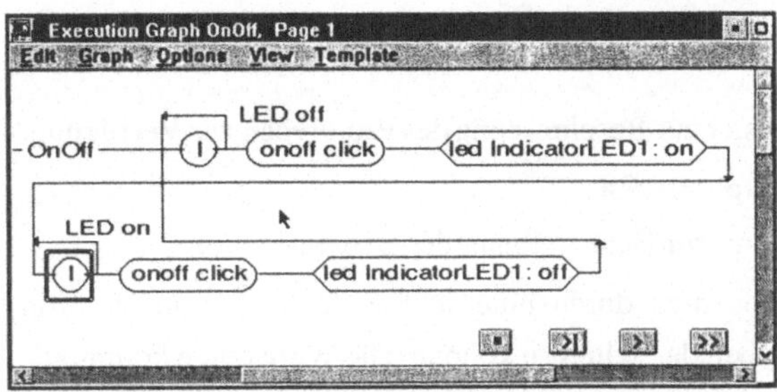

Abb. 3: Ein einfacher Ablaufgraph zum An - und Ausschalten einer Leuchtdiode

Eingabe innerhalb eines Ablaufdiagramms darstellt. Wie in den gängigen Programmiersprachen ist auch hier die von der Syntaxtheorie geforderte Kontextfreiheit der Grammatik nicht gegeben. So wie die Symboltafel Rückwirkungen auf die syntaktische Analyse hat, so muß ein Bedienablauf Zustände des Gerätes berücksichtigen. Deshalb ist es hier für die praktische Anwendbarkeit erforderlich, die terminale Symbole durch Abfragen von Zuständen von Bedienelementen oder Parametern zu ergänzen.

Wiederum werden die Knoten dieser Ablaufdiagramme durch Objekte dargestellt. Diese Objekte haben folgende Komponenten:

- Eine Beschreibung der graphischen Darstellung eines Knotens (Position, Verbindungslinien) und die zugehörigen Methoden zum Zeichnen entsprechen dieser Darstellung.

- Eine Beschreibung der Verbindungen des Knoten zu seinen Nachfolger(n).

- Eine Beschreibung der Funktionalität des Knotens (empfangendes Element und Befehl bei semantischen Direktiven, zu prüfendes Element und erwarteteter Zustand bei terminalen Symbolen, auszuführender Graph bei nichtterminalen Symbolen) sowie Methoden zur Ausführung des Knotens in der Simulation.

- Methoden zur Manipulation der Knoten (Verschieben, Lösen und Verbinden, Ändern der Funktion) und zum Speichern und Laden von bzw. auf Platte.

- Methoden zur Umsetzung der Funktionalität der Knoten in C-Funktionen für das Zielsystem.

Das Umformen der Ablaufdiagramme in C-Strukturen erfordert die Betrachtung der gesamten Graphen, da die beliebige Verknüpfbarkeit der Knoten dem Benutzer wesentlich mehr Freiheiten läßt, als sie die üblichen if-then-else Strukturen zulassen, sie wurde deshalb nicht auf der Ebene der Knoten verwirklicht. Stattdessen werden Zwischenstrukturen verwendet, die gesamte Zweige zusammenfassen und die Blockstruktur des C-Programms erzeugen, die dann von den einzelnen Knoten mit Funktionen gefüllt wird. Rücksprünge und von der Blockstruktur abweichende Verknüpfungen werden hierbei ganz unelegant in GOTO's umgesetzt.

Komponenten des Simulationswerkzeugs

Dem Benutzer stehen zwei Fenster zur Beschreibung des Prototypen zur Verfügung:

- Ein Editor zum Entwurf von Frontplatten
- Ein Editor für Eisenbahngramme zur Beschreibung der Bedienabläufe

Ergänzt werden diese Komponenten durch eine sehr einfache Simulation von Meßwerten, um das Umfeld des Prototypen darstellen zu können. Die Werkzeuge kommunizieren miteinander über Messages, so daß Querbeziehungen einfach nachzuvollziehen sind.

Der Editor für Frontplatten

Dem Benutzer wird ein Werkzeug zur Verfügung gestellt, mit dem er die Frontplatte eines Gerätes entwerfen kann, indem er die Elemente definiert und plaziert. Er wählt das gewünschte Objekt aus einem Menu, spezifiziert es weiter in einem Dialogfenster und plaziert es dann auf der Frontplatte. Das Modell verwaltet die Abhängigkeiten und stellt das Element dar. Für die weitere Bearbeitung stehen die von objektorientierten Zeichenprogrammen gewohnten Funktionen (Selektionsrahmen mit Handgriffen, Ausrichtungsfunktionen usw.) zur Verfügung.

Der Editor für Ablaufdiagramme

Die Eingabe eines Bedienungsablaufs erfolgt weitgehend menugesteuert, terminale Symbole und semantische Direktiven werden über Dialogfenster festgelegt, die alle für das Bedienpanel definierten Elemente und deren mögliche Zustände bzw. Funktionen anbieten. Die so definierten Knoten werden dann mit der Maus plaziert und von dem Editor automatisch verbunden.

Für prototypische Bedienungsabläufe können Templates definiert werden. Beim Einfügen eines solchen Templates hat der Entwickler dann nur noch die entsprechenden Bedienelemente zu spezifizieren. Hierdurch wird ein einheitlicher Ablauf gleichartiger Bedienvorgänge wie z.B. Warngrenzeneinstellungen bei gegebener Geräteausstattung vorgegeben.

Das nachträgliche Verändern von Diagrammen wird durch umfangreiche Editierfunktionen (insert, cut, copy, paste, find and replace) unterstützt. Konsistenzprüfungen und cross-referencing zwischen Graphen und Display Objekten erleichtern die Fehlersuche, zusätzlich ist es möglich, das Diagramm in der Simulation schrittweise oder kontinuierlich mit visueller Kontrolle durch Selektion des jeweils ausgeführten Knotens auszuführen. Weiter können Breakpoints gesetzt werden, um bestimmte Bereiche der oft recht umfangreichen Diagramme gezielt zu überprüfen.

Simulation von Bedienungsabläufen

Ein mit Hilfe der oben beschriebenen Werkzeuge erstelltes Modell kann nun bedient werden. Hierbei sorgt ein Prozess für die Verarbeitung von Benutzereingaben, die hier durch das Anklicken von Tasten oder Drehknöpfen mit der Maus dargestellt werden. Ein zweiter Prozeß verarbeitet diese Zustandsänderungen durch direktes Interpretieren der Ablaufdiagramme. Ein weiterer Prozeß versorgt das Modell mit simulierten Parameterwerten. Für den Entwickler ist diese Darstellung ausreichend realistisch, um das Benutzerinterface zu erstellen und zu testen.

Da für eine Erprobung der Bedienungsabläufe durch Anwender die taktile Rückmeldung eine nicht zu unterschätzende Rolle spielt, wurde nach einem Weg gesucht, Frontplatten realistischer nachzubauen, ohne allzuviel von der Flexibilität des Entwurfs am Bildschirm aufzugeben. Glücklicherweise entspricht das Rastermaß des Dräger Hausdesigns sehr genau der Größe der LEGO®Steine, so daß sich hier eine preiswerte und schnelle Möglichkeit ergab, Frontplatten nachzubauen. Folientasten werden durch LEGO® Steine mit eingeklebten Kurzhubtasten ersetzt, Drehknopf und LEDs sind ebenfalls in Steine eingeklebt worden. Als Interface dient eine umgebaute Tastatur, so daß ein einfaches Mapping von einem so zusammengebauten Layout auf das Modell möglich ist. Als Bildschirm wurde ein Plasmaschirm aus einem Portable PC ausgebaut und in den LEGO® Prototypen integriert. Mit so erstellten Modellen läßt sich eine ausreichend realistische Erprobung durchführen, bevor erste Prototypen der Hardware vorliegen.

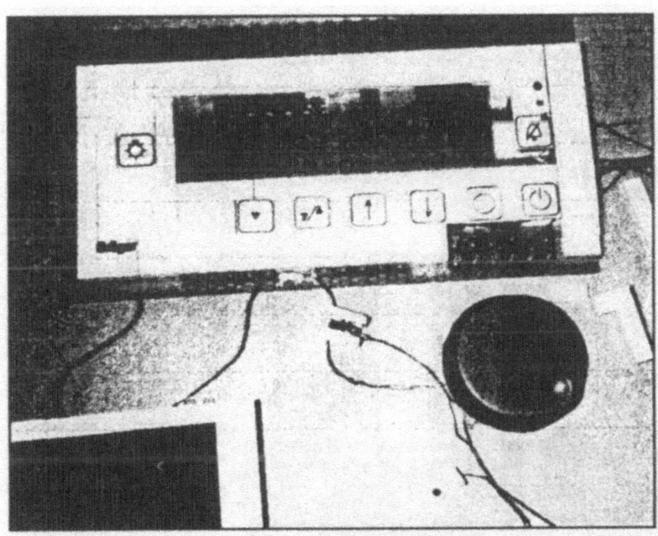

Abb. 4: Aufbau von Bedienoberflächen mit LEGO®Steinen

Generierung von Code für das Zielsystem

Wenn ein Modell hinreichend erprobt ist, dann kann Code für das Zielsystem generiert werden. Die gesamte Bedienung einschließlich der graphischen Ausgaben läuft auf einem TI 34010 Gaphics Processor ab. Tastenereignisse und Meßwerte werden von dem M 68000 basierten Host System geliefert. Für den Graphics Prozessor steht ein ANSI C Compiler und eine umfangreiche Graphics Library zur Verfügung. Entscheidend für die Brauchbarkeit des Ansatzes war hier, auf eine Nachbearbeitung des automatisch erzeugten Codes verzichten zu können. Wie oben beschrieben, werden die Elemente in C-Code umgesetzt. Der entgültige Umfang der ersten Anwendung (1100 Objekte, 1800 Knoten) liegt bei 1100 kB C-Source, der in ca. 250 kB Maschinencode umgesetzt wird. Die Ablaufgeschwindigkeit ist völlig zufriedenstellend, auch komplexe Bildschirme werden in weniger als 100 ms aufgebaut.

Stand der Entwicklung und Ausblick

Die erste Anwendung des Werkzeugs war die Definition der Bedienoberfläche eines Patientenmonitors. Da sowohl am Werkzeug als auch an dieser Anwendung gleichzeitig gearbeitet wurde, war der Einsatz des Prototypen bei der Evaluation der Bedienoberfläche mit gelegentlichen Schwierigkeiten verbunden, die jedoch dank der Toleranz und des Enthusias-

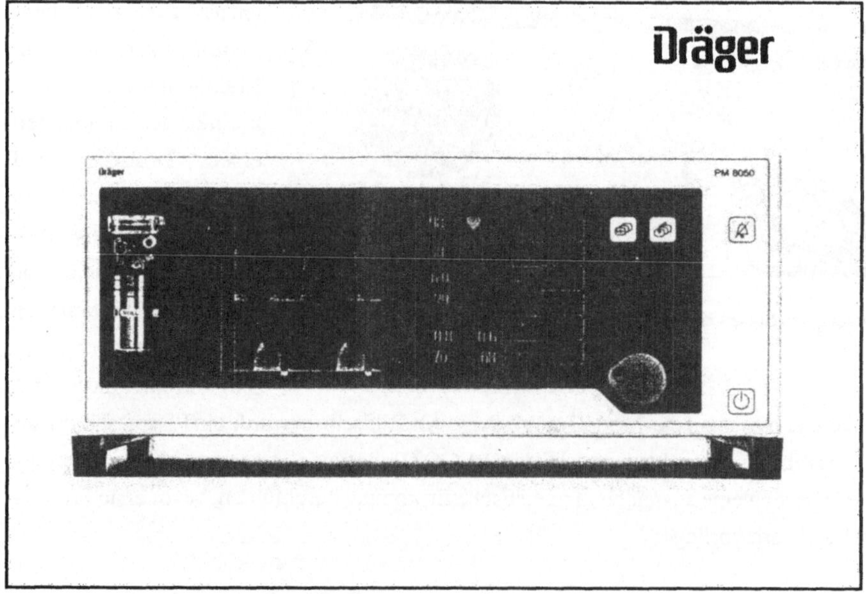

Abb. 5: Ein Seriengerät des Atemgasmonitors PM 8050

mus der beteiligten Benutzer und Befragten zu bewältigen waren. Es ist zu hoffen, daß hier die inzwischen erreichte Stabilität des Systems bei zukünftigen Einsätzen von Vorteil ist. Die Umsetzung des Modells in Code für das Zielsystem war aufwendig, man kann aber inzwischen wohl sagen, daß der Nutzen einer schnellen Umsetzung von Entwürfen in fertige Systeme den Aufwand rechtfertigt. Für das Werkzeug betrug der Entwicklungsaufwand ca. vier Mannjahre. Nicht eingeschlossen ist hier die sehr aufwendige Programmierung der Schnittstelle des Graphiksubsystems zu dem zentralen Überwachungsrechner. Problematisch ist die gewählte Entwicklungsumgebung, der unbestrittenen Mächtigkeit stehen Anforderungen an Resourcen gegenüber, die sich knapp unterhalb einer Workstation bewegen und die mangelhafte Integration des Betriebssystems und des Fenstersystems in die Entwicklungsumgebung führen zu umständlicher Bedienung und gelegentlichen Systemabstürzen.

An Erweiterungen des Systems sind neben der Ergänzung des Katalogs der Elemente vor allem die Auswertung der Ablaufdiagramme zu Testzwecken von Interesse. Die Graphen bieten zumindest theoretisch die Möglichkeit, vollständige Testpläne zu erstellen und auch anhand der festgelegten Zustände der Elemente automatisch abzuarbeiten. Da jedem Zustand des Geräts eine Position innerhalb der Ablaufgraphen entspricht, lassen sich aus den Ablaufgraphen auch die notwendigen Benutzereingaben ermitteln, die notwendig sind, um von einem Zustand zum anderen zu kommen. Diese Informationen können ein Gerüst für die Bedienungsanleitung abgeben.

Ein weiteres Arbeitsfeld ist die Verbesserung der Simulation durch größeren Realismus der Patientendaten, eventuell auch das Einspielen realer Patientendaten und verbesserte Handhabung der Prototypen auf dem Bildschirm und als LEGO®Modell.

Bei allen Unzulänglichkeiten dieses ersten Versuchs darf man wohl behaupten, daß die beschriebene Methode ein bedeutendes Potential für die schnellere Entwicklung besserer Bedienoberflächen birgt.

Literatur

1.   Annejet Petra Meijler: *Automation in Anesthesia, a relief? Evaluation of a Data Acquisition and Display System,* Proefschrift Eindhoven, ISBN 90-9001441-1

2.   Wolfgang Kitzka: *Inside Hypercard II,* Addison-Wesley,1989

3.   Bruce F. Webster: *The Next Book,* Addison-Wesley, 1989

4.   Nikolaus Wirth: *Compilerbau,* Teubner, 1986

Prototyping, Erkenntnis, Realitätskonstruktion

Christiane Floyd, Universität Hamburg

Einführung

Sehr geehrte Damen und Herren,

Das Programmkomitee hat mich eingeladen, "etwas Philosophisches" zum Thema Prototyping beizutragen.- Ich möchte diesem Auftrag aus meiner Sicht nachkommen und beginne daher mit einer persönlichen Einführung.

Meine Beschäftigung mit Prototyping begann 1981 in der damals heißen Auseinandersetzung mit den Ansprüchen des Phasenmodells, der Top-Down-Entwicklung und der formalen Spezifikation. 1983 - vor fast genau zehn Jahren - fand die für viele von uns wichtige Working Conference on Prototyping in Namur (dokumentiert in [1]) statt. Damals war Prototyping noch relativ neu in der Diskussion. Im einleitenden Beitrag [2] habe ich auf der Grundlage mehrerer mir vorliegender Positionspapiere eine Klassifizierung von Prototyping-Formen entwickelt. Die dabei verwendeten "3E`s" (exploratives, experimentelles und evolutionäres Prototyping) hatte ich beim Schreiben des Papiers sorgfältig gewählt, doch dachte ich zunächst nicht an eine weitergehende theoretische Vertiefung.

Zum Zeitpunkt der Konferenz selbst war das schon anders. Ich hatte inzwischen prozeßorientierte Ansätze in der Wissenschaftstheorie und die Kybernetik zweiter Ordnung (insbesondere Bateson, Maturana und Varela) kennengelernt. Mein Interesse an diesen Denkrichtungen war ursprünglich privat gewesen. Doch merkte ich bald direkte Bezüge zu meinen Anliegen in der Softwaretechnik. Ich fühlte mich verlockt, diesen Bezügen nachzugehen, konnte dies aber auf der Konferenz noch nicht artikulieren.

In Namur war für mich eine menschliche Erfahrung bedeutsam. Diese Tagung wirkte gemeinschaftsbildend. Prototyping als "Flagge" schien für viel mehr zu stehen als für das softwaretechnische Verfahren selbst: für Kreativität, für Aufeinander-Zugehen-Können, für Einlösbarkeit von Ansprüchen, ja für Verantwortung. Diese Möglichkeiten - in der traditionellen Softwaretechnik vermißt - führten zum Erlebnis von Befreiung und freudiger Kommunikation. Aus Namur hat sich eine spezifisch europäische Prototyping-Tradition entwickelt, die - im Unterschied zur internationalen - stärker die Prozesse zwischen den Beteiligten betont und Anliegen wie wechselseitiges Lernen und menschengerechte Gestaltung aufgreift.

In den zehn Jahren seit Namur wurde Prototyping zum praktikablen Verfahren Sie alle haben dazu beigetragen. Durch besseres Verständnis des Prozesses, durch Sprachen, Methoden, Werkzeuge und durch Erfahrung in verschiedenen industriellen Kontexten ist Prototyping heute Bestandteil einer ausgereiften Konstruktionslehre für Software geworden. Dazu gibt es zahlreiche Publikationen. Die spezifische aus Namur entstandene Diskussion über Prototyping wurde in [3] konsolidiert.

Als Verfahren in der Softwaretechnik, angewendet in der täglichen Praxis, braucht Prototyping natürlich keine grundsätzliche Erwägungen über menschliche Erkenntnis. Dennoch fügt sich Prototyping nahtlos in ein bewußtes Verhalten zu evolutionären und konstruktivistischen Sichtweisen ein (in [4] wird Prototyping sogar zur Metapher für Erkenntnis genommen). Dabei ist gerade die offene, prozeßorientierte Sicht des Prototyping von Bedeutung.

Meine theoretische Reflexion erfolgte stufenweise. Seit 1983 wurde ich für mehrere Jahre zur Suchenden. Die Entdeckung der neuen Ansätze in Erkenntnis- und Wissenschaftstheorie motivierte mich zunächst zur Formulierung eines Paradigmenwechsels in der Softwaretechnik beruhend auf der Komplementarität von Prozessen und Produkten. Die Ergebnisse davon wurden in überarbeiteter Form publiziert in [5]. Und ich hatte ein starkes - nunmehr aus der Softwaretechnik begründetes - Anliegen, mich systematisch mit erkenntnistheoretischen Ansätzen auseinanderzusetzen, um sie für Fragen der Softwaretechnik zu erschließen. Es ging mir um das Verständnis von *Softwareentwicklung als Prozeß* (siehe [6]).

Diese Leitfrage ergab sich direkt aus meiner Beschäftigung mit Softwareentwicklungsmethoden. Methoden - das war mir inzwischen klar - verkörpern eine Weltsicht. Was bedeutet es, Top-Down-Entwurf zu postulieren? Auf Formalisierung als Mittel zum Erkenntnisgewinn zu setzen? Was stecken da für Annahmen über Menschen, über unser Denken, über die Wirklichkeit dahinter? Für welche alternative Weltsicht steht Prototyping?

Meine Forschungsarbeiten zu diesen Fragen lassen sich recht gut mit dem Titel "Prototyping, Erkenntnis, Realitätskonstruktion" umreißen. Sie fanden im Umfeld des 1988 von mir in Zusammenarbeit mit R. Budde, R. Keil-Slawik und H. Züllighoven veranstalteten Symposiums "Software Development and Reality Construction" statt. Zur Grundlage des heutigen Vortrags möchte ich das aus diesem Symposium erarbeitet Buch [7] machen.

Dieses Buch enthält Beiträge von insgesamt 32 Autoren und Autorinnen über Wechselwirkungen zwischen der technisch / formalen Welt der Informatik, insbesondere der Softwareentwicklung, und der menschlichen Welt von gemeinsamer Erkenntnisfindung, wertgeleiteter Gestaltung, sinnvollem Gebrauch und persönlichen Entfaltungsmöglichkeiten in computergestützten Arbeitsprozessen. Die Beiträge behandeln jeweils einzelne Aspekte aus individueller Sicht: zum Teil reflektieren sie informatische Praxis, und zum Teil erschließen sie die Einsichten verschiedener Denkschulen über Erkenntnis, Lernen und Kommunikation für die Belange der Softwareentwicklung.

Die Vielfalt der von den Autoren und Autorinnen aufgegriffenen Einzelthemen führte zu thematischen Verdichtungen, die für mich unerwartet waren und mir zeigten, wo drängende Probleme bestehen. Ich möchte hier anhand dieser übergreifenden Themen eine Führung durch das Buch "Software Development and Reality Construction" veranstalten und einige ergänzende Arbeiten in meinem wissenschaftlichen Umfeld einbeziehen.

Die Themen sind: *Fehler*; *das Gelingen von Projekten* und *das Schaffen von Anwendungswelten*. Ich werde dabei jeweils den Bezug zum Prototyping herausarbeiten.

Prototyping und Fehler

Unbestritten war und bleibt die Sorge um fehlerhafte Programme von fundamentaler Bedeutung für die Softwaretechnik. Sie war der Ausgangspunkt für die gesamte Programmiermethodik, für die Entwicklung von Semantikkalkülen und Beweisverfahren, von Maßnahmen zur konstruktiven und analytischen Qualitätssicherung. Ein Kernstück war die wissenschaftliche Kontroverse um die Bedeutung des Testens im Vergleich zum Beweis. Dijkstras Argumentation, Testen könne nur die Anwesenheit, nicht aber die Abwesenheit von Fehlern beweisen, markiert in plakativer Form die Position der Vertreter des Alleinanspruchs formaler Methoden.

Ich will hier der Frage nachgehen, was im Zusammenhang mit der Softwareentwicklung unter "Fehler" zu verstehen ist. Wie kommen sie zustande? Welche Fehler kann man durch formale Methoden aufdecken? Wie verhält sich Prototyping zum Problem Fehler?

In seinem umgangssprachlichen Gebrauch hat das Wort Fehler einige Konnotationen, die mir bedeutsam erscheinen:

* Es unterscheidet "falsch" von "richtig", unterstellt also einen *Bezugsrahmen*, der diese Unterscheidung gestattet.

* Es faßt triviale Irrtümer und schwerwiegende Entscheidungen mit unerwünschten Folgen zusammen.

* Es wird rückwirkend verwendet: Wir kommen nachträglich zur Einsicht, Fehler gemacht zu haben.

* Es ist negativ besetzt: Wer Fehler macht, hat Nachteile, verliert sein Gesicht.

* Es ist auch positiv besetzt: Es gibt die Möglichkeit, aus Fehlern zu lernen.

Woraus ergibt sich der Bezugsrahmen für Fehler bei der Softwareentwicklung? Dazu zwei konträre Positionen:

Position 1: Programme lösen vorgegebene Probleme. Sie nehmen auf Fakten Bezug, die richtig oder falsch sein können. Es kommt darauf an, diese Fakten realitätsgetreu abzubilden und mit Mitteln der Formalisierung und Abstraktion in ein korrektes Modell zu fügen.

Position 2: Programme sind Arbeitmittel oder Kommunikationsmedien für Menschen. Sie beziehen sich auf eine komplexe soziale Welt, in der Informationen zwischen Menschen gebildet, gesammelt, verstreut, verarbeitet oder weitergegeben werden. Es kommt darauf an, diese Vorgänge in Abstimmung mit den Beteiligten zu erschließen, standardisierte Anteile explizit auszuhandeln und in Programmen so nachzubilden, daß die Einbettung in das Arbeitshandeln gelingt.

Beide Positionen sind in eine tiefergehende Wirklichkeitsauffassung eingebunden. Position 1 unterstellt eine objektive Realität, in der Fakten oder Tatsachen unabhängig vom jeweiligen Beobachter erkannt werden können. Erkenntnis besteht in der Abbildung von Fakten der Realität. Es gibt einen zeitlos gültigen globalen Bezugsrahmen.

Position 2 unterstellt eine von den Beteiligten konstruierte Realität, in der der Beobachter eine Schlüsselrolle spielt. Die Beteiligten erkennen das, was sie erkennen. Erkenntnis ist gebunden an die jeweilige Perspektive, die durch die Gesamtheit der Erfahrungen des Individuums geprägt ist, bestimmte Aspekte auswählt und andere ausblendet. Vertiefte Erkenntnis entsteht durch Kreuzen von Perspektiven. Es ergeben sich komplizierte Geflechte jeweils ausgehandelter Bezugsrahmen mit unterschiedlichen, begrenzten Gültigkeitsbereichen und je verschiedener zeitlicher Stabilität.

Von verschiedenen erkenntnistheoretischen Denkrichtungen wird das Ineinandergreifen dieser beiden Positionen unterschiedlich gesehen. Dem rationalistisch-realistischen Weltbild liegt Position 1 zugrunde. Im radikalen Konstruktivismus wird Position 2 angenommen, und es gibt viele Mischungen.

Fehler beziehen sich nach Position 1 auf "richtig" oder "falsch" in einem zeitlos-allgemeingültigen Sinne - wie etwa bei "zwei mal zwei ist vier". Nach Position 2 beziehen sie sich auf die begründeten Erwartungen der Beteiligten vor dem Hintergrund des jeweils geltenden Bezugsrahmen. Und durch Position 2 werden wir darauf aufmerksam, daß durch die Softwareentwicklung zwischen den Beteiligten *ein neuer Bezugsrahmen* entsteht.

Bei der Überlegung, wie das Problem Fehler durch Formalisierung, Prototyping oder andere Verfahren behandelt werden kann, möchte ich noch die Unterscheidung einführen: zum einen, welcher Bezugsrahmen ist für die Anerkennung von Fehlern maßgeblich, und zum anderen, wie lassen sich Fehler vermeiden, finden und positiv wenden.

In unserem Buch gibt es dazu mehrere aufschlußreiche Beiträge. Knuth berichtet in [8] über seine eigenen Fehler bei der Entwicklung von TEX, die er über mehrere Jahre protokolliert hat. Er fühlt sich als führender Informatiker in der Verantwortung, die inhärente Fehlerhaftigkeit seiner Arbeit öffentlich zu dokumentieren. Knuth bezieht sich auf einen überwiegend von ihm selbst bestimmten Entwicklungsprozeß, in dem er zwischen den Rollen des Entwicklers und Benutzers hin- und herwechselte und schrittweise tiefergehende Erkenntnisse über das von ihm selbst gestellte Problem, das computergestützte Setzen mathematischer Texte, in seine Arbeit einbezog.

Faszinierend ist die von Knuth gelieferte Klassifikation seiner Fehler. Sie reicht von "Trivial Typos", also Tippfehlern, über "Algorithmic Anomalies" und andere Kategorien, die im engeren Sinne Programmfehler bezeichnen, bis zu "Generalization and Growth" und "Quest for Quality", womit nachträglich erkannte Verbesserungsmöglichkeiten gemeint sind. Knuth hat also einen eigenen Bezugsrahmen geschaffen für das, was er als Fehler anerkennt. Es ist das von ihm im Lauf der Zeit immer besser durchdrungene System selbst.

Zu beachten ist: 1) Dieses System gab es zu Beginn der Entwicklung noch nicht. 2) Knuth hat selbst seinen eigenen Bezugsrahmen zur Anerkennung von Fehlern geschaffen. (Die Bedienungsoberfläche, von anderen als größtes Problem des Systems eingeschätzt, hat dabei keinen hohen Stellenwert). Offenkundig wird die *beobachtergebundene Sicht von Fehlern* aufgrund der maßgeblichen Perspektive.

Bewußtes Prototyping greift die von Knuth so vorbildlich geleistete *Suche nach Qualität* als Anliegen auf. Gerade diese Art von Fehlern ist es, die nur durch den Einsatz des Programms erkannt werden kann. Prototyping bietet in der Routine-Praxis der Softwareentwicklung die Gelegenheit, durch frühzeitige Benutzung Fehler in der eigenen Einschätzung zu erkennen. Im Unterschied zum Sonderfall einer selbstbestimmten Entwicklung wird dabei die eigene Perspektive mit der der Benutzer gekreuzt, um einen mit den Anwendern gemeinsam abgesicherten Bezugsrahmen für Entwurfsentscheidungen herzustellen.

Auch Goguen behandelt in [8] die Fehlerproblematik. Ihm als führenden Vertreter formaler Methoden geht es um das Aufzeigen ihrer Grenzen. Ähnlich wie Knuth geht er davon aus, daß die Informatik versucht, die fundamentale menschliche Wirklichkeit von Fehlern - das *Errare humanum est* - zu leugnen. In eindrucksvoller Weise argumentiert er, daß die ausschließliche Orientierung auf formale Methoden tiefgreifend mit dem Wunsch nach Beherrschung und Kontrolle zusammenhängt, der dem gesamten naturwissenschaftlich-technischen Programm der Neuzeit zugrundeliegt und sich in besonderer Weise in der Informatik niederschlägt. In diesem Zusammenhang zeigt er einen Kontrast zwischen westlichem naturwissenschaftlichen Denken und buddhistischen Denkweisen auf.

Im Sinne des Goguenschen Beitrags läßt sich Prototyping als eine Maßnahme begreifen, mit der die Entwickler bewußt ihren Alleinanspruch auf Beherrschung und Kontrolle fallen lassen, indem sie bereit sind, den eigenen Bezugsrahmen in Frage zu stellen und den authentisch erlebten Bezugsrahmen der Benutzer zuzulassen.

Carroll betont in [10] die fundamentale Bedeutung von Fehlern für das Lernen der Benutzer. Im krassen Kontrast zur herkömmlichen Sicht der Informatik, die nur die "korrekte" von der "fehlerhaften" Bedienung von Programmen unterscheidet und in diesem Zusammenhang Benutzerfehler ausschließlich negativ bewertet, betrachtet er Benutzungsfehler als konstituierende Ereignisse beim Verstehen der Funktionsweise und beim Erlernen des sinnvollen Gebrauchs von Programmen in Arbeitszusammenhängen.

Er macht deutlich, wie Fehler beim Programmgebrauch vor dem Hintergrund des Erwartungshorizonts der Benutzer zu sehen sind. Benutzer erleben Programme nicht als wohlstrukturierte formale Gebilde sondern als sich allmählich erschließende Hilfsmittel für ihre jeweiligen Aufgaben. Wenn sie Fehler machen, so handeln sie zwar "falsch" im Bezugsrahmen des implementierten Programms, jedoch unter Umständen "richtig" im Bezugsrahmen ihrer Aufgaben und ihrer Erwartungen an das Programm. Fehler sind in der Differenz dieser ursprünglich getrennten Bezugsrahmen begründet. Sie geben aber die Chance zu deren schrittweisen Integration.

Prototyping ist der einzig technisch umsetzbare Weg, diese positive Umdeutung von Fehlern bei der Softwareentwicklung frühzeitig zu ermöglichen. Allerdings gilt es, das negative Erleben von Fehlern auf beiden Seiten zu beachten: der Entwickler "verliert sein Gesicht", wenn seine Entwurfsentscheidungen nicht akzeptiert werden. Der Benutzer erlebt "Frust" beim Scheitern mit dem Prototyp. Das gemeinsame Ausloten von möglicherweise unerwünschten Entwurfsentscheidungen verlangt von allen Beteiligten eine Bereitschaft zum einsichtsvollen Lernen.

Der Zusammenhang zwischen Fehlern und einsichtsvollem Lernen wird von Keil-Slawik in [11] verdeutlicht. Er stellt eine evolutionäre Sicht menschlicher Erkenntnis in Kreisläufen des Lernens dar und konzentriert sich auf die Bedeutung von Artefakten. Artefakte sind formale wie gegenständliche Ergebnisse menschlichen Denkens und Handelns. Sie wirken als *externe Gedächtnisse* vergangener Lernprozesse und als konstituierende Elemente für zukünftige Erkenntnis.

Denken findet nach Keil-Slawik nicht "im Kopf" statt, indem wir formale Abstraktionen, die die Realität abbilden, manipulieren, sondern "mit dem Kopf", indem wir die Artefakte, mit denen wir arbeiten und die unser Denken prägen, sinnvoll miteinander in Beziehung bringen.

Bei der Softwareentwicklung sind sowohl definierende formale Dokumente wie auch Prototypen Artefakte. Sie entstehen aus der Softwareentwicklung heraus und werden als "externe Gedächtnisse" bei den weitergehenden Lernzyklen der Benutzer und Entwickler wirksam. Aber Prototypen haben als Artefakte ein reichhaltigeres Wirkungspotential, gestatten sie doch eine Verschränkung von Denken und Handeln, die ein Dokument allein niemals ermöglicht. Prototypen bilden daher eine sinnvolle Grundlage für das einsichtsvolle Lernen von Entwicklern und Benutzern.

Fehler im jeweils maßgeblichen Bezugsrahmen anzuerkennen, zu vermeiden bzw. ihr positives Potential umzusetzen hängt also direkt mit Prototyping zusammen.

Prototyping und das Gelingen von Projekten

Warum Projekte gelingen oder scheitern ist natürlich letztlich ein Geheimnis. Es kommt auf viele persönliche Faktoren an, auf glückliche Umstände und Randbedingungen, darauf, daß alles "stimmt". Weder Prototyping noch sonst eine bewußt gewählte Vorgehensweise kann Erfolg garantieren. Dennoch will ich die Bedeutung von Prototyping in zwei Hinsichten hervorheben:

- Das Zustandekommen von gemeinsamer Erkenntnis zu sichern und
- wünschenswerte Bedingungen zur Zusammenarbeit zu fördern.

Das Gelingen der Softwareentwicklung als Prozeß zwischen Menschen wird von der konventionellen Softwareentwicklung nicht thematisiert - es gehört auch nicht in den Gegenstandsbereich einer reinen Ingenieursdisziplin. Das Bestreben ist vielmehr, durch Methoden, Vorgehensmodelle und Softwareentwicklungswerkzeuge den einzelnen Menschen ersetzbar, die benötigte Kommunikation gering und die Softwareentwicklung gewissermaßen menschenunabhängig zu machen.

Als Ausgangspunkt für die gegenwärtige Diskussion will ich daher den viel beachteten Beitrag von Naur [12] nehmen, in dem er Programmieren als *Theoriebildung* charakterisiert. Mit Theoriebildung ist hier nicht die Formulierung einer Sammlung von formalen Sätzen (im mathematischen Sinne einer Theorie) gemeint, sondern das allmähliche Heranwachsen eines ganzheitlichen Verständnisses darüber, wie das Problem des Kunden mit informationstechnischen Mitteln in relevanter Weise unterstützt werden kann.

Naur macht deutlich, daß sich Theoriebildung durch die Gesamtheit der Aktivitäten bei der Programmentwicklung (Kommunikation, Experimente, Modellbildung, Kodierung, Test, Erprobung, Dokumentation, ...) kontinuierlich vollzieht, und daß Theoriebildung wesentlich an die beteiligten Menschen gebunden ist. Die Theorie eines Programms in diesem ganzheitlichen Sinne kann nicht von den beteiligten Menschen gelöst werden. Wesentliche Gesichtspunkte der Theoriebildungssicht von Naur sind die Verschränkung von Denken und Handeln sowie das kontinuierliche In-Beziehung-Setzen von Problemen, technischen Lösungsmitteln und der menschlichen Lebenswelt in der Projektsituation. Er charakterisiert die Arbeit von Softwareentwicklern als *Dienstleistung anstelle von Produktion*.

Naur weist den Anspruch von Methodenautoren zurück, daß es den einen besten Weg bei der Softwareentwicklung geben könne. Vielmehr müßten die Beteiligten über ein Repertoire an Methoden, Techniken, Darstellungsmitteln und unterstützenden Werkzeugen verfügen, das sie befähigt, in der jeweiligen Projektsituation selbstbestimmt sinnvoll vorzugehen. Die wichtigste Forderung an methodische Ansätze sei es, daß sie die Theoriebildung unterstützen. Obwohl Prototyping nicht explizit angesprochen wird, ist offenkundig, daß jede Form experimentellen Vorgehens Naurs Ansprüchen genügt, allerdings nur dann, wenn:

- die primäre Aufmerksamkeit auf Prototyping als Prozeß zwischen Menschen gelenkt wird und nicht auf den Prototypen als Produkt, und

- die Beteiligten in der Situation selbst entscheiden können, welche Form von Prototyping sie für relevant halten.

Naurs Sicht ist für viele wegweisend geworden. Er läßt allerdings auch wichtige Fragen offen, zum einen, wie Theoriebildung sich zwischen Menschen vollzieht und zum anderen, mit welchen Mitteln man Theoriebildung in Projekten fördern kann. Dabei geht es um das Verständnis und um die sinnvolle methodische Unterstützung der Zusammenarbeit zwischen Entwicklern als auch zwischen Entwicklern und Benutzern.

Dies steht in unmittelbarer Beziehung zu dem von mir und anderen an der Technischen Universität Berlin entwickelten Ansatz STEPS, in dem wir uns damit beschäftigten, wie Projekte *Geist entwickeln* (eine aktuelle Kurzfassung findet sich in [13]). Das Anliegen, Softwareentwicklung als Prozeß zu verstehen und methodisch zu unterstützen führte zu mehreren, miteinander verflochtenen Forschungsarbeiten in meinem Umfeld an der Technischen Universität Berlin:

- meine eigene über Softwareentwicklung als Realitätskonstruktion ([14], [15a] und [15b]), in der ich, aufbauend auf v. Foerster eine Sicht der Softwareentwicklung als *Design* unter Bezugnahme auf Perspektivität, Rückkopplung, Schließung und Selbstorganisation entwickle;

- die von Reisin über Softwareentwicklung als Arbeitsprozeß ([16], [17]), in der sie das Hauptaugenmerk auf die kooperative Theoriebildung zwischen Entwicklern und Benutzern im Hinblick auf das Antizipieren (vorwegnehmende Herausarbeiten) der Gebrauchsbedeutung der Software legte;

- die von Pasch über Dialogischen Softwareentwurf ([18], [19]), in der er die Softwareentwicklung als sozialen Prozeß charakterisierte, in dem gemeinsames Verständnis durch argumentativen Dialog und wechselseitiges Widersprechen entsteht und das Produkt die Struktur des Prozesses widerspiegelt.

Zur Fundierung wurden eine Fülle von unterschiedlichen Denkansätzen aus den Geisteswissenschaften herangezogen, was ich hier natürlich nicht nachvollziehen kann. Um den Rahmen dieses Papiers nicht völlig zu sprengen, halte ich mich eng bei der softwaretechnischen Thematik und zeichne nur die von mir verfolgten Bezüge zu konstruktivistischen Autoren ansatzweise nach.

Wenn wir die Bedeutung von Prototyping im Zusammenhang mit dem Zustandekommen von Erkenntnis bei der Softwareentwicklung untersuchen, so tun wir das vor dem Hintergrund folgender Fragen:

- Was kann man bei der Softwareentwicklung vorweg erkennen und was nur nachträglich aufgrund von Erfahrung?

- Soll man bei der Softwareentwicklung Vielfalt zulassen oder sich frühzeitig auf eine Lösung verständigen?

- Wie beeinflussen vorweg gesetzte Ziele die Lösungsfindung im Softwareentwicklungsprozeß?

- Wieviel Autonomie tut Softwareprojekten gut?

- Wie kann man methodisches Vorgehen mit Exploration, Experimentation und Evolution verbinden?

Ich möchte zunächst zurückkommen auf das Verständnis von Goguen, der in seinem bereits zitierten Beitrag [9] Projekte "autopoietic beings" (autopoietische Wesen) nennt. Goguen verwendet hier einen zur Zeit viel diskutierten Begriff aus der neuen Biologie, der von Maturana und Varela zur Charakterisierung von Lebewesen geprägt wurde. *Autopoiesis* bedeutet, daß Lebewesen in Bezug auf Operationen wie auch Organisation als geschlossene Systeme charakterisiert sind, mit dem einzigen Ziel *der Aufrechterhaltung ihrer eigenen Organisation*. Autopoiesis hängt eng mit Autonomie zusammen. Ich möchte die Bezeichnung von Projekten als autopoietische Wesen nicht übernehmen, weil sie die ungeklärte Frage aufwirft, inwieweit Begriffe aus der Biologie ins Soziale übertragen werden können. Wichtig scheint mir aber aufzugreifen, was Goguen mit dieser Charakterisierung meint, und was ich - mich ebenfalls an kybernetische Diktion (nach Bateson) haltend - die Entfaltung von Geist in Projekten nenne.

In Projekten arbeiten bekanntlich mehrere Beteiligte über einen längeren Zeitraum zusammen. Dabei entwickeln sich Muster von Interaktion und Kommunikation, von wechselseitigen Erwartungen und Erfahrungen, von individueller, gemeinsamer oder geteilter Kompetenz.

Betrachtet man - wie in der traditionellen Softwaretechnik üblich - die Softwareentwicklung als Produktion, so erscheint der Prozeß der Softwareentwicklung als Umsetzung eines festen Auftrags. Die Ziele dazu sind von außen vorgegeben, das Problem ist fest, wird analysiert und in einer Folge von vordefinierten Arbeitsschritten seiner Lösung zugeführt. Projekte sind nach der Produktionssicht fremdbestimmt.

Demgegenüber betont die Kennzeichnung von Projekten als autopoietische Wesen ihre Eigenständigkeit, ihre Eigengesetztlichkeit, ihre Autonomie. Das bedeutet natürlich nicht, daß ein Projekt seinen Auftrag, einen Compiler zu entwickeln, in die Entwicklung eines Buchhaltungssystems umdeuten können sollte oder daß irgend ein Projekt von äußeren Randbedingungen und Einschränkungen frei sei. Jedoch weisen alle zitierten Arbeiten übereinstimmend darauf hin, daß der *Freiraum* für eigenständige Entscheidungen und der *Spielraum* unterschiedlicher Lösungsmöglichkeiten vorhanden sein muß.

Nach meiner Auffassung ist die Möglichkeit von Design wesentlich durch diese Aspekte bestimmt. Ich begreife Design in einem ganzheitlichen Sinne als Zusammenspiel von Entwurf und Gestaltung. Design bedeutet nicht die Umsetzung eines fest vorgegebenen Problems durch eine korrekte Lösung, sondern das *Ausloten eines Design-Raums*, der unterschiedliche Sichten des Problems und einer dazu passenden Lösung erlaubt. Berücksichtigt man die Denkansätze der Theorie selbstorganisierender Systeme, so ist es für das Zustandekommen von gesicherter Erkenntnis wesentlich:

- Perspektiven offenzulegen und zu kreuzen,
- Vielfalt von Sichten zuzulassen, ja zu ermutigen,
- Differenzen zu verdeutlichen und gegeneinander zu halten,
- Bewertungen anhand von Kriterien vorzunehmen,
- Rückkopplung zu suchen,
- Ergebnisse auf den Prozeß rückwirken zu lassen,
- die Arbeitsgrundlagen im Prozeß selbst zu legen,
- Ziele zu hinterfragen und im Prozeß anzupassen.

Im Gegensatz zur verbreiteten Auffassung, daß diese prozessuale Offenheit das Gelingen von Projekten gefährde, weil nichts Wohldefiniertes dabei herauskomme, liefert die Theorie selbstorganisierender Systeme Argumente dafür, daß gerade die Zulassung von Vielfalt, der spielerische Umgang mit Differenzen und die Bewertung nach unterschiedlichen Kriterien, wenn sie nur auf den Prozeß zurückwirken können, die Herausbildung und die Stabilisierung einer gemeinsam getragenen Lösung fördern. Dies ist auch mit Naurs Sicht über Theoriebildung verträglich.

Reisin verwendet den Ausdruck Theoriebildung anders als Naur im Sinne der Bildung einer expliziten Theorie in Projekten. Sie argumentiert, daß dazu die Verständigung über die *Gebrauchsbedeutung* von Software grundlegend ist. Die Gebrauchsbedeutung beschreibt, wie die zu entwickelnde Software in den Arbeitsprozessen als Arbeitsmittel oder Kommunikationsmedium eingesetzt werden soll. Reisin zeigt vor dem Hintergrund ihrer Projekterfahrung sehr sorgfältig, daß hier der wesentlich kreative Anteil der Softwareentwicklung zu sehen ist. Er besteht in einem Zusammenspiel von gemeinsamer Antizipation, in der eine *Referenztheorie* über das zu entwickelnde System (in Form von Szenarien, Glossaren, Daten- und Funktionsmodellen, ...) festgelegt wird und dem Einsatz von Prototyping-Experimenten, der die Tauglichkeit von Software in Arbeitsprozessen demonstrieren soll. Reisin orientiert sich dabei vor allem an der Kommunikation zwischen Entwicklern und Benutzern.

Pasch stellt dagegen die kommunikative Erkenntnisfindung zwischen Entwicklern in den Vordergrund. Er betont dabei die Bedeutung des *Softwareentwurfs*, der das von den Entwicklern gemeinsam getragene Verständnis der zu entwickelnden Software verkörpert und die Grundlage für die Implementierung und spätere Weiterentwicklung des Systems bildet. Pasch lehnt sich eng an Naurs Sicht an, konzentriert sich aber auf den sozialen Prozeß der Theoriebildung in Teams.

Auch für Pasch stellt sich dieser Prozeß als Kreuzen von Perspektiven dar, wobei jeder sein Modell einbringt. Die Gefahr eines Modellmonopols ist überall dort gegeben, wo ein Bezugsrahmen, eine Perspektive als Basis für die Modellbildung ausgezeichnet wird. Dies ist dann der Fall, wenn beim Entwurf ein Einzelner allein arbeitet oder - verallgemeinert - eine Unter- oder Teilgruppe ihre Sicht als alleingültige etabliert. Bei Modellmonopolen besteht die Gefahr, daß die Teilsicht derjenigen, die ihr Modell im Prozeß zum Monopol etablieren können, sich allein im Produkt niederschlägt und andere Sichtweisen unterdrückt werden. Dies steht in offenkundigem Bezug zum Problem des Entstehen von Entwurfsfehlern.

Pasch befaßt sich auch mit Ansätzen, wie sich der argumentative Dialog im Team fördern und absichern läßt. Er zeigt hier Ansätze aus der Gruppenforschung in der Psychologie auf, z.B. Moderation, themenzentrierte Diskussion und Supervision. Diese Ansätze können aber nur dann bei der Softwareentwicklung fruchtbar werden, wenn sie ihre Antwort in evolutionären Herangehensweisen in der Softwaretechnik finden. Prototyping als technisches Verfahren liefert dazu Aufsatzpunkte.

Im Sinne dieses Abschnittes stellt sich Prototyping nicht etwa als Allheilmittel für das Gelingen von Projekten dar. Im Prototyping selbst liegen auch Gefahren. Prototyping kann die Beteiligten dazu verleiten, frühzeitig den Blick auf den Prototyp zu verengen, der Prototyp kann gar als Produkt genommen werden. Auch kann die technische Befassung mit Prototypen ohne die menschliche Bereitschaft zur Revision von Entscheidungen erfolgen. Dann kann sich Design nicht entfalten. Umgekehrt gehört auch zur Theoriebildung eine situationsspezifische Einschätzung, ob sich aufgrund der jeweiligen Gegebenheiten Prototyping überhaupt lohnt. In jedem Falle sehe ich aber einen direkten Bezug zwischen Prototyping und softwaretechnischer Gestaltung.

Prototyping und das Schaffen von Anwendungswelten

Im Titel dieses Beitrags findet sich als dritte Komponente der Begriff Realitätskonstruktion, der bisher im Text noch nicht wieder aufgegriffen wurde. Damit hat es seine Bewandtnis. Dieser Begriff wird in der wissenschaftlichen Diskussion in verschiedenen Schattierungen verwendet, die in [20] ausgelotet und mit der Softwareentwicklung in Bezug gebracht werden. Viele Autoren befassen sich mit Realitätskonstruktion beim Zustandekommen von Erkenntnis (z.B. in dem Sinne, daß wir durch unsere Wahrnehmung das, was wir für wirklich halten, hervorbringen, oder wie sich bei der kindlichen Entwicklung allmählich

Denkschemata herausbilden und überlagern, in die die erlebte Realität sich einordnet). Verwandte Bedeutungsschattierungen des Begriffs wurden auch in den bisherigen Abschnitten dieses Papiers zugrundegelegt.

Die meisten Praktiker denken dagegen an Realitätskonstruktion *durch* Softwareentwicklung und meinen damit die Veränderungen, die in Organisationen infolge der Entwicklung und Einführung von Softwaresystemen bewirkt werden. Diese Veränderungen *in der sozialen Realität* betreffen viele Ebenen und sind in der Regel nur teilweise intendiert. So ändern sich die Arbeitsprozesse: bisherige Aufgaben fallen weg, andere entstehen. Es ändern sich auch die Machtverhältnisse, da die Verfügung über Information mit Macht verbunden ist. Es entstehen neue Möglichkeiten für die Organisation, Dienstleistungen zu erbringen, aber auch veränderte Rahmenbedingungen für die Beteiligten zu sinnvoller Arbeit und Persönlichkeitsentfaltung. Die Gesamtheit dieser mit der Entwicklung und dem Einsatz von Software verbundenen Handlungs- und Entfaltungsmöglichkeiten nenne ich *Anwendungswelt*. Anwendungswelten werden nicht auf dem Reißbrett konstruiert, sondern durch soziale Aushandlung und darauf gegründete Technikentwicklung geschaffen.

Konstruktivistische Denkrichtungen machen deutlich, daß es auf uns ankommt, *wie* die Anwendungswelt, die wir schaffen, beschaffen ist. Beim Hervorbringen der Wirklichkeit kommt dem Beobachter (hier der Gemeinschaft der an der Softwareentwicklung Beteiligten) die Schlüsselrolle zu. Die Beteiligten stehen dafür ein, wie ein Problem interpretiert, eine Anforderung formuliert, ein Bezugsrahmen hergestellt, eine Benutzungsschnittstelle implementiert wird. Und so weiter.

Dadurch ergeben sich unmittelbar die Forderungen nach bewußter Gestaltung der Anwendungswelt in Zusammenarbeit mit den Beteiligten, insbesondere den späteren Benutzern. Es ist wohl unstrittig, daß dem Prototyping hier eine besondere Bedeutung zukommt. Ich möchte sie in drei Richtungen herausarbeiten:

* die Verständigung über die echten Wünsche der Benutzer,
* die Konkretisierung von Gestaltungsleitbildern, und
* die Umsetzung von Erkenntnissen über persönlichkeitsförderliche Arbeitsgestaltung.

Der Ausgangspunkt dieser Diskussion ist meine Auffassung, daß Partizipation für eine wünschenswerte Gestaltung von Anwendungswelten zwar unerläßlich ist, weil sie die Chance eines gemeinsamen Lernprozesses aller Beteiligten im Rahmen der Systementwicklung bietet, daß gleichzeitig aber auch mit der Partizipation Gefahren verbunden sind.

Diese machen sich an der Möglichkeit zur Artikulation von Benutzerwünschen und an der Unterscheidung zwischen kurz- und langfristigen Gesichtspunkten fest. Zunächst machen persönliche und soziale Gegebenheiten in der Organisation es schwer, die Bedürfnisse explizit zu machen. Dazu kommen Schwächen in den Kompetenzen aller Beteiligten:

die Benutzer verstehen nur wenig von der Technik, die Entwickler entsprechend wenig von der Arbeitswelt. Kurzfristige Schwierigkeiten des Kennenlernens überlagern sich mit langfristigen Gesichtspunkten.

Klein und Lyytinen haben in [21] am Teilaspekt Datenmodellierung verdeutlicht, wie sehr die Machtverhältnisse in die Systementwicklung hineinwirken. Wer das Sagen hat, bestimmt, was als modellierungswürdiger Aspekt anerkannt wird, welcher andere Aspekt unterdrückt wird. Sie zeigen, wie vorgeblich durch die Sachlogik bestimmte Entscheidungen bei Modellbildung und Entwurf tatsächlich die Ergebnisse zäher Verhandlungen spiegeln, in denen manchmal Konsens erzielt wird, aber häufig sich die Interessen der stärkeren Partei durchsetzen.

Nach Klein und Lyytinen ist das Verständnis von Datenmodellen als Abbild der informationellen Gegebenheiten in Organisationen irreführend. Sie vergleichen die Datenmodellierung vielmehr mit dem Erlaß von Gesetzen oder Verordnungen, die eine mühsam ausgehandelte Weltsicht verkörpern und das zukünftige Handeln aller Beteiligten in der Anwendungswelt prägen.

Prototyping ändert natürlich nichts am sozialen Grundcharakter des Prozesses. Es ermöglicht den Benutzern jedoch, sich mit ganz anderer Kompetenz einzubringen, indem sie die technischen Rahmenbedingungen und Auswirkungen ihrer Forderungen verstehen lernen.

In [22] betont Bjerknes vor dem Hintergrund ihrer Erfahrungen in einem partizipativen Projekt die Notwendigkeit, die *Verantwortung* für Entscheidungen bei der Systementwicklung mit den Benutzern zu *teilen*. Dies beschreibt sie als schwierige Gratwanderung. Zum einen wollen die Entwickler ein nach technischen Gesichtspunkten möglichst anspruchsvolles System. Diese Gesichtspunkte können Benutzer unter Umständen nicht würdigen. Statt dessen wollen sie die Brauchbarkeit von Systemen in ihren Arbeitsprozessen erhöhen. Worin aber diese Brauchbarkeit besteht, entgeht den Entwicklern.

Prototyping bietet die Möglichkeit, Brauchbarkeit am Beispiel einer ausführbaren Vorversion zu erfahren. Um eine Sprachebene über die Brauchbarkeit von Software einzuführen, unterscheiden Budde und Züllighoven in [23] und [24] *Umgang* von Struktur. Der Umgang betrifft die Anwendung von Software in Arbeitsprozessen. Als Gestaltungsleitbild dient ihnen dabei das Verfügbarmachen von Werkzeug und Material. Wie Maaß und Oberquelle in [25] zeigen, ist dies eines von mehreren aktuellen Gestaltungsleitbildern, die die Wechselwirkung zwischen menschlichen Arbeitsprozessen und Computerfunktionen betreffen.

Wird ein System anhand einer Metapher als Arrangement von Werkzeug und Material, als Kommunikationsmedium, als intelligentes Handbuch oder als Schreibtischoberfläche gestaltet, so ergibt sich die Möglichkeit, auf das Vorwissen von Benutzern aufzubauen und Entwurfsentscheidungen anhand der Metapher zu diskutieren.

Doch sind sämtliche Metaphern allgemeiner Natur und zunächst für jedes spezielle Projekt vage. Prototyping bietet hier die Möglichkeit zum projektspezifischen Konkretisieren von Gestaltungsleitbildern. Der Umgang mit dem System wird erfahrbar, anhand der Metapher kann man über den Umgang auch sprechen. Spezifische Entwurfsentscheidungen stehen - vielleicht unbeabsichtigt - mit der Metapher im Widerspruch oder müssen mit ihr in Einklang gebracht werden. Es bildet sich eine Grundlage zur Bewertung und zur Revision.

Diese Chance von Prototyping geht aber dort noch viel weiter, wo Erkenntnisse über persönlichkeitsförderliche Arbeitsgestaltung in die Systemgestaltung einfließen. Ich möchte aus der Fülle der dazu existierenden Literatur zwei wegweisende Ansätze erwähnen.

In [26] entwickelt Nurminen seine Vorstellungen über *subjektorientierte* Gestaltung von Informationssystemen. Ausgehend von einer empirischen Untersuchung von eingesetzten Informationssystemen in Betrieben, behandelt er schwerpunktmäßig die Frage, inwieweit Personen, die mit DV-Unterstützung arbeiten, sich als Subjekte ihrer Arbeitsprozesse erleben, das heißt als die Träger von sinnvollen Handlungen und verantwortlichen Entscheidungen. Subjektorientierte Gestaltung erfordert es, die Rechnerfunktionen bewußt an menschliche Tätigkeiten anzubinden, den Entwurf von Softwaresystemen vor dem Hintergrund einer sinnvollen Jobgestaltung zu sehen.

Für die Gestaltung computergestützter Arbeitsprozesse liefert Volpert in [27] Grundlagen durch seiner *kontrastiven Analyse des Mensch-Maschine-Verhältnisses*. Diese erscheinen mir deshalb von besonderer Bedeutung, weil bisher die Informatik in vielerlei Hinsicht für ein Menschenbild steht, das auf einer Gleichsetzung von Menschen mit Maschinen beruht (siehe dazu auch [20]).

Die von Volpert und anderen gelieferten Kriterien orientieren sich daran, menschliche Fähigkeiten wie Intuition, Erfahrung und Kreativität im Zusammenhang mit computergestützter Arbeit zu achten und zu fördern. Sie allein erlauben die sinnvolle Einordnung und die bedürfnisgeleitete Bewertung der Ergebnisse von Computerfunktionen. Das menschliche Gespür für das Wesentliche muß sich auch in der Arbeit am Computer entfalten können.

Prototyping ermöglicht es, schrittweise diese Aspekte in die Diskussion zu bringen, dabei die Intuition der Beteiligten zu stärken und aus Erfahrungen wie Fehlern zu lernen. Wenn wir aber die Bedeutung von Prototyping im Zusammenhang mit der menschengerechten Gestaltung von Anwendungswelt betonen, so meinen wir niemals ein softwaretechnisches Verfahren für sich genommen. Vielmehr steht Prototyping stellvertretend für die Bereitschaft zu wechselseitiger menschlicher Akzeptanz.

Abschluß

Das war ein inhaltlich weit gespannter Bogen. Nicht mehr neu und ein bißchen oberflächlich für diejenigen von Ihnen, die sich bereits mit diesen Themen beschäftigt haben. Für andere vielleicht zu weitgehend, um mir zu folgen. Wie dem auch sei, ich hoffe, Ihnen Anregungen für Ihre eigene Weiterarbeit mitgegeben zu haben.

Zum Schluß möchte ich noch etwas über die Relevanz dieser Arbeit sagen - natürlich aus meiner Sicht.

Die Achtziger Jahre, in denen ich und andere Denkansätze für die menschengerechte Gestaltung von Informationssystemen, z.B. auf der Basis von Prototyping, entwikkelt und erprobt haben, waren eine Epoche relativer Ruhe und Sättigung in der Wirtschaft. Diese Bedingungen haben das Explorieren und Experimentieren sowie das Entwickeln innovativer Denkansätze begünstigt. Ich bin froh darüber, daß es in dieser gesicherten Zeit gelungen ist, vielversprechende Erfahrungen in der Praxis zu machen.

In der Gegenwart arbeiten wir dagegen in einer Situation des begrenzten Wachstums, des erhöhten Wettbewerbs und der Ressourcenknappheit. Ich glaube, daß diese Veränderungen rasch in der Softwareentwicklung zu spüren sein werden.

In diesem Zusammenhang möchte ich meiner Überzeugung Ausdruck geben, daß die hier diskutierten Ansätze gerade in einer wirtschaftlich engeren Situation relevant sind - gestatten sie doch eine explizite Berücksichtigung und Abwägung verschiedener, auch gegenläufiger Anliegen sowie eine frühzeitige Entdeckung schwerwiegender Fehler.

In der Zukunft wird es immer mehr darum gehen, Innovationspotential für qualitatives Wachstum zu erschließen. Wird die Entwicklung von Informationssystemen verstanden als gemeinsamer Erkenntnisprozeß der Beteiligten, als Maßnahme zur Umgestaltung anspruchsvoller Arbeitsplätze, als Anlaß zum Lernen in Organisationen, so ist sie dabei ein gangbarer Weg. Ich möchte Sie daher ermutigen, in Ihrem Tätigkeitsfeld durch Prototyping und verwandte Herangehensweisen bewußt gestaltend zu wirken.

Literatur

1. R. Budde, K. Kuhlenkamp, L. Mathiassen, H. Züllighoven (Hrsg.): *Approaches to Prototyping*. Springer-Verlag, Berlin, Heidelberg, New York, Tokio, 1984

2. C. Floyd: *A Systematic Look at Prototyping*. In [1], 1-18

3. R. Budde, K. Kautz, K. Kuhlenkamp, H. Züllighoven: *Prototyping*. Springer-Verlag, Berlin, Heidelberg, New York, Tokio, 1992

4.   D. Siefkes: *Theoriebildung als das Gestalten mit Prototypen*. In: D. Siefkes: Formale Methoden und kleine Systeme. Vieweg Verlag, Braunschweig, Wiesbaden, 1992, 133-142

5.   C. Floyd: *Outline of a Paradigm Change in Software Engineering*. In: G. Bjerknes, P. Ehn, M. Kyng (Hrsg.): Computers and Democracy - a Scandinavian Challenge. Dower Publishing Company, Aldershot, Hampshire, 1987, 192-210

6.   C. Floyd: *Comments on "Giving Back some Freedom to the Designer" by F. De Cindio, G. De Michelis, C. Simone: Design Viewed as a Process*. In: Systems Research, Vol. 2, No. 4, Pergamon Press, Oxford, New York, 1985, 281-283

7.   C. Floyd, H. Züllighoven, R. Budde, R. Keil-Slawik (Hrsg.): *Software Development and Reality Construction*. Springer Verlag, Berlin, Heidelberg, New York, Paris, Tokio, Hong Kong, Barcelona, Budapest, 1992

8.   D.E. Knuth: *Learning from our Errors*. In [7], 28-30

9.   J. A. Goguen: *The Denial of Error*. In [7], 193-202

10.   J. M. Carroll: *Making Errors, Making Sense, Making Use*. In [7], 155-167

11.   R. Keil-Slawik: *Artifacts in Software Design*. In [7], 168-188

12.   P. Naur: *Programming as Theory Building*. In: P. Naur: Computing: A Human Activity. ACM Press, New York, 1992, 37-49

13.   C. Floyd: *STEPS-Projekthandbuch*. Universität Hamburg, 1992.

14.   H. v. Foerster, C. Floyd: *Self-Organization and Software Development*. In [7], 75-85

15.a.   C. Floyd: *Software Development as Reality Construction*. In [7], 86-100

15.b   C. Floyd: *Softwareentwicklung als Realitätskonstruktion*. In: W.-M. Lippe (Hrsg.): Software-Entwicklung: Konzepte, Erfahrungen, Perspektiven. Informatik-Fachberichte 212, Springer-Verlag, Berlin, Heidelberg, New York, Paris, Tokio, Hong Kong, 1989, 1-20 (deutsche Vorversion von [15a])

16.   F.-M. Reisin: *Anticipating Reality Construction*. In [7], 312-325

17.   F.-M. Reisin: *Kooperative Gestaltung in partizipativen Softwareprojekten*. Dissertation. Europäische Hochschulschriften, Peter Lang, Frankfurt a.M., Berlin, Bern, New York, Paris, Wien, 1992

18.   J. Pasch: *Mehr Selbstorganisation in Softwareentwicklungsprojekten*. In: GI-Softwaretechnik-Trends, Band 9, Heft 2, September 1989, 42-55

19.   J. Pasch: *Dialogischer Softwareentwurf*. Dissertation. Forschungsbereichte des Fachbereichs Informatik, Nr. 92-4, Technische Universität Berlin, 1992

20.   C. Floyd: *Human Questions in Computer Science*. In [7], 15-27

21.   H. K. Klein, K. Lyytinen: *Towards a New Understanding of Data Modelling*. In [7], 203-219

22.   G. Bjerknes: *Shared Responsibility: A Field of Tension*. In [7], 295-301

23.   R. Budde, H. Züllighoven: *Software Tools in a Programming Workshop*. In [7], 252-268.

24.   R. Budde, H. Züllighoven: *Software-Werkzeuge in einer Programmierwerkstat*. Berichte der GMD, Nr. 182, Oldenbourg, München, Wien, 1990.

25.   S. Maaß, H. Oberquelle: *Perspectives and Metaphors for Human-Computer Interaction*. In [7], 233-251.

26.   M. I. Nurminen: *A Subject-Oriented Approach to Information Systems*. In [7], 302-311

27.   W. Volpert: *Work Design for Human Development*. In [7], 336-348

Informatik
und Unternehmensführung

Bauknecht: **Informatik-Anwendungsentwicklung:**
Praxiserfahrungen mit CASE
320 Seiten. Geb. DM 68,–

Hanker: **Die strategische Bedeutung der Informatik**
für Organisationen
460 Seiten. Geb. DM 78,–

Ludowig: **Softwaro- und Automatioiorungoprojokto**
Beispiele aus der Praxis
II, 232 Seiten. Geb. DM 58,–

Österle/Brenner/Hilbers: **Unternehmensführung**
und Informationssysteme
2. Aufl. 398 Seiten. Geb. DM 98,–

Strauß: **Informatik – Sicherheitsmanagement**
277 Seiten. Geb. DM 58,–

Unseld: **Künstliche Intelligenz und Simulation**
in der Unternehmung
II, 174 Seiten. Geb. DM 58,–

Vetter: **Informationssysteme in der Unternehmung**
252 Seiten. Geb. DM 58,–

Die Reihe wird fortgesetzt.
Preisänderungen vorbehalten.

B. G. Teubner Stuttgart

Berichte des German Chapter of the ACM

Band 25: Wedekind/Kratzer, Büroautomation '85
Tagung IV/1985 vom 2. bis 4. 10. 1985 in Erlangen. 280 Seiten, DM 56,—

Band 26: Wippermann, Software-Architektur und modulare Programmierung
Tagung I/1986 am 24./25. 2. 1986 in Kaiserslautern. 181 Seiten, DM 36,—

Band 27: Remmele/Sommer, Arbeitsplätze morgen
Tagung II/1986 vom 11. bis 14. 3. 1986 in Marburg. 431 Seiten, DM 78,—

Band 28: Balzert/Heyer/Lutze, Expertensysteme '87
Tagung I/1987 am 7./8. 4. 1987 in Nürnberg. 493 Seiten, DM 82,—

Band 29: Schönpflug/Wittstock, Software-Ergonomie '87
Tagung II/1987 vom 27. bis 29. 4. 1987 in Berlin. 512 Seiten, DM 82,—

Band 30: Winkler, Proceedings of the International Workshop on Software Version and Configuration Control
January 27—29, 1988 Grassau. 478 Seiten, DM 78,—

Band 31: Dillmann/Swiderski, WIMPEL '88
1. Konferenz über Wissensbasierte Methoden für Produktion, Engineering und Logistik
Tagung I/1988 vom 28. bis 30. 6. 1988 in München. 479 Seiten, DM 78,—

Band 32: Maaß/Oberquelle, Software-Ergonomie '89
Fachtagung vom 29. bis 31. 3. 1989 in Hamburg. 509 Seiten, DM 88,—

Band 33: Ackermann/Ulich, Software-Ergonomie '91
Fachtagung vom 18. bis 20. 3. 1991 in Zurich. 383 Seiten. DM 84,—

Band 34: Friedrich/Rödiger, Computergestützte Gruppenarbeit (CSCW)
Fachtagung vom 30. 9. bis 2. 10. 1991 in Bremen. 314 Seiten, DM 69,—

Band 35: Hoffmann, Eiffel
Fachtagung am 25./26. 5. 1992 in Darmstadt. 112 Seiten, DM 42,—

Band 36: Schweiggert, Wirtschaftlichkeit von Software-Entwicklung und -Einsatz
Fachtagung am 21./22. 9. 1992 in Ulm. 272 Seiten, DM 62,—

Band 37: Ludewig/Schneider, Software Engineering im Unterricht der Hochschulen SEUH '92 und Studienführer Software Engineering
Workshop am 27./28. 2. 1992 in Stuttgart. 132 Seiten, DM 46,—

Band 38: Raasch/Bassler, Software Engineering im Unterricht der Hochschulen SEUH '93
Workshop am 25./26. 2. 1993 in Hamburg. 190 Seiten, DM 49,—

Band 39: Rödiger, Software-Ergonomie '93
Fachtagung vom 15. bis 17. 3. 1993 in Bremen. 330 Seiten, DM 78,—

Band 40: Coy/Gorny/Kopp/Skarpelis, Menschengerechte Software als Wettbewerbsfaktor
Arbeitstagung am 27./28. Januar 1993 in Bonn. 647 Seiten, DM 138,—

Band 41: Züllighoven/Altmann/Doberkat, Requirements Engineering '93: Prototyping
Fachtagung vom 25. bis 27. 4. 1993 in Bonn. 383 Seiten, DM 88,—

Preisänderungen vorbehalten

B. G. Teubner Stuttgart